高等职业教育课程思政示范教材·公共基础类
江苏省高等学校重点教材（编号：2021-2-091）

应用数学

主　编　陈业勤　荣建英　谭　静
副主编　刘　嘉　刘　艳　周洪亮
参　编　冯　梅　管颂东　赵天慈
黄本琪　徐　磊　聂　霞
尤安迪
主　审　马　敏

南京大学出版社

图书在版编目(CIP)数据

应用数学/陈业勤，荣建英，谭静主编. 一南京：南京大学出版社，2022.6(2024.9 重印)

ISBN 978-7-305-25496-3

Ⅰ. ①应… Ⅱ. ①陈… ②荣… ③谭… Ⅲ. ①应用数学一高等职业教育一教材 Ⅳ. ①O29

中国版本图书馆 CIP 数据核字(2022)第 038965 号

出版发行 南京大学出版社
社　　址 南京市汉口路 22 号　　邮　编 210093

书　　名 应用数学
YINGYONG SHUXUE
主　　编 陈业勤　荣建英　谭　静
责任编辑 刘　飞

照　　排 南京开卷文化传媒有限公司
印　　刷 盐城市华光印刷厂
开　　本 787 mm×1092 mm　1/16　印张 20　字数 500 千
版　　次 2022 年 6 月第 1 版　2024 年 9 月第 3 次印刷
ISBN 978-7-305-25496-3
定　　价 49.00 元

发行热线 025-83685951
电子邮箱 Press@njupco.com
Sales@njupco.com(市场部)

前　言

本书根据新时代《国家职业教育改革实施方案》《教育部关于职业院校专业人才培养方案制定与实施工作的指导意见》《职业院校教材管理办法》等文件要求，通过问题情境的创设，激发学生的求知欲，提高学生的学习兴趣，突出“数学应用为导向，以能力培养为目标”编写主旨。教材在编写过程中，注重中高职衔接，充分考虑生源的多样性，内容通俗易懂，例题与习题由浅入深，能满足不同层次学生多样化的学习需要，因此本书更适合一般层次高职院校学生的使用。此外，本书还注重以问题驱动的案例教学为中心，创设了良好的学习氛围，促使学生主动去思考尝试并达到适度的联结，进而发现数学问题的内在本质，自主地建构和完善自身的认知结构。这种兼顾基础性、发展性与应用性的教材能够满足不同专业各层次学生多样化的学习需求。

本书还根据高职公共基础课程的教学目标和知识点，形成了以“知识主导、能力驱动”为中心的教材编写思路。另外本教材注重数学的应用价值，以实际案例为切入点，通过对案例的分析、讨论、建模、求解等一整套过程，帮助学生掌握一大类问题的求解方法，让学生能够做到学有所思、学有所获。

随着教育形势的发展，高职数学课程改革面临一些新情况、新问题。经过编写组讨论，本书内容主要分为微积分、线性代数、数学实验、概率统计等模块。微积分模块包括一元函数微积分、多元函数微积分、无穷级数、微分方程；线性代数模块包括行列式、矩阵、线性方程组等；数学实验模块为“MATLAB及其应用”；概率统计模块为随机事件与概率、随机变量及其数字特征、统计推断等，此模块线上展示。全书共计15章，适合160学时(上学期96学时，下学期64学时)使用，各学校也可依据自身教学计划合理选择使用。

本书编写团队结构合理，主编有多年一线主讲“高等数学”理论课、习题课和数学建模竞赛的辅导经历，教材编写过程中注重理论和实践结合，并配合包括移动端设备适用的同步微课资源，适用于高职院校高等数学及其应用课程教材，也可作为高职学生升本的参考书。本书还以“十四五”职业教育改革为背景，响应解决职普融通，为国家稳步发展职业本科教育提供数学基础，既注重理论与实践的结合，又注重数学应用与专业技能并重，促进学生应用实践能力的培养。另外，教材还注重课程思政元素的挖掘，实现从数学知识点的讲解升华到教育引导学生形成正确的世界观、人生观、价值观，实现知识传授与价值塑造、人格培育相统一。因此，更加适应目前高职院校立德树人、产教融合人才培养提出的新要求。

本书编写过程中得到了南京大学出版社、江苏电子信息职业学院领导和老师的支持和帮助，在此表示衷心感谢。

由于编者水平有限，不妥之处在所难免，敬请广大读者批评指正。

编　者

2022 年 6 月

目　录

第二篇　线性代数

第三篇 数学实验

第四篇 概率统计*

注:加“*”章节为线上学习部分,微信扫码可见。

第一篇　微积分

第1章　函数、极限与连续

本章提要　函数、极限和连续都是微积分学的基本概念.函数是现代数学的基本概念之一,是高等数学的主要研究对象.极限概念是微积分的理论基础,极限方法是微积分的基本分析方法.因此,掌握、运用好极限方法是学好微积分的关键.连续是函数的一个重要性态.本章将介绍函数、极限与连续的基本知识和有关的基本方法,为今后的学习打下必要的基础.

1.1　函　　数

【同步微课】

1.1.1　函数的概念

我们在中学里已经学过函数的概念和性质等,这里只作简单的复习,方便后面的学习.

1. 函数的定义

定义1　设 D 是非空实数集,如果对于任意的 $x\in D$,按照某个对应法则 f,都有唯一的一个实数 y 与之对应,则称 y 是定义在 D 上的关于 x 的**函数**,记作

$$y=f(x),$$

其中 x 称为**自变量**,y 称为**因变量**,数集 D 称为这个函数的**定义域**,当 x 取遍 D 内的所有实数时,对应的函数值 y 的集合 $\{y\mid y=f(x),x\in D\}$ 称为这个函数的**值域**.

若自变量 x 取数值 $x_0\in D$ 时,则函数 $f(x)$ 在 x_0 处有定义,因变量 y 按照所给函数关系求出的对应值 y_0 称为当 $x=x_0$ 时的函数值,记作 $f(x_0)$ 或 $y|_{x=x_0}$.

从函数的定义可知,定义域与对应法则是函数的**两个要素**.只有两个函数具有相同的定义域和相同的对应法则时,它们才是**相同的函数**,否则就不是相同函数.

例如,对数函数 $y=\log_a x^2$ 与 $y=2\log_a x$ 不能视为相同函数.因为 $y=\log_a x^2$ 的定义域为 $(-\infty,0)\cup(0,+\infty)$,而 $y=2\log_a x$ 的定义域为 $(0,+\infty)$,两者的定义域不相同,所以不能视为相同函数.例如,函数 $f(x)=|x|$ 与函数 $g(x)=\sqrt{x^2}$,它们的定义域与对应法则都相同,它们表示的是相同函数.

【例1】　已知 $f(x)=3x^2+1$,求 $f(0)$, $f(-x)$, $f(x+1)$, $f[f(x)]$.

解　$f(0)=3\times0+1=1$;

$f(-x)=3(-x)^2+1=3x^2+1$；

$f(x+1)=3(x+1)^2+1=3x^2+6x+4$；

$f(x)=3(3x^2+1)^2+1=27x^4+18x^2+4$.

2. 函数的定义域

函数的定义域就是指使得函数有意义的自变量的取值范围，为此求函数的定义域时应遵守以下原则：

(1) 分式中分母不能为零；

(2) 负数不能开偶次方根；

(3) 对数中的真数大于零，底数大于 0 且不等于 1；

(4) 三角函数 $\tan x$ 中 $x\neq k\pi+\dfrac{\pi}{2}$，$\cot x$ 中 $x\neq k\pi(k\in\mathbf{Z})$；

(5) 反三角函数 $\arcsin x$ 与 $\arccos x$ 中 $|x|\leqslant 1$；

(6) 对于实际问题的函数，应保证符合实际意义.

【例 2】 求下列函数的定义域.

(1) $f(x)=\dfrac{3}{5x^2+2x}$；　　(2) $f(x)=\sqrt{9-x^2}$；

(3) $f(x)=\lg(4x-3)$；　　(4) $f(x)=\arcsin(2x-1)$；

(5) $f(x)=\lg(4x-3)+\arcsin(2x-1)$.

解 (1) 在分式 $\dfrac{3}{5x^2+2x}$ 中，分母不能为零，所以 $5x^2+2x\neq 0$，解得 $x\neq-\dfrac{2}{5}$ 且 $x\neq 0$，即定义域为 $\left(-\infty,-\dfrac{2}{5}\right)\cup\left(-\dfrac{2}{5},0\right)\cup(0,+\infty)$.

(2) 在偶次方根中，被开方式必须大于等于零，所以 $9-x^2\geqslant 0$，解得 $-3\leqslant x\leqslant 3$，即定义域为 $[-3,3]$.

(3) 在对数式中，真数必须大于零，所以 $4x-3>0$，解得 $x>\dfrac{3}{4}$，即定义域为 $\left(\dfrac{3}{4},+\infty\right)$.

(4) 反正弦或反余弦中的式子的绝对值必须小于等于 1，所以有 $-1\leqslant 2x-1\leqslant 1$，解得 $0\leqslant x\leqslant 1$，即定义域为 $[0,1]$.

(5) 该函数为(3)(4)两例中函数的代数和，此时函数的定义域为(3)(4)两例中定义域的交集，即 $\left(\dfrac{3}{4},+\infty\right)\cap[0,1]=\left(\dfrac{3}{4},1\right]$.

【例 3】 某一电子元件器材公司生产 x 件某种电子元件将花费 $400+5\sqrt{x(x-4)}$ 元，如果每件电子元件卖 48 元，试求公司生产 x 件电子元件获得净利润的函数关系表达式，并求其定义域.

解 用 y 表示获得的净利润，显然净利润的函数关系表达式为

$$y=48x-\left[400+5\sqrt{x(x-4)}\right].$$

函数要有意义，则 $x(x-4)\geqslant 0$，得 $x\geqslant 4$ 或 $x\leqslant 0$（舍去，电子元件件数不可能是负的）. 所以定义域为 $[4,+\infty)$.

3. 分段函数

某工厂生产某种产品，年产量为 x，每台售价 250 元，当年产量 600 台以内时，可以全部售出，当年产量超过 600 台时，经广告宣传又可再多售出 200 台，每台平均广告费 20 元，生产再多，本年就售不出去了，我们可以建立本年的销售总收入 R 与年产量 x 的函数

关系为

(1) 当 $0 \leqslant x \leqslant 600$ 时，$R = 250x$；

(2) 当 $600 < x \leqslant 800$ 时，$R = 250x - 20(x - 600) = 230x + 12\,000$；

(3) 当 $x > 800$ 时，$R = 230 \times 800 + 12\,000 = 196\,000$.

所以，这一问题数学表达式可统一写为

$$R = \begin{cases} 250x, & 0 \leqslant x \leqslant 600, \\ 230x + 12\,000, & 600 < x \leqslant 800, \\ 196\,000, & x > 800. \end{cases}$$

像这样，把定义域分成若干个区间，在不同的区间内用不同的数学式子来表示的函数称为**分段函数**. 对分段函数求函数值时，应把自变量的值代入相应范围的表达式中去计算.

【例 4】 设国际航空信件的邮资与重量的关系是

$$F(m) = \begin{cases} 4, & 0 < m \leqslant 10 \\ 4 + 0.3(m - 10), & 10 < m \leqslant 200 \end{cases},$$

求：(1) 函数的定义域；(2) $F(3)$，$F(8)$，$F(20)$.

解 (1) 分段函数的定义域是各段自变量取值范围之和，故定义域为 $D=(0,200]$；

(2) m 用 3 替代，由第一个关系式表示，得到 $F(3)=4$，同样可以得到 $F(8)=4$. m 用 20 替代，由第二个关系式表示，得到 $F(20)=7$.

4. 函数的表示法

函数的表示方法有三种：公式法（解析法）、图示法（图像法）和表格法.

1.1.2 函数的几种特性

1. 单调性

如果函数 $y = f(x)$ 对于某区间 I 内的任何两点 $x_1 < x_2$，总成立着 $f(x_1) < f(x_2)$（或 $f(x_1) > f(x_2)$），则称函数 $y = f(x)$ 在区间 I 内**单调增加**（或**单调减少**），I 叫作单调增区间（或单调减区间）.

单调增加或单调减少的函数，统称为**单调函数**，单调增区间和单调减区间统称为**单调区间**. 在单调增区间内，函数的图形随 x 的增大而上升；在单调减区间内，函数的图形随 x 的增大而下降（如图 1-1 所示）.

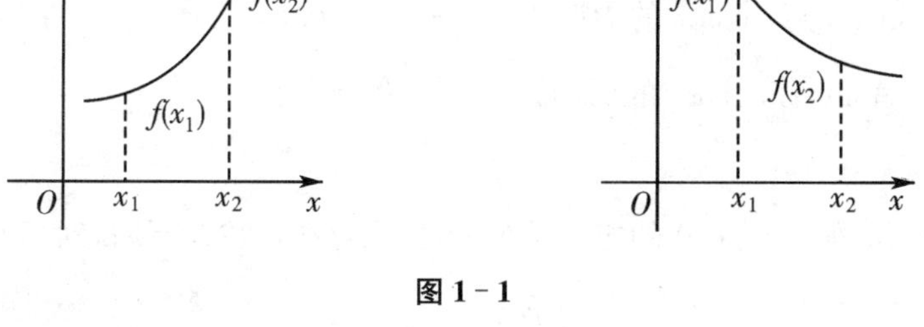

图 1-1

函数的单调性与自变量所取范围有关，因此讨论函数的单调增加或减少时，首先要搞清楚自变量的取值范围. 例如函数 $y = x^2$ 在区间 $(-\infty, 0)$ 内是单调减少的，而在 $(0, +\infty)$ 内是单调增加的.

另外，用单调性的定义去直接检验函数是否具有单调性一般是比较困难的，关于这个问题我们将在下面的章节中运用导数方面的知识去讨论它.

2. 奇偶性

如果函数 $y = f(x)$ 的定义域为 $(-a, a)$（这里 $a > 0$），并且对任意的 $x \in D$，恒有 $f(-x) = -f(x)$，则称 $y = f(x)$ 为**奇函数**；如果对任意的 $x \in D$，恒有 $f(-x) = f(x)$，则称 $y = f(x)$ 为**偶函数**. 既不是奇函数也不是偶函数的函数称为**非奇非偶函数**.

偶函数的图形关于 y 轴对称；奇函数的图形关于坐标原点对称（如图 1－2 所示）.

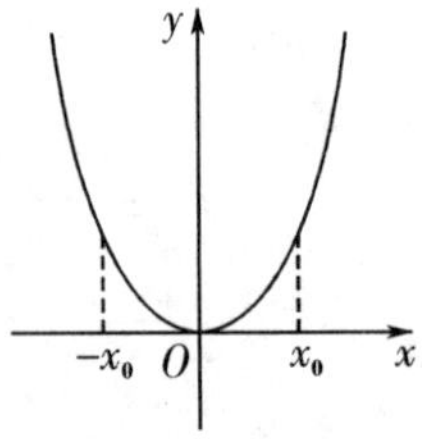

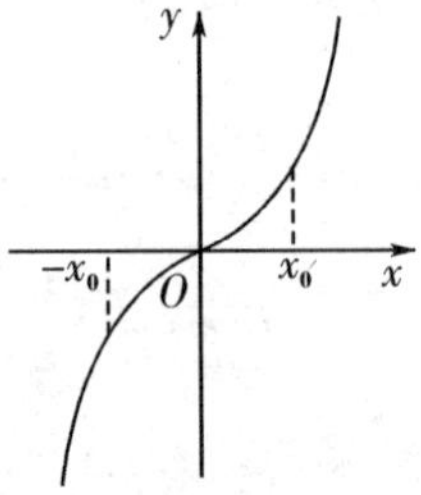

图 1－2

【例 5】 判定函数 $f(x) = \dfrac{e^x + e^{-x}}{2}$ 与函数 $g(x) = \dfrac{e^x - e^{-x}}{2}$ 的奇偶性.

解 因为 $f(-x) = \dfrac{e^{-x} + e^x}{2} = f(x)$，所以 $f(x)$ 在定义域 $(-\infty, +\infty)$ 内是偶函数；又因为 $g(-x) = \dfrac{e^{-x} - e^x}{2} = -\dfrac{e^x - e^{-x}}{2} = -g(x)$，所以 $g(x)$ 在定义域 $(-\infty, +\infty)$ 内是奇函数.

3. 周期性

定义 2 如果 $y = f(x)$ 的定义域为 $D = (-\infty, +\infty)$，并且存在非零常数 T，使得对任意的 $x \in D$，都有

$$f(x + T) = f(x),$$

则称 T 为函数 $y = f(x)$ 的一个**周期**，并称 $y = f(x)$ 为**周期函数**.

容易证明，若 T 为 $f(x)$ 的一个周期，则 T 的任意非零整数倍数都是 $f(x)$ 的周期. 这就是说，周期函数有无穷多个周期. 通常所说的周期是指周期函数的最小正周期，同样记为 T.

例如，$y = \sin x$，$y = \cos x$ 的周期 $T = 2\pi$；$y = \tan x$，$y = \cot x$ 的周期 $T = \pi$；正弦型曲线函数 $y = A\sin(\omega x + \varphi)$ 的周期为 $T = \dfrac{2\pi}{|\omega|}$.

4. 有界性

定义 3 设函数 $y = f(x)$ 的定义域为 D，如果存在正数 M，使得对所有的 $x \in D$，都有

$$|f(x)| \leqslant M,$$

则称函数 $y=f(x)$ 在 D 上有界，或称 $y=f(x)$ 是 D 上的**有界函数**. 否则称 $y=f(x)$ 在 D 上无界，$y=f(x)$ 也就称为 D 上的**无界函数**.

例如：

(1) $f(x)=\sin x$ 在 $(-\infty,+\infty)$ 上是有界的，$|\sin x|\leqslant 1$.

(2) 函数 $f(x)=\dfrac{1}{x}$ 在开区间 $(0,1)$ 内是无上界的. 这是因为，对于任一 $M>1$，总有 x_1 满足 $0<x_1<\dfrac{1}{M}<1$，使 $f(x_1)=\dfrac{1}{x_1}>M$，所以函数无上界，而函数 $f(x)=\dfrac{1}{x}$ 在 $(1,2)$ 内是有界的.

可见函数的有界性同样与自变量的取值范围有关.

1.1.3 复合函数与初等函数

1. 基本初等函数

幂函数、指数函数、对数函数、三角函数、反三角函数，这五种函数统称为**基本初等函数**. 为了今后学习方便，现将它们的表达式、定义域、图形及性质列表如表 1-1 所示.

表 1-1 初等函数基本性质

序列	函数名称	表达式	定义域	图形	性质
1	幂函数	$y=x^{\mu}$	随 μ 而不同，$(0,+\infty)$ 都有定义	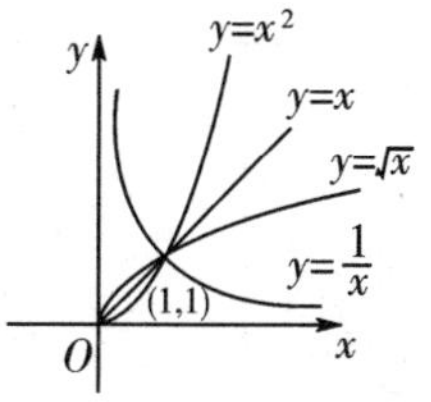	在第Ⅰ象限内，经过定点 $(1,1)$，$\mu>0$，为增函数；$\mu<0$，为减函数
2	指数函数	$y=a^x$ $(a>0$ 且 $a\neq 1)$	$(-\infty,+\infty)$	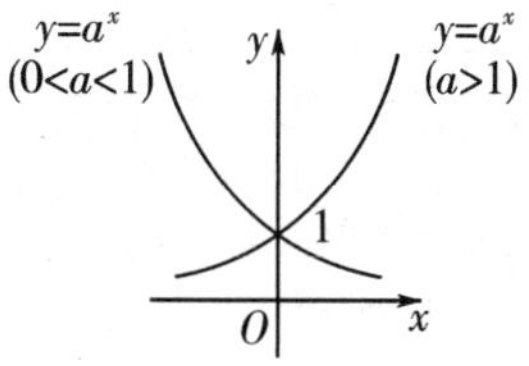	图形在 x 轴上方，经过定点 $(0,1)$，$a>1$，为增函数；$0<a<1$，为减函数
3	对数函数	$y=\log_a x$ $(a>0$ 且 $a\neq 1)$	$(0,+\infty)$	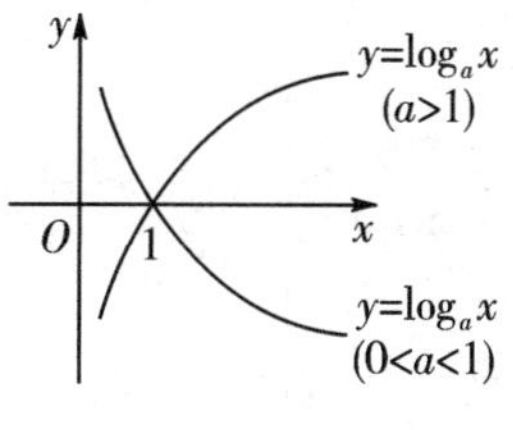	图形在 y 轴右侧，经过定点 $(1,0)$，$a>1$，为增函数；$0<a<1$，为减函数

（续表）

序列	函数名称	表达式	定义域	图形	性质
4	三角函数	正弦函数 $y=\sin x$	$(-\infty,+\infty)$	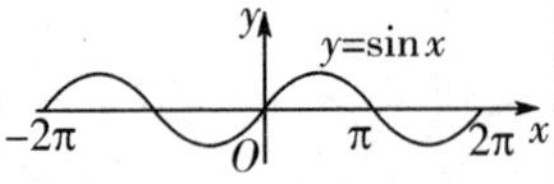	周期为 2π，奇函数，$-1\leqslant \sin x\leqslant 1$
		余弦函数 $y=\cos x$	$(-\infty,+\infty)$	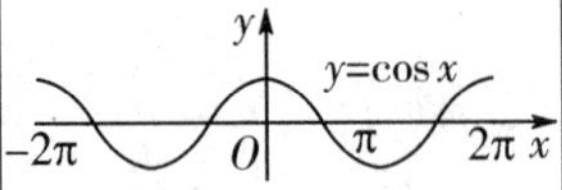	周期为 2π，偶函数，$-1\leqslant \cos x\leqslant 1$
		正切函数 $y=\tan x$	$D=\left\{x\mid x\neq k\pi+\frac{\pi}{2},k\in\mathbf{Z}\right\}$	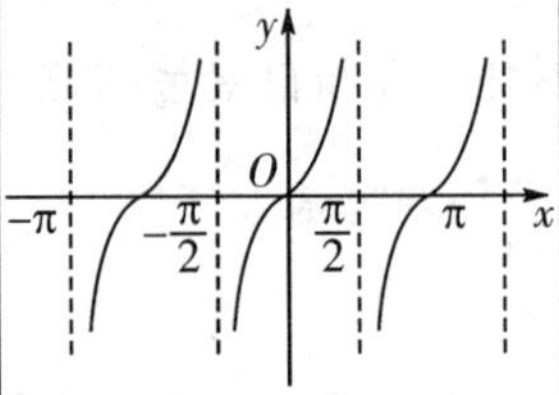	周期为 π，奇函数，$\left(-\frac{\pi}{2},\frac{\pi}{2}\right)$内为增函数
		余切函数 $y=\cot x$	$D=\{x\mid x\neq k\pi,k\in\mathbf{Z}\}$	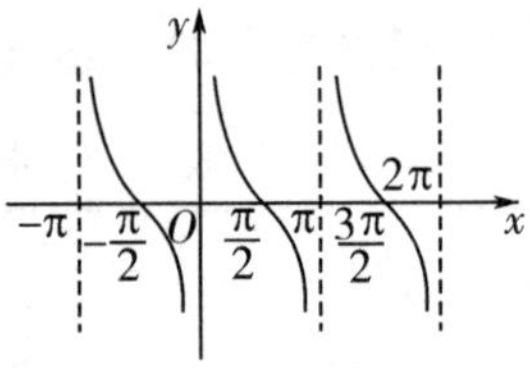	周期为 π，奇函数，$(0,\pi)$内为减函数
5	反三角函数	反正弦函数 $y=\arcsin x$	$[-1,1]$	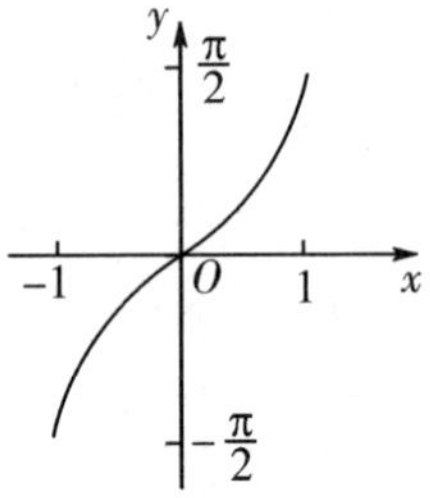	奇函数，增函数 $-\frac{\pi}{2}\leqslant y\leqslant \frac{\pi}{2}$
		反余弦函数 $y=\arccos x$	$[-1,1]$	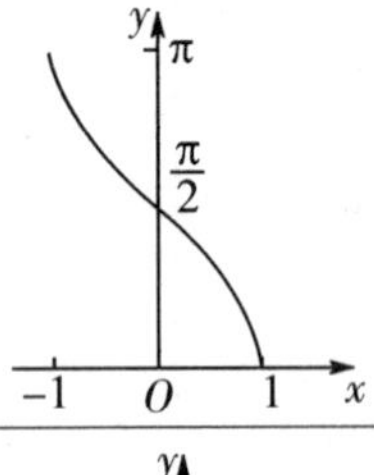	减函数，$0\leqslant y\leqslant \pi$
		反正切函数 $y=\arctan x$	$(-\infty,+\infty)$	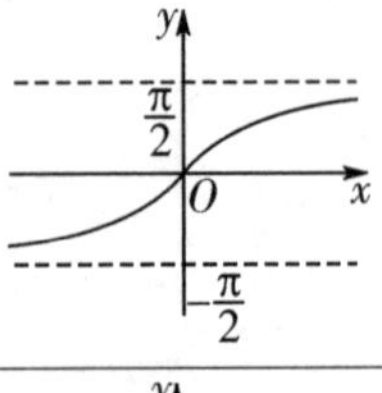	奇函数，增函数 $-\frac{\pi}{2}< y< \frac{\pi}{2}$
		反余切函数 $y=\operatorname{arccot} x$	$(-\infty,+\infty)$	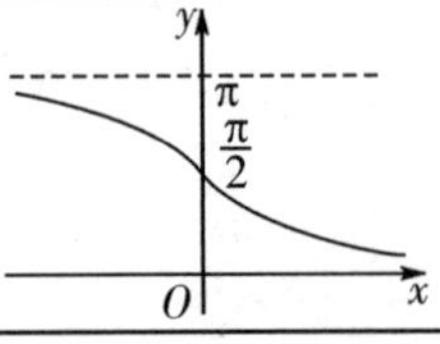	减函数，$0< y< \pi$

【例 6】 判断下列函数中，哪些不是基本初等函数：

(1) $y=\sqrt[5]{\frac{1}{x^2}}$；(2) $y=\left(\frac{1}{2}\right)^x$；(3) $y=\lg(-x)$；(4) $y=3^{\sqrt{5}}$；(5) $y=2x$.

解 直接观察可知(2)与(4)中的函数是基本初等函数，而由 $y=\sqrt[5]{\frac{1}{x^2}}=x^{-\frac{2}{5}}$，可知(1)中的函数是基本初等函数. (3)与(5)中的函数不是基本初等函数.

2. 复合函数

对于一些函数，例如 $y=\tan(2x+1)$，我们可以把它看成是将 $u=2x+1$ 代入 $y=\tan u$ 中而得. 像这样在一定条件下，将一个函数"代入"到另一个函数中的运算在数学上叫作函数的复合运算，由此而得的函数就叫作复合函数.

定义 4 设函数 $y=f(u)$，定义域为 D_0；$u=\varphi(x)$，定义域为 D，值域为 D_1；记 $D^*=D_1\cap D_0$，若 $D^*\neq\varnothing$，则对任意的 $x\in D^*$，通过对应法则 φ 和 f 有唯一确定的值 y 与 x 对应，按照函数的定义，变量 y 成为 x 的函数，称之为 x 的**复合函数**，记

$$y=f[\varphi(x)],$$

变量 u 称为中间变量.

【例 7】 设 $y=u^2$，$u=\sin x$，求复合函数.

解 因 $y=u^2$ 的定义域为$(-\infty,+\infty)$，$u=\sin x$ 的定义域为$(-\infty,+\infty)$，值域为 $[-1,1]\subset(-\infty,+\infty)$，故有在$(-\infty,+\infty)$内的复合函数 $y=\sin^2 x$.

注：(1) 不是任意两个函数都可以复合成一个复合函数的. 如 $y=\arccos u$ 及 $u=3+x^2$ 就不能复合成一个复合函数，因为第一个函数的定义域与第二个函数的值域其交集为空集. 换句话说，第二个函数当自变量在定义域内任取一值，对应函数值 u 都使得第一个函数无意义.

(2) 复合函数不仅可以有一个中间变量，还可以有多个中间变量. 如函数 $y=\ln(1+\cos^2 x)$，可看作由 $y=\ln u$，$u=1+v^2$ 及 $v=\cos x$ 复合而成，其中 u,v 为中间变量.

(3) 复合函数通常不一定是由纯粹的基本初等函数复合而成，而更多的是由基本初等函数经过四则运算后形成的简单函数构成的，这样，复合函数的合成和分解往往是对简单函数来说的.

【例 8】 指出下列复合函数的复合过程.

(1) $y=e^{5x}$；(2) $y=\cos^3(2x+1)$；(3) $y=\ln(\arctan\sqrt{x+1})$.

分析 需将 $y=e^{5x}$ 分解为几个基本初等函数或简单函数. 方法是看复合函数的运算过程或读出函数的过程. 显然，给出自变量 x，先算 $5x$，设值为 u，即 $u=5x$，然后再算 e^u，即 $y=e^u$. 故 $y=e^{5x}$ 是由 $y=e^u$，$u=5x$ 复合而成的.

解 (1) $y=e^{5x}$ 是由 $y=e^u$，$u=5x$ 复合而成的.

(2) $y=\cos^3(2x+1)$ 是由 $y=u^3$，$u=\cos v$，$v=2x+1$ 复合而成的.

(3) $y=\ln(\arctan\sqrt{x+1})$ 是由 $y=\ln u$，$u=\arctan v$，$v=\sqrt{w}$，$w=x+1$ 复合而成的.

3. 初等函数

定义 5 由常数和基本初等函数经过有限次四则运算和复合而形成的，且能用一个解

析式表示的函数，称为**初等函数**.

例如 $y=\cos x+2^{x^2-1}$，$y=\dfrac{\ln x^2}{\sin x}$，$y=3e^{\tan(5x+2)}$ 等等都是初等函数. 初等函数在其定义域内具有很好的性质(如连续性)，它是应用数学课程中的主要研究对象.

需要特别指出的是分段函数一般不是初等函数. 但分段函数也是微积分中要讨论的一类重要函数.

习题 1.1

1. 求下列函数的定义域.

(1) $y=\dfrac{1-x}{\sqrt{4-x^2}}$；

(2) $y=\arcsin\dfrac{x-1}{2}$；

(3) $y=\ln(\ln(\ln x))$；

(4) $y=\sqrt{e^{2x}-1}$；

(5) $y=\begin{cases}1-x, -1\leqslant x<0,\\ 1+x, 0\leqslant x\leqslant 1;\end{cases}$

(6) $y=\dfrac{1}{1-x^2}+\sqrt{x+2}$.

2. 下列各对函数是否相同？为什么？

(1) $f(x)=\dfrac{x}{x}$，$g(x)=1$；

(2) $f(x)=\sqrt[3]{x^4-x^3}$，$g(x)=x\sqrt[3]{x-1}$.

3. 设 $f(x+1)=x^2-3x$，求 $f(x)$，$f(x-1)$.

4. 判断下列函数的奇偶性：

(1) $f(x)=\sqrt{x^2+1}$；

(2) $f(x)=x^5-x+3$；

(3) $f(x)=\ln\dfrac{1-x}{1+x}$；

(4) $f(x)=g(x)+g(-x)$，$x\in(-\infty,+\infty)$.

5. 写出下列函数的复合过程：

(1) $y=\dfrac{1}{1+4x}$；

(2) $y=(3-2x)^5$；

(3) $y=\sin(x^3+4)$；

(4) $y=\tan^2\dfrac{x}{3}$；

(5) $y=3^{\arctan\frac{1}{x}}$；

(6) $y=\sec(1+x^2+x^4)$.

6. 某城市的行政管理当局，在保证居民正常用水需要的前提下，为了节约用水，制定了如下收费方法：每户居民每月用水量不超过 4.5 t 时，水费按 2.4 元/t 计算；超过部分每吨以 2 倍价格收费. 试建立每月用水费用与用水量之间的函数关系，并计算每月用水分别为 4 t、5 t、6 t 的用水费用.

1.2 常用经济函数

1.2.1 需求函数与供给函数

1. 需求函数

某种商品的需求量是消费者愿意购买此种商品，并具有支付能力购买该种商品的数量，它不一定是商品的实际销售量. 消费者对某种商品的需求量除了与该商品的价格有直接关系外，还与消费者的习性和偏好、消费者的收入等因素的影响有关. 现在我们只考虑商品的价格因素，其他因素暂时取定值. 这样，对商品的需求量就是关于其价格的函数，称为**需求函数**. 用 Q 表示对商品的需求量，p 表示商品的价格，则需求函数为

$$Q = Q(p),$$

鉴于实际情况，自变量 p、因变量 Q 都取非负值.

一般地，需求量随价格上涨而减少，因此通常需求函数是价格的递减函数.

在经济活动中常见的需求函数有：

(1) 线性需求函数：$Q = a - bp$，$(a > 0, b > 0)$；

(2) 二次曲线需求函数：$Q = a - bp - cp^2$，$(a > 0, b > 0, c > 0)$；

(3) 指数需求函数：$Q = ae^{-bp}$，$(a > 0, b > 0)$.

需求函数 $Q = Q(p)$ 的反函数，称为**价格函数**，记作：

$$p = p(Q),$$

也反映商品的需求与价格的关系.

2. 供给函数

某种商品的供给量是指在一定时期内，商品供应者在一定价格下，愿意并可能出售商品的数量. 供给量记为 S，供应者愿意接受的价格为 p，则供给量与价格之间的关系为

$$S = S(p),$$

称为**供给函数**，p 称为供给价格，S 与 p 均取非负值. 由供给函数所作图形称为**供给曲线**.

一般地，价格的商品供给量随商品价格的上涨而增加，因此，商品供给函数是商品价格的递增函数.

常见供给函数有：

(1) 线性函数：$S = c + dp (c > 0, d > 0)$；

(2) 二次函数：$S = a + bp + cp^2 (a > 0, b > 0, c > 0)$；

(3) 指数函数：$S = Ae^{dp} (A > 0, d > 0)$.

需求函数与供给函数密切相关. 把需求曲线和供给曲线画在同一坐标系中，由于需求函数是递减函数，供给函数是递增函数，它们的图形必相交于一点，这一点叫作**均衡点**；这一点所对应的价格 p_0 就是供、需平衡的价格，也叫**均衡价格**；这一点所对应的需求量或**供给量就叫作均衡需求量**或**均衡供给量**. 当市场价格 p 高于均衡价格 p_0 时，产生了“供大于求”的现象，从而使市场价格下降；当市场价格 p 低于均衡价格 p_0 时，这时会产

生“供不应求”的现象，从而使市场价格上升. 市场价格的调节就是这样实现的. 应该指出，市场的均衡是暂时的，当条件发生变化时，原有的均衡状态就被破坏，从而需要在新的条件下建立新的均衡.

【例 1】 市场上售出的某种衬衫的件数 Q 是价格 p 的线性函数. 当价格 p 为 50 元一件时可售出 1 500 件；当价格 p 为 60 元一件时，可售出 1 200 件. 试确定需求函数和价格函数.

解 设需求线性函数为 $Q=a-bp,(a>0,b>0)$.

根据题意，有

$$\begin{cases} a-50b=1\,500 \\ a-60b=1\,200 \end{cases}，解得 a=3\,000, b=30.$$

于是所求需求函数为 $$Q=3\,000-30p.$$

从而得其价格函数为 $$p=100-\frac{Q}{30}.$$

【例 2】 设某商品的需求函数与供给函数分别为 $D(p)=\dfrac{5\,600}{p}$ 和 $S(p)=p-10$.

(1) 找出均衡价格，并求此时的供给量与需求量；

(2) 在同一坐标中画出供给与需求曲线；

(3) 何时供给曲线过 p 轴，这一点的经济意义是什么？

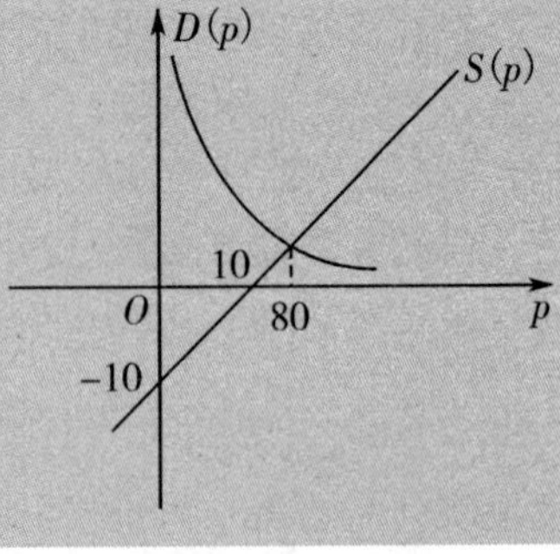

解 (1) 令 $D(p)=S(p)$，则 $\dfrac{5\,600}{p}=p-10$，解得 $p=80$，

故均衡价格为 80，此时供给量与需求量为 $\dfrac{5\,600}{80}=70$.

(2) 供给与需求曲线如图所示.

(3) 令 $S(p)=0$，即 $p-10=0, p=10$，故价格 $p=10$ 时，供给曲线过 p 轴，这一点的经济意义是当价格低于 10 时，无人供货.

1.2.2 成本函数、收益函数和利润函数

1. 成本函数

成本是指生产某种一定数量产品需要的费用，它包括固定成本和可变成本.

固定成本指在短时间内不发生变化或不明显地随产品数量增加而变化的费用，例如厂房、设备、一般管理费及管理人员的工资等. 可变成本是指随产量的变化而变化的费用，如原材料、燃料及生产工人的工资等等.

若记总成本为 C，固定成本为 C_0，Q 为产量，$C_1(Q)$ 为可变成本，则**成本函数**为

$$C=C(Q)=C_0+C_1(Q),$$

其中，$C_0\geqslant 0, Q>0$，显然成本函数是递增函数，它随产量的增加而增加.

平均成本是指生产每单位产品的成本，记为 $\overline{C}$，即**平均成本函数**为

$$\overline{C}=\frac{C(Q)}{Q}=\frac{C_0}{Q}+\frac{C_1(Q)}{Q},$$

平均成本的大小反映企业生产的好差，平均成本越小说明企业生产单位产品时消耗的资源费用越低，效益更好.

2. 收益函数

收益是指生产者将产品出售后的全部收入. **平均收益**是指生产者出售一定数量的产品时,每单位产品所得的平均收入,即单位产品的平均售价(也叫销售价格).

若设 Q 为产量,单位产品的价格为 p,R 为收益,$\overline{R}$为平均收益,则 R,$\overline{R}$都是 Q 的函数:

$$R = R(Q) = p \cdot Q,$$

$$\overline{R} = \frac{R(Q)}{Q} = p,$$

其中 R,Q 取正值.

明显地,如果销量(即产量)为 Q 时的平均售价为 p,则 $\overline{R} = p$.

3. 利润函数

利润是指收益与成本之差. **平均利润**是指生产一定数量产品时,每单位产品所得的利润. 若记利润为 L,平均利润为$\overline{L}$,则有:

$$L = L(Q) = R(Q) - C(Q),$$

$$\overline{L} = \frac{L(Q)}{Q} = p - \overline{C}(Q),$$

它们都是产量 Q 的函数,这里 p 是销售价格.

【例 3】 设每月生产某种商品 Q 件时的总成本为

$$C(Q) = 20 + 2Q + 0.5Q^2\ (万元),$$

若每售出一件该商品时的收入是 20 万元,求每月生产 20 件(并售出)时的总利润和平均利润.

解 由题意知总成本函数 $C(Q)$及销售价格 $p = 20$ 万元,所以售出 Q 件该商品时的总收入函数为

$$R(Q) = 20Q,$$

因此总利润 $L(Q) = R(Q) - C(Q) = -20 + 18Q - 0.5Q^2$.

当 $Q = 20$ 时,总利润为

$$L = L(20) = 140\ (万元),$$

平均利润为

$$\overline{L}(20) = \frac{L(20)}{20} = \frac{140}{20} = 7\ (万元).$$

应该指出,生产产品的总成本是产量 Q 的递增函数. 但是,对产品的需求由于受到价格及其他许多因素的影响不能总是增加的. 利润函数 $L(Q)$有三种情形:

(a) $L(Q) > 0$,表示销售有盈余,再生产处于有利润状态;

(b) $L(Q) < 0$,表示销售出现亏损,再生产亏损更大;

(c) $L(Q) = 0$,表示销售出现无利可图但未达到亏损情形. 我们把这时的产量(销量)Q_0 称为无盈亏点(保本点). 无盈亏点在分析企业经营(管理)和经济学中分析各种定价和生产决策时有重要意义.

【例 4】 某商品的成本函数与收入函数分别为 $C(Q) = 21 + 5Q$,$R(Q) = 8Q$,求该商品的盈亏平衡点.

解
$$L(Q) = R(Q) - C(Q) = 3Q - 21,$$

令 $L(Q) = 0$ 得盈亏平衡点为 $Q = 7$.

【例 5】 已知某产品的成本函数为 $C(Q)=2Q^2-4Q+21$，供给函数为 $Q=p-6$，求该产品的利润函数；并说明该产品的盈亏情况.

解 因为 $C(Q)=2Q^2-4Q+21$，由题意得收入函数为

$$R(Q)=pQ=Q(Q+6)=Q^2+6Q,$$

所以利润函数为

$$\begin{aligned}L(Q)&=R(Q)-C(Q)=(Q^2+6Q)-(2Q^2-4Q+21)\\&=-Q^2+10Q-21.\end{aligned}$$

令 $L(Q)=0$ 得盈亏平衡点为 $Q=3$ 或 $Q=7$. 容易看出，当 $Q<3$ 或 $Q>7$ 时，$L(Q)<0$，说明亏损；当 $3<Q<7$ 时，$L(Q)>0$，说明盈利.

1.2.3 库存函数

设某企业在计划期 T 内，对某种物品总需求量为 Q，由于库存费用和资金占用等因素，显然一次进货是不合算的，考虑均匀地分 n 次进货，每次进货批量为 $q=\dfrac{Q}{n}$，进货周期为 $t=\dfrac{T}{n}$. 假定每件物品贮存单位时间费用为 C_1，每次进货费用为 C_2，每次进货量相同，进货间隔时间不变，以匀速消耗物品，则平均库存为$\dfrac{q}{2}$，在时间 T 内的总费用 E 为

$$E=\frac{1}{2}C_1Tq+C_2\frac{Q}{q},$$

其中，$\dfrac{1}{2}C_1Tq$ 是贮存费用，$C_2\dfrac{Q}{q}$ 为进货费用.

习题 1.2

1. 设生产与销售某种商品的总收益函数 R 是产量 Q 的二次函数，经统计得知当产量分别是 0，2，4 时，总收益 R 为 0，6，8，试确定 R 关于 Q 的函数式.

2. 设某商品的市场供应函数 $Q=Q(p)=-80+4p$，其中 Q 为供应量，p 为市场价格，商品的单位生产成本是 1.5 元，试建立利润 L 与市场价格 p 的函数关系式.

3. 某药厂生产某种药品，年产量为 Q 万瓶，每瓶售价 2 元. 该厂每年的自销量稳定在 50 万瓶，如果委托代销，销售量可上升 20%，但销售量达 60 万瓶时而呈饱和状态. 如果代销费为代销部分药价的 40%，试将总收益 R(万元)表示为年产量 Q(万瓶)的函数.

4. 某厂生产的手掌游戏机每台可卖 110 元，固定成本为 7 500 元，可变成本为每台 60 元.

(1) 要卖多少台手掌机，厂家才可保本(收回投资)；

(2) 卖掉 100 台的话，厂家赢利或亏损了多少？

(3) 要获得 1 250 元利润，需要卖多少台？

5. 设某产品的价格函数是 $p=60-\dfrac{Q}{1\,000}$，$(Q\geqslant 10\,000)$，其中 p 为价格(元)，Q 为产

品的销售量. 又设产品的固定成本为 60 000 元,变动成本为 20 元/件. 求:

(1) 成本函数;(2) 收益函数;(3) 利润函数.

6. 一种汽车出厂价 45 000 元,使用后它的价值按年降价率$\frac{1}{3}$的标准贬值,试求此车的价值 y(元)与使用时间 t(年)的函数关系.

1.3 极限的概念

极限概念是微积分学中最基本的概念,微积分学中的其他重要概念如导数、积分都是用极限来表述的,并且它们的主要性质和法则也可通过极限的方法推导出来. 要学好应用数学这门课程,首先必须掌握好极限的概念、性质和计算.

【同步微课】

1.3.1 数列的极限

古人云"一尺棰,日取其半,万世不竭."意思是说:一尺长的木槌,每天取它的一半,永远取不尽. 充分反映了我们先人关于"极限"概念的朴素、直观的理解. 我们把每天取后剩下的部分记为

$$\frac{1}{2},\frac{1}{4},\frac{1}{8},\cdots,\frac{1}{2^n},\cdots$$

像这样,按一定顺序排列起来的一列数 $x_1,x_2,x_3,\cdots,x_n,\cdots$ 就是数列,简记为$\{x_n\}$. 数列中的每一个数叫作数列的项,第 n 项 x_n 叫作数列的一般项或通项. 如:

(1) $x_n=\frac{1}{n}$, 即 $1,\frac{1}{2},\frac{1}{3},\frac{1}{4},\cdots,\frac{1}{n},\cdots$

(2) $x_n=\frac{n}{n+1}$, 即 $\frac{1}{2},\frac{2}{3},\frac{3}{4},\frac{4}{5},\cdots,\frac{n}{n+1},\cdots$

(3) $x_n=n$, 即 $1,2,3,4,\cdots,n,\cdots$

(4) $x_n=\frac{(-1)^{n-1}}{n}$, 即 $1,-\frac{1}{2},\frac{1}{3},-\frac{1}{4},\cdots,\frac{(-1)^{n-1}}{n},\cdots$

(5) $x_n=\frac{1-(-1)^n}{2}$, 即 $1,0,1,0,\cdots,\frac{1-(-1)^n}{2},\cdots$

(6) $x_n=a$, 即 $a,a,a,a,\cdots,a,\cdots$

像数列(6)这样通项为常数的数列叫作**常数数列**.

对于给定的数列$\{x_n\}$,重要的不是去研究它的每一个项如何,而是要知道,当 n 无限增大(记作 $n\to\infty$)时,它的通项的变化趋势. 就数列(1)～(6)来看:

数列 $1,\frac{1}{2},\frac{1}{3},\frac{1}{4},\cdots,\frac{1}{n},\cdots$ 的通项 $x_n=\frac{1}{n}$ 随 n 的增大而减小,无限趋近于 0;

数列 $\frac{1}{2},\frac{2}{3},\frac{3}{4},\frac{4}{5},\cdots,\frac{n}{n+1},\cdots$ 的通项 $x_n=\frac{n}{n+1}$ 随 n 的增大而增大,无限趋近于 1;

数列 $1,2,3,4,\cdots,n,\cdots$ 的通项 $x_n=n$ 随 n 的增大而增大,且无限增大;

数列 $1,-\frac{1}{2},\frac{1}{3},-\frac{1}{4},\cdots,\frac{(-1)^{n-1}}{n},\cdots$ 的通项 $x_n=\frac{(-1)^{n-1}}{n}$ 随着 n 的变化在 0 两边跳

跃，且随着 n 的增大无限趋近于 0；

数列 $1,0,1,0,\cdots,\dfrac{1-(-1)^n}{2},\cdots$ 的通项 $x_n=\dfrac{1-(-1)^n}{2}$ 随着 n 的增大始终交替取值 0 和 1，而不能趋近于某一个确定的数；

数列 $a,a,a,a,\cdots,a,\cdots$ 的各项都是同一个数 a，故当 n 越来越大时，该数列的变化趋势总是确定的.

不难看出，随着数列项数 n 的不断增大，数列通项要么无限趋近于某个确定的常数，要么无法趋近于一个常数. 将此现象抽象，便可以得到数列极限的描述性定义.

定义 1 若数列 $\{x_n\}$ 当项数 n 无限增大时，通项 x_n 能与某个常数 A 无限接近，那么就称这个数列 $\{x_n\}$ **收敛**，而常数 A 就叫作数列的**极限**，记作 $\lim\limits_{n\to+\infty} x_n=A$. 否则就称这个数列**发散**.

如数列(1)、(2)、(4)、(6)就是收敛的数列，它们的极限分别是 $0,1,0,a$. 也即 $\lim\limits_{n\to+\infty}\dfrac{1}{n}=0$，$\lim\limits_{n\to+\infty}\dfrac{n}{n+1}=1$，$\lim\limits_{n\to+\infty}\dfrac{(-1)^{n-1}}{n}=0$，$\lim\limits_{n\to+\infty}a=a$.

注：(1) 收敛的数列极限唯一.

(2) 收敛的数列有界.

【例 1】 某工厂对一生产设备的投资额是 1 万元，每年的折旧费为该设备账面价格(即以前各年折旧费用提取后余下的价格)的 $\dfrac{1}{10}$，那么这一设备的账面价格(单位：万元)第一年为 1，第二年为 $\dfrac{9}{10}$，第三年为 $\left(\dfrac{9}{10}\right)^2$，…，第 n 年为 $\left(\dfrac{9}{10}\right)^{n-1}$，从它的变化趋势可以看出，随着年数 n 无限增大，账面价格无限接近于 0，即

$$\lim_{n\to\infty}\left(\frac{9}{10}\right)^{n-1}=0.$$

1.3.2 函数的极限

【同步微课】

1. 当 $x\to\infty$ 时函数的极限

【引例】 我们先来看函数 $y=\dfrac{1}{x}(x\in\mathbf{R},x\neq0)$，画出其图像(见图 1-3)，观察当 x 取正值并无限增大，和当 x 取负值并绝对值无限增大时，函数值的变化趋势.

从图中可以看出，当 x 取正值增大时，y 的值趋于 0；当 x 取负值并绝对值增大时，y 的值也趋于 0. 即当 x 绝对值增大时，y 的值无限趋近于常数 0.

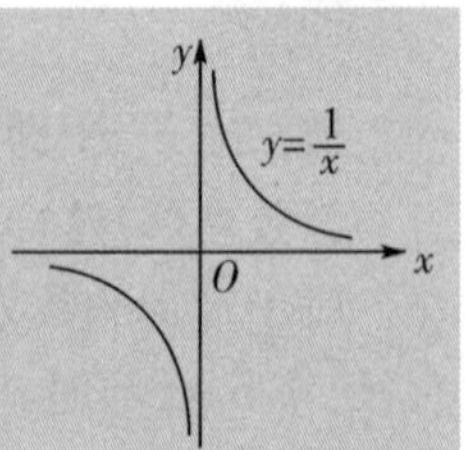

图 1-3

定义 2 若当 $|x|$ 无限增大(即 $x\to\infty$)时，函数 $f(x)$ 无限地趋近于一个确定的常数 A，则称常数 A 为**函数 $f(x)$ 当 $x\to\infty$ 时的极限**，记为

$$\lim_{x\to\infty}f(x)=A \text{ 或 } f(x)\to A(x\to\infty).$$

x 绝对值无限增大分为负值无限增大和正值无限增大. 类似地得到如下定义.

定义 2′ 当自变量 x 无限增大时，函数值 $f(x)$ 无限接近一个确定的常数 A，则称 A 为**函数 $y=f(x)$ 当 $x\to+\infty$ 时的极限**，记为

$$\lim_{x\to+\infty}f(x)=A \text{ 或 } f(x)\to A(x\to+\infty).$$

定义 2″ 当自变量 $x<0$ 且 $|x|$ 无限增大时，函数值 $f(x)$ 无限接近一个确定的常数 A，则称 A 为**函数 $y=f(x)$ 当 $x\to-\infty$ 时的极限**，记为

$$\lim_{x\to-\infty}f(x)=A \text{ 或 } f(x)\to A(x\to-\infty).$$

【例 2】 求极限 $\lim\limits_{x\to+\infty}\left(1+\dfrac{1}{x^2}\right)$，$\lim\limits_{x\to-\infty}\left(1+\dfrac{1}{x^2}\right)$ 和 $\lim\limits_{x\to\infty}\left(1+\dfrac{1}{x^2}\right)$.

解 由图 1-4 易知，当 $x\to+\infty$ 时，$\dfrac{1}{x^2}$ 无限变小，函数值趋近于 1；

当 $x\to-\infty$ 时，函数值同样趋近于 1. 所以 $\lim\limits_{x\to+\infty}\left(1+\dfrac{1}{x^2}\right)=1$，$\lim\limits_{x\to-\infty}\left(1+\dfrac{1}{x^2}\right)=1$；

当 x 的绝对值无限增大时，即 $x\to\infty$ 时，函数值趋近于 1，故 $\lim\limits_{x\to\infty}\left(1+\dfrac{1}{x^2}\right)=1$.

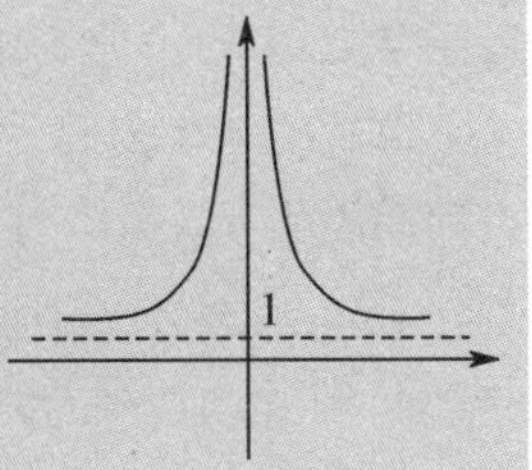

图 1-4

【例 3】 求极限 $\lim\limits_{x\to+\infty}e^x$ 和 $\lim\limits_{x\to-\infty}e^x$.

解 由图 1-5 可知，当 $x\to+\infty$ 时，函数 $f(x)=e^x$ 的值越来越大，所以 $\lim\limits_{x\to+\infty}e^x$ 不存在，即当 $x\to+\infty$ 时，$f(x)=e^x$ 是发散的. 当 $x\to-\infty$ 时，$e^x\to0$，所以 $\lim\limits_{x\to-\infty}e^x=0$. 这时，由图 1-5 不难发现，当 $x\to\infty$ 时，函数值不趋近于一个确定的常数，故 $\lim\limits_{x\to\infty}e^x$ 不存在.

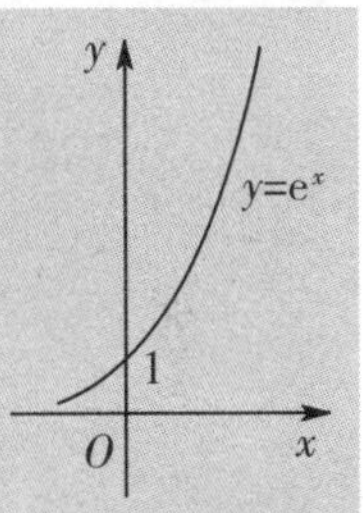

图 1-5

我们得到如下的定理：

定理 1 函数 $y=f(x)$ 当 $x\to\infty$ 时极限存在的充要条件是函数 $y=f(x)$ 当 $x\to+\infty$ 时与 $x\to-\infty$ 时极限都存在且相等. 即

$$\lim_{x\to\infty}f(x)=A\Leftrightarrow\lim_{x\to+\infty}f(x)=\lim_{x\to-\infty}f(x)=A.$$

2. 当 $x\to x_0$ 时函数的极限

【引例】 设函数 $y=f(x)=\dfrac{x^2-1}{x-1}$，则函数在 $x=1$ 处无定义. 当自变量 x 从 1 的附近无限地趋近于 1 时，相应的函数值的变化情况，它的终极结果是什么？

其实，当 x 无限趋近于 1 时，相应函数值就无限趋近 2(如图1-6 所示). 这时称 $f(x)$ 当 $x\to1$ 时以 2 为极限.

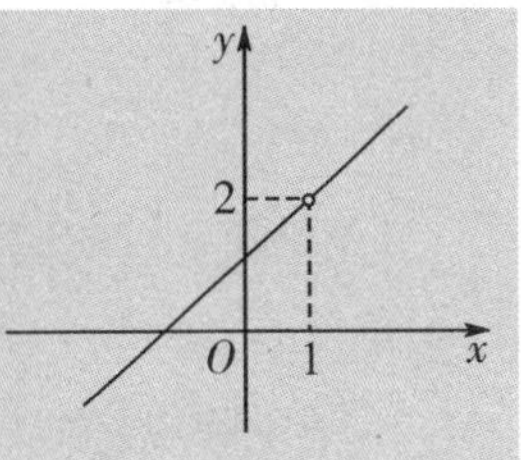

图 1-6

下面我们给出函数在某定点的极限的定义. 为了方便表述，先引入邻域的概念.

定义 3 设 $a,\delta\in\mathbf{R}$，且 $\delta>0$，我们把数集 $\{x\mid |x-a|<\delta, x\in\mathbf{R}\}$ 称为**点 a 的 δ 邻域**，记作 $U(a,\delta)$；另外，我们把不包含 a 的数集 $\{x\mid 0<|x-a|<\delta, x\in\mathbf{R}\}$ 称为**点 a 的空心 δ 邻域**，记作 $\mathring{U}(a,\delta)$. 用区间表示，即为 $U(a,\delta)=(a-\delta,a+\delta)$，$\mathring{U}(a,\delta)=(a-\delta,a)\cup(a,a+\delta)$.

定义 4 设函数 $y=f(x)$ 在 x_0 的某个空心邻域内有定义，若当 $x\to x_0$ 时，函数 $f(x)$ 无限地趋近于一个确定的常数 A，那么就称数 A 为**当 $x\to x_0$ 时函数 $f(x)$ 的极限**，记为

$$\lim_{x\to x_0}f(x)=A \text{ 或 } f(x)\to A\,(x\to x_0).$$

注：(1) $\lim\limits_{x\to x_0}f(x)=A$ 描述的是当自变量 x 无限接近 x_0 时，相应的函数值 $f(x)$ 无限趋近于常数 A 的一种变化趋势，与函数 $f(x)$ 在 x_0 点是否有定义无关.

(2) 在 x 无限趋近 x_0 的过程中，既可以从大于 x_0 的方向趋近 x_0，也可以从小于 x_0 的方向趋近于 x_0，整个过程没有任何方向限制.

【例 4】 考察下列极限

(1) $\lim\limits_{x\to x_0}x$；(2) $\lim\limits_{x\to x_0}C$.

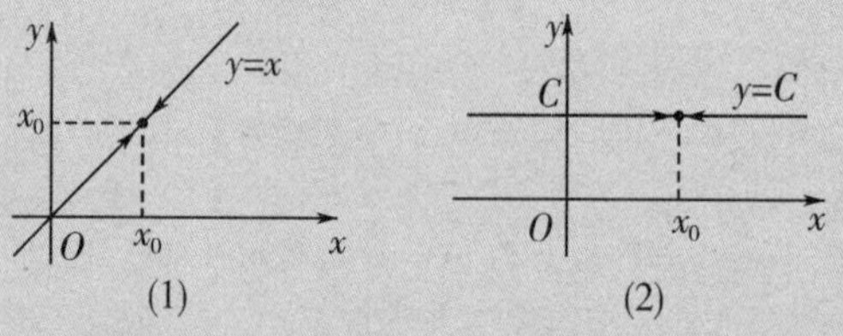

图 1-7

解 (1) 当自变量 x 趋于 x_0 时，作为函数的 x 也趋于 x_0，所以 $\lim\limits_{x\to x_0}x=x_0$；

(2) 无论自变量取何值，函数值始终为 C，所以 $\lim\limits_{x\to x_0}C=C$.

【例 5】 求 $\lim\limits_{x\to\frac{\pi}{2}}\sin x$.

解 从正弦函数 $y=\sin x$ 的图形(图 1-8)中可看出，当 $x\to\frac{\pi}{2}$ 时，$\sin x\to 1$，即

$$\lim_{x\to\frac{\pi}{2}}\sin x=1.$$

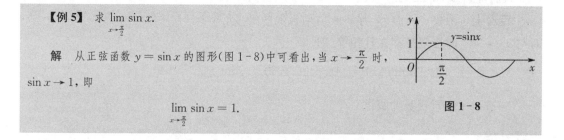

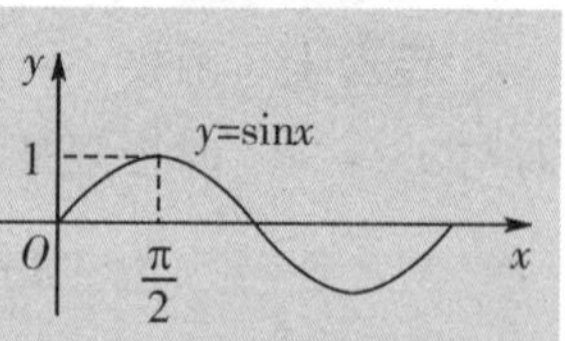

图 1-8

上述例题中，我们都是考虑自变量 x 既从 x_0 的左侧，又从 x_0 的右侧趋于 x_0 时，函数值 $f(x)$ 的变化趋势的. 有时只需考虑自变量从 x_0 的左侧或右侧趋于 x_0 时，函数值的变化趋势，这就是所谓的左、右极限.

3. 函数在点 x_0 的左右极限

定义 5 设 $f(x)$ 在 $x=x_0$ 的左邻域内有定义，如果当自变量 x 从 x_0 的左侧趋于 x_0

(记 $x \to x_0^-$)时，函数值 $f(x)$ 趋于一个确定的常数 A，则称 A 为 $f(x)$ 在 x_0 处的**左极限**，记为

$$\lim_{x \to x_0^-} f(x) = A \text{ 或 } f(x) \to A(x \to x_0^-).$$

设函数 $f(x)$ 在 x_0 的右邻域内有定义，如果当自变量 x 从 x_0 的右侧趋于 x_0（记 $x \to x_0^+$）时，函数值 $f(x)$ 趋于一个确定的常数 A，则称 A 为函数 $f(x)$ 在 x_0 处的**右极限**，记为

$$\lim_{x \to x_0^+} f(x) = A \text{ 或 } f(x) \to A(x \to x_0^+).$$

类似地，函数在点 x_0 处的极限和左右极限存在如下关系.

定理 2 $\lim\limits_{x \to x_0} f(x) = A$ 的充分必要条件是 $\lim\limits_{x \to x_0^+} f(x) = \lim\limits_{x \to x_0^-} f(x) = A$.

注：这里要求左极限存在，右极限存在，且两者相等. 三个条件同时满足时，函数在点 x_0 处的极限存在.

【例 6】 设函数 $y=f(x)=\begin{cases} x^2, & x>0 \\ -x, & x<0 \end{cases}$，求 $\lim\limits_{x \to 0} f(x)$.

解 因为函数 $y = f(x)$ 在 $x=0$ 的左、右邻域内是有不同的表达式，故要研究 $f(x)$ 在 $x=0$ 处极限存在否，必须分开讨论当 $x \to 0^-$ 与 $x \to 0^+$ 时函数值的变化趋势：当 $x \to 0^-$ 时，$\lim\limits_{x \to 0^-} f(x) = \lim\limits_{x \to 0^-}(-x) = 0$；当 $x \to 0^+$ 时，$\lim\limits_{x \to 0^+} f(x) = \lim\limits_{x \to 0^+} x^2 = 0$.

根据定理 2 有 $\lim\limits_{x \to 0} f(x) = 0$.

【例 7】 试讨论函数 $f(x)=\begin{cases} x+1, & x>1 \\ x, & x<1 \end{cases}$ 在 $x = 1$ 处的左、右极限.

解 函数 $y = f(x)$ 的图形如图 1-9 所示，当 $x<1$ 时，$f(x) = x$，因此当 x 从小于 1 的方向趋近于 1 时，$f(x)$ 趋近于 1，即

$$\lim_{x \to 1^-} f(x) = \lim_{x \to 1^-} x = 1;$$

同理可得

$$\lim_{x \to 1^+} f(x) = \lim_{x \to 1^+}(x+1) = 2.$$

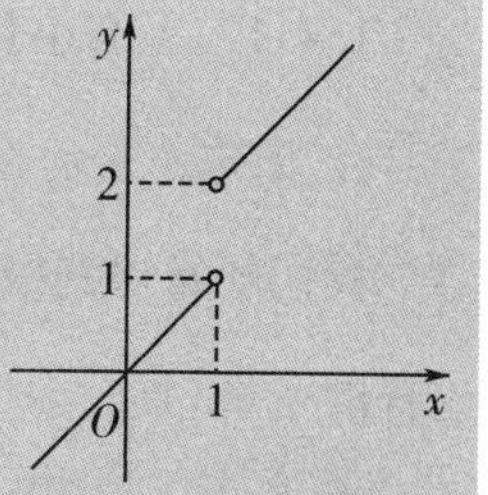

图 1-9

故由定理 2 知，$y = f(x)$ 在 $x = 1$ 处极限不存在.

注：一般情况下，我们计算初等函数在某一点的极限时不需要讨论左右极限，只有计算分段函数或含绝对值的函数在分界点的极限时，才需讨论左右极限.

习题 1.3

1. 函数在某点的函数值是否决定了函数在该点的极限值？试举例说明.

2. 根据极限定义，用观察法写出下列数列或函数的极限.

(1) $x_n = \dfrac{3}{n}\ (n \to \infty)$； (2) $x_n = \dfrac{1}{e^n}\ (n \to \infty)$；

(3) $x_n = (-1)^n \dfrac{1}{n}\ (n\to\infty)$；

(4) $x_n = \dfrac{n+1}{n^2}\ (n\to\infty)$；

(5) $\lim\limits_{x\to\infty} 2$；

(6) $\lim\limits_{x\to\infty}\left(1-\dfrac{1}{x}\right)$；

(7) $\lim\limits_{x\to+\infty} 3^{-x}$；

(8) $\lim\limits_{x\to1}\dfrac{x(x-1)}{x-1}$；

(9) $\lim\limits_{x\to1}\ln x$；

(10) $\lim\limits_{x\to0}\cos x$.

3. 设 $f(x)=\dfrac{|x|}{x}$，求当 $x\to0$ 时函数的左右极限，并说明当 $x\to0$ 时函数的极限是否存在.

4. 设函数 $f(x)=\begin{cases}x, & x<0\\ \sin x, & 0\leqslant x<\pi,\\ 1, & x\geqslant\pi\end{cases}$ 试求此函数分别在 $-1,0,\dfrac{\pi}{2},\pi,4$ 的极限.

1.4 无穷小与无穷大

【同步微课】

先观察如下一些极限：

$\lim\limits_{x\to1}(x-1)=0,\lim\limits_{x\to\infty}\dfrac{x+1}{x^2}=0,\lim\limits_{x\to0}2x^3=0$ 共同特点是：极限值为零.

$\lim\limits_{x\to1}\dfrac{1}{x-1}=\infty,\lim\limits_{x\to\infty}\dfrac{x^2}{x+1}=\infty,\lim\limits_{x\to0}\dfrac{1}{2x^3}=\infty$ 共同特点是：极限值都不存在，但都趋向于无穷大. 且前三个函数与后三个函数的关系是倒数关系.

1.4.1 无穷小量及性质

1. 无穷小量的概念

我们经常遇到极限为零的变量. 例如，当 $x\to\infty$ 时，$\dfrac{1}{x}\to0$；当 $x\to2$ 时，$x-2\to0$. 对于这样的变量，我们给出下面的定义：

定义 1 若 $\lim\limits_{x\to x_0}f(x)=0$，则称 $f(x)$ 当 $x\to x_0$ 时是**无穷小量(或无穷小)**.

注：(1) 说一个函数 $f(x)$ 是无穷小，必须指明自变量 x 的变化趋势，因为相同的函数在不同的变化趋势下，可能是无穷小也可能不是无穷小.

(2) 不要把一个绝对值很小的常数说成无穷小，因为常数的极限为它本身，并不是零；常数中只有“0”可以看成是无穷小，但无穷小量不一定是零.

(3) 可将定义中自变量的趋向换成其他任何一种情形 ($x\to x_0^-,x\to x_0^+,x\to\infty,x\to-\infty$ 或 $x\to+\infty$)，结论同样成立. 以后不再说明.

【例 1】 指出自变量 x 在怎样的趋向下，下列函数为无穷小量.

(1) $y=\dfrac{1}{x+1}$； (2) $y=x^2-1$； (3) $y=a^x(a>0,a\neq1)$.

解 (1) 因为 $\lim\limits_{x\to\infty}\dfrac{1}{x+1}=0$，所以当 $x\to\infty$ 时，函数 $y=\dfrac{1}{x+1}$ 是一个无穷小量；

(2) 因为 $\lim\limits_{x\to 1}(x^2-1)=0$ 与 $\lim\limits_{x\to -1}(x^2-1)=0$，所以当 $x\to 1$ 与 $x\to -1$ 时函数 $y=x^2-1$ 都是无穷小量；

(3) 对于 $a>1$，因为 $\lim\limits_{x\to -\infty}a^x=0$，所以当 $x\to -\infty$ 时，$y=a^x$ 为一个无穷小量；而对于 $0<a<1$，因为 $\lim\limits_{x\to +\infty}a^x=0$，所以当 $x\to +\infty$ 时，$y=a^x$ 为一个无穷小量.

建立了无穷小的概念后，我们可以找到函数极限与无穷小量之间的关系. 看下面的定理：

定理 1 $\lim f(x)=A$ 的充分必要条件是函数 $f(x)$ 可以表示为常数 A 与一个无穷小量之和. 即

$$\lim f(x)=A \Leftrightarrow f(x)=A+\alpha(\alpha\to 0).$$

注：这里极限符号下面没有给出自变量变化趋势，表示可以是任意一种情况，如 $x\to +\infty$，$x\to -\infty$，$x\to\infty$，$x\to x_0^+$，$x\to x_0^-$，$x\to x_0$. 本书后面出现这个符号将不再做说明.

2. 无穷小量的性质

在自变量的同一变化过程中，无穷小有下列性质：

性质 1 常数与无穷小的乘积仍为无穷小.

性质 2 有限个无穷小的代数和是无穷小.

性质 3 有限个无穷小的乘积是无穷小.

性质 4 有界函数与无穷小的乘积是无穷小.

在实际中，利用无穷小的性质，可以求一些函数的极限.

【例 2】 求 $\lim\limits_{x\to 0}(x^3+3x^2)$.

解 通过作图观察可知，$\lim\limits_{x\to 0}x^3=0$，$\lim\limits_{x\to 0}3x^2=0$.

由性质 2 有，$\lim\limits_{x\to 0}(x^3+3x^2)=0$.

【例 3】 求 $\lim\limits_{x\to 0}x\sin\dfrac{1}{x}$.

解 当 $x\to 0$ 时，$\lim\limits_{x\to 0}x=0$ 即 x 为无穷小量，而 $\left|\sin\dfrac{1}{x}\right|\leqslant 1$ 即 $\sin\dfrac{1}{x}$ 是有界函数.

利用性质 4 有，$\lim\limits_{x\to 0}x\sin\dfrac{1}{x}=0$.

1.4.2 无穷大量

1. 无穷大量的概念

相反于无穷小量，有一类函数在变化过程中绝对值无限增大，我们称它为无穷大量.

定义 2 如果当 $x\to x_0$（或 $x\to\infty$）时，函数 $f(x)$ 的绝对值无限增大，那么函数 $f(x)$ 叫作当 $x\to x_0$（或 $x\to\infty$）时的**无穷大量**，简称**无穷大**.

如果函数 $f(x)$ 当 $x\to x_0$（或 $x\to\infty$）时为无穷大，则它的极限是不存在的，但为了方便也说“函数的极限是无穷大”，并记作

$$\lim f(x)=\infty.$$

例如，当 $x\to 1$ 时，$\left|\dfrac{1}{x-1}\right|$ 无限增大，所以当 $x\to 1$ 时，$\dfrac{1}{x-1}$ 是无穷大量，即

$$\lim_{x\to 1}\frac{1}{x-1}=\infty.$$

注：(1) 无穷大量是一个变化的过程，反映了自变量在某个趋近过程中，函数绝对值在无限增大的一种趋势.

(2) 说一个函数 $f(x)$是无穷大，也必须指明自变量 x 的变化趋势，因为相同的函数在不同的变化趋势下，可能是无穷大也可能不是无穷大.

【例 4】 下列变量是否为无穷大量？

(1) $x^2(x\to\infty)$； (2) $\cot x(x\to 0)$； (3) $e^x(x\to\infty)$.

解 (1) 当 $x\to\infty$ 时，x^2 的值越来越大，所以当 $x\to\infty$ 时，x^2 是无穷大量.

(2) 当 $x\to 0$ 时，$\cot x$ 的绝对值越来越大，所以当 $x\to 0$ 时，$\cot x$ 是无穷大量.

(3) 当 $x\to-\infty$ 时，e^x 的值无限趋近于 0，而当 $x\to+\infty$ 时，e^x 的值越来越大，所以当 $x\to\infty$ 时，e^x 的值不稳定，不是无穷大量.

2. 无穷大和无穷小的关系

定理 2 在同一变化过程中，无穷大量的倒数为无穷小量，非零的无穷小量的倒数为无穷大量.

例如，当 $x\to 2$ 时，$x-2$ 是无穷小，则 $\dfrac{1}{x-2}$ 是无穷大；当 $x\to\infty$ 时，x 是无穷大，则 $\dfrac{1}{x}$ 是无穷小.

【例 5】 实践中发现，从大气或水中清除其中大部分的污染成分所需要的费用相对来说是不太高. 然而，若要进一步去清除那些剩余的污染物，则会使费用增多. 设清除污染成分的 $x\%$ 与清除费用 C(元)之间的函数关系是 $C(x)=\dfrac{7\,300x}{100-x}$，请问能否百分之百地清除污染？

解 由于 $\lim\limits_{x\to 100^-}\dfrac{1}{C(x)}=\lim\limits_{x\to 100^-}\dfrac{100-x}{7\,300x}=0$，故

$$\lim_{x\to 100^-}C(x)=\lim_{x\to 100^-}\frac{7\,300x}{100-x}=+\infty\ (x\text{ 不可能大于 }100\text{，故只考虑左极限}).$$

所以，清除费用随着清除污染成分的增加会越来越高，不能百分之百地清除污染.

1.4.3 无穷小量的阶

考虑变量 x，x^2，x^3，当 $x\to 0$ 时，它们都是无穷小，即当 $x\to 0$ 时，它们都趋于 0. 但很明显，三者趋于 0 的快慢程度不同，x^3 最快，x 最慢. 为比较这种快慢程度，我们引进无穷小"阶"的概念.

定义 3 设 $\lim\alpha(x)=0$，$\lim\beta(x)=0$，且 $\beta(x)\neq 0$，

(1) 若 $\lim\dfrac{\alpha(x)}{\beta(x)}=0$，则称 $\alpha(x)$是比 $\beta(x)$的高阶无穷小，记作 $\alpha(x)=o(\beta(x))$；

(2) 若 $\lim \dfrac{\alpha(x)}{\beta(x)} = l \neq 0$，则称 $\alpha(x)$和 $\beta(x)$是同阶无穷小；

特别地，若 $l = 1$，则称 $\alpha(x)$与 $\beta(x)$为等价无穷小，记 $\alpha(x) \sim \beta(x)$；

(3) 若 $\lim \dfrac{\alpha(x)}{\beta(x)} = \infty$，则称 $\alpha(x)$是比 $\beta(x)$的低阶无穷小.

根据定义 3，当 $x \to 0$ 时，无穷小量 x^3 比 x^2 高阶，x^2 比 x 高阶，当然 x^3 也比 x 高阶.

【例 6】 比较下列无穷小的阶：

(1) 当 $x \to 1$ 时，$1-x$ 与 $1-x^2$； (2) 当 $x \to 0$ 时，x 与 $\sqrt{1+x}-\sqrt{1-x}$.

解 (1) 因为 $\lim\limits_{x\to1}\dfrac{1-x^2}{1-x} = \lim\limits_{x\to1}\dfrac{(1-x)(1+x)}{1-x} = \lim\limits_{x\to1}(1+x) = 2$，所以当 $x \to 1$ 时，$1-x$ 与 $1-x^2$ 是同阶无穷小.

(2) 因为 $\lim\limits_{x\to0}\dfrac{\sqrt{1+x}-\sqrt{1-x}}{x} = \lim\limits_{x\to0}\dfrac{(1+x)-(1-x)}{x(\sqrt{1+x}+\sqrt{1-x})} = \lim\limits_{x\to0}\dfrac{2}{\sqrt{1+x}+\sqrt{1-x}} = 1$，所以当 $x \to 0$ 时，x 与 $\sqrt{1+x}-\sqrt{1-x}$ 是等价无穷小.

注：当两个无穷小之比的极限不存在时，这两个无穷小之间不能进行比较.

无穷小的等价关系可以用在求极限的过程当中，即可以把较复杂的无穷小替换为较简单的无穷小. 现在我们把常用的等价无穷小列出来，当 $x\to0$ 时有：

(1) $\sin x \sim x$， (2) $\arcsin x \sim x$， (3) $\tan x \sim x$， (4) $\arctan x \sim x$，

(5) $1-\cos x \sim \dfrac{1}{2}x^2$， (6) $\ln(1+x) \sim x$， (7) $e^x - 1 \sim x$， (8) $\sqrt[n]{1+x}-1 \sim \dfrac{1}{n}x$.

这些无穷小的等价可以推广，例如，当 $x\to0$ 时有 $x^2 \sim \sin x^2$ 等等.

注：等价无穷小只用于替换因子部分.

【例 7】 求 $\lim\limits_{x\to0}\dfrac{\sin 3x}{\tan 5x}$.

解 因为 $x\to0$ 时，$\sin 3x \sim 3x$，$\tan 5x \sim 5x$，所以 $\lim\limits_{x\to0}\dfrac{\sin 3x}{\tan 5x} = \lim\limits_{x\to0}\dfrac{3x}{5x} = \dfrac{3}{5}$.

【例 8】 求 $\lim\limits_{x\to0}\dfrac{\ln(1+3x^2)}{e^{x^2}-1}$.

解 因为 $x \to 0$ 时，$\ln(1+3x^2) \sim 3x^2$，$e^{x^2}-1 \sim x^2$，所以 $\lim\limits_{x\to0}\dfrac{\ln(1+3x^2)}{e^{x^2}-1} = \lim\limits_{x\to0}\dfrac{3x^2}{x^2} = 3$.

习题 1.4

1. 下列变量哪些是无穷大量，哪些是无穷小量？

(1) $\dfrac{1}{\sqrt[3]{x}}(x \to 0)$； (2) $x^2 + x(x \to 0)$；

(3) $\dfrac{x}{1+x^2}(x \to \infty)$； (4) $\ln(2x-1)(x \to 1)$.

2. 比较下列无穷小的阶.

(1) 当 $x \to 0$ 时，$x^3 + 3x^2$ 与 $\sin x$；

(2) 当 $x \to -1$ 时，$1+x$ 与 $1+x^3$.

3. 试证明当 $x \to 0$ 时，$\sqrt{1+x}-1 \sim \frac{x}{2}$.

4. 求下列各极限.

(1) $\lim\limits_{x \to 0} x\cos\frac{1}{x}$；　　(2) $\lim\limits_{x \to \infty} \frac{\arctan x}{x}$.

5. 利用无穷小的等价求下列极限.

(1) $\lim\limits_{x \to 0} \frac{\sqrt[3]{1+x}-1}{\sin 3x}$；　　(2) $\lim\limits_{x \to 0} \frac{(e^x-1)\arcsin 2x}{x\ln(1-x)}$.

1.5 极限的性质与运算法则

1.5.1 极限的性质

性质 1（**唯一性**） 若极限 $\lim f(x)$ 存在，则极限值唯一.

以下性质只对 $x \to x_0$ 的情形加以叙述，其他形式的极限也有类似的结果.

性质 2（**有界性**） 若极限 $\lim\limits_{x \to x_0} f(x)$ 存在，则函数 $f(x)$ 在 x_0 的某个空心邻域内有界.

性质 3（**保号性**） 若 $\lim\limits_{x \to x_0} f(x)=A$，且 $A>0$（或 $A<0$），则在 x_0 的某个空心邻域内恒有 $f(x)>0$（或 $f(x)<0$）.

1.5.2 极限的运算法则

【同步微课】

若 $\lim\limits_{x \to x_0} f(x)=A$，$\lim\limits_{x \to x_0} g(x)=B$，则有

(1) $\lim\limits_{x \to x_0}[f(x) \pm g(x)] = \lim\limits_{x \to x_0} f(x) \pm \lim\limits_{x \to x_0} g(x) = A \pm B$；

(2) $\lim\limits_{x \to x_0}[f(x) \cdot g(x)] = \lim\limits_{x \to x_0} f(x) \cdot \lim\limits_{x \to x_0} g(x) = A \cdot B$；

(3) $\lim\limits_{x \to x_0} \frac{f(x)}{g(x)} = \frac{\lim\limits_{x \to x_0} f(x)}{\lim\limits_{x \to x_0} g(x)} = \frac{A}{B}$，$(B \neq 0)$.

也就是说，如果两个函数都有极限，那么这两个函数的和、差、积、商组成的函数极限，分别等于这两个函数的极限的和、差、积、商（作为除数的函数的极限不能为 0）.

注：(1) 当 C 是常数，n 是正整数时：$\lim\limits_{x \to x_0}[Cf(x)] = C\lim\limits_{x \to x_0} f(x)$，$\lim\limits_{x \to x_0}[f(x)]^n = [\lim\limits_{x \to x_0} f(x)]^n$.

(2) 这些法则对于 $x \to \infty$ 等情况仍然适用.

(3) 可推广到有限项的情况.

【例 1】 求下列极限.

(1) $\lim\limits_{x \to 2}(x^2+3x-1)$；　(2) $\lim\limits_{x \to 1} \frac{2x^3-x^2+1}{x+1}$；　(3) $\lim\limits_{x \to 1} \frac{x^2-2x+5}{x^2+7}$.

解 (1) $\lim\limits_{x\to2}(x^2+3x-1)=\lim\limits_{x\to2}x^2+\lim\limits_{x\to2}3x-\lim\limits_{x\to2}1=4+6-1=9$;

(2) $\lim\limits_{x\to1}\dfrac{2x^3-x^2+1}{x+1}=\dfrac{\lim\limits_{x\to1}(2x^3-x^2+1)}{\lim\limits_{x\to1}(x+1)}=\dfrac{\lim\limits_{x\to1}2x^3-\lim\limits_{x\to1}x^2+\lim\limits_{x\to1}1}{\lim\limits_{x\to1}x+\lim\limits_{x\to1}1}=\dfrac{2}{2}=1$;

(3) $\lim\limits_{x\to1}\dfrac{x^2-2x+5}{x^2+7}=\lim\limits_{x\to1}\dfrac{1^2-2\times1+5}{1^2+7}=\dfrac{1}{2}$.

注:求某些函数在某一点 $x=x_0$ 处的极限值时,只要把 $x=x_0$ 代入函数的解析式中,就得到极限值.这种方法叫直接**代入法**.

【例2】 求下列极限.

(1) $\lim\limits_{x\to1}\dfrac{x^2-1}{x-1}$; (2) $\lim\limits_{x\to1}\dfrac{x^2-1}{2x^2-x-1}$; (3) $\lim\limits_{x\to4}\dfrac{x^2-16}{x-4}$.

分析 这个题目如果用代入法做,则分子、分母都为0,所以不能求解.将分子分母因式分解,约去公因式,化简再求极限.

解 (1) $\lim\limits_{x\to1}\dfrac{x^2-1}{x-1}=\lim\limits_{x\to1}\dfrac{(x-1)(x+1)}{x-1}=\lim\limits_{x\to1}(x+1)=2$;

(2) $\lim\limits_{x\to1}\dfrac{x^2-1}{2x^2-x-1}=\lim\limits_{x\to1}\dfrac{(x+1)(x-1)}{(x-1)(2x+1)}=\lim\limits_{x\to1}\dfrac{x+1}{2x+1}$

$=\dfrac{\lim\limits_{x\to1}(x+1)}{\lim\limits_{x\to1}(2x+1)}=\dfrac{1+1}{2\times1+1}=\dfrac{2}{3}$;

(3) $\lim\limits_{x\to4}\dfrac{x^2-16}{x-4}=\lim\limits_{x\to4}\dfrac{(x-4)(x+4)}{x-4}=\lim\limits_{x\to4}(x+4)=\lim\limits_{x\to4}x+\lim\limits_{x\to4}4$

$=4+4=8$.

注:当用代入法时,分子、分母都为0,可对分子、分母因式分解,约去公因式来求极限.就是先要对原来的函数进行恒等变形.称**因式分解法**.

【例3】 求下列极限.

(1) $\lim\limits_{x\to0}\dfrac{\sqrt{x+1}-1}{x}$; (2) $\lim\limits_{x\to\infty}x(\sqrt{x^2+1}-\sqrt{x^2-1})$; (3) $\lim\limits_{x\to1}\dfrac{x-1}{\sqrt{x+3}-2}$.

解 (1) $\lim\limits_{x\to0}\dfrac{\sqrt{x+1}-1}{x}=\lim\limits_{x\to0}\dfrac{x}{x\cdot(\sqrt{x+1}+1)}=\lim\limits_{x\to0}\dfrac{1}{\sqrt{x+1}+1}=\dfrac{1}{2}$;

(2) $\lim\limits_{x\to\infty}x(\sqrt{x^2+1}-\sqrt{x^2-1})=\lim\limits_{x\to\infty}\dfrac{2x}{\sqrt{x^2+1}+\sqrt{x^2-1}}$

$=\lim\limits_{x\to\infty}\dfrac{2}{\sqrt{1+\dfrac{1}{x^2}}+\sqrt{1-\dfrac{1}{x^2}}}=\dfrac{2}{1+1}=1$;

(3) $\lim\limits_{x\to1}\dfrac{(x-1)(\sqrt{x+3}+2)}{(\sqrt{x+3}-2)(\sqrt{x+3}+2)}=\lim\limits_{x\to1}\dfrac{(x-1)(\sqrt{x+3}+2)}{x-1}$

$=\lim\limits_{x\to1}(\sqrt{x+3}+2)=2+2=4$.

注:用代入法时,分子、分母都为0,但是分子、分母都不能进行因式分解,我们可以对分子或分母进行有理化,然后进行求解,称**有理化法**.

【例 4】 求下列极限.

(1) $\lim\limits_{x\to\infty}\dfrac{3x^2-x+3}{x^2+1}$； (2) $\lim\limits_{x\to\infty}\dfrac{x^3-x+5}{2x^2+1}$.

分析 对于有理分式，当 $x\to\infty$ 时，分子、分母的极限都不存在，不能直接运用上面的商的极限运算法则. 可考虑将分子、分母同时除以分子与分母中最高次项.

解 (1) $$\lim_{x\to\infty}\frac{3x^2-x+3}{x^2+1}=\lim_{x\to\infty}\frac{3-\dfrac{1}{x}+\dfrac{3}{x^2}}{1+\dfrac{1}{x^2}}=\frac{\lim\limits_{x\to\infty}\left(3-\dfrac{1}{x}+\dfrac{3}{x^2}\right)}{\lim\limits_{x\to\infty}\left(1+\dfrac{1}{x^2}\right)}$$

$$=\frac{\lim\limits_{x\to\infty}3-\lim\limits_{x\to\infty}\dfrac{1}{x}+\lim\limits_{x\to\infty}\dfrac{3}{x^2}}{\lim\limits_{x\to\infty}1+\lim\limits_{x\to\infty}\dfrac{1}{x^2}}=3;$$

(2) $$\lim_{x\to\infty}\frac{2x^2+1}{x^3-x+5}=\lim_{x\to\infty}\frac{\dfrac{2}{x}+\dfrac{1}{x^3}}{1-\dfrac{1}{x^2}+\dfrac{5}{x^3}}=\frac{\lim\limits_{x\to\infty}\left(\dfrac{2}{x}+\dfrac{1}{x^3}\right)}{\lim\limits_{x\to\infty}\left(1-\dfrac{1}{x^2}+\dfrac{5}{x^3}\right)}=0,\text{故}$$

$$\lim_{x\to\infty}\frac{x^3-x+5}{2x^2+1}=\infty.$$

一般地，有 $$\lim_{x\to\infty}\frac{a_0x^m+a_1x^{m-1}+\cdots+a_m}{b_0x^n+b_1x^{n-1}+\cdots+b_n}=\begin{cases}0, & n>m\\ \dfrac{a_0}{b_0}, & n=m,\\ \infty, & n<m\end{cases}$$ 其中 $a_0\neq 0, b_0\neq 0$.

【例 5】 求下列极限.

(1) $\lim\limits_{x\to\infty}\dfrac{4x^2+5x-3}{2x^3+8}$； (2) $\lim\limits_{x\to\infty}\dfrac{3x^4-x+1}{2x^2+3}$； (3) $\lim\limits_{x\to\infty}\dfrac{(x+1)(2x^2+1)}{2-7x^3}$.

解 (1) 因为分母的最高次大于分子的最高次，所以 $\lim\limits_{x\to\infty}\dfrac{4x^2+5x-3}{2x^3+8}=0$.

(2) 因为分子的最高次大于分母的最高次，所以 $\lim\limits_{x\to\infty}\dfrac{3x^4-x+1}{2x^2+3}=\infty$.

(3) 分子展开后为三次多项式，分子最高次等于分母最高次，$\lim\limits_{x\to\infty}\dfrac{(x+1)(2x^2+1)}{2-7x^3}=-\dfrac{2}{7}$.

【例 6】 当推出一种新的商品时，在短时间内销售量会迅速增加，然后开始下降，其函数关系为 $y=\dfrac{200t}{t^2+100}$，请对该商品的长期销售作出预测.

解 该商品的长期销售应为当 $t\to+\infty$ 时的销售量.

由于 $\lim\limits_{t\to+\infty}y=\lim\limits_{t\to+\infty}\dfrac{200t}{t^2+100}=0$，所以购买该商品的人随着时间的增加会越来越少.

小结：求函数的极限要掌握几种基本的方法. ① 代入法；② 因式分解法；③ 有理化法；④ 分子、分母同除 x 的最高次幂(或称“抓大头”).

习题 1.5

求下列极限.

(1) $\lim\limits_{x\to1}(2x^3-x+4)$； (2) $\lim\limits_{x\to2}\dfrac{x+3}{x^2+x+1}$；

(3) $\lim\limits_{x\to2}\dfrac{x-2}{x^2+3x-10}$； (4) $\lim\limits_{x\to1}\dfrac{x^2-x-2}{x^2+6x+5}$；

(5) $\lim\limits_{x\to0}\dfrac{3x+2}{x}$； (6) $\lim\limits_{x\to-\infty}(e^{\frac{1}{x}}-1)$；

(7) $\lim\limits_{x\to4}\dfrac{x-4}{\sqrt{x}-2}$； (8) $\lim\limits_{x\to+\infty}\dfrac{\cos x}{x}$；

(9) $\lim\limits_{x\to+\infty}\dfrac{\sqrt{x^2+2x+2}-1}{x+2}$； (10) $\lim\limits_{x\to+\infty}(\sqrt{9x^2+1}-3x)$；

(11) $\lim\limits_{x\to4}\dfrac{\sqrt{x-2}-\sqrt{2}}{\sqrt{2x+1}-3}$； (12) $\lim\limits_{x\to+\infty}x(\sqrt{x^2+1}-x)$；

(13) $\lim\limits_{x\to1}\left(\dfrac{3}{1-x^3}-\dfrac{2}{1-x^2}\right)$； (14) $\lim\limits_{x\to\infty}\dfrac{x^3-1}{x^2+2x+3}$.

1.6 两个重要极限

【同步微课】

1.6.1 重要极限

1. $\lim\limits_{x\to0}\dfrac{\sin x}{x}=1$

观察当 $x\to0$ 时，$\dfrac{\sin x}{x}$ 的变化情况.

表 1-1

x	$\pm\frac{\pi}{9}$	$\pm\frac{\pi}{18}$	$\pm\frac{\pi}{36}$	$\pm\frac{\pi}{72}$	$\pm\frac{\pi}{144}$	$\pm\frac{\pi}{288}$	$\to0$
$\frac{\sin x}{x}$	0.979 82	0.994 93	0.998 73	0.999 68	0.999 92	0.999 98	$\to1$

从表 1-1 中我们可以看出，随着 x 越来越趋近于 0，$\dfrac{\sin x}{x}$ 的值越来越趋近于 1，事实上我们可以用数形结合的方法证明 $\lim\limits_{x\to0}\dfrac{\sin x}{x}=1$.（本书从略）

注：这个重要极限是 $\dfrac{0}{0}$ 型，为了更好地应用第一个重要极限，我们写出它的推广形式，一般地，如果 $\lim\varphi(x)=0$，则有 $\lim\dfrac{\sin[\varphi(x)]}{\varphi(x)}=1$.

【例 1】 求 $\lim\limits_{x\to0}\dfrac{\sin x}{3x}$.

解 $\lim\limits_{x\to0}\dfrac{\sin x}{3x}=\dfrac{1}{3}\lim\limits_{x\to0}\dfrac{\sin x}{x}=\dfrac{1}{3}$.

【例 2】 求 $\lim\limits_{x\to 0}\dfrac{\tan x}{x}$.

解 $\lim\limits_{x\to 0}\dfrac{\tan x}{x}=\lim\limits_{x\to 0}\dfrac{\sin x}{x\cos x}=\lim\limits_{x\to 0}\dfrac{\sin x}{x}\cdot\lim\limits_{x\to 0}\dfrac{1}{\cos x}=1\times 1=1.$

【例 3】 求 $\lim\limits_{x\to 0}\dfrac{\sin 5x}{2x}$.

解 $\lim\limits_{x\to 0}\dfrac{\sin 5x}{2x}=\lim\limits_{x\to 0}\left(\dfrac{\sin 5x}{5x}\cdot\dfrac{5}{2}\right)=\dfrac{5}{2}\lim\limits_{x\to 0}\dfrac{\sin 5x}{5x}.$

当 $x\to 0$ 时，$5x\to 0$，故 $\lim\limits_{x\to 0}\dfrac{\sin 5x}{5x}=1$，所以 $\lim\limits_{x\to 0}\dfrac{\sin 5x}{2x}=\dfrac{5}{2}\times 1=\dfrac{5}{2}.$

【例 4】 求 $\lim\limits_{x\to 0}\dfrac{1-\cos x}{x^2}$.

解 $\lim\limits_{x\to 0}\dfrac{1-\cos x}{x^2}=\lim\limits_{x\to 0}\dfrac{2\sin^2\dfrac{x}{2}}{x^2}=\lim\limits_{x\to 0}\dfrac{\sin^2\dfrac{x}{2}}{2\left(\dfrac{x}{2}\right)^2}=\dfrac{1}{2}\lim\limits_{x\to 0}\dfrac{\sin\dfrac{x}{2}}{\dfrac{x}{2}}\cdot\dfrac{\sin\dfrac{x}{2}}{\dfrac{x}{2}}=\dfrac{1}{2}\times 1\times 1=\dfrac{1}{2}.$

【例 5】 求 $\lim\limits_{x\to 0}\dfrac{\arctan x}{x}$.

解 令 $t=\arctan x$，则 $x=\tan t$，显然当 $x\to 0$ 时，$t\to 0$.

所以 $\lim\limits_{x\to 0}\dfrac{\arctan x}{x}=\lim\limits_{t\to 0}\dfrac{t}{\tan t}=1.$

2. $\lim\limits_{x\to\infty}\left(1+\dfrac{1}{x}\right)^x=\mathrm{e}.$

观察 $x\to\infty$ 时，$\left(1+\dfrac{1}{x}\right)^x$ 的变化趋势.

表 1-2

x	10	100	1 000	10 000	100 000	100 000	…
$\left(1+\dfrac{1}{x}\right)^x$	2.594	2.705	2.717	2.718 1	2.718 2	2.718 28	…

从表 1-2 中我们可以看出，随着 x 的无限增大，函数 $\left(1+\dfrac{1}{x}\right)^x$ 越来越趋近于常数 e(2.718 28…)，即

$$\lim_{x\to\infty}\left(1+\frac{1}{x}\right)^x=\mathrm{e}.$$

注：(1) 此极限的类型称为“1^∞”型.

(2) 一般地，如果 $\lim\varphi(x)=\infty$，则有

$$\lim\left(1+\frac{1}{\varphi(x)}\right)^{\varphi(x)}=\mathrm{e}.$$

(3) 利用变量替换，有 $\lim\limits_{x\to 0}(1+x)^{\frac{1}{x}}=\mathrm{e}$，一般地，如果 $\lim\varphi(x)=0$，则有 $\lim(1+$

$\varphi(x))^{\frac{1}{\varphi(x)}} = \mathrm{e}$.

【例 6】 求 $\lim\limits_{x\to\infty}\left(1+\dfrac{3}{x}\right)^{x}$.

解 $\lim\limits_{x\to\infty}\left(1+\dfrac{3}{x}\right)^{x} = \lim\limits_{x\to\infty}\left[\left(1+\dfrac{3}{x}\right)^{\frac{x}{3}}\right]^{3} = \mathrm{e}^{3}$.

【例 7】 求 $\lim\limits_{x\to\infty}\left(1-\dfrac{1}{x}\right)^{2x+5}$.

解 $\lim\limits_{x\to\infty}\left(1-\dfrac{1}{x}\right)^{2x+5} = \lim\limits_{x\to\infty}\left[1+\dfrac{1}{-x}\right]^{(-2)\cdot(-x)+5} = \lim\limits_{x\to\infty}\left[\left(1+\dfrac{1}{-x}\right)^{(-x)}\right]^{(-2)} \cdot \lim\limits_{x\to\infty}\left(1+\dfrac{1}{-x}\right)^{5}$

$= \mathrm{e}^{-2}\times 1^{5} = \mathrm{e}^{-2}$.

【例 8】 $\lim\limits_{x\to 0}(1-3x)^{\frac{1}{x}}$.

解 $\lim\limits_{x\to 0}(1-3x)^{\frac{1}{x}} = \lim\limits_{x\to 0}[1+(-3x)]^{(-3)\cdot\frac{1}{-3x}} = \lim\limits_{x\to 0}\left[1+(-3x)\right]^{\frac{1}{-3x}\cdot(-3)} = \mathrm{e}^{-3}$.

【例 9】 $\lim\limits_{x\to 0}(1+\sin x)^{\csc x}$.

解 $\lim\limits_{x\to 0}(1+\sin x)^{\csc x} = \lim\limits_{x\to 0}(1+\sin x)^{\frac{1}{\sin x}} = \mathrm{e}$.

1.6.2 极限在经济中的应用

设现有本金 A_0，每期利率为 r，期数为 t. 若每期结算一次，则第一期末的本利和为

$$A_1 = A_0 + A_0 r = A_0(1+r),$$

将本利和 A_1 再存入银行，第二期末的本利和为

$$A_2 = A_1 + A_1 r = A_0(1+r)^2,$$

再把本利和存入银行，如此反复，第 t 期末的本利和为

$$A_t = A_0(1+r)^t,$$

这是一个以期数 t 为自变量，本利和 A_t 为因变量的函数. 如果每期按年、月和日计算，则分别得相应的复利公式. 例如按年为期，年利率为 R，则第 n 年末的本利和为

$$A_n = A_0(1+R)^n \ (A_0 \text{ 为本金}).$$

上面讨论的是一期结算一次的情况. 如果一期结算 m 次，则本利和：

$$A = A_0\left(1+\frac{r}{m}\right)^{tm},$$

当考虑每期的计息次数无限增加，也就是求 $m\to\infty$ 时 A 的极限 $\lim\limits_{m\to\infty}A_0\left(1+\dfrac{r}{m}\right)^{tm}$，记为 P，有

$$P = \lim_{m\to\infty}A_0\left(1+\frac{r}{m}\right)^{tm} = \lim_{m\to\infty}A_0\left(1+\frac{r}{m}\right)^{rt\cdot\frac{m}{r}} = A_0\mathrm{e}^{rt}.$$

在金融界有人称 e 为银行家常数. 它有一个有趣的解释:你若有 1 元钱存入银行,年利率为 10%,10 年后的本利和恰为数 e,即

$$P = A_0 e^{rt} = 1 \times e^{0.1 \times 10} = e.$$

【例 10】 已知某人有本金 $A_0 = 100$ 元,银行的年利率为 $r = 8\%$,分别求一年一计息,半年一计息,每月一计息和连续复利计息在 5 年后的本息和.

解 一年结算 1 次 $A_1 = 100 \times (1 + 0.08)^5 = 146.93$(元);

一年结算 2 次 $A_2 = 100 \times \left(1 + \dfrac{0.08}{2}\right)^{2 \times 5} = 148.02$(元);

一年结算 12 次 $A_3 = 100 \times \left(1 + \dfrac{0.08}{12}\right)^{12 \times 5} = 148.98$(元);

连续复利计息 $A_4 = \lim\limits_{m \to +\infty} 100\left(1 + \dfrac{0.08}{m}\right)^{m \times 5} = 100e^{0.08 \times 5} = 149.18$(元).

习题 1.6

1. 求下列极限.

(1) $\lim\limits_{x \to 0} \dfrac{\sin 3x}{x}$;

(2) $\lim\limits_{x \to 0} \dfrac{\sin nx}{\sin mx} (m \neq 0)$;

(3) $\lim\limits_{x \to 0} \dfrac{\sin 5x}{\tan 4x}$;

(4) $\lim\limits_{x \to \infty} x \sin \dfrac{a}{x}$;

(5) $\lim\limits_{x \to 0^+} \dfrac{\sin 3x}{\sqrt{x}}$;

(6) $\lim\limits_{x \to 1} \dfrac{x - 1}{\sin 2(x - 1)}$;

(7) $\lim\limits_{x \to 0} \dfrac{\tan x - \sin x}{x^3}$;

(8) $\lim\limits_{x \to 0} \dfrac{2\arcsin x}{3x}$.

2. 求下列极限.

(1) $\lim\limits_{x \to \infty} \left(1 + \dfrac{1}{x}\right)^{-x}$;

(2) $\lim\limits_{x \to 0} \left(1 - \dfrac{1}{2}x\right)^{\frac{1}{x}}$;

(3) $\lim\limits_{n \to \infty} \left(1 + \dfrac{1}{n}\right)^{2n}$;

(4) $\lim\limits_{x \to 0} (1 + \tan x)^{\cot x}$;

(5) $\lim\limits_{x \to 1} (2 - x)^{\frac{1}{1-x}}$;

(6) $\lim\limits_{x \to \infty} \left(\dfrac{1 - 3x}{4 - 3x}\right)^{x}$.

3. 按照银行规定,某种外币一年期存款的年利率为 4.2%,半年期存款的年利率为 4.0%,每笔存款到期后,银行自动将其转为同样期限的存款,设将总数为 A 单位货币的该种外币存入银行,两年后取出,问存何种期限的存款能有较多的收益? 多多少?

1.7 函数的连续性

【同步微课】

在现实生活中,许多变量的变化都是连续不断的,如气温的升降、植物的生长、铜丝加热时长度的改变等等. 它们都有一个共同的特点,当时间变化很小时,气温和植物的变化也很小. 反映在数学上就是,当自变量的变化很小时,函数值的变化

也很小，这就是函数的连续性. 函数的连续性在几何上就对应一条不间断的曲线.

1.7.1 函数的增量

首先引入增量的概念.

定义 1 设变量 u 从它的初值 u_0 变到终值 u_1，则终值与初值之差 u_1-u_0 就叫作变量 u 的**增量**，又叫作 u 的**改变量**，记作 Δu，即 $\Delta u=u_1-u_0$.

增量可以是正的，可以是负的，也可以是零. 当 $u_1>u_0$ 时，Δu 是正的；而当 $u_1<u_0$ 时，Δu 是负的.

注：Δu 是一个完整的符号，不能看作符号 Δ 与 u 的乘积. 这里变量 u 可以是自变量 x，也可以是函数 y. 如果是 x，则称 $\Delta x=x_1-x_0$ 为**自变量的增量**；如果是 y，则称 $\Delta y=y_1-y_0$ 为**函数的增量**. 有时为了方便，自变量 x 与 y 的终值不写成 x_1 和 y_1，而直接写作 $x_0+\Delta x$ 和 $y_0+\Delta y$.

若函数 $y=f(x)$ 在 x_0 的某个邻域内有定义，当自变量 x 在点 x_0 处有一改变量 Δx 时，函数 y 的相应改变量则为

$$\Delta y=f(x_0+\Delta x)-f(x_0).$$

【例 1】 设函数 $f(x)=x^2$ 中 x 由 1 变化到 1.1，求相应的 Δx 和 Δy.

解 $\Delta x=1.1-1=0.1$，

$\Delta y=f(1.1)-f(1)=1.1^2-1^2=0.21$.

1.7.2 连续函数的概念

1. 函数 $f(x)$ 在 x_0 处的连续性

我们来观察下面的函数图形.

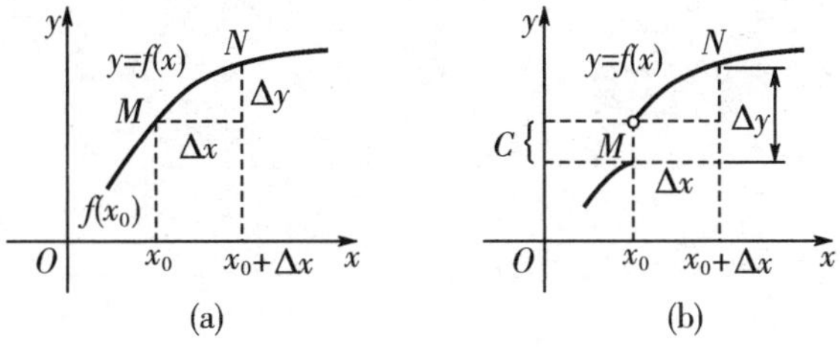

图 1-10

对比两个图像，我们发现：在 1-10(a)所示的图形中，在 x_0 处图像是连续的，当自变量 $\Delta x\to 0$ 时，对应的函数的改变量 $\Delta y\to 0$；在 1-10(b)所示的图形中，在 x_0 处图像是断开的，当自变量 $\Delta x\to 0$ 时，对应的函数的改变量 $\Delta y\not\to 0$. 这就是函数在 x_0 处是否连续的本质特征.

一般地，函数在某一点的连续性有如下定义：

定义 2 设函数 $y=f(x)$ 在 x_0 的某一个邻域内有定义，若当自变量的增量 $\Delta x\to 0$ 时，相应的函数增量也满足 $\Delta y\to 0$，即

$$\lim_{\Delta x\to 0}\Delta y=\lim_{\Delta x\to 0}[f(x_0+\Delta x)-f(x_0)]=0,$$

则称函数 $f(x)$在点 x_0 处连续,称点 x_0 为函数的**连续点**.

【例 2】 用定义证明 $y=4x^2-3$ 在 $x=2$ 处连续.

证明 当 x 在 $x=2$ 处有增量 Δx 时,

$$\Delta y=f(2+\Delta x)-f(2)=16\Delta x+4(\Delta x)^2,$$

$$\lim_{\Delta x\to 0}\Delta y=\lim_{\Delta x\to 0}[16\Delta x+4(\Delta x)^2]=0,$$

所以 $y=4x^2-3$ 在 $x=2$ 处连续.

如果令 $x=x_0+\Delta x$, 则当 $\Delta x\to 0$ 时,$x\to x_0$,于是 $\lim\limits_{\Delta x\to 0}\Delta y=0$ 可改写成

$$\lim_{x\to x_0}[f(x)-f(x_0)]=0,$$

即 $\lim\limits_{x\to x_0}f(x)=f(x_0)$. 因此,可得到函数 $y=f(x)$ 在点 x_0 处连续的另一等价定义.

定义 2′ 设函数 $y=f(x)$ 在点 x_0 的某个邻域内有定义,若 $\lim\limits_{x\to x_0}f(x)=f(x_0)$, 则称函数 $y=f(x)$ 在点 x_0 处连续.

【例 3】 试说明函数 $f(x)=\begin{cases}\dfrac{\sin x}{x}, & x\neq 0\\ 1, & x=0\end{cases}$ 在 $x=0$ 处是连续的.

解 因为 $f(0)=1$, 又 $\lim\limits_{x\to 0}f(x)=\lim\limits_{x\to 0}\dfrac{\sin x}{x}=1$, 有 $\lim\limits_{x\to 0}f(x)=f(0)$.

故函数 $f(x)$在 $x=0$ 处是连续的.

【例 4】 已知函数 $f(x)=\begin{cases}x^2, & x\geqslant 1\\ 1-x, & x<1\end{cases}$, 讨论其在 $x=0$, $x=1$ 处函数的连续性.

解 (1) 在 $x=0$ 处函数有定义且 $f(0)=1-0=1$, 又 $\lim\limits_{x\to 0}f(x)=\lim\limits_{x\to 0}(1-x)=1$, 有 $\lim\limits_{x\to 0}f(x)=f(0)$, 故函数 $f(x)$在 $x=0$ 处是连续的.

(2) 在 $x=1$ 处函数有定义且 $f(1)=1^2=1$, 由于

$$\lim_{x\to 1^-}f(x)=\lim_{x\to 1^-}(1-x)=0,\ \lim_{x\to 1^+}f(x)=\lim_{x\to 1^+}x^2=1,$$

所以 $\lim\limits_{x\to 1}f(x)$ 不存在. 故函数在 $x=1$ 处不连续.

2. 函数在区间的连续性

定义 3 若函数 $f(x)$在开区间(a,b)上内任一点都连续,则称 $f(x)$在开区间(a,b)内连续.

若函数 $f(x)$在闭区间$[a,b]$上有定义,在开区间(a,b)内连续,且 $\lim\limits_{x\to a^+}f(x)=f(a)$, $\lim\limits_{x\to b^-}f(x)=f(b)$, 则称 $f(x)$在闭区间$[a,b]$上连续.

1.7.3 函数的间断点

【同步微课】

由定义 2′可知,一个函数 $f(x)$在点 x_0 连续必须满足下列三个条件(通常称为三要素)——函数 $y=f(x)$ 在点 x_0 处:

(1) 有定义,即存在 $f(x_0)$;

(2) 有极限,即 $\lim\limits_{x\to x_0^-}f(x)=\lim\limits_{x\to x_0^+}f(x)=A$;

(3) 函数值等于极限值,即 $f(x_0)=A$.

其中有一条及以上不满足,则称函数 $f(x)$在点 x_0 处**不连续**,点 x_0 为函数的**间断点**.

一般情况下,函数 $f(x)$的间断点 x_0 分为两类:若 $f(x)$在 x_0 的左、右极限都存在,则称 x_0 为 $f(x)$**第一类间断点**,在第一类间断点中,若 $f(x)$在 x_0 的左、右极限相等,则 x_0 为**可去间断点**;若 $f(x)$在 x_0 的左、右极限不相等,则 x_0 为**跳跃间断点**.不是第一类间断点的间断点,称为**第二类间断点**,如无穷间断点,振荡间断点.

【例5】 设1 g冰从−40 ℃升到100 ℃所需要的热量(单位:焦耳)为

$$f(x)=\begin{cases}2.1x+84, & -40\leqslant x\leqslant 0\\ 4.2x+420, & x\geqslant 0\end{cases},$$

试问当 $x=0$ 时,函数是否连续?若不连续,指出其间断点的类型,并解释其实际意义.

解 因为 $\lim\limits_{x\to 0^-}f(x)=\lim\limits_{x\to 0^-}(2.1x+84)=84$, $\lim\limits_{x\to 0^+}f(x)=\lim\limits_{x\to 0^+}(4.2x+420)=420$,

所以 $\lim\limits_{x\to 0^-}f(x)=84\neq 420=\lim\limits_{x\to 0^+}f(x)$,

所以$\lim\limits_{x\to 0}f(x)$不存在,函数 $f(x)$在 $x=0$ 处不连续.

由于此时函数 $f(x)$在 $x=0$ 点的左、右极限都存在,所以 $x=0$ 为函数 $f(x)$的第一类间断点且为**跳跃间断点**.这说明冰化成水时需要的热量会突然增加.

【例6】 设函数 $f(x)=\dfrac{1}{x}$,讨论 $f(x)$在点 $x=0$ 处的连续性,若不连续,则判断间断点的类型.

解 函数 $f(x)$在 $x=0$ 处无定义,$x=0$ 是函数 $f(x)$的间断点,又 $\lim\limits_{x\to 0}\dfrac{1}{x}=\infty$,所以 $x=0$ 是第二类间断点且为**无穷间断点**.

【例7】 设函数 $f(x)=\sin\dfrac{1}{x}$,讨论 $f(x)$在点 $x=0$ 处的连续性,若不连续,则判断间断点的类型.

解 函数 $f(x)$在 $x=0$ 处无定义,$x=0$ 是函数 $f(x)$的间断点.当 $x\to 0$ 时,相应的函数值在−1与1之间振荡,$\lim\limits_{x\to 0}\sin\dfrac{1}{x}$ 不存在,所以 $x=0$ 是第二类间断点且为**振荡间断点**.

【例8】 设函数 $f(x)=\begin{cases}x, & x>1\\ 0, & x=1\\ x^2, & x<1\end{cases}$,讨论 $f(x)$在点 $x=1$ 处的连续性.

解 函数 $f(x)$在 $x=1$ 处有定义,$f(1)=0$, $\lim\limits_{x\to 1^-}f(x)=\lim\limits_{x\to 1^-}x^2=1$, $\lim\limits_{x\to 1^+}f(x)=\lim\limits_{x\to 1^+}x=1$,故 $\lim\limits_{x\to 1}f(x)=1$,但 $\lim\limits_{x\to 1}f(x)\neq f(1)$,所以 $x=1$ 是函数 $f(x)$的间断点,左、右极限相等,所以 $x=1$ 是可去间断点.

1.7.4 初等函数的连续性

结论:初等函数在其定义区间内连续.

注:(1) 求初等函数的连续区间就是求定义区间.

(2) 求初等函数在其定义区间内某点的极限时，只要求出该点的函数值即可.

(3) 若 $\lim_{x \to a}\varphi(x) = u_0$，函数 $y = f(u)$ 在 u_0 处连续，则 $\lim_{x \to a} f[\varphi(x)] = f[\lim_{x \to a}\varphi(x)]$，即极限符号"$\lim_{x \to a}$"与连续的函数符号"$f$"可交换次序.

【例 9】 求函数 $y = \frac{2x}{x^2 - 5x - 6}$ 的连续区间.

解 因为当 $x \neq -1$ 且 $x \neq 6$ 时函数有定义，而初等函数在其定义区间内都是连续的，所以 $y = \frac{2x}{x^2 - 5x - 6}$ 的连续区间为 $(-\infty, -1) \cup (-1, 6) \cup (6, +\infty)$.

【例 10】 求 $\lim_{x \to 1} \ln^2(7x - 6)$.

解 因为 $y = \ln^2(7x - 6)$ 是初等函数，在定义域 $\left(\frac{6}{7}, +\infty\right)$ 上是连续的，所以在 $x = 1$ 处也是连续的. 根据连续的定义，有极限值等于函数值，所以 $\lim_{x \to 1} \ln^2(7x - 6) = \ln^2(7 \times 1 - 6) = 0$.

1.7.5 闭区间上连续函数的性质

设函数 $y = f(x)$ 在区间 I 上有定义，如果存在 $x_1, x_2 \in I$，使得对任意的 $x \in I$，有

$$f(x_2) \leqslant f(x) \leqslant f(x_1),$$

则称 $f(x_1), f(x_2)$ 分别为函数 $y = f(x)$ 在 I 上的**最大值**和**最小值**，点 x_1, x_2 叫作 $y = f(x)$ 的**最大值点**和**最小值点**.

定理 1（**最值定理**） 若函数 $y = f(x)$ 在 $[a, b]$ 上连续，则 $y = f(x)$ 在 $[a, b]$ 上必取得最大值和最小值.

推论（**有界性定理**） 若函数 $y = f(x)$ 在 $[a, b]$ 上连续，则 $y = f(x)$ 在 $[a, b]$ 上有界.

定理 2（**介值定理**） 设 $y = f(x)$ 在 $[a, b]$ 上连续，M 和 m 为 $y = f(x)$ 在 $[a, b]$ 上的最大值和最小值，则任给值 c 满足 $m < c < M$，至少存在一点 $\xi \in (a, b)$，使得

$$f(\xi) = c.$$

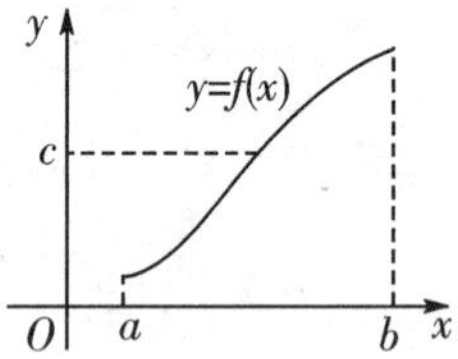

图 1-11

几何解释：位于连续曲线弧 $y = f(x)$ 高低两点间的水平直线 $y = c$ 与这段曲线弧至少有一个交点(如图 1-11 所示).

推论（**零点定理**） 若函数 $y = f(x)$ 在 $[a, b]$ 上连续，且 $f(a)f(b) < 0$，则至少存在一点 $\xi \in (a, b)$，使得

$$f(\xi) = 0.$$

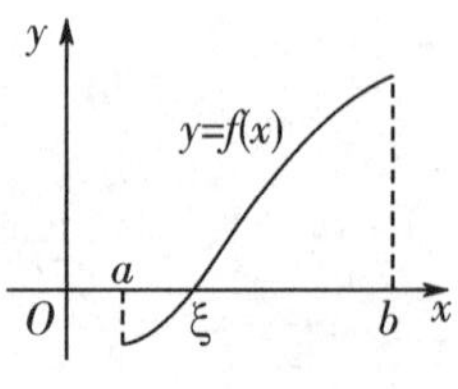

图 1-12

几何解释：连续曲线弧 $y = f(x)$ 的两个端点位于 x 轴不同侧，则这段曲线弧与 x 轴至少有一个交点(如图 1-12 所示).

零点定理说明，若 $y = f(x)$ 在 $[a, b]$ 上连续，且 $f(a)$ 与 $f(b)$ 异号，则方程 $f(x) = 0$ 在 (a, b) 内至少有一个根.

【例 11】 证明方程 $x^5-3x=1$ 至少有一个根介于 1 和 2 之间.

证明 设 $f(x)=x^5-3x-1$，则 $f(x)$ 在 $[1,2]$ 上连续，且 $f(1)=-3<0, f(2)=25>0$，即 $f(1)\cdot f(2)<0$，由零点定理知，在 $(1,2)$ 上至少有一个根 ξ，使得 $f(\xi)=0$，即方程 $x^5-3x=1$ 至少有一个根介于 1 和 2 之间.

习题 1.7

1. 判断下列函数是否有间断点，若有间断点，判断间断点的类型.

(1) $f(x)=\dfrac{|x|}{x}$；　　(2) $f(x)=\begin{cases}x, & 0\leqslant x\leqslant 1\\ 2-x, & 1<x\leqslant 2\end{cases}$；

(3) $f(x)=\dfrac{1-2^{\frac{1}{x}}}{1+2^{\frac{1}{x}}}$；　　(4) $f(x)=\tan x$.

2. 求函数 $f(x)=\dfrac{(x-1)(x-3)}{x^2-1}$ 的连续区间，并判断间断点的类型.

3. 判断下列函数在 $x=0$ 处的连续性.

(1) $f(x)=\sqrt[3]{x^2+1}$；　　(2) $f(x)=\ln\left(\dfrac{\sin 2x}{x}-1\right)$；

(3) $f(x)=\begin{cases}\dfrac{x}{1-\sqrt{1-x}}, & x<0\\ x+2, & x\geqslant 0\end{cases}$.

4. 证明方程 $e^x=3x$ 在区间 $(0,1)$ 上至少有一个实数根.

5. 设函数 $f(x)=\begin{cases}e^x, & x<0\\ a+x, & x\geqslant 0\end{cases}$，应当怎样选择数 a，使 $f(x)$ 在 $(-\infty,+\infty)$ 内连续.

6. 某地一长途汽车线路全长 60 km，票价规定如下：乘坐 20 km 以下者票价 5 元，坐满 20 km 不足 40 km 者票价 10 元，坐满 40 km 者票价 15 元. 试建立票价 y(元)与路程 x(km)之间的函数关系，并讨论函数在 $x=20$ 处的连续性.

本章小结

一、函数

1. 函数概念：任意 $x\in D$，由对应法则 f，有唯一的一个实数 y 与之对应，记 $y=f(x)$.

2. 函数的两要素：定义域与对应法则.

3. 函数的四个基本性质：单调性，奇偶性，周期性，有界性.

4. 基本初等函数：幂函数，指数函数，对数函数，三角函数，反三角函数.

5. 初等函数.

二、极限

1. 数列极限：$\lim\limits_{n\to+\infty}x_n=a$.

2. 函数极限：$\lim\limits_{x\to\infty}f(x)=A$ (其中 $\lim\limits_{x\to\infty}f(x)=A\Leftrightarrow\lim\limits_{x\to+\infty}f(x)=\lim\limits_{x\to-\infty}f(x)=A$)；

$\lim\limits_{x\to x_0} f(x)=A$（其中 $\lim\limits_{x\to x_0} f(x)=A \Leftrightarrow \lim\limits_{x\to x_0^-} f(x)=\lim\limits_{x\to x_0^+} f(x)=A$）.

3. 极限的性质：唯一性，局部有界性，局部保号性以及四则运算等.

4. 两个重要的极限：$\lim\limits_{x\to 0}\dfrac{\sin x}{x}=1$ 与 $\lim\limits_{x\to\infty}\left(1+\dfrac{1}{x}\right)^x=\mathrm{e}$.

5. 无穷小与无穷大：$\lim f(x)=0$ 与 $\lim f(x)=\infty$；以及无穷小的性质.

三、函数的连续性

1. 连续概念：$\lim\limits_{x\to x_0} f(x)=f(x_0)$.

2. 间断点的分类：第一类间断点（可去间断点与跳跃间断点）、第二类间断点.

3. 初等函数的连续性：在其定义域内是连续.

4. 闭区间上连续函数的性质：

最值定理：若函数 $y=f(x)$ 在 $[a,b]$ 上连续，则 $y=f(x)$ 在 $[a,b]$ 上必取得最大值和最小值.

零点定理：若函数 $y=f(x)$ 在 $[a,b]$ 上连续，且 $f(a)\cdot f(b)<0$，则至少存在一点 $\xi\in(a,b)$，使得 $f(\xi)=0$.

四、求极限的方法总结

1. 利用连续求极限：设 $f(x)$ 的定义域为 D，若 $x_0\in D$，则 $\lim\limits_{x\to x_0} f(x)=f(x_0)$.

2. 四则运算法则和两个重要极限.

3. 因式分解法——约去公共零因子.

4. 分子或分母有理化.

5. $0\cdot M$ 型：根据无穷小与有界函数之积为无穷小这一性质，得结果为 0.

6. $\lim\limits_{x\to\infty}\dfrac{a_0x^m+a_1x^{m-1}+\cdots+a_m}{b_0x^n+b_1x^{n-1}+\cdots+b_n}=\begin{cases}0, & n>m,\\ \dfrac{a_0}{b_0}, & n=m,\\ \infty, & n<m.\end{cases}$ 其中 $a_0\neq 0, b_0\neq 0$.

复 习 题 1

一、选择题

1. 函数 $f(x)=\arcsin\dfrac{x}{2}$ 的定义域是 （　　）

A. $[-1,1]$　　B. $[-2,2]$　　C. $(-\infty,+\infty)$　　D. $(-2,2)$

2. 下列函数中是偶函数的是 （　　）

A. $f(x)=x|x|$　　B. $f(x)=\arccos x$

C. $f(x)=x\arcsin x$　　D. $f(x)=\sqrt{x}$

3. 下列函数中在其定义域内是单调增加函数的是 （　　）

A. $f(x)=x^2$　　B. $f(x)=x^3$

C. $f(x)=2^{-x}$　　D. $f(x)=\log_x 2$

4. 复合函数 $y=e^{\sqrt[3]{x}}$ 的复合过程是 ( )

A. $y=e^u$

B. $y=e^{\sqrt[3]{u}}$, $u=x$

C. $y=\sqrt[3]{u}$, $u=e^x$

D. $y=e^u$, $u=\sqrt[3]{x}$

5. 若 $f(x+1)=x^2+1$, 则 $f(x-1)=$ ( )

A. $f(x)=x^2-1$

B. $f(x)=(x-1)^2-1$

C. $f(x)=(x-2)^2-1$

D. $f(x)=(x-2)^2+1$

6. 下列极限不存在的是 ( )

A. $\lim\limits_{n\to\infty}\frac{1}{n}$

B. $\lim\limits_{n\to\infty}\left(-\frac{1}{2}\right)^n$

C. $\lim\limits_{n\to\infty}(-1)^n\frac{n}{1+n}$

D. $\lim\limits_{n\to\infty}\frac{n}{100-n}$

7. 函数 $f(x)$ 在 x_0 处极限存在是函数 $f(x)$ 在 x_0 处连续的 ( )

A. 充分条件

B. 必要条件

C. 充要条件

D. 既非充分又非必要

8. 设 $f(x)=\frac{|x-1|}{x-1}$, 则极限 $\lim\limits_{x\to1}f(x)$ 为 ( )

A. 1　B. -1　C. 0　D. 不存在

9. 若极限 $\lim\limits_{x\to1}\frac{a-2}{x-1}$ 存在，则常数 a 的值是 ( )

A. 1　B. 2　C. 任意值　D. 不存在

10. 在 $x\to0$ 时，下列函数中是无穷小的是 ( )

A. $y=0.0001$

B. $y=\ln x$

C. $\frac{\sin^2 x}{x}$

D. $\frac{\sin 2x}{x}$

11. 函数 $f(x)=\frac{x}{x-1}$ 在点 $x=1$ ( )

A. 极限存在

B. 左右极限存在，但不相等

C. 连续

D. 不连续

12. 下列说法正确的是 ( )

A. 连续函数必有最大值和最小值

B. 连续函数必有最大值或最小值

C. 闭区间上的连续函数必有最大值和最小值

D. 开区间上的连续函数必有最大值和最小值

二、求下列极限

1. $\lim\limits_{x\to1}\frac{x^2-2x+1}{x^3-x}$;

2. $\lim\limits_{x\to0}\frac{x^2}{\sqrt{1+x^2}-1}$;

3. $\lim\limits_{x\to1}\left(\frac{1}{1-x}+\frac{1-3x}{1-x^2}\right)$;

4. $\lim\limits_{x\to1}\frac{\sqrt{5x-4}-\sqrt{x}}{x-1}$;

5. $\lim\limits_{x\to+\infty}(\sqrt{x^2+x}-\sqrt{x^2-x})$;

6. $\lim\limits_{x\to\infty}\frac{1}{x}\sin 2x$;

7. $\lim\limits_{x\to0}\frac{\arcsin 2x}{3x}$;

8. $\lim\limits_{x\to\infty}\left(1+\frac{3}{x}\right)^{2x}$;

9. $\lim\limits_{x\to0}(1+\sin x)^{\frac{1}{\sin x}}$;

10. $\lim\limits_{x\to0}\frac{1-\cos x}{x\sin x}$.

三、若 $\lim\limits_{x\to1}\frac{x^2-ax+b}{x-1}=2$, 求 a,b 的值.

四、求下列函数的连续区间

1. $y=\dfrac{x+2}{x^2+3x-10}$；　　　　2. $y=\dfrac{1}{\sqrt{x^2-3x+2}}$.

五、讨论下列函数在指定点处的连续性. 若有间断点，试判断间断点的类型

1. $f(x)=\begin{cases}\dfrac{\sin 2x}{x}, & x\neq 0\\ 1, & x=0\end{cases}$ 在 $x=0$ 处；

2. $f(x)=\begin{cases}\ln(1-x), & x<0\\ 1, & x=0\\ e^x+1, & x>0\end{cases}$ 在 $x=0$ 处.

六、证明方程 $\sin x=1-x$ 在区间 $\left(0,\dfrac{\pi}{4}\right)$ 上至少有一实数根.

七、旅客乘坐火车时，随身携带物品，不超过 20 kg 免费；超过 20 kg 部分，每千克收费 0.20 元；超过 50 kg 部分再加收 50%. 试列出收费与物品重量之间的关系.

八、某厂生产收音机的成本为每台 50 元，预计当以每台 x 元的价格卖出时，消费者每月购买 $(200-x)$ 台，请将该厂的月利润表达为价格 x 的函数.

九、某企业计划发行公司债券，规定以年利率 6.5% 的连续复利计算利息，10 年后每份债券一次偿还本息 1 000 元，问发行时每份债券的价格应定为多少元？

思政案例

中国伟大的数学家——刘徽

刘徽（约公元 225 年—295 年），汉族，山东临淄人，魏晋期间伟大的数学家，中国古典数学理论的奠基者之一，是中国数学史上一个非常伟大的数学家，他的杰作《九章算术注》和《海岛算经》，是中国最宝贵的数学遗产，刘徽思维敏捷，方法灵活，既提倡推理又主张直观. 他是中国最早明确主张用逻辑推理的方式来论证数学命题的人. 刘徽的一生是为数学刻苦探求的一生. 他虽然地位低下，但人格高尚. 他不是沽名钓誉的庸人，而是学而不厌的伟人，他给我们中华民族留下了宝贵的财富.

刘徽的数学著作留传后世的很少，所留之作均久经辗转传抄.

他的主要著作有：《九章算术注》10 卷；《重差》1 卷，至唐代易名为《海岛算经》；《九章重差图》1 卷，可惜后两种都在宋代失传.

《九章算术》约成书于东汉之初，共有 246 个问题的解法. 在许多方面，如解联立方程、分数四则运算、正负数运算、几何图形的体积面积计算等，都属于世界先进之列，但因解法比较原始，缺乏必要的证明，而刘徽则对此均做了补充证明. 在这些证明中，显示了他在多方面的创造性的贡献. 他是世界上最早提出十进小数概念的人，并用十进小数来表示无理数的立方根. 在代数方面，他正确地提出了正负数的概念及其加减运算的法则；改进了线性方程组的解法. 在几何方面，提出了“割圆术”，即将圆周用内接或外切正多边形穷竭的一种求圆面积和圆周长的方法. 他利用割圆术科学

地求出了圆周率 $\pi=3.14$ 的结果.他用割圆术,从直径为2尺的圆内接正六边形开始割圆,依次得正12边形、正24边形……,割得越细,正多边形面积和圆面积之差越小,用他的原话说是“割之弥细,所失弥少,割之又割,以至于不可割,则与圆周合体而无所失矣.”他计算了3 072边形面积并验证了这个值.刘徽提出的计算圆周率的科学方法,奠定了此后千余年中国圆周率计算在世界上的领先地位.

刘徽在数学上的贡献极多,在开方不尽的问题中提出“求徽数”的思想,这方法与后来求无理根的近似值的方法一致,它不仅是圆周率精确计算的必要条件,而且促进了十进小数的产生;在线性方程组解法中,他创造了比直除法更简便的互乘相消法,与现今解法基本一致,并在中国数学史上第一次提出了“不定方程问题”;他还建立了等差级数前 n 项和公式,提出并定义了许多数学概念:如幂(面积)、方程(线性方程组)、正负数等等.刘徽还提出了许多公认正确的判断作为证明的前提.他的大多数推理、证明都合乎逻辑,十分严谨,从而把《九章算术》及他自己提出的解法、公式建立在必然性的基础之上.虽然刘徽没有写出自成体系的著作,但他注《九章算术》所运用的数学知识实际上已经形成了一个独具特色、包括概念和判断、以数学证明为其联系纽带的理论体系.

刘徽在割圆术中提出的“割之弥细,所失弥少,割之又割以至于不可割,则与圆合体而无所失矣”,这可视为中国古代极限观念的佳作.《海岛算经》一书中,刘徽精心选编了九个测量问题,这些题目的创造性、复杂性和富有代表性,都在当时为西方所瞩目.

第 2 章　导数与微分

本章提要　在研究函数时，仅仅求出两个变量 y 与 x 之间的函数关系是不够的，进一步要研究的是在已有的函数关系下，由自变量变化引起的函数变化的快慢程度，这就是本章所要讨论的导数.

2.1　导数的概念

【同步微课】

2.1.1　导数的引入

为了引出导数的概念，我们先讨论两个具体的问题：变速直线运动的瞬时速度问题和曲线的切线斜率问题.

【引例 1】　变速运动的瞬时速度

设一质点做变速直线运动，若质点的运行路程 s 与运行时间 t 的关系为 $s=s(t)$，求质点在 t_0 时刻的"瞬时速度".

分析　如果质点做匀速直线运动，那就好办了，给一个时间的增量 Δt，那么质点在时刻 t_0 与时刻 $t_0+\Delta t$ 间隔内的平均速度也就是质点在时刻 t_0 的"瞬时速度"：

$$v_0=\overline{v}=\frac{\Delta s}{\Delta t}=\frac{s(t)-s(t_0)}{t-t_0}.$$

可我们要解决的问题没有这么简单，质点做变速直线运动，它的运行速度时刻都在发生变化，那该怎么办呢？首先在时刻 t_0 任给时间一个增量 Δt，考虑质点由 t_0 到 $t_0+\Delta t$ 这段时间的平均速度：

$$\overline{v}=\frac{\Delta s}{\Delta t}=\frac{s(t_0+\Delta t)-s(t_0)}{\Delta t}.$$

当时间间隔 Δt 非常小时，其平均速度就可以近似地看作时刻 t_0 瞬时速度.用极限思想来解释就是：当 $\Delta t\to 0$，对平均速度取极限

$$\lim_{\Delta t\to 0}\frac{\Delta s}{\Delta t}=\lim_{\Delta t\to 0}\frac{s(t_0+\Delta t)-s(t_0)}{\Delta t}.$$

如果这个极限存在的话，其极限值称为质点在时刻 t_0 的瞬时速度.

【引例 2】　平面曲线切线的斜率

我们首先要解决一个问题：什么是曲线的切线?

设有曲线 C，曲线 C 上有一定点 M，在该曲线 C 上任取一点 N，过 M 与 N 作一直线 L，直线 L 一般称为曲线 C 的割线，当动点 N 沿曲线 C 无论以何方式无限趋近于定点 M 的时候，割线有唯一的位置，这个极限位置的直线 L_0 就称为曲线过 M 点的**切线**.

设一曲线的方程为 $y=f(x)$，求该曲线在点 $M(x_0,y_0)$ 的切线的斜率.

分析 由上述关于切线的定义，我们可以先求出割线 L 的斜率：

$$K_{割}=\frac{\Delta y}{\Delta x}=\frac{f(x)-f(x_0)}{x-x_0}.$$

注意到，N 无限趋近于定点 M 等价于 $x\to x_0$，因此，曲线 C 过 M_0 点的切线的斜率为

$$K_{切}=\lim_{x\to x_0}\frac{\Delta y}{\Delta x}=\lim_{x\to x_0}\frac{f(x)-f(x_0)}{x-x_0}.$$

如果令 $\Delta x=x-x_0$，那么 $x=x_0+\Delta x$，并且 $x\to x_0\Leftrightarrow\Delta x\to 0$，所以：

$$K_{切}=\lim_{\Delta x\to 0}\frac{\Delta y}{\Delta x}=\lim_{\Delta x\to 0}\frac{f(x_0+\Delta x)-f(x_0)}{\Delta x}.$$

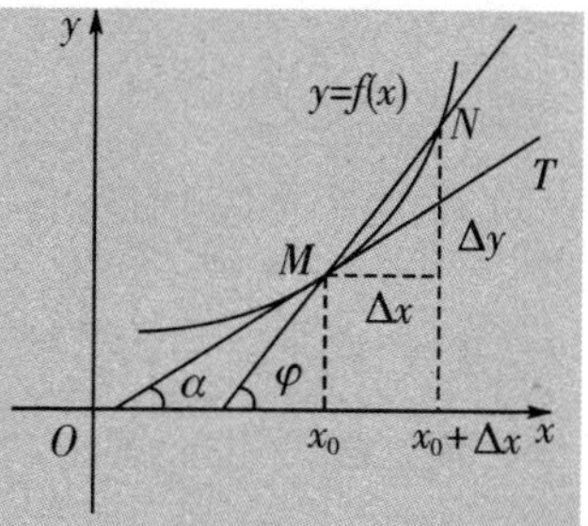

图 2-1

比较上面两个引例，虽然它们有不同的背景，一个是物理问题一个是几何问题，但是计算表达式的形式完全相似，即都是函数值增量与自变量增量比值的极限，或函数值相对于自变量在某一点处的变化率. 由此，对于一般的函数，我们引入函数在某一点的导数的概念.

2.1.2 导数的定义

定义 1 设函数 $y=f(x)$ 在 x_0 的某一邻域内有定义，当自变量 x 在 x_0 处有增量 Δx 时，函数 $y=f(x)$ 相应的增量为 $\Delta y=f(x_0+\Delta x)-f(x_0)$，若

$$\lim_{\Delta x\to 0}\frac{\Delta y}{\Delta x}=\lim_{\Delta x\to 0}\frac{f(x_0+\Delta x)-f(x_0)}{\Delta x}$$

存在，则称**函数** $f(x)$ 在点 x_0 处可导，并称该极限值为**函数 $f(x)$ 在点 x_0 处的导数**，记作 $f'(x_0)$，或 $y'|_{x=x_0}$，$\frac{\mathrm{d}y}{\mathrm{d}x}|_{x=x_0}$，$\frac{\mathrm{d}f}{\mathrm{d}x}|_{x=x_0}$，即

$$f'(x_0)=\lim_{\Delta x\to 0}\frac{\Delta y}{\Delta x}=\lim_{\Delta x\to 0}\frac{f(x_0+\Delta x)-f(x_0)}{\Delta x}.$$

由此可见，导数就是函数增量 Δy 与自变量增量 Δx 之比 $\frac{\Delta y}{\Delta x}$ 的极限，一般地，我们称 $\frac{\Delta y}{\Delta x}$ 为函数关于自变量的平均变化率，所以导数 $f'(x_0)$ 为 $f(x)$ 在点 x_0 处关于 x 的变化率.

注：(1) 在科学技术中，称导数为变化率，反映了函数 y 随着自变量 x 在 x_0 处变化而变化的快慢程度.

(2) 引例 1 中，变速直线运动的瞬时速度为 $v(t_0)=s'(t_0)$；引例 2 中，曲线在点 x_0 处的切线斜率为 $k=f'(x_0)$.

(3) 若 $\lim\limits_{\Delta x\to 0}\frac{\Delta y}{\Delta x}$ 不存在，则称 $f(x)$ 在点 x_0 处不可导.

(4) 求导数的步骤：① 求增量 Δy；② 算比值 $\frac{\Delta y}{\Delta x}$；③ 求极限 $\lim\limits_{\Delta x\to 0}\frac{\Delta y}{\Delta x}$.

【例 1】 求函数 $y=x^2$ 在 $x=1$ 处的导数.

解 (1) 求增量：$\Delta y=f(1+\Delta x)-f(1)=(1+\Delta x)^2-1=2\Delta x+(\Delta x)^2$；

(2) 算比值：$\dfrac{\Delta y}{\Delta x}=\dfrac{2\Delta x+(\Delta x)^2}{\Delta x}=2+\Delta x$；

(3) 取极限：$y'|_{x=1}=\lim\limits_{\Delta x\to 0}\dfrac{\Delta y}{\Delta x}=\lim\limits_{\Delta x\to 0}(2+\Delta x)=2$.

【例 2】 设函数 $f(x)=|x|$，判断该函数在 $x=1$ 及 $x=0$ 处是否可导？

解 在 $x=1$ 处，我们有 $\lim\limits_{\Delta x\to 0}\dfrac{|1+\Delta x|-|1|}{\Delta x}=\lim\limits_{\Delta x\to 0}\dfrac{(1+\Delta x)-1}{\Delta x}=1$，所以函数 $f(x)=|x|$ 在 $x=1$ 处可导，且 $f'(1)=1$.

在 $x=0$ 处，我们考虑 $\lim\limits_{\Delta x\to 0}\dfrac{|0+\Delta x|-|0|}{\Delta x}$. 因为右极限 $\lim\limits_{\Delta x\to 0^+}\dfrac{|0+\Delta x|-|0|}{\Delta x}=\lim\limits_{\Delta x\to 0^+}\dfrac{\Delta x}{\Delta x}=1$，而左极限 $\lim\limits_{\Delta x\to 0^-}\dfrac{|0+\Delta x|-|0|}{\Delta x}=\lim\limits_{\Delta x\to 0^-}\dfrac{-\Delta x}{\Delta x}=-1$，左右极限不相等，所以，$\lim\limits_{\Delta x\to 0}\dfrac{|0+\Delta x|-|0|}{\Delta x}$ 不存在，所以函数 $f(x)=|x|$ 在 $x=0$ 处不可导.

本例中，虽然函数在 $x=0$ 处极限不存在，但它的左右极限分别存在，由此我们给出左右导数的概念.

定义 2 设函数 $y=f(x)$ 在点 x_0 的某右邻域内有定义，若

$$\lim_{\Delta x\to 0^+}\frac{\Delta y}{\Delta x}=\lim_{\Delta x\to 0^+}\frac{f(x_0+\Delta x)-f(x_0)}{\Delta x}$$

存在，则称 $f(x)$在点 x_0 处右可导，该极限值称为 $f(x)$在 x_0 处的右导数，记为 $f'_+(x_0)$，即

$$f'_+(x_0)=\lim_{\Delta x\to 0^+}\frac{f(x_0+\Delta x)-f(x_0)}{\Delta x}.$$

类似地，我们可定义左导数 $f'_-(x_0)=\lim\limits_{\Delta x\to 0^-}\dfrac{f(x_0+\Delta x)-f(x_0)}{\Delta x}$. 右导数和左导数统称为**单侧导数**.

定理 1 若函数 $y=f(x)$ 在点 x_0 的某邻域内有定义，则 $f'(x_0)$ 存在的充要条件是 $f'_+(x_0)$ 与 $f'_-(x_0)$ 都存在，且 $f'_+(x_0)=f'_-(x_0)$.

定义 3 若函数 $y=f(x)$ 在区间(a,b)内每一点都可导，则称函数在区间(a,b)内可导. 这时对任意给定的值 $x\in(a,b)$，都有唯一确定的导数值与之对应，因此就构成了 x 的一个新函数，称为**导函数**，记作

$$y',f'(x),\frac{\mathrm{d}y}{\mathrm{d}x}\text{或}\frac{\mathrm{d}f(x)}{\mathrm{d}x},$$

即

$$f'(x)=\lim_{\Delta x\to 0}\frac{\Delta y}{\Delta x}=\lim_{\Delta x\to 0}\frac{f(x+\Delta x)-f(x)}{\Delta x}.$$

注：显然，函数 $y=f(x)$ 在 x_0 处的导数，就是导函数 $f'(x)$ 在点 $x=x_0$ 处的函数值，即

$$f'(x_0)=f'(x)|_{x=x_0}.$$

以后在不会混淆的情况下，我们把导函数称为导数.

【例3】 求函数 $y=C$ 的导数.

解
$$y'=\lim_{\Delta x\to 0}\frac{f(x+\Delta x)-f(x)}{\Delta x}=\lim_{\Delta x\to 0}\frac{0}{\Delta x}=0.$$

故有，常数的导数为0.

【例4】 求函数 $y=\sin x$ 的导数，并求 $f'\left(\frac{\pi}{2}\right)$，$f'(0)$.

解
$$y'=\lim_{\Delta x\to 0}\frac{\sin(x+\Delta x)-\sin x}{\Delta x}=\lim_{\Delta x\to 0}\frac{2\sin\left(\frac{\Delta x}{2}\right)\cos\left(x+\frac{\Delta x}{2}\right)}{\Delta x}$$
$$=\lim_{\Delta x\to 0}\frac{2\cdot\frac{\Delta x}{2}\cdot\cos\left(x+\frac{\Delta x}{2}\right)}{\Delta x}=\cos x.$$

所以 $f'\left(\frac{\pi}{2}\right)=\cos\frac{\pi}{2}=0$，$f'(0)=\cos 0=1$.

【例5】 设 $f(x)=\begin{cases}1+x & x\geqslant 0\\ 1-x & x<0\end{cases}$，讨论 $f(x)$ 在 $x_0=0$ 处是否可导.

解 因为 $\dfrac{f(0+\Delta x)-f(0)}{\Delta x}=\begin{cases}1, & \Delta x>0\\ -1, & \Delta x<0\end{cases}$，

所以 $f'_+(0)=\lim_{\Delta x\to 0^+}\dfrac{f(0+\Delta x)-f(0)}{\Delta x}=1$，$f'_-(0)=\lim_{\Delta x\to 0^-}\dfrac{f(0+\Delta x)-f(0)}{\Delta x}=-1$，所以 $f'_+(0)\neq f'_-(0)$，故 $f(x)$ 在 $x_0=0$ 处不可导.

2.1.3 导数的几何意义

当函数 $y=f(x)$ 在点 $x=x_0$ 处可导时，由引例2知，函数 $y=f(x)$ 在点 $x=x_0$ 处的导数 $f'(x_0)$ 表示曲线 $y=f(x)$ 在点 $x=x_0$ 处的切线斜率，这就是导数的几何意义. 所以曲线在点 $P_0(x_0,y_0)$ 处

切线方程为
$$y-y_0=f'(x_0)(x-x_0),$$

法线方程为
$$y-y_0=-\frac{1}{f'(x_0)}(x-x_0),\ f'(x_0)\neq 0.$$

当 $f'(x_0)=0$ 时，法线方程为 $x=x_0$；

当 $f'(x_0)$ 趋于无穷大时，法线方程为 $y=y_0$.

【例6】 求曲线 $y=x^2$ 在点(1,1)处的切线方程及法线方程.

解 由例1可知：$y'|_{x=1}=2$，所以在点(1,1)处

切线方程为 $y-1=2(x-1)$ 即 $2x-y-1=0$；

法线方程为 $y-1=-\frac{1}{2}(x-1)$ 即 $x+2y-3=0$.

2.1.4 连续与可导的关系

函数的连续性保证了曲线的“不断”，而函数的可导则既保证了曲线的“不断”，又保证了曲线的“流畅”或“光滑”.

定理 2 若函数在某点可导，则函数在该点必然连续.

但是，反之却不然，即连续不一定可导.

我们观察函数 $y=|x|$ 的图像. 图像是连续的，那么是不是可导呢？

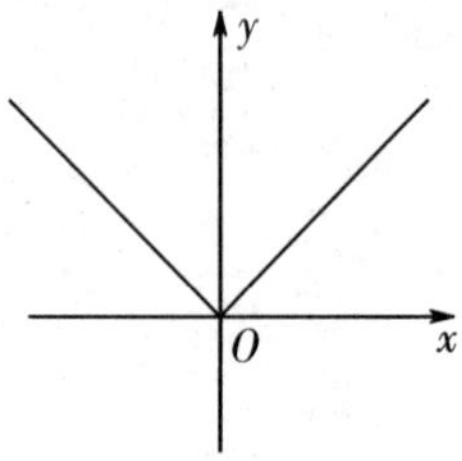

图 2-2

我们发现图像在 $x=0$ 处突然拐弯，出现了“尖点”或“不流畅、不光滑”的点(如图 2-2)，在例 2 中我们已经证明，函数 $y=|x|$ 在 $x=0$处不可导.

【例 7】 设函数 $f(x)=\begin{cases} x\sin\frac{1}{x}, & x\neq 0 \\ 0, & x=0 \end{cases}$，讨论其在 $x=0$ 的连续性和可导性.

解 因为 $\lim\limits_{x\to 0}x\sin\frac{1}{x}=0=f(0)$，所以 $f(x)$在 $x=0$ 点连续.

又因为 $\lim\limits_{\Delta x\to 0}\frac{f(0+\Delta x)-f(0)}{\Delta x}=\lim\limits_{\Delta x\to 0}\frac{\Delta x\cdot\sin\frac{1}{\Delta x}-0}{\Delta x}=\lim\limits_{\Delta x\to 0}\sin\frac{1}{\Delta x}$ 不存在，所以不可导.

习题 2.1

1. 某物体做直线运动的方程为 $s=t^2-t+1$，试求：

(1) 物体在 1 秒到 $1+\Delta t$ 秒的平均速度；

(2) 物体在 1 秒时的瞬时速度.

2. 设 $f(x)=4x^2$，试按定义求 $f'(-1)$.

3. 下列各题中均假定 $f'(x_0)$存在，按照导数定义求下列极限，指出 A 表示什么？

(1) $\lim\limits_{\Delta x\to 0}\frac{f(x_0-\Delta x)-f(x_0)}{2\Delta x}=A$；

(2) $\lim\limits_{h\to 0}\frac{f(x_0+h)-f(x_0-2h)}{h}=A$；

(3) $\lim\limits_{x\to 0}\frac{f(x)}{x}=A$，其中 $f(0)=0$ 且 $f'(0)$ 存在；

(4) $\lim\limits_{\Delta x\to 0}\frac{f(x_0+\alpha\Delta x)-f(x_0+\beta\Delta x)}{\Delta x}=A$，其中 α, β 为不等于零的常数.

4. 根据导数的定义，求下列函数的导数.

(1) $y=x^2+3$；　　(2) $y=\frac{1}{\sqrt{x}}$；

(3) $y=2\sin x$；　　(4) $y=\sin 2x$.

5. 求曲线 $y=\sin x$ 上点 $\left(\frac{\pi}{6},\frac{1}{2}\right)$ 处的切线方程和法线方程.

6. 求曲线 $y=\ln x$ 在 $x=\mathrm{e}$ 的切线方程和法线方程.

7. 讨论函数在 $f(x)=\begin{cases}x^2, x\geqslant 0\\ x,\ x<0\end{cases}$ 在 $x=0$ 处的连续性与可导性.

8. 设函数 $f(x)=\begin{cases}ax+b, x>0\\ \cos x,\ x\leqslant 0\end{cases}$，为了使函数 $f(x)$ 在 $x=0$ 处可导，a,b 应取什么值?

2.2 导数的基本公式与运算法则

【同步微课】

对于极简单的函数，我们可以运用导数的定义求出其导数. 但是，对于较复杂的初等函数，利用定义就可能非常麻烦了. 我们知道，初等函数是由基本初等函数经过四则运算和复合而得到的，所以我们要探讨导数的基本公式，四则运算和复合运算的求导法则，进而解决初等函数的求导问题.

2.2.1 导数的基本公式

基本初等函数的导数在初等函数的求导中起着十分重要的作用，为了便于熟练掌握，归纳如下：

(1) $C'=0$ （C 为常数）；

(2) $(x^{\alpha})'=\alpha x^{\alpha-1}$ （其中 α 为实数）；

(3) $(\sin x)'=\cos x$；

(4) $(\cos x)'=-\sin x$；

(5) $(\tan x)'=\sec^2 x$；

(6) $(\cot x)'=-\csc^2 x$；

(7) $(\sec x)'=\sec x\cdot\tan x$；

(8) $(\csc x)'=-\csc x\cdot\cot x$；

(9) $(a^x)'=a^x\ln a\ (a>0,a\neq 1)$；特别地，$(\mathrm{e}^x)'=\mathrm{e}^x$；

(10) $(\log_a x)'=\frac{1}{x\ln a}\ (a>0,a\neq 1)$；特别地，$(\ln x)'=\frac{1}{x}$；

(11) $(\arcsin x)'=\frac{1}{\sqrt{1-x^2}}$；

(12) $(\arccos x)'=-\frac{1}{\sqrt{1-x^2}}$；

(13) $(\arctan x)'=\frac{1}{1+x^2}$；

(14) $(\operatorname{arccot} x)'=-\frac{1}{1+x^2}$.

上面的求导公式，有的可以用导数的定义直接推出，有的还要用到后面的求导法则进行推导，这里不做推导.

注：函数的求导公式应熟练地记忆，这不仅是学习微分学的基础，对后面积分学的学习也大有好处.

2.2.2 函数的和、差、积、商的求导法则

定理 1 设函数 $u(x),v(x)$ 在点 x 处可导，则它们的和、差、积与商在 x 处也可导，且

(1) $[u(x)\pm v(x)]'=u'(x)\pm v'(x)$；

(2) $[Cu(x)]'=Cu'(x)$；

(3) $[u(x)v(x)]'=u'(x)v(x)+u(x)v'(x)$；

(4) $\left[\dfrac{u(x)}{v(x)}\right]'=\dfrac{u'(x)v(x)-u(x)v'(x)}{v^2(x)}\quad(v(x)\neq 0)$.

证明略.

【例 1】 设 $y=1+3x^4-\dfrac{1}{\sqrt{x}}+\dfrac{1}{x^2}$，求 y'.

解 $y'=(1)'+(3x^4)'-\left(\dfrac{1}{\sqrt{x}}\right)'+\left(\dfrac{1}{x^2}\right)'=12x^3+\dfrac{1}{2}x^{-\frac{3}{2}}-2x^{-3}$.

【例 2】 设 $y=e^x\sin x$，求 y'.

解 $y'=(e^x\sin x)'=(e^x)'\sin x+e^x(\sin x)'=e^x\sin x+e^x\cos x$.

【例 3】 设 $f(x)=x\sin x+3e^x-\sqrt{2}$，求 $f'(x)$，$f'(0)$.

解 $f'(x)=(x\sin x)'+(3e^x)'-(\sqrt{2})'=\sin x+x\cos x+3e^x$

将 $x=0$ 代入得 $f'(0)=3$.

【例 4】 设 $y=\dfrac{3e^x}{1+x}$，求 y'，$y'|_{x=1}$.

解 $y'=\left(\dfrac{3e^x}{1+x}\right)'=\dfrac{(3e^x)'(1+x)-(3e^x)(1+x)'}{(1+x)^2}=\dfrac{3xe^x}{(1+x)^2}$，

$$y'\Big|_{x=1}=\frac{3\times1\times e}{(1+1)^2}=\frac{3}{4}e.$$

【例 5】 设 $y=\tan x$，求 y'.

解 $y'=(\tan x)'=\left(\dfrac{\sin x}{\cos x}\right)'=\dfrac{(\sin x)'\cos x-\sin x(\cos x)'}{\cos^2 x}$

$$=\frac{\cos^2x+\sin^2x}{\cos^2x}=\frac{1}{\cos^2x}=\sec^2x,$$

即

$$(\tan x)'=\sec^2x.$$

类似可得

$$(\cot x)'=-\csc^2x.$$

【例 6】 设 $y=\sec x$，求 y'.

解 $y'=(\sec x)'=\left(\dfrac{1}{\cos x}\right)'=\dfrac{(1)'\times\cos x-1\times(\cos x)'}{\cos^2x}$

$$=\frac{\sin x}{\cos^2x}=\sec x\tan x,$$

即

$$(\sec x)'=\sec x\tan x.$$

类似可得

$$(\csc x)'=-\csc x\cot x.$$

【例 7】 已知某物体做直线运动,运动方程为 $s=(t+3)(t+2)+\ln t$, s(单位:m), t(单位:s). 求在 $t=3$ s 时物体的速度?

解 物体运动的速度为

$$v=\frac{\mathrm{d}s}{\mathrm{d}t}=[(t+3)(t+2)+\ln t]'=[(t+3)(t+2)]'+(\ln t)'$$

$$=(t+3)'(t+2)+(t+3)(t+2)'+\frac{1}{t}$$

$$=2t+\frac{1}{t}+5.$$

$t=3$ s 时的速度为 $v|_{t=3}=\left(2t+\frac{1}{t}+5\right)\Big|_{t=3}=\frac{34}{3}$ (m/s).

【例 8】 某电器厂在对冰箱制冷后断电测试其制冷效果,时间 t 后,冰箱的温度为 $T=\frac{2t}{0.05t+1}-20$. 问冰箱温度 T 关于时间 t 的变化率是多少?

解 $$\frac{\mathrm{d}T}{\mathrm{d}t}=\left(\frac{2t}{0.05t+1}-20\right)'=\left(\frac{2t}{0.05t+1}\right)'-0$$

$$=\frac{(2t)'(0.05t+1)-2t(0.05t+1)'}{(0.05t+1)^2}$$

$$=\frac{2(0.05t+1)-2t\times 0.05}{(0.05t+1)^2}=\frac{2}{(0.05t+1)^2},$$

即冰箱温度 T 关于时间 t 的变化率是 $\frac{\mathrm{d}T}{\mathrm{d}t}=\frac{2}{(0.05t+1)^2}$.

习题 2.2

1. 推导余切函数及余割函数的导数公式.

(1) $(\cot x)'=-\csc^2 x$; (2) $(\csc x)'=-\csc x\cot x$.

2. 求下列函数的导数.

(1) $y=4x-\frac{2}{x^2}+\sin 1$; (2) $y=5x^3-2^x+3\mathrm{e}^x$;

(3) $y=x^3\cos x$; (4) $y=\tan x\sec x$;

(5) $y=x^3\ln x$; (6) $y=\frac{\mathrm{e}^x}{x^2}+\ln 3$;

(7) $y=\frac{x-1}{x+1}$; (8) $y=x^2\ln x\cos x$.

3. 求下列函数在给定点处的导数.

(1) $y=2\sin x-5\cos x$, 求 $y'\Big|_{x=\frac{\pi}{6}}$ 和 $y'\Big|_{x=\frac{\pi}{3}}$;

(2) $f(x)=\frac{1}{1-x}+\frac{x^3}{3}$, 求 $f'(0)$ 和 $f'(2)$.

4. 求曲线 $y=x^2+x-2$ 的切线方程,使该切线平行于直线 $x+y-3=0$.

2.3 其他求导方法

【同步微课】

2.3.1 复合函数的求导法则

我们先看一个例子. 函数 $y=(2x+1)^2$ 可以看作由函数 $y=u^2$ 与 $u=2x+1$ 复合而成,那么 $y=(2x+1)^2$ 的导数与这两个简单函数 $y=u^2$ 与 $u=2x+1$ 的导数之间有什么关系呢?

$y=(2x+1)^2=4x^2+4x+1$ 有 $y'=8x+4$;$y=u^2$ 有 $y'_u=2u$;$u=2x+1$ 有 $u'_x=2$. 由此可见,$y'=y'_u\cdot u'_x$.

一般地,我们有:

定理 1 设函数 $y=f(u)$,$u=\varphi(x)$ 均可导,则复合函数 $y=f[\varphi(x)]$ 也可导,且

$$y'_x=y'_u\cdot u'_x \text{ 或 } y'_x=f'(u)\cdot\varphi'(x) \text{ 或 } \frac{dy}{dx}=\frac{dy}{du}\cdot\frac{du}{dx}.$$

这就是复合函数的求导法则.

在对复合函数进行求导时,我们就使用此法则. 其中的关键是对复合函数的分解,同时要搞清楚 y'_x,y'_u,u'_x 这三个记号所表示的导数的不同.

【例 1】 求 $y=\cos 2x$ 的导数.

解 函数 $y=\cos 2x$ 由 $y=\cos u$,$u=2x$ 复合而成,则

$$y'=y'_u\cdot u'_x=-\sin u\cdot 2=-2\sin 2x.$$

注意,u 必须回代为 $2x$.

【例 2】 求 $y=(2x-3)^5$ 的导数.

解 函数 $y=(2x-3)^5$ 由 $y=u^5$,$u=2x-3$ 复合而成,则

$$y'=y'_u\cdot u'_x=5u^4\cdot 2=10(2x-3)^4.$$

熟悉复合函数的分解过程之后,可以不写出分解过程. 在求导过程中,注意分清函数的复合层次,找出所有的中间变量;依照法则,由外向内一层层直至对自变量求导.

【例 3】 求下列函数的导数.

(1) $y=e^{-x^2}$; (2) $y=2\sin^3 x$; (3) $y=\cos x^2$; (4) $y=\dfrac{1}{1+2x}$.

解 (1) $y'=e^{-x^2}\cdot(-x^2)'=e^{-x^2}\cdot(-2x)=-2xe^{-x^2}$;

(2) $y'=6\sin^2 x\cdot(\sin x)'=6\sin^2 x\cdot\cos x=3\sin(2x)\cdot\sin x$;

(3) $y'=-\sin x^2\cdot(x^2)'=-2x\cdot\sin x^2$;

(4) $y'=-\dfrac{1}{(1+2x)^2}\cdot(1+2x)'=-\dfrac{2}{(1+2x)^2}$.

【例 4】 求下列函数的导数.

(1) $y=\tan^2(3x)$; (2) $y=\ln\sqrt{x^2+1}$.

解　(1) $y' = 2\tan(3x)\cdot[\tan(3x)]' = 2\tan(3x)\cdot\sec^2(3x)\cdot(3x)'$

$= 6\tan(3x)\cdot\sec^2(3x).$

(2) $y' = \dfrac{1}{\sqrt{x^2+1}}\cdot(\sqrt{x^2+1})' = \dfrac{1}{\sqrt{x^2+1}}\cdot\dfrac{1}{2\sqrt{x^2+1}}\cdot(x^2+1)'$

$= \dfrac{1}{\sqrt{x^2+1}}\cdot\dfrac{1}{2\sqrt{x^2+1}}\cdot 2x = \dfrac{x}{x^2+1}.$

2.3.2　隐函数求导

【同步微课】

前面我们介绍的都是以 $y=f(x)$ 的形式出现的显式函数的求导法则. 但在实际中,有许多函数关系式是隐藏在一个方程中,这个函数不一定能写成 $y=f(x)$ 的形式,例如: $xy+e^x+e^y-e=0$ 所确定的函数就不能写成 $y=f(x)$ 的形式. 尽管有时能够表示,但从问题的需要来说没有这个必要.

一般地,我们把由二元方程 $F(x,y)=0$ 所确定的 y 与 x 的关系式称为**隐函数**.

隐函数求导具体解法如下:

(1) 对方程 $F(x,y)=0$ 的两端同时关于 x 求导,在求导过程中把 y 看成 x 的函数,也就是把它作为中间变量来看待.

(2) 求导之后得到一个关于 y'的一次方程,解此方程,便得 y'的表达式. 当然,在此表达式内可能会含有 y,这没关系,让它保留在式子中就可以了.

【例 5】　求由方程 $x^2+y^2=1$ 所确定的隐函数 $y=y(x)$ 的导数 y'.

解　两边同时关于 x 求导得

$$2x+2yy'=0,$$

所以 $y'=-\dfrac{x}{y}$.

【例 6】　设 $xy+e^x+e^y-e=0$, 求 y'.

解　两边同时关于 x 求导得

$$y+x\cdot y'+e^x+e^y\cdot y'=0,$$

所以 $(x+e^y)\cdot y'=-(y+e^x)$, 即

$$y'=-\frac{y+e^x}{x+e^y}.$$

【例 7】　求由方程 $y=\cos(x+y)$ 所确定 $y=f(x)$ 的导数.

解　两边同时关于 x 求导得

$$y'=-\sin(x+y)(1+y'),$$

即

$$y'=-\frac{\sin(x+y)}{1+\sin(x+y)}\quad(1+\sin(x+y)\neq 0).$$

2.3.3　对数求导

有些函数求导时,如果先对等式两边取对数,然后按隐函数求导法则求导数,往往可使运算简化,这种方法称为**对数求导法**. 即先对函数 $y=f(x)$ 的两边取自然对数,然后用隐函

数的求导方法求出 y'，最后换回显函数.

【例 8】 求函数 $y=x^x(x>0)$ 的导数.

解 两边取自然对数，得

$$\ln y = x\ln x,$$

两边对 x 求导，得

$$\frac{y'}{y}=1+\ln x,$$

于是

$$y'=y(1+\ln x)=x^x(1+\ln x),$$

即

$$(x^x)'=x^x(1+\ln x).$$

这类函数的一般形式为 $y=u(x)^{v(x)}$，其中 $u(x)$，$v(x)$ 可导.

【例 9】 求函数 $y=\dfrac{\sqrt{x+2}(3-x)^4}{(x+1)^5}$ 的导数.

解 两边取自然对数，得

$$\ln|y|=\frac{1}{2}\ln|x+2|+4\ln|3-x|-5\ln|x+1|,$$

两边对 x 求导，得

$$\frac{1}{y}\cdot y'=\frac{1}{2}\cdot\frac{1}{x+2}+4\cdot\frac{1}{3-x}(-1)-\frac{5}{x+1},$$

于是

$$y'=y\left[\frac{1}{2(x+2)}-\frac{4}{3-x}-\frac{5}{x+1}\right]=\frac{\sqrt{x+2}(3-x)^4}{(x+1)^5}\left[\frac{1}{2(x+2)}-\frac{4}{3-x}-\frac{5}{x+1}\right].$$

这类函数的特点是函数由若干个因子相乘或相除构成.

2.3.4 参数方程求导

设参数方程 $\begin{cases}x=x(t)\\y=y(t)\end{cases}$，可确定 y 与 x 之间的一个函数关系，x 为自变量，y 为因变量，t 为参数，则称此函数关系所表示的函数为由参数方程所确定的函数.

参数方程的求导法则：设由参数方程 $\begin{cases}x=x(t)\\y=y(t)\end{cases}$，$t\in(\alpha,\beta)$，确定的函数为 $y=y(x)$，其中函数 $x(t)$、$y(t)$ 可导，且 $x'(t)\neq 0$，则函数 $y=y(x)$ 可导且

$$\frac{\mathrm{d}y}{\mathrm{d}x}=\frac{y'(t)}{x'(t)}.$$

【例 10】 参数方程 $\begin{cases}x=t^2+2t,\\y=\ln(t^2-1)\end{cases}$ 的导数 $\dfrac{\mathrm{d}y}{\mathrm{d}x}$.

解 $\dfrac{\mathrm{d}y}{\mathrm{d}x}=\dfrac{y'(t)}{x'(t)}=\dfrac{[\ln(t^2-1)]'}{(t^2+2t)'}=\dfrac{\dfrac{2t}{t^2-1}}{2t+2}=\dfrac{t}{(t^2-1)(t+1)}.$

2.3.5 高阶导数

【同步微课】

设一物体做直线运动,其运动方程为 $s=s(t)$,则由导数的定义和运动方程的意义可知,运动的速度方程为 $v=v(t)=s'(t)$,$v(t)$仍然是一个关于 t 的函数,对于这个运动而言,其加速度 $a(t)=v'(t)=[s'(t)]'$,所以加速度 $a(t)$ 可以看作 $s(t)$的导数的导数.

一般地,我们有:

定义 1 函数 $y=f(x)$ 的导数 $y'=f'(x)$ 仍然是 x 的函数,如果 $f'(x)$仍可求导,我们把 $y'=f'(x)$ 的导数 $(y')'=(f'(x))'$ 叫作函数 $y=f(x)$ 的**二阶导数**,记作

$$y'',f''(x) 或 \frac{d^2y}{dx^2}.$$

类似地,如果 $y''=f''(x)$ 的导数存在,则称这个导数为 $y=f(x)$ 的**三阶导数**. 一般地,如果 $y=f(x)$ 的 $(n-1)$ 阶导数的导数存在,则称为 $y=f(x)$ 的 n 阶导数,它们分别记作

$$y''',y^{(4)},\cdots,y^{(n)}$$

或

$$f'''(x),f^{(4)}(x),\cdots,f^{(n)}(x)$$

或

$$\frac{d^3y}{dx^3},\frac{d^4y}{dx^4},\cdots,\frac{d^ny}{dx^n}.$$

二阶及二阶以上的导数统称为**高阶导数**. 由此可见,求高阶导数就是从一阶起多次重复求导.

【例 11】 求函数 $y=xe^x$ 的二阶导数.

解 $y'=e^x+xe^x=(x+1)e^x$;$y''=(y')'=e^x+(x+1)e^x=(x+2)e^x$.

【例 12】 设某物体做直线运动,运动方程为 $s=t^3-t^2+1$,s(单位:m),t(单位:s),求 $t=2$ s 时的速度和加速度.

解 $v(t)=\frac{ds}{dt}=3t^2-2t$,$a(t)=\frac{d^2s}{dt^2}=6t-2$, 所以 $v(2)=8(m/s)$;$a(2)=10(m/s^2)$.

【例 13】 设 $y=xe^x$,求 $y^{(n)}$.

解 $y'=e^x+xe^x=(1+x)e^x$,

$y''=e^x+(1+x)e^x=(2+x)e^x$,

$y'''=e^x+(2+x)e^x=(3+x)e^x$,

……

依次类推可得 $y^{(n)}=(n+x)e^x$.

习题 2.3

1. 求下列函数的导数.

(1) $y=\frac{1}{3x-7}$; (2) $y=3^{x^2}$;

(3) $y=\tan(3x-1)$; (4) $y=3\arcsin(\sqrt{x})$;

(5) $y=\cos^3(\cos x)$；　　(6) $y=x\mathrm{e}^{-x}+x^2\mathrm{e}^{\frac{x}{2}}$；

(7) $y=\sqrt[3]{1+\cos 2x}$；　　(8) $y=(\ln x^2)^3$.

2. 求由下列方程所确定的隐函数 y 的导数 $\dfrac{\mathrm{d}y}{\mathrm{d}x}$.

(1) $\sqrt{x}+\sqrt{y}=4$；　　(2) $xy=\mathrm{e}^{x+y}$；

(3) $y=\cos x+\dfrac{1}{2}\sin y$；　　(4) $x^2y-\mathrm{e}^{2x}=\sin y$.

3. 用对数求导法求下列函数的导数.

(1) $y=(1+x^2)^x$；

(2) $y=\sqrt{x(x^2+x-1)(x^3+3x+1)\sqrt{x+1}}$.

4. 求下列参数方程所确定的函数的导数$\dfrac{\mathrm{d}y}{\mathrm{d}x}$.

(1) $\begin{cases}x=t^2+1,\\ y=t^2-4t.\end{cases}$　　(2) $\begin{cases}x=\cos\theta,\\ y=\sin 3\theta.\end{cases}$

5. 求下列各函数的二阶导数.

(1) $y=3x\cos x$；　　(2) $y=\tan 2x$；

(3) $y=\mathrm{e}^{\frac{1}{x}}$；　　(4) $y=\arcsin x$.

2.4 函数的微分

与导数概念紧密相连的是微分的概念. 在实际问题中，常常会遇到当自变量有一个微小的增量时，如何求出函数的增量的问题. 一般来说计算函数增量的精确值是比较困难的，而对于一些实际问题只需要知道其增量的近似值. 那么如何能方便地求出函数增量的近似值呢？这就是我们所要研究的微分.

【同步微课】

2.4.1 微分的概念

【引例】 一边长为 x 的正方形金属薄片，受热后边长增加 Δx，问其面积增加多少？

分析 由已知可得受热前的面积 $S=x^2$，那么，受热后面积的增量是

$$\Delta S=(x+\Delta x)^2-x^2$$
$$=2x\Delta x+(\Delta x)^2.$$

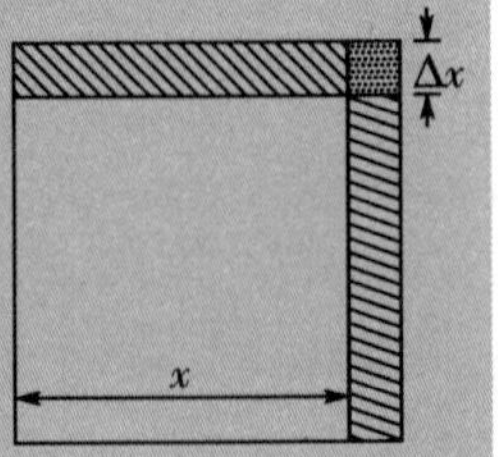

图 2-3

从几何图形上，可以看到，面积的增量可分为两个部分，一是两个矩形的面积总和 $2x\Delta x$（阴影部分），它是 Δx 的线性部分；二是右上角的正方形的面积 $(\Delta x)^2$，它是 Δx 高阶无穷小.

这样一来，当 Δx 非常微小的时候，面积的增量主要部分就是 $2x\Delta x$，我们把它称作线性主部；而 $(\Delta x)^2$ 可以忽略不计. 也就是说，可以用 $2x\Delta x$ 来代替面积的增量.

定义 1 设函数 $y=f(x)$ 当自变量 x 从 x_0 改变到 $x_0+\Delta x$ 时，函数值的改变量 $\Delta y=f(x_0+\Delta x)-f(x_0)$，若 Δy 可以表示为 Δx 线性函数 $A\cdot\Delta x$（A 是与 Δx 无关、与 x_0

有关的常数)与一个比 Δx 更高阶的无穷小之和,即

$$\Delta y = A \cdot \Delta x + o(\Delta x),$$

则称函数 $f(x)$在 x_0 处**可微**,而 $A \cdot \Delta x$ 即为函数 $f(x)$在点 x_0 处的**微分**,记作 $\mathrm{d}y|_{x=x_0}$,即

$$\mathrm{d}y|_{x=x_0} = A \cdot \Delta x.$$

经证明(证明从略),$A = f'(x_0)$,故函数 $f(x)$在点 x_0 处的微分可表示为

$$\mathrm{d}y|_{x=x_0} = f'(x_0) \cdot \Delta x.$$

注:(1) 若不特别指明函数在哪一点的微分,那么一般地,函数 $y = f(x)$ 的微分就记为

$$\mathrm{d}y = f'(x)\Delta x.$$

(2) 因为,当 $y = x$ 时,$\mathrm{d}y = \mathrm{d}x = (x)'\Delta x = \Delta x$,即 $\mathrm{d}x = \Delta x$. 所以函数 $y = f(x)$ 的微分又可记为

$$\mathrm{d}y = f'(x)\mathrm{d}x,$$

这表明,求一个函数的微分只需求出这个函数的导数 $f'(x)$再乘以 $\mathrm{d}x$ 即可.

(3) 将 $\mathrm{d}y = f'(x)\mathrm{d}x$ 两边同除以 $\mathrm{d}x$,得

$$\frac{\mathrm{d}y}{\mathrm{d}x} = f'(x),$$

这表明,函数的微分与自变量的微分之商等于该函数的导数,因此导数又叫作微商.

(4) 以后我们也把可导函数称为可微函数,把函数在某点可导也称为在某点可微. 即可导与可微这两个概念是等价的.

【例 1】 求 $y = x^3$ 在 $x_0 = 1$ 处,$\Delta x = 0.01$ 时函数 y 的改变量 Δy 及微分 $\mathrm{d}y$.

解 $\Delta y = (x_0 + \Delta x)^3 - x_0^3 = (1 + 0.01)^3 - 1^3 = 0.030\,301$,

而 $\mathrm{d}y = (x^3)'\Delta x = 3x^2\Delta x$,即 $\mathrm{d}y\Big|_{\substack{x_0=1 \\ \Delta x=0.01}} = 3\times1^2\times0.01 = 0.03$.

【例 2】 设函数 $y=\sin x$,求 $\mathrm{d}y$.

解 $\mathrm{d}y = (\sin x)'\mathrm{d}x = \cos x\,\mathrm{d}x$.

2.4.2 微分的几何意义

为了对微分有一个直观的了解,我们来看一下微分的几何意义. 如图 2-4 所示,曲线 $y=f(x)$ 上有两个点 $P_0(x_0, y_0)$与$Q(x_0 + \Delta x, y_0 + \Delta y)$,其中 P_0T 是点 P_0 处的切线,α 为切线的倾斜角.

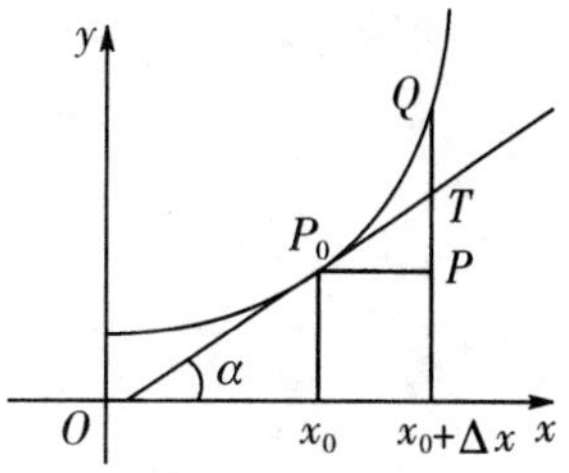

图 2-4

从图中可知,$P_0P = \Delta x$,$PQ = \Delta y$,则 $PT = P_0P \cdot \tan\alpha = P_0P \cdot f'(x_0) = f'(x_0)\Delta x$,即

$$\mathrm{d}y = PT.$$

这就是说，函数 $y=f(x)$ 在点 x_0 处的微分 $\mathrm{d}y$，等于曲线 $y=f(x)$ 在点 P_0 处切线的纵坐标对应于 Δx 的改变量，这就是微分的几何意义.

很显然，当 $|\Delta x|\to 0$ 时，$\Delta y=PQ$ 可以用 $PT=\mathrm{d}y$ 来近似，这就是微积分常用的方法以直代曲.

2.4.3 微分的基本公式

【同步微课】

从微分与导数的关系 $\mathrm{d}y=f'(x)\mathrm{d}x$ 可知，只要求出 $y=f(x)$ 的导数 $f'(x)$，即可以求出 $y=f(x)$ 的微分 $\mathrm{d}y=f'(x)\mathrm{d}x$. 如此我们可得到下列微分的基本公式和微分的运算法则：

1. 基本初等函数的微分公式

(1) $\mathrm{d}C=0$

(2) $\mathrm{d}(x^\alpha)=\alpha x^{\alpha-1}\mathrm{d}x$

(3) $\mathrm{d}(a^x)=a^x\ln a\,\mathrm{d}x$

(4) $\mathrm{d}(\mathrm{e}^x)=\mathrm{e}^x\mathrm{d}x$

(5) $\mathrm{d}(\log_a x)=\dfrac{1}{x\ln a}\mathrm{d}x$

(6) $\mathrm{d}(\ln x)=\dfrac{1}{x}\mathrm{d}x$

(7) $\mathrm{d}(\sin x)=\cos x\,\mathrm{d}x$

(8) $\mathrm{d}(\cos x)=-\sin x\,\mathrm{d}x$

(9) $\mathrm{d}(\tan x)=\sec^2 x\,\mathrm{d}x$

(10) $\mathrm{d}(\cot x)=-\csc^2 x\mathrm{d}x$

(11) $\mathrm{d}(\sec x)=\sec x\tan x\,\mathrm{d}x$

(12) $\mathrm{d}(\csc x)=-\csc x\cot x\mathrm{d}x$

(13) $\mathrm{d}(\arcsin x)=\dfrac{1}{\sqrt{1-x^2}}\mathrm{d}x$

(14) $\mathrm{d}(\arccos x)=-\dfrac{1}{\sqrt{1-x^2}}\mathrm{d}x$

(15) $\mathrm{d}(\arctan x)=\dfrac{1}{1+x^2}\mathrm{d}x$

(16) $\mathrm{d}(\mathrm{arccot}\, x)=-\dfrac{1}{1+x^2}\mathrm{d}x$

2. 函数四则运算的微分法则

若 $u(x)$，$v(x)$ 可微，则

(1) $\mathrm{d}(u\pm v)=\mathrm{d}u\pm\mathrm{d}v$

(2) $\mathrm{d}(Cu)=C\mathrm{d}u$

(3) $\mathrm{d}(uv)=v\mathrm{d}u+u\mathrm{d}v$

(4) $\mathrm{d}\left(\dfrac{u}{v}\right)=\dfrac{v\,\mathrm{d}u-u\mathrm{d}v}{v^2}(v\neq 0)$

3. 复合函数的微分法则

设 $y=f(u)$，$u=\varphi(x)$ 都可微，则复合函数 $y=f[\varphi(x)]$ 的微分为

$$\mathrm{d}y=\{f[\varphi(x)]\}'\mathrm{d}x=f'(u)\varphi'(x)\mathrm{d}x=f'(u)\mathrm{d}u.$$

这公式与 $\mathrm{d}y=f'(x)\mathrm{d}x$ 比较，可见不论 u 是自变量还是中间变量，其微分形式是不变的，这个性质称为微分形式不变性. 这一性质在复合函数求微分时非常有用.

【例 3】 设函数 $y=\mathrm{e}^x\sin x$，求 $\mathrm{d}y$.

解 $\mathrm{d}y=\mathrm{d}(\mathrm{e}^x\sin x)=\sin x\,\mathrm{d}(\mathrm{e}^x)+\mathrm{e}^x\mathrm{d}(\sin x)$

$=\mathrm{e}^x\sin x\mathrm{d}x+\mathrm{e}^x\cos x\mathrm{d}x=\mathrm{e}^x(\sin x+\cos x)\mathrm{d}x.$

【例 4】 求 $y=\dfrac{2x+1}{3x-5}$ 的微分.

解 $\mathrm{d}y=\mathrm{d}\left(\dfrac{2x+1}{3x-5}\right)=\dfrac{(3x-5)\mathrm{d}(2x+1)-(2x+1)\mathrm{d}(3x-5)}{(3x-5)^2}$

$=\dfrac{2(3x-5)\mathrm{d}x-3(2x+1)\mathrm{d}x}{(3x-5)^2}=\dfrac{-13\mathrm{d}x}{(3x-5)^2}.$

【例5】 求 $y=\cos^2(3x+1)$ 的微分.

解 $\mathrm{d}y=\mathrm{d}(\cos^2(3x+1))=2\cos(3x+1)\mathrm{d}(\cos(3x+1))$

$=-2\cos(3x+1)\sin(3x+1)\mathrm{d}(3x+1)=-6\cos(3x+1)\sin(3x+1)\mathrm{d}x$

$=-3\sin(6x+2)\mathrm{d}x.$

【例6】 在下列等式左端的括号中填入适当的函数使等式成立.

(1) $\mathrm{d}(\quad)=\cos x\mathrm{d}x$； (2) $\mathrm{d}(\quad)=x^2\mathrm{d}x.$

解 (1) 因为 $\mathrm{d}(\sin x)=\cos x\,\mathrm{d}x$，一般的有，$\mathrm{d}(\sin x+C)=\cos x\,\mathrm{d}x$（$C$ 为任意常数）.(2) 因为 $\mathrm{d}(x^3)=3x^2\mathrm{d}x$，可见 $x^2\mathrm{d}x=\frac{1}{3}\mathrm{d}(x^3)=\mathrm{d}\left(\frac{x^3}{3}\right)$，即 $\mathrm{d}\left(\frac{x^3}{3}\right)=x^2\mathrm{d}x$，一般的有，$\mathrm{d}\left(\frac{x^3}{3}+C\right)=x^2\mathrm{d}x$（$C$ 为任意常数）.

2.4.4 微分的应用

【同步微课】

在实际问题中，经常会遇到一些复杂的计算，下面我们利用微分来近似它可以使计算简单. 由前面的讨论知道，当 $|\Delta x|$ 很小时，函数 $y=f(x)$ 在点 x_0 处的改变量 Δy 可以用函数的微分 $\mathrm{d}y$ 来近似，即

$$\Delta y=f(x_0+\Delta x)-f(x_0)\approx f'(x_0)\Delta x=\mathrm{d}y,$$

于是得到近似计算公式：

$$f(x_0+\Delta x)\approx f(x_0)+f'(x_0)\Delta x\ (\text{当}\ |\Delta x|\ \text{很小}).$$

【例7】 计算 $\sqrt{1.02}$ 的近似值.

解法1 设 $f(x)=\sqrt{x}$，取 $x_0=1,\Delta x=0.02,f'(x)=\frac{1}{2\sqrt{x}}$，则由公式得

$$f(1.02)=\sqrt{1.02}\approx f(1)+f'(1)\Delta x=\sqrt{1}+\frac{1}{2\sqrt{1}}\times 0.02=1.01.$$

解法2 设 $f(x)=\sqrt{1+x}$，取 $x_0=0,\ x=0.02,\ f'(x)=\frac{1}{2\sqrt{1+x}}$，则由公式得

$$f(0.02)=\sqrt{1.02}\approx f(0)+f'(0)x=\sqrt{1+0}+\frac{1}{2\sqrt{1+0}}\times 0.02=1.01.$$

注：这类近似计算中，需按题意设置函数 $f(x)$，并找准 x_0 和 Δx，其中要求 Δx 要很小.

【例8】 求 $\sin 31°$ 的近似值.

解 $f(x)=\sin x,\ f'(x)=\cos x,\ x_0=30°=\frac{\pi}{6},\ \Delta x=1°=\frac{\pi}{180}$，

于是，$f(x_0)=\sin\frac{\pi}{6}=\frac{1}{2}$，$f'(x_0)=\cos\frac{\pi}{6}=\frac{\sqrt{3}}{2}$，

所以，$\sin 31°=f(x_0+\Delta x)\approx f(x_0)+f'(x_0)\Delta x$

$=\frac{1}{2}+\frac{\sqrt{3}}{2}\times\frac{\pi}{180}\approx 0.5151.$

习题 2.4

1. 已知 $y=x^3+x+1$，在点 $x=2$ 处计算当 $\Delta x=0.01$ 时的 Δy 和 $\mathrm{d}y$.

2. 求下列函数的微分 $\mathrm{d}y$.

(1) $y=x^2+\sin x$；　(2) $y=x^2\sin x$；　(3) $y=x\ln x-x$；

(4) $y=\dfrac{x}{1+x^2}$；　(5) $y=\cos(2x+1)$；　(6) $y=(3x-1)^{100}$.

3. 将适当的函数填入下列括号内，使等式成立.

(1) $\mathrm{d}(\quad)=2\mathrm{d}x$；　(2) $\mathrm{d}(\quad)=x\mathrm{d}x$；　(3) $\mathrm{d}(\quad)=\dfrac{1}{1+x^2}\mathrm{d}x$；

(4) $\mathrm{d}(\quad)=2(x+1)\mathrm{d}x$；　(5) $\mathrm{d}(\quad)=\cos 2x\mathrm{d}x$；　(6) $\mathrm{d}(\quad)=3\mathrm{e}^{2x}\mathrm{d}x$；

(7) $\mathrm{d}(\quad)=\dfrac{1}{x^2}\mathrm{d}x$；　(8) $\mathrm{d}(\quad)=2^x\mathrm{d}x$；　(9) $\mathrm{d}(\quad)=\mathrm{e}^{-3x}\mathrm{d}x$；

(10) $\mathrm{d}(\quad)=\dfrac{1}{\sqrt{x}}\mathrm{d}x$；　(11) $\mathrm{d}(\quad)=\sec^2 x\mathrm{d}x$；　(12) $\mathrm{d}(\quad)=\dfrac{1}{\sqrt{1-x^2}}\mathrm{d}x$.

4. 利用微分求近似值.

(1) $\sin 29^\circ$；　(2) $\sqrt[3]{1.02}$.

5. 一半径为 10 厘米的金属圆片加垫后，伸长 0.05 厘米，面积大约增加了多少平方厘米？

本章小结

1. 导数的定义：$f'(x)=y'=\dfrac{\mathrm{d}y}{\mathrm{d}x}=\lim\limits_{\Delta x\to 0}\dfrac{\Delta y}{\Delta x}=\lim\limits_{\Delta x\to 0}\dfrac{f(x+\Delta x)-f(x)}{\Delta x}$，

$$f'(x_0)=f'(x)\big|_{x=x_0}.$$

2. 导数的几何意义：$f'(x_0)=k_{切线}$；切线方程：$y-y_0=f'(x_0)(x-x_0)$.

3. 可导与连续的关系：函数在某点连续是函数在该点可导的必要条件，但不是充分条件.

4. 导数基本公式.

5. 求导法则与方法：

(1) 四则运算法则

$$[u(x)\pm v(x)]'=u'(x)\pm v'(x);$$

$$[u(x)v(x)]'=u'(x)v(x)+u(x)v'(x);$$

$$\left[\frac{u(x)}{v(x)}\right]'=\frac{u'(x)v(x)-u(x)v'(x)}{v^2(x)}\quad(v(x)\neq 0).$$

(2) 设 $y=f(u)$，$u=\varphi(x)$，则复合函数 $y=f[\varphi(x)]$ 的导数为

$$\frac{\mathrm{d}y}{\mathrm{d}x}=\frac{\mathrm{d}y}{\mathrm{d}u}\cdot\frac{\mathrm{d}u}{\mathrm{d}x}\text{或}\{f[\varphi(x)]\}'=f'(u)\varphi'(x).$$

(3) 隐函数的求导方法：将方程 $F(x,y)=0$ 两边对 x 求导，然后解出 y'.

(4) 对数求导方法:先两边取自然对数,然后用隐函数求导方法,最后换回显函数.

6. 高阶导数:

$$f''(x)=y''=(y')' \text{ 或 } \frac{d^2y}{dx^2}=\frac{d}{dx}\left(\frac{dy}{dx}\right),\ f^{(n)}(x)=y^{(n)}=\frac{d^ny}{dx^n}=\frac{d}{dx}\left(\frac{d^{n-1}y}{dx^{n-1}}\right).$$

7. 微分:$dy|_{x=x_0}=f'(x_0)\Delta x$ 和 $dy=f'(x)dx$.

8. 微分近似计算公式:$f(x_0+\Delta x)\approx f(x_0)+f'(x_0)\Delta x$.

复 习 题 2

一、选择题

1. 函数在 x_0 处连续是在 x_0 处可导的 ( )

A. 充分条件但不是必要条件　　B. 必要条件但不是充分条件

C. 充分必要条件　　D. 既非充分也非必要条件

2. 下列函数中在 $x=0$ 处可导的是 ( )

A. $y=\sin x$　　B. $y=\frac{1}{x}$

C. $y=\ln x$　　D. $y=|x|$

3. 曲线 $y=3x^2+2x+1$ 在 $x=0$ 处的切线方程是 ( )

A. $y=2x+1$　　B. $y=2x+2$

C. $y=x+1$　　D. $y=x+2$

4. 设 $y=\ln|x|$,则 $dy=$ ( )

A. $\frac{1}{|x|}dx$　　B. $-\frac{1}{|x|}dx$

C. $\frac{1}{x}dx$　　D. $-\frac{1}{x}dx$

5. 设 $y=f(e^x)$,$f'(x)$ 存在,则 $y'=$ ( )

A. $f'(x)$　　B. $e^xf'(x)$

C. $e^xf'(e^x)$　　D. $f'(e^x)$

6. 若 $f(x)=\begin{cases} e^x & x>0 \\ a-bx & x\leqslant 0 \end{cases}$,在 $x=0$ 处可导,则 a,b 之值 ( )

A. $a=-1,b=-1$　　B. $a=-1,b=1$

C. $a=1,b=-1$　　D. $a=1,b=1$

二、填空题

1. $y=\cos x$ 上点 $\left(\frac{\pi}{3},\frac{1}{2}\right)$ 处的切线方程和法线方程分别为________.

2. 曲线 $y=\frac{x-1}{x}$ 上切线斜率等于 $\frac{1}{4}$ 的点是________.

3. 设 $y=\ln\tan x$ 则 $y'=$________.

4. $f(x)=\sin x+\ln x$,则 $f''(1)=$________.

5. 设 $y=x^n$,则 $y^{(n)}=$________.

6. 已知 $f(x)=e^{x^2}+\sin x$,则 $f'(0)=$________.

7. $d(\sin x+5^x)=$________dx.

三、计算下列函数的导数

1. $y=x^3+5\cos x+3x+1$；

2. $y=x^3\ln x$；

3. $y=\dfrac{1}{2+\sqrt{x}}$；

4. $y=\dfrac{1-x}{x}$；

5. $y=\cos^2(2x+1)$；

6. $y=\dfrac{\sin x}{x^2}$，求 $f'\left(\dfrac{\pi}{3}\right)$；

7. $y=\ln(1+x^2)$；

8. $y=\sqrt{4-x^2}$；

9. $y=\tan\dfrac{1}{x}$；

10. $y=\sin(\ln x)$；

11. $y=\sin^{10}x$；

12. $y=5^{\cos x}$；

13. $y=e^{-x}\arcsin x$；

14. $y=\cot(1+x^2)$；

15. $y=\sqrt{1+\cos^2 x}$；

16. $y=x^2e^{\frac{1}{x}}$；

17. $y=e^{2x}$，求 $y^{(n)}$；

18. $y=\ln(1+4x)$，求 $y''(0)$.

四、计算下列隐函数的导数 y'

1. $\sin xy=y+x$；

2. $xe^y-ye^y=x^2$；

3. $y=x^y$；

4. $\sin(x^2+y)=x$.

五、求下列参数方程所确定的函数的导数 $\dfrac{dy}{dx}$

(1) $\begin{cases}x=e^{-t},\\ y=t-2e^t.\end{cases}$

(2) $\begin{cases}x=\ln(1+t^2),\\ y=t-\arctan t.\end{cases}$

六、计算下列函数的微分

1. $y=x^3-2x+5$；

2. $y=\dfrac{1}{x}+2\sqrt{x}-\ln x$；

3. $y=\dfrac{\ln x}{x^2}$；

4. $y=e^{2x^2}$.

七、利用微分近似公式求近似值

1. $e^{-0.03}$；

2. $\ln 0.99$.

思政案例

世界伟大的数学家——牛顿

伊撒克·牛顿(Isaac Newton,1642—1727)于1642年12月25日出生在英国林肯郡沃尔斯索普村.他是个早产儿,出生时十分脆弱和瘦小.在他出生之后的最初几个月里,医生不得不在他的脖子上装了一个支架来保护他,没有人期望他能活下来.后来,牛顿时常拿自己开玩笑,说他妈妈曾告诉他:他出生时是如此弱小,以至于可以把他放进一夸脱(约1.14升)的大杯子里.

牛顿的父亲是一个农民,在他出生前几个月就去世了.当他还不到两岁的时候,他母亲改嫁给了当地的一位牧师,小牛顿只好寄宿在他年迈的外婆家中.牛顿小时候性格孤僻腼腆,对功课也不感兴趣,学习很吃力.12岁时,他由农村小学转到格朗达姆镇学校,在班上被同学瞧不起,而且常常受欺负.有一次,班上的一个大个子又欺负他,牛顿终于忍无可忍,奋起反抗,竟然把对方打败了.从此他发奋读书,成绩逐渐上升到全班第一.14岁那年,他继父病故,他母亲就把他接回家并想把他培养成一个农民.但事实表明牛顿并不适合做这方面的事情.他宁愿读书,做一些木制模型,他曾经自己做过一个以老鼠为动力的磨面粉的磨合一个用水推动的木钟,就是不愿意干农活.幸运的是,他母亲最终放弃了这种尝试并让他回到中学去学习.

1661年6月,18岁的牛顿考进了剑桥大学的三一学院.在最初的一段时间里,他的成绩并不突出.但在导师巴罗的影响下,他的学业开始突飞猛进.巴罗这位优秀的数学家、古典学者、天文学家和光学研究领域里的权威,是第一个发现牛顿天才的人.1664年,牛顿获得学士学位,1665年毕业于剑桥大学,并留校作研究工作.在此期间,牛顿开始把注意力放在数学上.他先读了欧几里得的《几何原本》,在他看来那太容易了;然后他又读笛卡儿的《几何学》,这对他来说又有些困难.他还读了奥特雷德的《入门》,开普勒和韦达的著作,还有沃利斯的《无穷的算术》.他从读数学到研究数学,二十二岁时就发现了二项式定理的推广形式,并且创造了流数术,即我们现在所说的求导数方法.1666年6月由于凶猛的鼠疫横行,剑桥大学被迫停课.牛顿回到了伍尔斯托普家乡,住了将近两年.其间,他研究数学和物理问题,并且将万有引力理论的基本原理系统化.1666年,他做了第一个光学实验,用三棱镜分析目光,发现白光是由不同颜色的光构成的,从而奠定了光谱分析学的基础.

1667年,牛顿回到剑桥,有两年的功夫主要从事光学研究.1669年,巴罗把自己卢卡斯讲座的席位让给了牛顿,于是牛顿开始了他长达18年的大学教授生涯.他的第一个讲演是关于光学理论的,后来他把它作为一篇论文在英国皇家学会会刊上发表,并引起了相当大的反响.他在光学中得到的一些结论引起了一些科学家的猛烈攻击.他看到这些争论非常无聊,就发誓再也不发表任何关于科学的东西了.也许就是因为这个原因,从而引发了他与莱布尼茨在微积分发现的优先权上的争论.这场争论导致英国数学家追认牛顿为他们的导师,并割断了他们与欧洲大陆的联系.从而使英国的数学进展推迟了一百年.

牛顿的《流数术》写于1671年.在这部影响深远的著作中,牛顿阐述了他的微积分的一些基本概念,还有对代数方程或超越方程都适用的实根近似值求法.这种方法后来被称为牛顿法.

1672年,由于他设计、制造了反射望远镜,而被选为皇家学会会员.他把关于光的粒子学说的论著寄给了皇家学会,他的声誉以及对理论的巧妙处理,使该理论得到了普遍采用.

牛顿从1673年到1683年在大学的讲演主要是关于代数和方程论的.其演讲内容都包括在1707年发表的《通用算术》一书中.其中,有许多方程论的成果,如:实多项式的虚根必成对出现,求多项式根的上界的规则等等.

1679年,牛顿把对地球半径的一次新的测量与对月球运动的研究联系起来,并以此来证实他的万有引力定律.他还假定太阳和行星为重质点,证明了他的万有引力定律与开普勒的行星运动定律的一致性.但有5年之久,他没有把这个重要的发现告诉任何人.后来,哈雷看到了牛顿的原稿,认识到它的重要性.于是在他的鼓励下,牛顿从1685年至1687年,完成了巨著《自然科学的数学原理》第1、2、3册,由哈雷出资发表.这部著作的诞生立刻对整个欧洲产生了巨大影响.

这本书中,第一次有了地球和天体主要运动现象的完整的力学体系和完整的数学公式.事实证明,这是科学史上最有影响、荣誉最高的著作.有意思的是,这些定理也许是用流数术发现的,但却都是借助古典希腊几何熟练地证明的.在相对论出现之前,整个物理学和天文学都是以牛顿在这部著作中作出的一个特别适合的坐标系的假定为基础的.书中还有许多涉及高次平面曲线的成果和一些引人入胜的几何定理的证明.

1689年,牛顿成为剑桥大学选出的国会议员.1692年,他得了奇怪的病,持续了大约两年,致使他有些精神失常.1696年,牛顿被任命为造币局总监.1699年,他被法国巴黎科学院选为外籍院士,同时被提升为造币厂厂长.1703年,被选为皇家学会主席并连任20年,直至他逝世.1705年,他被封为爵士.晚年,他主要从事化学、炼丹和神学.虽然他在数学上创造性的工作实质上已经停止了,但他还没有失去这方面的非凡能力,仍能熟练地解决提供给他的数学竞赛题,而这些题目是远远超过了其他数学家的能力的.在他晚年的生活中,与莱布尼茨那场不幸的争论,使他很不愉快.1727年,他在一场拖了很久的痛苦的病中死去,终年85岁.他被安葬在威斯敏斯特教堂.

纵览牛顿的一生,他不愧为最伟大的数学家和物理学家.他对物理问题的洞察力以及运用数学方法处理物理问题的能力,都是空前卓越的.莱布尼茨说:"在从世界开始到牛顿生活的年代的全部数学中,牛顿的工作超过一半!"

然而,牛顿对自己的评价却十分谦虚:"我不知道世间把我看成什么样的人;但是对我来说,就像一个在海边玩耍的小孩,有时找到一块比较平滑的卵石或格外漂亮的贝壳,感到高兴,在我前面是完全没有被发现的真理的大海洋."他很尊重前人的成果,他说如果他比别人看得远些,那只是由于站在巨人肩上的缘故.

第 3 章　导数的应用

本章提要　在第二章我们建立了导数和微分的概念，并讨论了它们的计算. 在本章中，我们将学习微分学中的中值定理，在此基础上进一步应用于导数来研究函数及图像的性态，从而解决某些特殊的问题.

3.1　中值定理

3.1.1　罗尔定理

定理 1　（罗尔定理）设函数 $y = f(x)$ 满足条件：

(1) 在闭区间 $[a,b]$ 上连续；

(2) 在开区间 (a,b) 内可导；

(3) $f(a) = f(b)$；

则在区间 (a,b) 内至少存在一点 ξ，使得 $f'(\xi) = 0$（证略）.

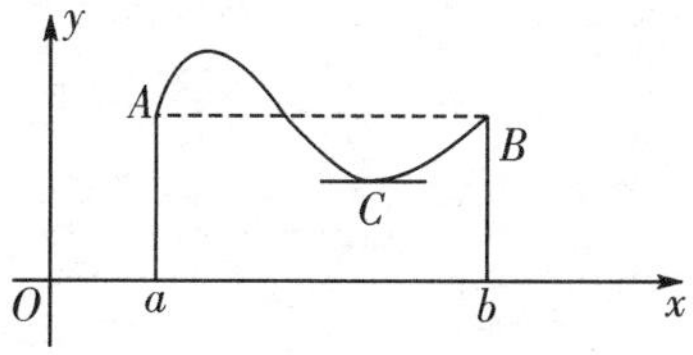

图 3 - 1

下面来考察一下罗尔定理的几何意义：

如图 3 - 1 所示，若在闭区间 $[a,b]$ 上的连续曲线 $y = f(x)$，其上每一点（除端点外）处都有不垂直于 x 轴的切线，且两个端点 A、B 的纵坐标相等，那么曲线 $y = f(x)$ 上至少存在一点 C，使曲线在点 C 处的切线与 x 轴平行，即导数为零.

【例 1】　验证函数 $f(x) = x^2 - 3x - 4$ 在 $[-1,4]$ 上满足罗尔定理，并求出 ξ 的值.

解　因为 $f(x) = x^2 - 3x - 4$ 是初等函数，它在 $[-1,4]$ 上是连续的，且导数 $f'(x) = 2x - 3$ 在 $(-1,4)$ 内存在. 又 $f(-1) = 0 = f(4)$，所以 $f(x) = x^2 - 3x - 4$ 在 $[-1,4]$ 满足罗尔定理的条件.

令 $f'(x) = 2x - 3 = 0$，解得 $x = \frac{3}{2}$，即 $\xi = \frac{3}{2}$.

3.1.2　拉格朗日中值定理

【同步微课】

定理 2　（拉格朗日中值定理）若函数 $y = f(x)$ 满足条件：

(1) 在 $[a,b]$ 上连续；

(2) 在 (a,b) 内可导；

则在区间 (a,b) 内至少存在一点 ξ，使得 $f'(\xi) = \dfrac{f(b) - f(a)}{b - a}$（证略）.

拉格朗日中值定理的几何意义是：若连续曲线 $y = f(x)$ 除端点外处处都具有不垂直于 x 轴的切线，那么该曲线至少有一个点 P，该点处的切线平行于连接两端点的弦

(图 3-2).

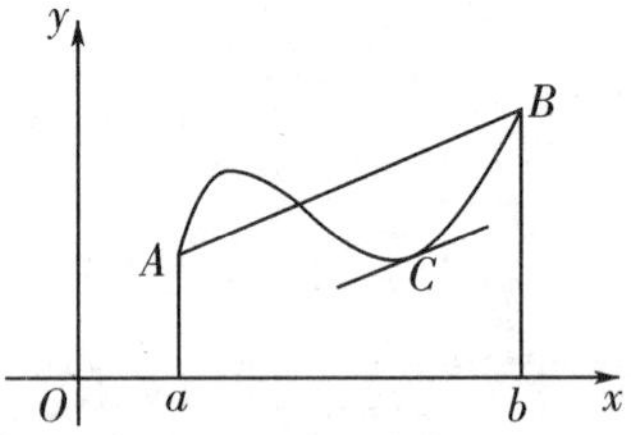

图 3-2

推论 1 如果函数 $f(x)$ 的导数在 (a,b) 内恒等于零,那么 $f(x)$ 在 (a,b) 内是一个常数.

推论 2 如果函数 $f(x)$ 与函数 $g(x)$ 在 (a,b) 内的导数处处相等,即 $f'(x)=g'(x)$,则函数 $f(x)$ 与函数 $g(x)$ 在 (a,b) 内仅相差一个常数,即 $f(x)-g(x)=C$.

【例 2】 验证拉格朗日中值定理对函数 $f(x)=\ln x$ 在 $[1,e]$ 上的正确性,并求出 ξ.

解 因为 $f(x)=\ln x$ 是初等函数,它在 $[1,e]$ 上是连续的,且导数 $f'(x)=\dfrac{1}{x}$ 在 $(1,e)$ 内存在,所以函数 $f(x)=\ln x$ 在 $[1,e]$ 上满足拉格朗日中值定理的条件.

$f'(x)=\dfrac{1}{x}=\dfrac{f(e)-f(1)}{e-1}$,得 $x=e-1$,且 $1<e-1<e$,即 $f(x)$ 在 $(1,e)$ 内有一点 $\xi=e-1$ 满足拉格朗日中值定理.

【例 3】 证明当 $x>0$ 时,$e^x>1+x$.

证明 设 $f(x)=e^x$,在 $[0,x]$ 上 $f(x)$ 满足拉格朗日中值定理的条件,因此存在一点 $\xi\in(0,x)$,使得 $f'(\xi)=\dfrac{f(x)-f(0)}{x-0}=\dfrac{e^x-e^0}{x-0}=e^\xi>1$,即 $e^x-1>x$,所以

$$e^x>1+x.$$

3.1.3 柯西中值定理

定理 3 (柯西中值定理)若函数 $f(x)$,$g(x)$ 满足条件:

(1) 在 $[a,b]$ 上连续;

(2) 在 (a,b) 内可导;

(3) 在 (a,b) 内任何一点处 $g'(x)\neq 0$;

则在区间 (a,b) 内至少存在一点 ξ,使得 $\dfrac{f'(\xi)}{g'(\xi)}=\dfrac{f(b)-f(a)}{g(b)-g(a)}$.

如果 $g(x)=x$,那么柯西中值定理便转化为拉格朗日中值定理,所以拉格朗日中值定理是柯西中值定理的特例.

习题 3.1

1. 求函数 $f(x)=x^2-3x+2$ 在 $[1,2]$ 上满足罗尔定理的 ξ 值.

2. 求函数 $f(x)=x^3+2x$ 在下列区间内,满足拉格朗日中值定理的 ξ 值:

(1) $[0,1]$; (2) $[1,2]$; (3) $[-1,2]$.

3.2 洛必达法则

【同步微课】

中值定理的一个重要的应用是计算函数的极限,由于两个无穷小量之比的极限或两个无穷大量之比的极限,有的存在,有的不存在,所以通常称这两种极限为未定式,简记“$\dfrac{0}{0}$”和

"$\frac{\infty}{\infty}$". 本节学习的洛必达法则是求这种极限的简便且重要的方法.

3.2.1 "$\frac{0}{0}$"型的洛必达法则

定理 1 若函数 $f(x)$ 与 $g(x)$ 满足条件:

(1) $\lim\limits_{x\to x_0} f(x) = \lim\limits_{x\to x_0} g(x) = 0$;

(2) 在 x_0 的某空心邻域内可导,且 $g'(x) \neq 0$;

(3) $\lim\limits_{x\to x_0} \frac{f'(x)}{g'(x)} = A$(或 ∞);

则必有

$$\lim_{x\to x_0} \frac{f(x)}{g(x)} = \lim_{x\to x_0} \frac{f'(x)}{g'(x)} = A(\text{或 } \infty).$$

这个法则告诉我们,当 $x\to x_0$ 时,如果$\frac{f(x)}{g(x)}$为$\frac{0}{0}$型未定式,那么在上述条件下极限$\lim\limits_{x\to x_0}\frac{f(x)}{g(x)}$可化为极限 $\lim\limits_{x\to x_0} \frac{f'(x)}{g'(x)}$.

【例 1】 求 $\lim\limits_{x\to 2} \frac{x^2-4}{x-2}$.

解 $\lim\limits_{x\to 2} \frac{x^2-4}{x-2} = \lim\limits_{x\to 2} \frac{2x}{1} = 4$.

【例 2】 求 $\lim\limits_{x\to 0} \frac{1-\cos x}{x^2}$.

解 $\lim\limits_{x\to 0} \frac{1-\cos x}{x^2} = \lim\limits_{x\to 0} \frac{\sin x}{2x} = \frac{1}{2}$.

【例 3】 求 $\lim\limits_{x\to 0} \frac{e^x-1}{x^2-x}$.

解 $\lim\limits_{x\to 0} \frac{e^x-1}{x^2-x} = \lim\limits_{x\to 0} \frac{e^x}{2x-1} = -1$.

【例 4】 求 $\lim\limits_{x\to +\infty} \frac{\frac{\pi}{2}-\arctan x}{\frac{1}{x}}$.

解 $\lim\limits_{x\to +\infty} \frac{\frac{\pi}{2}-\arctan x}{\frac{1}{x}} = \lim\limits_{x\to +\infty} \frac{-\frac{1}{1+x^2}}{-\frac{1}{x^2}} = \lim\limits_{x\to +\infty} \frac{x^2}{1+x^2} = 1$.

【例 5】 求 $\lim\limits_{x\to 1} \frac{x^3-3x+2}{x^3-x^2-x+1}$.

解 $\lim\limits_{x\to 1} \frac{x^3-3x+2}{x^3-x^2-x+1} = \lim\limits_{x\to 1} \frac{3x^2-3}{3x^2-2x-1} = \lim\limits_{x\to 1} \frac{6x}{6x-2} = \frac{3}{2}$.

由例 5 可见,如果$\frac{f'(x)}{g'(x)}$仍属于$\frac{0}{0}$型的未定式,且 $f'(x)$ 和 $g'(x)$ 仍满足洛必达法则条件,

则可继续应用洛必达法则进行计算. 这里还应注意的是，在应用洛必达法则求极限时应检查它是否满足条件，如果不满足，则不能应用洛必达法则，否则会导致错误.

3.2.2 “$\frac{\infty}{\infty}$”型的洛必达法则

定理 2 若函数 $f(x)$与 $g(x)$满足条件：

(1) $\lim\limits_{x\to x_0} f(x)=\infty, \lim\limits_{x\to x_0} g(x)=\infty$；

(2) 在 x_0 的某空心邻域内可导，且 $g'(x)\neq 0$；

(3) $\lim\limits_{x\to x_0}\frac{f'(x)}{g'(x)}=A$(或$\infty$)；

则必有

$$\lim_{x\to x_0}\frac{f(x)}{g(x)}=\lim_{x\to x_0}\frac{f'(x)}{g'(x)}=A(\text{或}\infty).$$

【例 6】 求 $\lim\limits_{x\to\frac{\pi}{2}}\frac{\tan x}{\tan 3x}$.

解 $$\lim_{x\to\frac{\pi}{2}}\frac{\tan x}{\tan 3x}=\lim_{x\to\frac{\pi}{2}}\frac{\sec^2 x}{3\sec^2 3x}=\lim_{x\to\frac{\pi}{2}}\frac{\frac{1}{\cos^2 x}}{\frac{3}{\cos^2 3x}}=\lim_{x\to\frac{\pi}{2}}\frac{\cos^2 3x}{3\cos^2 x}=\frac{1}{3}\lim_{x\to\frac{\pi}{2}}\frac{6\cos 3x\sin 3x}{2\cos x\sin x}$$

$$=\lim_{x\to\frac{\pi}{2}}\frac{\sin 6x}{\sin 2x}=\lim_{x\to\frac{\pi}{2}}\frac{6\cos 6x}{2\cos 2x}=3.$$

【例 7】 求 $\lim\limits_{x\to 0^+}\frac{\ln\cot x}{\ln x}$.

解 $$\lim_{x\to 0^+}\frac{\ln\cot x}{\ln x}=\lim_{x\to 0^+}\frac{-\frac{1}{\cot x}\cdot\csc^2 x}{\frac{1}{x}}=-\lim_{x\to 0^+}\frac{x}{\sin x\cos x}$$

$$=-\lim_{x\to 0^+}\frac{x}{\sin x}\cdot\lim_{x\to 0^+}\frac{1}{\cos x}=-1.$$

在定理 1、定理 2 中将 $x\to x_0$ 改为 $x\to\infty$ 时，洛必达法则也同样有效.

【例 8】 求 $\lim\limits_{x\to+\infty}\frac{x^5}{e^x}$.

解 $$\lim_{x\to+\infty}\frac{x^5}{e^x}=\lim_{x\to+\infty}\frac{5x^4}{e^x}=\lim_{x\to+\infty}\frac{20x^3}{e^x}=\lim_{x\to+\infty}\frac{60x^2}{e^x}$$

$$=\lim_{x\to+\infty}\frac{120x}{e^x}=\lim_{x\to+\infty}\frac{120}{e^x}=0.$$

【例 9】 求 $\lim\limits_{x\to+\infty}\frac{\ln x}{x^n}(x>0)$.

解 $$\lim_{x\to+\infty}\frac{\ln x}{x^n}=\lim_{x\to+\infty}\frac{\frac{1}{x}}{nx^{n-1}}=\frac{1}{n}\lim_{x\to+\infty}\frac{1}{x^n}=0.$$

3.2.3　其他几种未定式极限

洛必达法则不仅可以用来解决“$\frac{0}{0}$”型和“$\frac{\infty}{\infty}$”型未定式的极限问题，还可以用来解决“$0\cdot\infty$”“$\infty-\infty$”“1^{∞}”“0^{0}”“∞^{0}”型未定式的极限问题. 解决这些类型的未定式极限，通常是先进行适当的变形，将它们转化为“$\frac{0}{0}$”型或“$\frac{\infty}{\infty}$”型的未定式，然后再用洛必达法则求解.

【例 10】　求 $\lim\limits_{x\to0^+}x\ln x$.

解　$\lim\limits_{x\to0^+}x\ln x=\lim\limits_{x\to0^+}\dfrac{\ln x}{\frac{1}{x}}=\lim\limits_{x\to0^+}\dfrac{\frac{1}{x}}{-\frac{1}{x^2}}=\lim\limits_{x\to0^+}(-x)=0.$

【例 11】　求 $\lim\limits_{x\to0}\left(\dfrac{1}{x}-\dfrac{1}{\sin x}\right)$.

解　$\lim\limits_{x\to0}\left(\dfrac{1}{x}-\dfrac{1}{\sin x}\right)=\lim\limits_{x\to0}\dfrac{\sin x-x}{x\sin x}=\lim\limits_{x\to0}\dfrac{\cos x-1}{\sin x+x\cos x}$

$$=\lim_{x\to0}\frac{-\sin x}{2\cos x-x\sin x}=0.$$

【例 12】　求 $\lim\limits_{x\to0^+}x^x$.

解　令 $y=x^x\ (x>0)$，取对数得 $\ln y=x\ln x$，两边同时取极限

$$\lim_{x\to0^+}\ln y=\lim_{x\to0^+}x\ln x=\lim_{x\to0^+}\frac{\ln x}{\frac{1}{x}}=\lim_{x\to0^+}\frac{\frac{1}{x}}{-\frac{1}{x^2}}=0,$$

即

$$\lim_{x\to0^+}\ln y=\ln(\lim_{x\to0^+}y)=0,$$

所以

$$\lim_{x\to0^+}y=\lim_{x\to0^+}x^x=e^0=1.$$

最后，我们指出在使用洛必达法则求未定式的极限时，需注意两点：

(1) 洛必达法则只适用$\frac{0}{0}$型或$\frac{\infty}{\infty}$型，其他未定式必须先化成$\frac{0}{0}$型或$\frac{\infty}{\infty}$型，然后再用洛必达法则.

(2) 洛必达法则只适用 $\lim\limits_{\substack{x\to x_0\\(x\to\infty)}}\dfrac{f(x)}{g(x)}$ 存在或无穷大时，当 $\lim\limits_{\substack{x\to x_0\\(x\to\infty)}}\dfrac{f(x)}{g(x)}$ 不存在时（等于无穷大的情况除外）不能用洛必达法则求解，需要通过其他方法来讨论，这说明洛必达法则也不是万能的.

【例 13】　求 $\lim\limits_{x\to\infty}\dfrac{x+\cos x}{x+\sin x}$.

解 是$\frac{\infty}{\infty}$型，由于对分子分母同时求导后的极限$\lim\limits_{x\to\infty}\frac{1-\sin x}{1+\cos x}$不存在，所以不能用洛必达法则求解. 事实上，

$$\lim_{x\to\infty}\frac{x+\cos x}{x+\sin x}=\lim_{x\to\infty}\frac{1+\frac{1}{x}\cos x}{1+\frac{1}{x}\sin x}=1.$$

习题 3.2

1. 用洛必达法则求下列极限.

(1) $\lim\limits_{x\to 1}\frac{x^2-3x+2}{x^3-1}$；

(2) $\lim\limits_{x\to 0}\frac{(1+x)^\alpha-1}{x}$（$\alpha$ 为实数）；

(3) $\lim\limits_{x\to 0}\frac{e^x-e^{-x}}{x}$；

(4) $\lim\limits_{x\to 1}\frac{\ln x}{x-1}$；

(5) $\lim\limits_{x\to 0}\frac{\sin 3x}{\sin 2x}$；

(6) $\lim\limits_{x\to +\infty}\frac{x^2+\ln x}{x\ln x}$；

(7) $\lim\limits_{x\to 0}\frac{\sin 4x}{\tan 5x}$；

(8) $\lim\limits_{x\to\frac{\pi}{3}}\frac{\sin x-\sin\frac{\pi}{3}}{x-\frac{\pi}{3}}$.

2. 求下列极限.

(1) $\lim\limits_{x\to 0^+}x\ln x$；

(2) $\lim\limits_{x\to\infty}\frac{x-\sin x}{x+\sin x}$；

(3) $\lim\limits_{x\to 0^+}x^{2\sin x}$；

(4) $\lim\limits_{x\to 0}\left[\frac{1}{x}-\frac{1}{\ln(x+1)}\right]$.

3.3 函数的单调性与极值

在第1章中，我们学习了单调性的概念，本节中我们利用导数来对函数的单调性进行研究.

3.3.1 函数的单调性

【同步微课】

本节我们来讨论函数的单调性与其导数之间的关系，从而提供一种判别函数单调性的方法. 我们先来看一下，函数 $y=f(x)$ 的单调性在几何上有什么特性. 如图3-3所示，可以发现，如果函数 $y=f(x)$ 在$[a,b]$上单调增加，则它的图形是一条沿 x 轴正向上升的曲线，曲线上各点处的切线斜率是非负的，即 $y'=f'(x)\geqslant 0$. 如果函数 $y=f(x)$ 在$[a,b]$上单调减少，则它的图形是一条沿 x 轴正向下降的曲线，曲线上各点处的切线斜率是非正的，即 $y'=f'(x)\leqslant 0$. 由此可见函数的单调性与导数的符号有着紧密的联系，那么能否用导数的符号来判定函数的单调性呢？回答是肯定的.

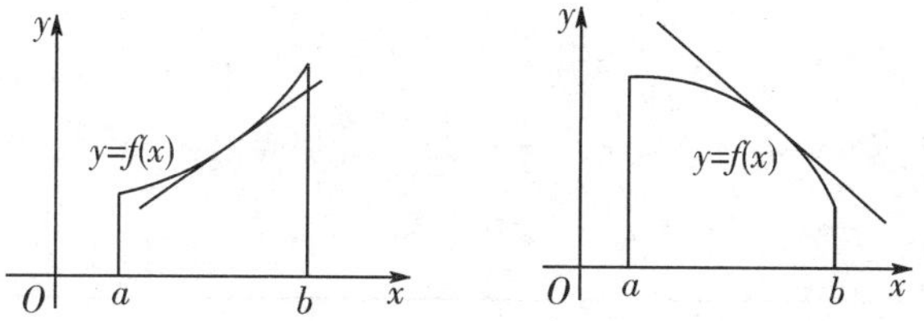

图 3-3

定理 1 设函数 $y=f(x)$ 在$[a,b]$上连续,在(a,b)内可导,

(1) 如果在(a,b)内 $f'(x)>0$, 则函数 $y=f(x)$ 在$[a,b]$上单调增加;

(2) 如果在(a,b)内 $f'(x)<0$, 则函数 $y=f(x)$ 在$[a,b]$上单调减少.

证 (1) 设 x_1,x_2 是$[a,b]$上任意两点,且 $x_1<x_2$, 在$[x_1,x_2]$上应用拉格朗日中值定理,得

$$f(x_1)-f(x_2)=f'(\xi)(x_1-x_2),\xi\in(x_1,x_2),$$

若 $f'(x)>0$,必有 $f'(\xi)>0$,又 $x_1-x_2<0$,于是有 $f(x_1)-f(x_2)<0$,即 $f(x_1)<f(x_2)$,所以 $f(x)$ 在$[a,b]$上单调增加.

(2) 同理可证当 $f'(x)<0$ 时,$f(x)$ 在$[a,b]$上单调减少.

注:由§3.1中推论1知,若在区间(a,b)内恒有 $f'(x)=0$, 则 $f(x)$ 在(a,b)内是常数.

【例 1】 判定函数 $y=\mathrm{e}^{-x}$ 的单调性.

解 函数的定义域为$(-\infty,+\infty)$,

$$y'=-\mathrm{e}^{-x}=-\frac{1}{\mathrm{e}^x}<0,$$

故 $y=\mathrm{e}^{-x}$ 在$(-\infty,+\infty)$上单调减少.

有时有些函数在它的定义域上不是单调的,但我们用导数等于零的点来划分函数的定义域后,把函数的定义域分成若干个小区间,在这些小区间内导数或者大于零或者小于零,从而可以判断函数在各个小区间上的单调性,把这样的小区间称为单调区间.

一般地,函数 $f(x)$ 在其定义区间上可能不是单调的,但可以用导数为零的点(也叫函数的驻点)以及导数不存在的点作为分界点,把定义区间分成若干部分区间(在这些部分区间上 $f(x)$ 往往是单调的),然后用列表的方式来讨论函数的单调区间,表中用"↗"表示单调增加,用"↘"表示单调减少.

【例 2】 确定函数 $y=\frac{1}{3}x^3-2x^2+3x$ 的单调区间.

解 函数的定义域为$(-\infty,+\infty)$, $y'=x^2-4x+3=(x-1)(x-3)$, 令 $y'=0$,得 $x_1=1,x_2=3$, 这两个点把定义域$(-\infty,+\infty)$分成三个小区间,列表如下:

x	$(-\infty,1)$	1	$(1,3)$	3	$(3,+\infty)$
y'	+	0	−	0	+
y	↗		↘		↗

所以函数在$(-\infty,1)$与$(3,+\infty)$内单调增加,在$(1,3)$内单调减少.

【例 3】 判定函数 $y=\sqrt[3]{(x-1)^2}$ 的单调性.

解 函数的定义域为 $(-\infty,+\infty)$，$y'=\frac{2}{3}\frac{1}{\sqrt[3]{x-1}}$，显然函数在 $x=1$ 处不可导，这个点把定义域 $(-\infty,+\infty)$ 分成两个小区间，列表如下：

x	$(-\infty,1)$	1	$(1,+\infty)$
y'	$-$	不存在	$+$
y	↘		↗

所以函数在 $(-\infty,1)$ 内单调减少，在 $(1,+\infty)$ 内单调增加.

利用函数的单调性还可证明不等式.

【例 4】 证明当 $x>0$ 时，$x>\ln(1+x)$.

证明 令 $f(x)=x-\ln(1+x)$，考虑在 $(0,+\infty)$ 上

$$f'(x)=1-\frac{1}{1+x}=\frac{x}{1+x}>0(x>0),$$

所以在 $(0,+\infty)$ 上，$f(x)$ 为单调增加函数，所以当 $x>0$ 时，有 $f(x)>f(0)=0$，即 $x-\ln(1+x)>0$，故 $x>\ln(1+x)$.

3.3.2 函数的极值

【同步微课】

设函数 $y=f(x)$ 的图形如图 3-4 所示.

从图上可以看出：在 $x=x_1$ 处，$f(x_1)$ 比 x_1 附近两侧的函数值都大，在 $x=x_2$ 处，$f(x_2)$ 比 x_2 附近两侧的函数值都小，这种局部的最大最小值具有很大的实际意义. 对此我们引入如下定义：

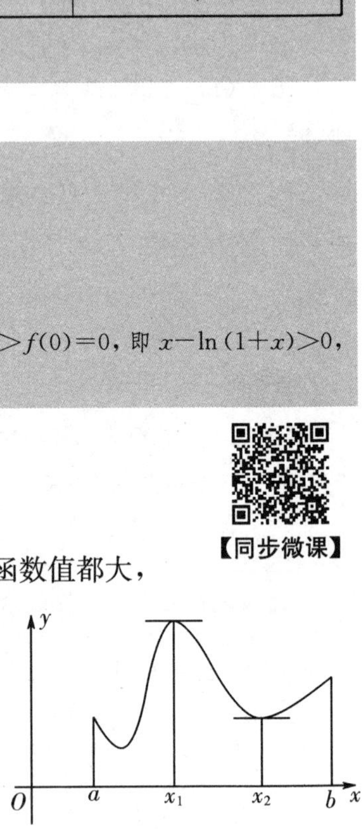

图 3-4

定义 1 设函数 $y=f(x)$ 在点 x_0 的某邻域内有定义，若对点 x_0 附近任一点 $x(x\neq x_0)$，均有

(1) $f(x)<f(x_0)$，则称 $f(x_0)$ 为 $y=f(x)$ 的极大值，x_0 为极大值点；

(2) $f(x)>f(x_0)$，则称 $f(x_0)$ 为 $y=f(x)$ 的极小值，x_0 为极小值点.

函数的极大值和极小值统称为极值，相应的极大值点和极小值点统称为极值点.

注：(1) 极大值和极小值是一个局部概念，是局部范围内的最大最小值；而最大最小值是一个整体概念.

(2) 由于极大值和极小值的比较范围不同，因而极大值不一定大于极小值.

(3) 由极值的定义可知，极值只发生在区间内部.

(4) 从图上可看出，在极值点处，若切线存在，其平行于 x 轴，即导数等于零.

定理 2 （极值存在的必要条件）设函数 $y=f(x)$ 在 x_0 处可导，如果函数 $f(x)$ 在点 x_0 处取得极值，则必有 $f'(x_0)=0$.

证明 不妨设 $f(x_0)$ 为极大值，由极大值定义，对点 x_0 附近任一点 $x(x \neq x_0)$，有 $f(x)<f(x_0)$，所以

$$f'_{-}(x_0)=\lim_{x\to x_0^-}\frac{f(x)-f(x_0)}{x-x_0}\geqslant 0,$$

$$f'_{+}(x_0)=\lim_{x\to x_0^+}\frac{f(x)-f(x_0)}{x-x_0}\leqslant 0.$$

由于 $f'(x_0)$ 存在，所以 $f'_{-}(x_0)=f'_{+}(x_0)=0$，即 $f'(x_0)=0$.

对于函数 $y=f(x)$，使 $f'(x_0)=0$ 的点 x_0，称为 $y=f(x)$ 的驻点.

注：(1) 在导数存在的前提下，驻点仅仅是极值点的必要条件但不是充分条件，即可导函数的极值点必是驻点，但驻点未必是极值点. 例如 $y=x^3$，$x=0$ 是驻点，但不是极值点. 参看图 3-5.

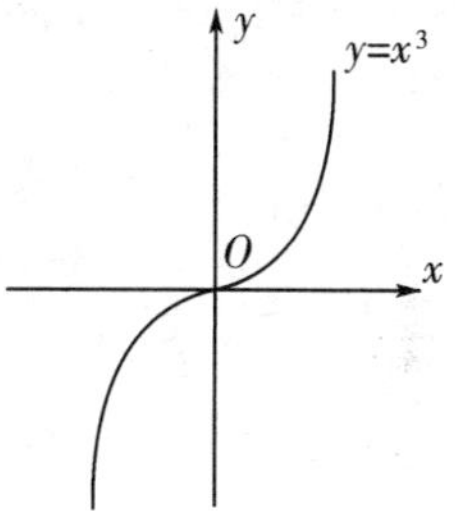

图 3-5

(2) 在导数不存在的点，函数可能有极值，也可能没有极值. 例如 $f(x)=|x|$，在 $x=0$ 处导数不存在，但函数有极小值 $f(0)=0$；又如 $f(x)=x^{\frac{1}{3}}$ 在 $x=0$ 处导数不存在，但函数没有极值.

那么，如何判别函数 $f(x)$ 的极值呢?

定理 3 (极值存在的第一充分条件) 设函数 $y=f(x)$ 在点 x_0 的某空心邻域内可导，当 x 值从 x_0 的左边渐增到 x_0 的右边时，

(1) 若 $f'(x)$ 由正变负，则 x_0 为函数的极大值点，$f(x_0)$ 为函数的极大值；

(2) 若 $f'(x)$ 由负变正，则 x_0 为函数的极小值点，$f(x_0)$ 为函数的极小值；

(3) 若 $f'(x)$ 的符号不变，则 x_0 不是函数的极值点.

证明略.

注：(1) 定理 3 适用于驻点和不可导点.

(2) 极值点是函数单调区间的分界点.

(3) 由上述内容可知，求函数 $f(x)$ 极值的一般步骤为

① 写出函数的定义域；

② 求函数的导数 $f'(x)$；

③ 求出 $f(x)$ 的全部驻点和不可导点；

④ 根据驻点和不可导点把定义域分成若干区间，列表，然后由定理 3 判断驻点和不可导点是否为极值点，并求出函数的极值.

【例 5】 求函数 $f(x)=\frac{1}{3}x^3-9x+4$ 的极值.

解 (1) 函数 $f(x)$ 的定义域为 $(-\infty,+\infty)$，

(2) $f'(x)=x^2-9=(x+3)(x-3)$，

(3) 令 $f'(x)=0$ 得 $x_1=-3$ 和 $x_2=3$，

(4) 列表判定

x	$(-\infty,-3)$	-3	$(-3,3)$	3	$(3,+\infty)$
$f'(x)$	+	0	−	0	+
$f(x)$	↗	极大值 22	↘	极小值−14	↗

因此,函数 $f(x)=\frac{1}{3}x^3-9x+4$ 在 $x=-3$ 处取得极大值 $f(-3)=22$,在 $x=3$ 处取得极小值 $f(3)=-14$.

【例 6】 已知 $f(x)=x^3+ax^2+bx$ 在 $x=1$ 处有极值−12,试确定常系数 a 与 b.

解 因为 $f(x)=x^3+ax^2+bx$,所以 $f'(x)=3x^2+2ax+b$,

因为 $f(1)=-12$ 为极值,所以 $f'(1)=0$,即

$$3+2a+b=0, \tag{①}$$

由 $f(1)=-12$,得

$$1+a+b=-12, \tag{②}$$

解由①与②组成的方程组,得 $a=10,b=-23$.

定理 4 (极值的第二充分条件)设函数 $y=f(x)$ 在点 x_0 处的二阶导数存在,且 $f'(x_0)=0,f''(x_0)\neq 0$,则

(1) 当 $f''(x_0)<0$ 时,x_0 为极大值点,$f(x_0)$为极大值;

(2) 当 $f''(x_0)>0$ 时,x_0 为极小值点,$f(x_0)$为极小值.

对于 $f''(x_0)=0$ 的情形:$f(x_0)$可能是极大值,可能是极小值,也可能不是极值. 例如 $f(x)=-x^4,f''(0)=0,f(0)=0$ 是极大值;$g(x)=x^4,g''(0)=0,g(0)=0$ 是极小值;$\varphi(x)=x^3,\varphi''(0)=0$,但 $\varphi(0)=0$ 不是极值. 因此,当 $f''(x_0)=0$ 时,第二判别法失效,只能用第一判别法.

【例 7】 求函数 $f(x)=x^3-3x^2-9x+1$ 的极值.

解 函数 $f(x)$的定义域为 $(-\infty,+\infty)$,

$$f'(x)=3x^2-6x-9=3(x+1)(x-3).$$

令 $f'(x)=0$ 得 $x_1=-1$ 和 $x_2=3$,

$f''(x)=6x-6$,则

$f''(-1)=-12<0$,所以 $x=-1$ 是极大值点,$f(x)$的极大值 $f(-1)=6$;

$f''(3)=12>0$,所以 $x=3$ 是极小值点,$f(x)$的极小值 $f(3)=-26$.

习题 3.3

1. 求下列函数的单调区间.

(1) $f(x)=(x-1)^2$;

(2) $f(x)=x^3-x^2-x$;

(3) $f(x)=\frac{3}{2-x}$;

(4) $f(x)=x\ln x$.

2. 求下列函数的极值点和极值.

(1) $f(x)=x^2-\frac{1}{2}x^4$； (2) $f(x)=4x^3-3x^2-6x+2$；

(3) $f(x)=x^2e^{-x}$； (4) $f(x)=\frac{x^2}{x^2+3}$.

3. 求下列函数在指定区间内的极值.

(1) $f(x)=2x^3+3x^2-12x+1, x\in(0,2)$；

(2) $f(x)=\frac{x}{x^2+1}, x\in\left(-\frac{3}{2},\frac{1}{2}\right)$.

3.4 函数的最值及其在经济问题中的应用

【同步微课】

在第一章第五节中我们学习过最大值最小值定理，若函数 $f(x)$在闭区间$[a,b]$上连续，则在$[a,b]$上一定存在最大值和最小值. 显然，$f(x)$在闭区间$[a,b]$上的最大值和最小值只能在区间内的极值点和端点取得. 因此可先求出一切可能的极值点(即驻点或导数不存在的点)处的函数值及端点处的函数值，再比较这些值的大小，其中最大的是函数的最大值，最小的是函数的最小值.

【例 1】 求函数 $f(x)=x^3-3x^2-9x+5$ 在$[-2,6]$上的最大值和最小值.

解 (1) $f'(x)=3x^2-6x-9=3(x+1)(x-3)$，

(2) 令 $f'(x)=0$ 解得驻点 $x_1=-1$ 和 $x_2=3$，

(3) 计算 $f(-2)=3, f(-1)=10, f(3)=-22, f(6)=59$，

(4) 比较得到最大值为 $f(6)=59$，最小值为 $f(3)=-22$.

如果函数 $f(x)$在一个开区间或无穷区间内可导，且有唯一的极值点 x_0，而函数确有最大值或最小值，那么，当 $f(x_0)$是极大值时，$f(x_0)$就是该区间上的最大值；当 $f(x_0)$是极小值时，$f(x_0)$就是该区间上的最小值. 在应用问题中往往遇到这样的情形，这时可以当作极值问题来解决，不必与区间的端点值相比较.

【例 2】 如图 3-6 所示，有一块边长为 a 的正方形铁皮，从其四个角截去大小相同的四个小正方形，做成一个无盖的容器，问截去的小正方形的边长为多少时，该容器的体积最大？

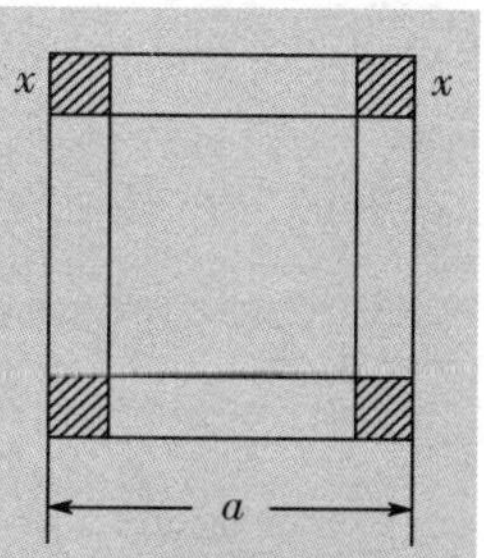

图 3-6

解 设截去的小正方形的边长为 x，则做成的无盖容器的体积为

$$V(x)=(a-2x)^2x, x\in\left(0,\frac{a}{2}\right).$$

问题归结为求函数 $V(x)=(a-2x)^2x$ 在$\left(0,\frac{a}{2}\right)$内的最大值.

因为 $V'(x)=(a-2x)(a-6x)$，令 $V'(x)=0$ 得唯一解 $x=\frac{a}{6}$，于是有

$$V_{\max}(x)=V\left(\frac{a}{6}\right)=\frac{2}{27}a^3,$$

即当截去的小正方形边长为$\frac{a}{6}$时，该容器的体积最大，为$\frac{2}{27}a^3$.

【例 3】 已知某个企业的成本函数为：$C=q^3-9q^2+30q+25$，其中 C 表示成本(单位：千元)，q 表示产量(单位：t)，求平均可变成本 y(单位：千元)的最小值.

解 平均可变成本

$$y=\frac{C-25}{q}=q^2-9q+30,$$

$$y'=2q-9,$$

令 $y'=0$，得 $q=4.5$，则 $y''|_{q=4.5}=2>0$，所以 $q=4.5$ 时，y 取得极小值，也就是 y 的最小值.

$$y|_{q=4.5}=(4.5)^2-9\times4.5+30=9.75\ (\text{千元})$$

答：当产量为 4.5 t 时，平均可变成本取得最小值 9 750 元.

【例 4】 某公司估算生产 x 件产品的成本为：$C(x)=2\,560+2x+0.001x^2$（元），问产量为多少时平均成本最低？平均成本的最小值为多少？

解 平均成本函数为 $\overline{C}(x)=\dfrac{2\,560}{x}+2+0.001x, x\in[0,+\infty)$，

由 $\overline{C}'(x)=-\dfrac{2\,560}{x^2}+0.001=0$ 得 $x=1\,600$ 件，而 $\overline{C}(1\,600)=5.2$（元/件），

所以产量为 1 600 件时平均成本最低，且平均成本的最小值为 5.2(元/件).

【例 5】 某房地产公司有 50 套公寓要出租，当每月每套租金为 180 元时，公寓会全部租出去，当每月每套租金增加 10 元时，就有一套公寓租不出去，而租出去的房子每月需花费 20 元的整修维护费，试问房租定为多少时可获得最大收入？

解 设每月每套租金定为 x 元，租出去的房子有 $\left(50-\dfrac{x-180}{10}\right)$ 套，那么每月的总收入为

$$R(x)=(x-20)\left(50-\frac{x-180}{10}\right)=(x-20)\left(68-\frac{x}{10}\right), x\in[0,+\infty),$$

求导得

$$R'(x)=\left(68-\frac{x}{10}\right)+(x-20)\left(-\frac{1}{10}\right)=70-\frac{x}{5},$$

令 $R'(x)=0$ 得一个驻点，$x=350$，而 $R(350)=(350-20)\left(68-\dfrac{350}{10}\right)=10\,890$ 元，故每月每套租金为 350 元时，月收入最高为 10 890 元.

习题 3.4

1. 求下列函数在给定区间上的最大值和最小值.

(1) $f(x)=3x^3-9x+5, x\in[-2,2]$；

(2) $f(x)=\sin 2x-x, x\in\left[-\dfrac{\pi}{2},\dfrac{\pi}{2}\right]$.

2. 把长为 24 厘米的铁丝剪成两段，一段做成圆形，一段做成正方形，问如何剪才能使圆形和正方形的面积之和最小？

3. 设某企业每天生产某种产品 q 个单位时的总成本核算函数为 $C(q)=0.5q^2+36q+9\,800$，问每天生产多少单位的产品时，其平均成本最低？

4. 某个体户以每条 10 元的价格进了一批计算机配件，设此计算机配件的需求函数为 $Q=40-p$，问该个体户将销售价定为多少时，才能获得最大利润.

3.5 函数曲线的凹凸性与拐点

【同步微课】

3.5.1 曲线的凹凸性和拐点

设函数 $y=f(x)$ 在区间 (a,b) 可导，如果曲线 $y=f(x)$ 上每一点处的切线都位于该曲线的下方，则称曲线 $y=f(x)$ 在区间 (a,b) 内是凹的；如果曲线 $y=f(x)$ 上每一点处的切线都位于该曲线的上方，则称曲线 $y=f(x)$ 在区间 (a,b) 内是凸的.

从图 3－7 可以看出，曲线弧 $\overset{\frown}{AM_0}$ 是凸的，曲线弧 $\overset{\frown}{M_0B}$ 是凹的.

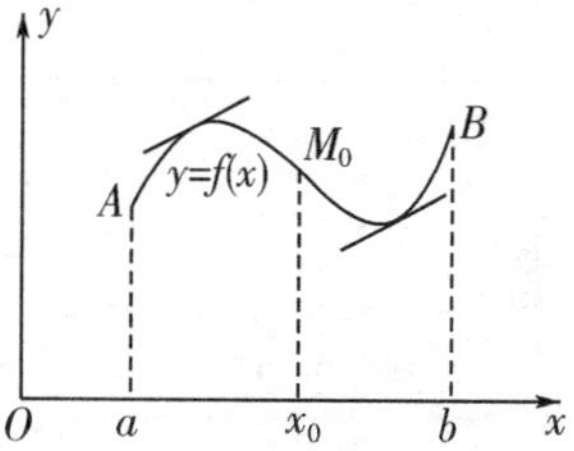

图 3－7

下面我们不加证明地给出曲线凹凸性的判定定理.

定理 1 设 $y=f(x)$ 在区间 (a,b) 内具有二阶导数，如果在 (a,b) 内恒有 $f''(x)>0$，则曲线 $y=f(x)$ 在 (a,b) 内是凹的；如果在 (a,b) 内恒有 $f''(x)<0$，则曲线 $y=f(x)$ 在 (a,b) 内是凸的.

若把定理 1 中的区间改为无穷区间，结论仍然成立.

【例 1】 判定曲线 $y=\ln x$ 的凹凸性.

解 函数的定义域为 $(0,+\infty)$，

$$y'=\frac{1}{x},\ y''=-\frac{1}{x^2},$$

由于在 $(0,+\infty)$ 内恒有 $y''<0$，故曲线 $y=\ln x$ 在 $(0,+\infty)$ 内是凸的.

【例 2】 判定曲线 $y=x^3$ 的凹凸性.

解 函数的定义域为 $(-\infty,+\infty)$，

$$y'=3x^2,\ y''=6x,$$

由于在 $(-\infty,0)$ 内恒有 $y''<0$，而在 $(0,+\infty)$ 上恒有 $y''>0$，故曲线 $y=x^3$ 在 $(-\infty,0)$ 内是凸的，而在 $(0,+\infty)$ 内是凹的，这时点 $(0,0)$ 为曲线由凸变凹的分界点. 如图 3－8 所示.

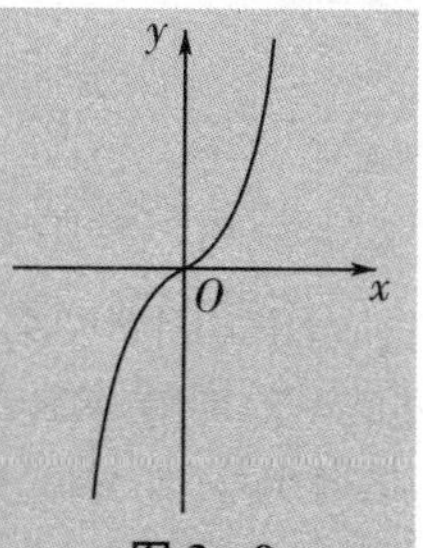

图 3－8

列表如下：

x	$(-\infty,0)$	0	$(0,+\infty)$
y''	$-$	0	$+$
y	凸		凹

这种曲线凸凹区间的分界点，就是下面要讲的拐点.

定理 2 设函数 $y=f(x)$ 在区间 (a,b) 内连续，则函数 $y=f(x)$ 在 (a,b) 内的凹凸区间

分界点称为曲线 $y=f(x)$ 的拐点.

定义 1 连续曲线上凹弧与凸弧的分界点叫作曲线的拐点.

拐点是曲线凹凸的分界点,所以若函数在该点处左右附近的二阶导数存在,则在拐点左右附近 $f''(x)$ 必然异号,因而拐点处 $f''(x)=0$ 或 $f''(x)$ 不存在. 在求曲线的凹凸区间和拐点时,可根据上述定理,用类似于求单调区间和极值点的方法,列表讨论,其中凹曲线用"∪"表示,凸曲线用"∩"表示.

【例 3】 求曲线 $y=x^4-2x^3+1$ 的凹凸区间和拐点.

解 函数的定义域为 $(-\infty,+\infty)$,

$$y'=4x^3-6x^2, y''=12x^2-12x=12x(x-1),$$

令 $y''=0$,得 $x_1=0, x_2=1$, x_1, x_2 将定义域分成三个部分区间,列表求曲线的凹凸区间和拐点.

x	$(-\infty,0)$	0	$(0,1)$	1	$(1,+\infty)$
y''	+	0	−	0	+
y	∪	拐点(0,1)	∩	拐点(1,0)	∪

由表可知,曲线 $y=x^4-2x^3+1$ 在区间 $(-\infty,0)$ 和区间 $(1,+\infty)$ 是凹的,在区间 $(0,1)$ 是凸的;曲线的拐点是(0,1)和(1,0).

一般地,可按下述步骤判定曲线的凹凸性和求拐点:

(1) 确定 $y=f(x)$ 的定义域;

(2) 求 $f''(x)$;

(3) 求出 $f''(x)=0$ 的点及 $f''(x)$ 不存在的点;

(4) 将 $f''(x)=0$ 的点及 $f''(x)$ 不存在作为分界点把定义域分成若干个部分区间,列表判定.

3.5.2 函数图形的描绘

1. 曲线的渐近线

有些函数的定义域和值域都是有限区间,此时函数的图像局限于一定的范围之内,如圆、椭圆等;而有些函数的定义域或值域是无穷区间,此时函数的图像向无穷远处延伸,如双曲线、抛物线等. 如果向无穷延伸的曲线接近某一条直线,这样的直线叫作曲线的渐近线.

定义 2 如果曲线上的一点沿着曲线趋于无穷远时,该点与某条直线的距离趋于零,则称此直线为曲线的渐近线.

渐近线分为水平渐近线、垂直渐近线和斜渐近线三种. 我们只讨论前两种.

(1) 水平渐近线

设曲线 $y=f(x)$,如果 $\lim\limits_{x\to+\infty}f(x)=C$ 或 $\lim\limits_{x\to-\infty}f(x)=C$,则称直线 $y=C$ 为曲线 $y=f(x)$ 的水平渐近线.

(2) 垂直渐近线

如果曲线 $y=f(x)$ 在点 x_0 处间断,且 $\lim\limits_{x\to x_0^-}f(x)=\infty$ 或 $\lim\limits_{x\to x_0^+}f(x)=\infty$,则称直线 $x=$

x_0 为曲线 $y=f(x)$ 的垂直渐近线.

【例 4】 求曲线 $y=\dfrac{1}{x-5}$ 的水平渐近线和垂直渐近线.

解 因为 $\lim\limits_{x\to\infty}\dfrac{1}{x-5}=0$，所以 $y=0$ 是曲线的水平渐近线.

又因为 $x=5$ 是 $y=\dfrac{1}{x-5}$ 的间断点，且 $\lim\limits_{x\to5}\dfrac{1}{x-5}=\infty$，所以 $x=5$ 是曲线的垂直渐近线.

【例 5】 求曲线 $y=\dfrac{3x^2+2}{1-x^2}$ 的水平渐近线和垂直渐近线.

解 因为 $\lim\limits_{x\to\infty}\dfrac{3x^2+2}{1-x^2}=-3$，所以 $y=-3$ 是曲线的水平渐近线.

又因为 $x=-1, x=1$ 是 $y=\dfrac{3x^2+2}{1-x^2}$ 的间断点，且 $\lim\limits_{x\to-1}\dfrac{3x^2+2}{1-x^2}=\infty$，$\lim\limits_{x\to1}\dfrac{3x^2+2}{1-x^2}=\infty$，所以 $x=-1$，$x=1$ 是曲线的垂直渐近线.

2. 函数图形的描绘

综合我们陆续讨论的函数的各种性态，对于给定函数 $y=f(x)$，可以按如下步骤作出其图形：

(1) 确定函数 $y=f(x)$ 的定义域，并考察其奇偶性、周期性；

(2) 求函数 $y=f(x)$ 的一阶导数和二阶导数，求出 $f'(x)=0$、$f''(x)=0$ 的点和 $f'(x)$、$f''(x)$ 不存在的点，用这些点将定义区间分成部分区间；

(3) 列表确定函数 $y=f(x)$ 的单调区间、极值、凹凸区间、拐点；

(4) 讨论函数图形的水平渐近线和垂直渐近线；

(5) 根据需要取函数图形上的若干特殊点；

(6) 描点作图.

【例 6】 作函数 $y=2x^3-3x^2$ 的图形.

解 (1) 函数的定义域为 $(-\infty,+\infty)$；

(2) $y'=6x^2-6x=6x(x-1)$，令 $y'=0$ 得驻点 $x_1=0, x_2=1$；

$y''=12x-6=6(2x-1)$，令 $y''=0$ 得 $x=\dfrac{1}{2}$；

(3) 列表如下：

x	$(-\infty,0)$	0	$\left(0,\dfrac{1}{2}\right)$	$\dfrac{1}{2}$	$\left(\dfrac{1}{2},1\right)$	1	$(1,+\infty)$
y'	$+$	0	$-$	$-$	$-$	0	$+$
y''	$-$	$-$	$-$	0	$+$	$+$	$+$
y	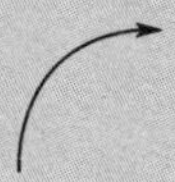	极大值 0	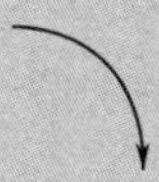	拐点 $\left(\dfrac{1}{2},-\dfrac{1}{2}\right)$	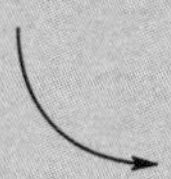	极小值 -1	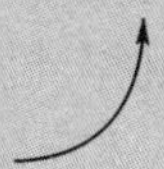

(4) 无渐近线；

(5) 辅助点：$\left(-\frac{1}{2},-1\right)$，$(0,0)$，$\left(\frac{3}{2},0\right)$；

(6) 描点作图，得图 3-9.

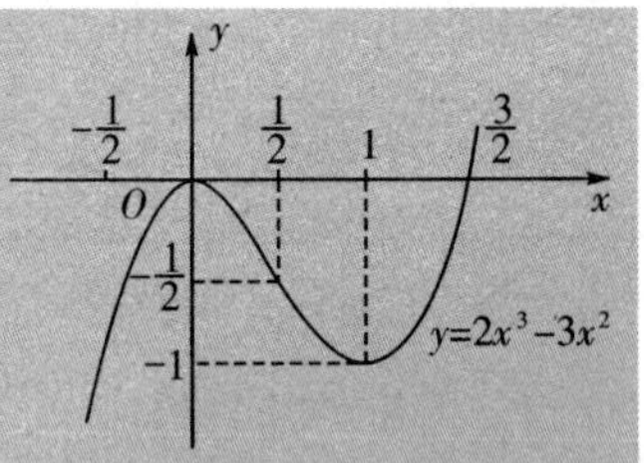

图 3-9

习题 3.5

1. 判定下列曲线的凹凸性.

(1) $y=4x-x^2$；　　(2) $y=\ln x$.

2. 求下列曲线的凹凸区间和拐点.

(1) $y=2x^3+3x^2+x+2$；　　(2) $y=3x^4-4x^3+1$；

(3) $y=\ln(x^2+1)$；　　(4) $y=\mathrm{e}^{-x^2}$.

3. 当 a,b 为何值时，点(1,3)为曲线 $y=ax^3-bx^2$ 的拐点.

4. 求下列曲线的水平渐近线和垂直渐近线.

(1) $y=\dfrac{1}{1-x}$；　　(2) $y=\ln(x-1)$；

(3) $y=1+\dfrac{1}{x}$；　　(4) $y=\dfrac{x}{(1-x)(1+x)}$.

5. 描绘下列函数的图形.

(1) $y=2-x-x^3$；　　(2) $y=\dfrac{1}{4}x^4-\dfrac{3}{2}x^2$；

(3) $y=\ln(1+x^2)$；　　(4) $y=\dfrac{1}{(x-1)^2}+1$.

3.6 导数在经济分析中的应用

导数是函数关于自变量的变化率，在经济工作中，也存在变化率的问题，因此导数在经济工作中也有广泛的应用，本节介绍两个基本的应用.

3.6.1 边际函数

在经济工作中，设某经济指标 y 与影响指标值的因素 x 之间成立函数关系 $y=f(x)$，称导数 $f'(x)$为 $f(x)$的边际函数，记作 My. 所谓边际，实际上是指标 y 关于因素 x 的绝对变化率. 随着 y,x 含义的不同，边际函数的含义也就不同.

1. 边际成本

在经济学中，边际成本定义为产品总成本 $C=C(q)$ 关于产量 q 的导数 $C'(q)$.

设某产品产量为 q 单位元时所需要的总成本为 $C=C(q)$. 由于

$$C(q+1)-C(q)=\Delta C(q)\approx \mathrm{d}C(q)$$

$$= C'(q) \cdot \Delta q = C'(q)\ ,$$

所以边际成本 $C'(q)$ 近似等于产量为 q 单位时再多增加一个单位时所增加的成本.

2. 边际收入

在经济基础学中,边际收入定义为收入函数 $R = R(q)$ 关于销售量 q 的导数 $R'(q)$.

如果某产品的销售量为 q 时的收入为 $R = R(q)$,则边际收入 $R'(q)$ 近似等于销售量为 q 时再多销售一个单位产品所增加的销售收入.

3. 边际利润

在经济基础学中,如果某产品的销售量为 q 时的利润函数 $L = L(q)$,当 $L(q)$ 可导时,边际利润定义为利润函数 $L = L(q)$ 关于销售量 q 的导数 $L'(q)$,它近似等于销售量为 q 时再多销售一个单位产品所增加(或减少)的利润.

由于利润函数为收入函数与成本函数之差,即

$$L(q) = R(q) - C(q),$$

由导数的运算法则可知

$$L'(q) = R'(q) - C'(q),$$

即边际利润为边际收入与边际成本之差.

4. 边际销量(需求)

在经济基础学中,边际销量定义为总销售量(需求)函数 $Q = Q(p)$ 关于价格 p 的导数 $Q'(p)$. 边际销量 $Q'(p)$ 近似等于价格为 p 时再加价一个单位时减少(或增加)的销量.

在经济应用问题中,解释边际函数值的具体含义时,我们略去“近似”二字.

【例 1】 设某产品产量为 q(单位 t)时的总成本函数(单位元)为

$$C(q) = 1\,000 + 7q + 50\sqrt{q},$$

求:(1) 产量为 100 t 时的总成本;

(2) 产量为 100 t 时的平均成本;

(3) 产量为 100 t 增加到 225 t 时,总成本的平均变化率(100 t 到 225 t 平均成本);

(4) 产量为 100 t 时,总成本的变化率(边际成本).

解 (1) 产量为 100 t 时的总成本为

$$C(100) = 1\,000 + 7 \times 100 + 50\sqrt{100} = 2\,200\ (\text{元});$$

(2) 产量为 100 t 时的平均成本为

$$\overline{C}(100) = \frac{C(100)}{100} = 22\ (\text{元});$$

(3) 产量为 100 t 增加到 225 t 时,总成本的平均变化率为

$$\frac{\Delta C}{\Delta q} = \frac{C(225) - C(100)}{225 - 100} = \frac{3\,325 - 2\,200}{125} = 9\ (\text{元/吨});$$

(4) 产量为 100 t 时,总成本的变化率为

$$C'(100) = (1\,000 + 7q + 50\sqrt{q})'\big|_{q=100}$$

$$= \left(7 + \frac{25}{\sqrt{q}}\right)\bigg|_{q=100} = 9.5\ (\text{元}),$$

这个结论的经济含义:当产量为 100 t 时,再多生产一吨所增加的成本为 9.5 元.

【例 2】 某公司总利润 L(元)与日产量 q(吨)之间的函数关系(即利润函数)为

$$L(q) = 250q - 5q^2,$$

试确定每天生产 20 吨、25 吨、35 吨时的边际利润,并说明其经济含义.

解 边际利润为

$$L'(q) = 250 - 10q,$$

$$ML\,|_{q=20} = 250 - 200 = 50(\text{元});$$

$$ML\,|_{q=25} = 250 - 250 = 0(\text{元});$$

$$ML\,|_{q=35} = 250 - 350 = -100\,(\text{元}).$$

因为边际利润表示产量增加 1 吨时总利润的增加数,上述结果表明,当日产量在 20 吨时,每天增加 1 吨产量可增加总利润 50 元;在日产量是 25 吨的基础上再增加时,利润已经不增加了;而当日产量在 35 吨时,每天产量再增加 1 吨反而利润减少 100 元. 由此可见,这家公司应该把日产量定在 25 吨,此时的总利润 $L(25) = 250 \times 25 - 5 \times 25^2 = 3\,125\,(\text{元})$.

3.6.2 函数的弹性

我们在边际分析中,讨论的函数变化率与改变量均属于绝对数范围内的讨论. 在经济问题中,仅仅用绝对数的概念是不足以深入分析问题的. 例如:甲商品每单位价格 5 元,涨价 1 元;乙商品每单位价格 200 元,也涨价 1 元,两种商品价格的绝对改变量都是 1 元,但两种商品的涨价幅度却大不相同. 与原价相比,甲商品涨价 20%,而乙商品仅涨价 0.5%. 因此我们还有必要研究函数的相对改变量和相对变化率.

给定变数 u,它在某处的改变量 Δu 称为绝对改变量. 给定改变量 Δu 与变数在该处的值 u 之比 $\frac{\Delta u}{u}$ 称为相对改变量.

定义 1 对于函数 $y = f(x)$,如果极限

$$\lim_{\Delta x \to 0} \frac{\frac{\Delta y}{y}}{\frac{\Delta x}{x}}$$

存在,则

$$\lim_{\Delta x \to 0} \frac{\frac{\Delta y}{y}}{\frac{\Delta x}{x}} = \lim_{\Delta x \to 0} \frac{\Delta y}{\Delta x} \cdot \frac{x}{y} = \frac{x}{y} \cdot \frac{\mathrm{d}y}{\mathrm{d}x} = \frac{x}{y} f'(x)$$

称为函数 $f(x)$ 在点 x 处的弹性,记作 E,即

$$E = \frac{x}{y} f'(x).$$

从定义可以看出函数 $f(x)$ 的弹性是函数的相对改变量与自变量和相对改变量比值的极限,它是函数的相对变化率,或解释成当自变量变化百分之一时函数变化的百分数.

由需求函数 $Q = Q(p)$ 可得需求弹性为

$$E|_q=\frac{p}{Q}Q'(p),$$

根据经济规律，需求函数是单调减少函数，所以需求弹性一般取负值.

利用供给函数 $S=S(p)$，同样根据定义有供给弹性为

$$E|_s=\frac{p}{S}S'(p).$$

【例3】 设某商品的需求函数为

$$Q=3\,000\mathrm{e}^{-0.02p},$$

求价格为100时的需求弹性并解释其经济含义.

解 $E|_q=\frac{p}{Q}Q'(p)=\frac{-0.02p\times 3\,000\mathrm{e}^{-0.02p}}{3\,000\mathrm{e}^{-0.02p}}=-0.02p,$

$$E_q(100)=-0.02\times 100=-2.$$

它的经济含义是：当价格为100时，若价格增加1%，则需求减少2%.

习题 3.6

1. 求函数 $y=x^3+x$ 在点 $x=5$ 处的边际函数值.

2. 某化工厂日产能力最高为1 000吨，每日产品的总成本 C(单位：元)是日产量 x(单位：吨)的函数，$C=C(x)=1\,000+7x+50\sqrt{x}$，$x\in[0,1\,000]$. 求：

(1) 日产量为100吨时的总成本；

(2) 日产量为100吨时的平均成本；

(3) 日产量为100吨时的边际成本.

3. 设某产品生产 q 单位时的总收益 R 为 q 的函数，$R=200q-0.01q^2$，求生产50单位时的收益及平均收益和边际收益.

4. 设某商品的需求量 Q 对价格 p 的函数关系为 $Q=1\,200\left(\frac{1}{3}\right)^p$，求

(1) 需求量 Q 对价格 p 的弹性函数；

(2) 价格 $p=30$ 时的需求弹性.

5. 某产品的需求量 Q 对价格 p 的函数关系为 $Q=75-p^2$，求

(1) 总收益函数 R；

(2) 总收益 R 对价格 p 的弹性.

本章小结

一、主要内容

微分中值定理；洛必达法则；用导数研究函数的单调性、极值、凹凸性、拐点、函数图形的描绘以及导数在经济领域中的应用.

二、方法要点

(1) 利用微分中值定理求 ξ；

(2) 利用洛必达法则求未定式极限；
(3) 利用导数求单调区间；
(4) 利用导数求极值和最值；
(5) 利用二阶导数求凹凸区间和拐点；
(6) 利用导数分析函数性态描绘图形；
(7) 利用导数求经济工作中的边际函数和函数的弹性.

复习题 3

一、选择题

1. 在区间 $[-1,1]$ 上满足拉格朗日中值定理条件的是 ( )

A. $y=\frac{1}{x}$　　B. $y=x^{\frac{2}{3}}$

C. $y=\tan x$　　D. $y=\ln x$

2. 函数 $y=x^3+12x+1$ 在定义区间内是 ( )

A. 单调增加　　B. 单调减少

C. 图形是凹的　　D. 图形是凸的

3. 函数 $y=f(x)$ 在点 $x=x_0$ 处取得极大值，则必有 ( )

A. $f'(x_0)=0$　　B. $f''(x_0)<0$

C. $f'(x_0)$ 不存在　　D. $f'(x_0)=0$ 或 $f'(x_0)$ 不存在

4. 若 $f(x)$ 在(a,b)内，$f'(x)>0$，$f''(x)<0$，则曲线在该区间内 ( )

A. 单调下降且是凸的　　B. 单调下降且是凹的

C. 单调上升且是凹的　　D. 单调上升且是凸的

5. 曲线 $y=\frac{3x}{x-1}$ 的渐近线是 ( )

A. $x=1$ 和 $y=3$　　B. $x=3$ 和 $y=1$

C. $x=1$　　D. $y=3$

二、填空题

1. 函数 $y=x^2+4$ 在$[-1,1]$满足罗尔定理的 $\xi=$________.

2. 已知函数 $y=\frac{1}{3}x^3-x$，该函数在区间________上单调减少.

3. 函数 $y=x^2+4$ 在$[-1,1]$上的最小值为________.

4. $\lim\limits_{x\to1}\frac{x^2-1}{\ln x}=$________.

5. 曲线 $y=\frac{(x+1)^2}{x^2}-2$ 的渐近线有________(水平和垂直).

6. 函数 $y=2+5x$ 在 $x=3$ 处的弹性是________.

三、计算题

1. 求下列函数的极限.

(1) $\lim\limits_{x\to-2}\frac{x^3+3x^2+2x}{x^2-x-6}$；　　(2) $\lim\limits_{x\to1}\frac{x^2-1}{\ln x}$；

(3) $\lim\limits_{x\to1}\left(\frac{2}{x^2-1}-\frac{1}{x-1}\right)$；　　(4) $\lim\limits_{x\to0}\frac{\ln(1+3x)}{x^3}$.

2. 求下列函数的极值.

(1) $y=x^3-3x^2-9x+14$； (2) $y=\dfrac{1+3x}{\sqrt{4+5x^2}}$.

3. 求下列函数的最大值和最小值.

(1) $y=2x^3-3x^2, x\in[-1,4]$； (2) $y=1-2\sin x, x\in[0,2\pi]$.

4. 求下列曲线的凹凸区间和拐点.

(1) $y=x^3-5x^2+3x+5$； (2) $y=xe^{-2x}$.

四、证明函数 $y=x-\ln(1+x^2)$ 在 $(-\infty,+\infty)$ 上单调增加.

五、作出函数 $y=x^3+x^2-x-1$ 的图形.

六、设某商品在销售 q 个单位时的总收益为 $R(q)=500+q-0.0001q^2$，求

(1) 边际收益函数；

(2) 当销售量为多少时，总收益最大.

思政案例

分析数学的开拓者——拉格朗日

拉格朗日(Lagrange)，法国数学家、物理学家及天文学家. 1736年1月25日生于意大利西北部的都灵，1755年19岁的他就在都灵的皇家炮兵学校当数学教授；1766年应德国的普鲁士王腓特烈的邀请去了柏林，不久便成为柏林科学院通讯院院士，在那里他居住了达二十年之久；1786年普鲁士王腓特烈逝世后，他应法王路易十六之邀，于1787年定居巴黎，其间出任法国米制委员会主任，并先后于巴黎高等师范学院及巴黎综合工科学校任数学教授；最后于1813年4月10日在巴黎逝世.

拉格朗日一生的科学研究所涉及的数学领域极其广泛. 如：他在探讨"等周问题"的过程中，他用纯分析的方法发展了欧拉所开创的变分法，为变分法奠定了理论基础；他完成的《分析力学》一书，建立起完整和谐的力学体系；他的两篇著名的论文《关于解数值方程》和《关于方程的代数解法的研究》，总结出一套标准方法即把方程化为低一次的方程(辅助方程或预解式)以求解，但这并不适用于五次方程；然而他的思想已蕴含着群论思想，这使他成为伽罗瓦建立群论之先导；在数论方面，他也显示出非凡的才能，费马所提出的许多问题都被他一一解答，他还证明了圆周率的无理性，这些研究成果丰富了数论的内容；他的巨著《解析函数论》，为微积分奠定理论基础方面做了独特的尝试，他企图把微分运算归结为代数运算，从而抛弃自牛顿以来一直令人困惑的无穷小量，并想由此出发建立全部分析学；另外他用幂级数表示函数的处理方法对分析学的发展产生了影响，成为实变函数论的起点；而且，他还在微分方程理论中作出奇解为积分曲线族的包络的几何解释，提出线性变换的特征值概念等.

数学界近百多年来的许多成就都可直接或间接地追溯于拉格朗日的工作，为此他于数学史上被认为是对分析数学的发展产生全面影响的数学家之一.

拉格朗日的研究工作中，约有一半同天体力学有关．他是分析力学的创立者，为把力学理论推广应用到物理学其他领域开辟了道路；他用自己在分析力学中的原理和公式，建立起各类天体的运动方程，他对三体问题的求解方法、对流体运动的理论等都有重要贡献，他还研究了彗星和小行星的摄动问题，提出了彗星起源假说等．

第 4 章　不定积分

本章提要　在前几章的学习中，我们讨论了一元函数微分学，即求已知函数的导数或微分的问题. 从本章起，我们将研究与微分学相反的问题：已知某一函数的导数 $F'(x) = f(x)$，求 $F(x)$，即去求已知函数 $f(x)$ 原来的函数 $F(x)$，使 $F'(x) = f(x)$，实际上，这是求导数的逆运算问题，也是积分学的基本问题之一.

4.1　不定积分的概念

【同步微课】

4.1.1　问题的引入

在微分学中，我们已经讨论了已知函数求导数(或微分)的问题. 但是，在科学技术和经济问题中，我们经常需要解决与求导数(或微分)相反的问题，即已知函数的导数(或微分)，求其函数本身.

看以下问题：

例如，已知某产品的成本 C 是其产量 x 的函数 $C = C(x)$，则该产品成本关于产量的变化率(边际成本)是成本对产量的导数 $C'(x)$. 反之，若已知成本的变化率 $C'(x)$，求该产品的成本函数 $C = C(x)$，是一个与求导数相反的问题.

4.1.2　原函数与不定积分的概念

定义 1　若在某个区间 I 上，函数 $F(x)$ 与 $f(x)$ 满足关系式：

$$F'(x) = f(x) \text{ 或 } dF(x) = f(x)dx,$$

则称 $F(x)$ 为 $f(x)$ 在 I 上的一个**原函数**.

例如：$(x^2)' = 2x$，故 x^2 是 $2x$ 在 R 上的一个原函数；而 $(\sin x)' = \cos x$，故 $\sin x$ 是 $\cos x$ 在 R 上的一个原函数.

然而 $(x^2+1)' = 2x$，$(x^2-\sqrt{2})' = 2x$，说明 x^2，x^2+1，$x^2-\sqrt{2}$ 等都是 $2x$ 的原函数，于是，我们自然会想到以下两个问题：

(1) 已知函数 $f(x)$ 应具备什么条件才能保证它存在原函数？

(2) 如果 $f(x)$ 存在原函数，那么它的原函数有几个？相互之间有什么关系？

结论是：

定理 1　(**原函数存在定理**)如果函数 $f(x)$ 在某区间 I 上连续，则 $f(x)$ 在 I 上一定存在原函数.

此定理的证明参见 5.2 节定理 1.

定理 2 （**原函数族定理**）如果函数 $F(x)$ 是 $f(x)$ 的一个原函数，则 $f(x)$ 有无限多个原函数，且 $F(x)+C$ 就是 $f(x)$ 的所有原函数(称为原函数族).

证明 因为 $F(x)$ 是 $f(x)$ 的一个原函数，则有 $F'(x)=f(x)$，而

$$(F(x)+C)'=F'(x)+C'=f(x),$$

说明对任意的常数 C，$F(x)+C$ 都是 $f(x)$ 的原函数，即 $f(x)$ 有无穷多个原函数.

又设 $F(x)$ 和 $G(x)$ 是 $f(x)$ 的两个不同的原函数，则有

$$F'(x)=f(x) \text{ 和 } G'(x)=f(x),$$

从而有

$$(F(x)-G(x))'=F'(x)-G'(x)=f(x)-f(x)=0,$$

根据拉格朗日中值定理的推论 2，于是有 $F(x)-G(x)=C$，即

$$F(x)=G(x)+C,$$

说明 $f(x)$ 的任意两个原函数之间至多相差一个常数，则 $f(x)$ 的所有原函数可表示成 $F(x)+C$.

定义 2 函数 $F(x)$ 是 $f(x)$ 的一个原函数，则把 $f(x)$ 的全体原函数 $F(x)+C$ 称为 $f(x)$ 的**不定积分**，记作 $\int f(x)\mathrm{d}x$，即

$$\int f(x)\mathrm{d}x=F(x)+C.$$

其中 $\int$ **叫积分号**，$f(x)$ **叫被积函数**，$f(x)\mathrm{d}x$ **叫被积表达式**，x **叫积分变量**.

【例 1】 求 $\int x^2\mathrm{d}x$.

解 由于 $\left(\frac{x^3}{3}\right)'=x^2$，所以，$\frac{1}{3}x^3$ 是 x^2 的一个原函数，因此

$$\int x^2\mathrm{d}x=\frac{1}{3}x^3+C.$$

【例 2】 计算不定积分 $\int \sin x\,\mathrm{d}x$.

解 因为 $(-\cos x)'=\sin x$，所以

$$\int \sin x\,\mathrm{d}x=-\cos x+C.$$

【例 3】 求不定积分 $\int \frac{1}{x}\mathrm{d}x(x\neq 0)$.

解 当 $x>0$ 时，$(\ln x)'=\frac{1}{x}$，所以 $\int \frac{1}{x}\mathrm{d}x=\ln x+C$；

当 $x<0$ 时，$[\ln(-x)]' = \frac{1}{-x}(-1) = \frac{1}{x}$，所以 $\int \frac{1}{x}\mathrm{d}x = \ln(-x)+C$，
由绝对值的性质有

$$\ln|x| = \begin{cases} \ln x, & x>0 \\ \ln(-x), & x<0 \end{cases},$$

从而

$$\int \frac{1}{x}\mathrm{d}x = \ln|x| + C \ (x \neq 0).$$

【例 4】 求在平面上经过点(0,1)，且在任一点处的斜率为其横坐标的三倍的曲线方程.

解 设曲线方程为 $y=f(x)$，由于在任一点 (x,y) 处的切线斜率 $k=3x$，则有 $y'=3x$，
即

$$y = \int 3x\,\mathrm{d}x = \frac{3}{2}x^2 + C.$$

又由于曲线经过点(0,1)，得 $C=1$，所以 $y=\frac{3}{2}x^2+1$.

【例 5】 某工厂生产某产品，每日生产的总成本 y 的变化率(边际成本)是 $y' = 5+\frac{1}{\sqrt{x}}$，已知固定成本为 10 000 元，求总成本 y.

解 因为 $y'=5+\frac{1}{\sqrt{x}}$，所以 $y=\int\left(5+\frac{1}{\sqrt{x}}\right)\mathrm{d}x = 5x+2\sqrt{x}+C$.

又已知固定成本为 10 000 元，即当 $x=0$ 时，$y=10\,000$，因此有 $C=10\,000$，从而有

$$y = 5x + 2\sqrt{x} + 10\,000 (x>0).$$

即总成本是 $y=5x+2\sqrt{x}+10\,000(x>0)$.

由于求积分和求导数互为逆运算，所以它们有如下关系：

(1) $\left[\int f(x)\mathrm{d}x\right]' = f(x)$ 或 $\mathrm{d}\left[\int f(x)\mathrm{d}x\right] = f(x)\mathrm{d}x$；

(2) $\int F'(x)\mathrm{d}x = F(x)+C$ 或 $\int \mathrm{d}F(x) = F(x)+C$.

4.1.3 不定积分的几何意义

函数 $f(x)$ 的不定积分 $\int f(x)\mathrm{d}x = F(x)+C$ 是 $f(x)$ 的原函数族. C 每取一个值 C_0，就确定了 $f(x)$ 的一个原函数，在直角坐标系中就确定了一条曲线 $y=F(x)+C_0$，这条曲线叫作函数 $f(x)$ 的一条积分曲线. 而所有这些积分曲线构成一个曲线族，称为 $f(x)$ 的积分曲线族(图 4-1)，这就是不定积分的几何意义.

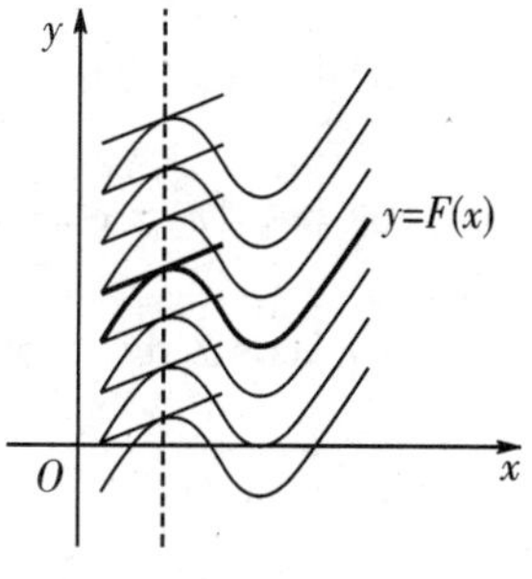

图 4-1

积分曲线族具有两个特点：

(1) 族中任一条曲线在点 x 处的切线斜率都等于 $f(x)$；

(2) 族中任一条曲线，都可以由另一条曲线沿 y 轴上下平移而得.

习题 4.1

1. 试求下列函数 $f(x)$ 的一个原函数 $F(x)$.

(1) $f(x)=x^{\frac{1}{2}}$； (2) $f(x)=e^{x}+x$； (3) $f(x)=e^{2x}$.

2. 由不定积分的定义，写出下列不定积分.

(1) $\int x^{-3}dx$； (2) $\int \frac{1}{1+x^{2}}dx$； (3) $\int 2^{x}dx$.

3. 写出下列各式的结果.

(1) $\left[\int e^{x}(\sin x+\cos x)dx\right]'$； (2) $d\left[\int \frac{1}{\sqrt{x}(1+x^{2})}dx\right]$；

(3) $\int (x\sin x\ln x)'dx$； (4) $\int d\left(\frac{1}{\arccos\sqrt{1-x^{2}}}\right)$.

4. 一曲线经过原点，且在任一点处的切线斜率 $k=3x^{2}+1$，求该曲线方程.

4.2 不定积分的基本公式与运算法则

4.2.1 不定积分的基本公式

根据不定积分的定义，我们可以从导数的基本公式，得到相应的不定积分的基本公式. 例如，因为：

$$\left(\frac{x^{\alpha+1}}{\alpha+1}\right)'=x^{\alpha}\quad(\alpha\neq-1),$$

所以：

$$\int x^{\alpha}dx=\frac{x^{\alpha+1}}{\alpha+1}+C\quad(\alpha\neq-1).$$

类似地，有以下积分基本公式：

(1) $\int dx=x+C$； (2) $\int x^{\alpha}dx=\frac{x^{\alpha+1}}{\alpha+1}+C\ (\alpha\neq-1)$；

(3) $\int \frac{1}{x}dx=\ln|x|+C$； (4) $\int a^{x}dx=\frac{a^{x}}{\ln a}+C\ (a>0,且\ a\neq1)$；

(5) $\int e^{x}dx=e^{x}+C$； (6) $\int \sin x\,dx=-\cos x+C$；

(7) $\int \cos x\,dx=\sin x+C$； (8) $\int \sec^{2}x\,dx=\tan x+C$；

(9) $\int \csc^{2}x\,dx=-\cot x+C$； (10) $\int \sec x\tan x\,dx=\sec x+C$；

(11) $\int \csc x\cot x\,dx=-\csc x+C$； (12) $\int \frac{1}{1+x^{2}}dx=\arctan x+C$；

(13) $\int \frac{1}{\sqrt{1-x^{2}}}dx=\arcsin x+C$.

以上积分基本公式,是计算不定积分的基础,必须熟记.

【例 1】 求下列不定积分:

(1) $\int \frac{1}{x^2}\mathrm{d}x$; (2) $\int \sqrt{x}\mathrm{d}x$.

解 (1) $\int \frac{1}{x^2}\mathrm{d}x = \int x^{-2}\,\mathrm{d}x = \frac{x^{-2+1}}{-2+1} + C = -\frac{1}{x} + C$;

(2) $\int \sqrt{x}\mathrm{d}x = \int x^{\frac{1}{2}}\,\mathrm{d}x = \frac{x^{\frac{1}{2}+1}}{\frac{1}{2}+1} + C = \frac{2}{3}x^{\frac{3}{2}} + C$.

4.2.2 不定积分的运算法则

法则一 两个函数的代数和的积分等于各个函数积分的代数和,即

$$\int [f_1(x) \pm f_2(x)]\,\mathrm{d}x = \int f_1(x)\mathrm{d}x \pm \int f_2(x)\mathrm{d}x.$$

法则一对于有限个函数的代数和也是成立的.

法则二 被积表达式中的常数因子可以提到积分号的前面,即当 k 为不等于零的常数时,有

$$\int kf(x)\mathrm{d}x = k\int f(x)\mathrm{d}x.$$

【例 2】 求 $\int (\mathrm{e}^x + 2\sin x - 3x^2)\mathrm{d}x$.

解 由积分基本公式和运算法则,得

$$\begin{aligned}\int (\mathrm{e}^x + 2\sin x - 3x^2)\,\mathrm{d}x &= \int \mathrm{e}^x\mathrm{d}x + 2\int \sin x\,\mathrm{d}x - 3\int x^2\,\mathrm{d}x \\ &= \mathrm{e}^x - 2\cos x - x^3 + C.\end{aligned}$$

4.2.3 直接积分法

直接利用积分基本公式和运算法则求积分的方法称为直接积分法. 它也是其他积分方法的基础.

【例 3】 求 $\int x\left(3 - \frac{1}{x} + x\right)\mathrm{d}x$.

解
$$\begin{aligned}\int x\left(3 - \frac{1}{x} + x\right)\mathrm{d}x &= \int (3x - 1 + x^2)\mathrm{d}x \\ &= 3\int x\,\mathrm{d}x - \int \mathrm{d}x + \int x^2\mathrm{d}x \\ &= \frac{3}{2}x^2 - x + \frac{x^3}{3} + C.\end{aligned}$$

【例 4】 求 $\int \frac{x^3 + 2x^2 - 3x + 4}{x^2}\mathrm{d}x$.

解 $\int \frac{x^3+2x^2-3x+4}{x^2}dx=\int\left(x+2-\frac{3}{x}+4x^{-2}\right)dx$

$$=\int xdx+2\int dx-3\int\frac{1}{x}dx+4\int x^{-2}dx$$

$$=\frac{x^2}{2}+2x-3\ln|x|-\frac{4}{x}+C.$$

【例 5】 求 $\int\left(x^2+\sin x-\frac{1}{1+x^2}\right)dx$.

解 $\int\left(x^2+\sin x-\frac{1}{1+x^2}\right)dx=\int x^2dx+\int\sin x\,dx-\int\frac{1}{1+x^2}dx$

$$=\frac{1}{3}x^3-\cos x-\arctan x+C.$$

有些函数看上去不能利用积分基本公式和运算法则进行直接积分，但经过化简或恒等变形，也可以直接进行积分.

【例 6】 求 $\int 2^x e^x dx$.

解 $\int 2^x e^x dx=\int(2e)^x dx=\frac{(2e)^x}{\ln(2e)}+C=\frac{(2e)^x}{\ln 2+1}+C.$

【例 7】 求 $\int\left(x+\frac{1}{x}\right)^2dx$.

解 $\int\left(x+\frac{1}{x}\right)^2dx=\int\left(x^2+2+\frac{1}{x^2}\right)dx=\frac{1}{3}x^3+2x-\frac{1}{x}+C.$

【例 8】 求 $\int\frac{(1-x)^2}{x}dx$.

解 $\int\frac{(1-x)^2}{x}dx=\int\frac{1-2x+x^2}{x}dx=\int\left(\frac{1}{x}-2+x\right)dx$

$$=\ln|x|-2x+\frac{1}{2}x^2+C.$$

【例 9】 求 $\int\tan^2 x dx$.

解 因为

$$\tan^2 x=\frac{\sin^2 x}{\cos^2 x}=\frac{1-\cos^2 x}{\cos^2 x}=\frac{1}{\cos^2 x}-1=\sec^2 x-1,$$

所以

$$\int\tan^2 dx=\int(\sec^2 x-1)dx=\tan x-x+C.$$

【例 10】 求 $\int\cos^2\frac{x}{2}dx$.

解 因为 $\cos^2\frac{x}{2}=\frac{1}{2}(1+\cos x)$，所以

$$\int \cos^2 \frac{x}{2} dx = \int \frac{1}{2}(1+\cos x)dx = \frac{1}{2}\int (1+\cos x)dx = \frac{1}{2}(x+\sin x)+C.$$

【例 11】 求 $\int \frac{(x+1)^2}{x(x^2+1)}dx$.

解 $\int \frac{(x+1)^2}{x(x^2+1)}dx = \int \frac{x^2+1+2x}{x(x^2+1)}dx = \int \left(\frac{1}{x}+\frac{2}{1+x^2}\right)dx$

$= \ln|x| + 2\arctan x + C.$

【例 12】 某工厂生产一种产品，已知其边际成本 $MC = 160x^{-\frac{1}{3}}$，其中的 x(件)为该产品产量.若当产量 $x = 512$ 时，成本 $C(512) = 17\ 240$ 元，求成本函数 $C(x)$.

解 据边际成本的含义，有 $C'(x) = 160x^{-\frac{1}{3}}$. 所以

$$C(x) = \int 160x^{-\frac{1}{3}}dx = 160 \times \frac{1}{1+\left(-\frac{1}{3}\right)} x^{-\frac{1}{3}+1} + C = 240x^{\frac{2}{3}} + C.$$

已知 $C(512) = 17\ 240$，代入后得

$$C = 17\ 240 - 240 \times (512^{\frac{2}{3}}) = 1\ 880.$$

所以这种产品的成本函数为 $C(x) = 240x^{\frac{2}{3}} + 1\ 880$.

习题 4.2

1. 求下列各不定积分.

(1) $\int (\sin x + x^3 - e^x)dx$；　　(2) $\int (1+\sqrt[3]{x})^2 dx$；

(3) $\int (5^x + \tan^2 x)dx$；　　(4) $\int a^x e^x dx$；

(5) $\int \left(x\sqrt{x} + \frac{3}{2x} - \sqrt[3]{x}\right)dx$；　　(6) $\int 3\left(\frac{1}{x} - \frac{1}{\sqrt{x}}\right)dx$；

(7) $\int \cos^2 \frac{x}{2} dx$；　　(8) $\int \frac{3x^2}{1+x^2}dx$；

(9) $\int \frac{4x^4+3}{x^5}dx$；　　(10) $\int \frac{5a^x - 2e^x}{a^x}dx$；

(11) $\int \frac{\cos 2x}{\cos x - \sin x}dx$；　　(12) $\int \cot^2 x\, dx$.

2. 设生产某产品 x 的总成本 C 是 x 的函数 $C(x)$. 固定成本(即 $C(0)$)为 20 元，边际函数 $C'(x) = 2x + 10$ (元/单位)，求总成本函数 $C(x)$.

【同步微课】

4.3　第一类换元积分法

第一类换元积分法是与微分学中的复合函数求导法则(或微分形式的不变性)相对应的积分方法. 为说明此法，先看下面的例子.

【引例】 求 $\int \cos 5x\,dx$.

分析 显然若直接运用相应的基本积分公式将得到错误的结果，即

$$\int \cos 5x\,dx = \sin 5x + C.$$

因为 $(\sin 5x)' = 5\cos 5x \neq \cos 5x$;

所以 $\int \cos 5x\,dx \neq \sin 5x + C.$

其错误之处在于本题的被积函数 $\cos 5x$ 是 x 的复合函数，而基本积分公式是以 $\cos x$ 这一基本初等函数作为被积函数的．本题的正确求解如下：

解 $\int \cos 5x\,dx = \frac{1}{5}\int \cos 5x\,d(5x) \xlongequal{\text{令 } 5x = u} \frac{1}{5}\int \cos u du$

$$= \frac{1}{5}\sin u + C \xlongequal{\text{回代 } u = 5x} \frac{1}{5}\sin 5x + C.$$

验证 $\left(\frac{1}{5}\sin 5x + C\right)' = \cos 5x.$

本题的解题思路是引入新的积分变量 $u = 5x$，从而把原积分化为积分变量为 u 的积分，即把复合函数的积分转化为基本初等函数的积分．这一处理方法就是我们将要介绍的第一类换元积分法.

定理 1 （第一类换元积分法）如果 $f(u)$ 关于 u 存在原函数 $F(u)$，$u = \varphi(x)$ 关于 x 存在连续导数，则

$$\int f[\varphi(x)]\varphi'(x)dx = \int f[\varphi(x)]d\varphi(x)$$

$$= \int f(u)du = F(u) + C = F[\varphi(x)] + C.$$

事实上，由于 $\{F[\varphi(x)] + C\}' = F'[\varphi(x)]\varphi'(x) = f[\varphi(x)]\varphi'(x)$，由不定积分定义，等式自然成立.

第一类换元积分法首先是从被积函数中分解一个“因式”出来，再把这个因式放到微分符号里面去（凑微分），使得微分符号里面的这个函数形成一个新的积分变量，在新的积分变量下，积分容易求得，所以第一换元积分法又称为凑微分法.

下面我们以具体的示例来说明如何应用第一类换元积分法（凑微分法）.

【例 1】 计算 $\int (3+2x)^{10} dx$.

解 如果注意到了 $\frac{1}{2}d(3+2x) = dx$ 的微分性质，问题就很好办了，只要令 $u=3+2x$，

$$\int (3+2x)^{10} dx = \frac{1}{2}\int (3+2x)^{10} d(3+2x) \xlongequal{\text{令 } 3+2x = u} \frac{1}{2}\int u^{10} du$$

$$= \frac{1}{22}u^{11} + C \xlongequal{\text{回代 } u = 3+2x} \frac{1}{22}(3+2x)^{11} + C.$$

【例 2】 计算 $\int \sqrt{2x+3}\mathrm{d}x$.

解 被积函数 $\sqrt{2x+3}$ 是 $u^{\frac{1}{2}}$ 和 $u=2x+3$ 复合而成的，如果把 $\mathrm{d}x$ 凑成 $\mathrm{d}(2x+3)$，其关系式为 $\mathrm{d}x=\frac{1}{2}\mathrm{d}(2x+3)$，于是

$$\int \sqrt{2x+3}\mathrm{d}x=\int \frac{1}{2}\sqrt{2x+3}\mathrm{d}(2x+3)\xlongequal{\text{令 } 2x+3=u}\frac{1}{2}\int u^{\frac{1}{2}}\mathrm{d}u$$

$$=\frac{1}{3}u^{\frac{3}{2}}+C\xlongequal{\text{回代 } u=2x+3}\frac{1}{3}(2x+3)^{\frac{3}{2}}+C.$$

【例 3】 计算 $\int x\mathrm{e}^{x^2}\mathrm{d}x$.

解 我们不难发现 $x\mathrm{d}x=\frac{1}{2}\mathrm{d}(x^2)$，这种情况下，我们令 $u=x^2$，问题就不难解决了，即

$$\int x\mathrm{e}^{x^2}\mathrm{d}x=\int \frac{1}{2}\mathrm{e}^{x^2}\mathrm{d}(x^2)\xlongequal{\text{令 } x^2=u}\frac{1}{2}\int \mathrm{e}^u\mathrm{d}u$$

$$=\frac{1}{2}\mathrm{e}^u+C\xlongequal{\text{回代 } u=x^2}\frac{1}{2}\mathrm{e}^{x^2}+C.$$

【例 4】 计算 $\int \frac{\ln x}{x}\mathrm{d}x$.

解 因为 $\ln x$ 中 $x>0$，所以 $\frac{1}{x}\mathrm{d}x=\mathrm{d}\ln x$. 于是

$$\int \frac{\ln x}{x}\mathrm{d}x=\int \ln x\,\mathrm{d}(\ln x)\xlongequal{\text{令 } \ln x=u}\int u\,\mathrm{d}u=\frac{1}{2}u^2+C$$

$$\xlongequal{\text{回代 } u=\ln x}\frac{1}{2}\ln^2 x+C.$$

由上面的例子可以看出，凑微分是此法的关键所在. 下面列出部分常用的微分公式，熟练运用它们是求积分的基础.

(1) $\mathrm{d}x=\frac{1}{a}\mathrm{d}(ax)=\frac{1}{a}\mathrm{d}(ax+b)$； (2) $x\mathrm{d}x=\frac{1}{2}\mathrm{d}(x^2)$；

(3) $\frac{1}{x}\mathrm{d}x=\mathrm{d}(\ln|x|)$； (4) $\frac{1}{x^2}\mathrm{d}x=-\mathrm{d}\left(\frac{1}{x}\right)$；

(5) $\frac{1}{\sqrt{x}}\mathrm{d}x=2\mathrm{d}(\sqrt{x})$； (6) $\frac{1}{1+x^2}\mathrm{d}x=\mathrm{d}(\arctan x)$；

(7) $\frac{1}{\sqrt{1-x^2}}\mathrm{d}x=\mathrm{d}(\arcsin x)$； (8) $\mathrm{e}^x\mathrm{d}x=\mathrm{d}(\mathrm{e}^x)$；

(9) $\sin x\,\mathrm{d}x=-\mathrm{d}(\cos x)$； (10) $\cos x\,\mathrm{d}x=\mathrm{d}(\sin x)$；

(11) $\sec^2 x\,\mathrm{d}x=\mathrm{d}(\tan x)$； (12) $\csc^2 x\,\mathrm{d}x=-\mathrm{d}(\cot x)$.

当然，微分公式绝非只有这些，大家应在熟记不定积分的基本公式和常用的微分公式的基础上，通过大量的练习积累经验，进而逐步掌握这一重要的积分方法. 另外，当运算比较熟练后，变量替换和回代这两个步骤，可以省略.

【例 5】 计算 $\int \cos x \sin^2 x\, dx$.

解 $\int \cos x \sin^2 x\, dx = \int \sin^2 x\,(\sin x)'\, dx = \int \sin^2 x\, d(\sin x) = \frac{1}{3}\sin^3 x + C$.

【例 6】 计算 $\int \tan x\, dx$.

解 $\int \tan x\, dx = \int \frac{\sin x}{\cos x}dx = \int \frac{-1}{\cos x}\, d(\cos x) = -\int \frac{1}{u}du = -\ln|u| + C$.

$= -\ln|\cos x| + C$.

用同样的方法不难得出：

$$\int \cot x\, dx = \ln|\sin x| + C.$$

【例 7】 计算 $\int \frac{1}{a^2 - x^2}dx$.

解 由于 $\frac{1}{a^2-x^2} = \frac{1}{(a-x)(a+x)} = \frac{1}{2a}\left(\frac{1}{a-x} + \frac{1}{a+x}\right)$，所以

$$\begin{aligned}\int \frac{1}{a^2-x^2}dx &= \frac{1}{2a}\left(\int \frac{1}{a-x}dx + \int \frac{1}{a+x}dx\right)\\ &= \frac{1}{2a}\int \frac{-1}{a-x}d(a-x) + \frac{1}{2a}\int \frac{1}{a+x}d(a+x)\\ &= \frac{-1}{2a}\ln|a-x| + \frac{1}{2a}\ln|a+x| + C = \frac{1}{2a}\ln\left|\frac{a+x}{a-x}\right| + C.\end{aligned}$$

【例 8】 计算 $\int \frac{1}{a^2 + x^2}dx$.

解 $\int \frac{1}{a^2+x^2}dx = \int \frac{1}{a^2}\frac{1}{1+\left(\frac{x}{a}\right)^2}dx = \frac{1}{a}\int \frac{1}{1+\left(\frac{x}{a}\right)^2}d\left(\frac{x}{a}\right) = \frac{1}{a}\arctan\frac{x}{a} + C$.

【例 9】 计算 $\int \frac{1}{\sqrt{a^2 - x^2}}dx$.

解 $\int \frac{1}{\sqrt{a^2-x^2}}dx = \int \frac{1}{a}\frac{1}{\sqrt{1-\left(\frac{x}{a}\right)^2}}dx = \int \frac{1}{\sqrt{1-\left(\frac{x}{a}\right)^2}}d\left(\frac{x}{a}\right) = \arcsin\frac{x}{a} + C$.

【例 10】 计算 $\int \sin^2 x\, dx$.

解 $\int \sin^2 x\, dx = \int \frac{1-\cos 2x}{2}dx = \frac{1}{2}\int dx - \frac{1}{2}\int \cos 2x\, dx$

$= \frac{1}{2}x - \frac{1}{4}\int \cos 2x\, d(2x) = \frac{x}{2} - \frac{1}{4}\sin 2x + C$.

【例 11】 计算 $\int \sec x \, dx$.

解 $\int \sec x \, dx = \int \frac{1}{\cos x} dx = \int \frac{\cos x}{\cos^2 x} dx = \int \frac{1}{1-\sin^2 x} d \sin x = \frac{1}{2} \ln \left| \frac{1+\sin x}{1-\sin x} \right| + C$

$$= \frac{1}{2} \ln \left| \frac{(1+\sin x)^2}{1-\sin^2 x} \right| + C = \ln |\sec x + \tan x| + C.$$

用同样的方法不难得出

$$\int \csc x \, dx = -\ln |\csc x + \cot x| + C.$$

第一类换元积分法是计算不定积分的一种常用的方法，但是它的技巧性相当强，这不仅要求熟练掌握积分的基本公式，还要有一定的分析能力，要熟悉许多恒等式及微分公式. 这里没有一个可以普遍遵循的解题方法，即使同一个问题，解决者选择的切入点不同，解决途径也就不同，难易程度和计算量也会大不相同.

习题 4.3

用凑微分法计算下列不定积分.

(1) $\int \cos 4x \, dx$；

(2) $\int \sin \frac{t}{3} dt$；

(3) $\int \sin^4 x \cos x \, dx$；

(4) $\int \frac{e^x}{3+e^x} dx$；

(5) $\int \frac{\arctan x}{1+x^2} dx$；

(6) $\int \frac{\sin x}{1+\cos x} dx$；

(7) $\int \frac{x}{\sqrt{x^2-3}} dx$；

(8) $\int (2x-5)^5 dx$；

(9) $\int x \sqrt[3]{4+x^2} dx$；

(10) $\int (2x-3)(x^2-3x+2)^3 dx$；

(11) $\int \frac{1}{x \ln^3 x} dx$；

(12) $\int \frac{e^{\frac{1}{x}}}{x^2} dx$；

(13) $\int \frac{\sin \sqrt{x}}{\sqrt{x}} dx$；

(14) $\int (2-3x)^{1000} dx$；

(15) $\int \cos^3 x \, dx$；

(16) $\int \sqrt{2+e^x} e^x dx$；

(17) $\int \frac{1}{e^x+e^{-x}} dx$；

(18) $\int \frac{1}{\sqrt{x}(1+x)} dx$；

(19) $\int \frac{2+\ln x}{x} dx$；

(20) $\int \frac{\sqrt{x}+\ln^2 x}{x} dx$；

(21) $\int \tan^3 x \, dx$；

(22) $\int \frac{1}{2+2x+x^2} dx$；

(23) $\int \frac{\sin x \cos x}{1+\sin^4 x} dx$；

(24) $\int \frac{1}{\sqrt{2+x}-\sqrt{1+x}} dx$；

(25) $\int xe^{-x^2}\mathrm{d}x$；　　(26) $\int \frac{x}{\sqrt{1-x^4}}\mathrm{d}x$；

(27) $\int \frac{2x+2}{x^2+2x+3}\mathrm{d}x$；　　(28) $\int \frac{2+\cos x}{\sin^2 x}\mathrm{d}x$；

(29) $\int \tan x\sec^2 x\mathrm{d}x$；　　(30) $\int \sin^4 x\mathrm{d}x$.

4.4 第二类换元积分法

首先看下积分 $\int \frac{1}{1+\sqrt{x}}\mathrm{d}x$ 应当如何计算呢？

在我们所掌握的基本公式以及微分公式中，很难找到一个合适的变换，凑出简便的积分式. 从问题的分析角度来说，如果能把根号消去的话，问题是否会变得简单一点呢？不妨试试看：

令 $\sqrt{x}=t$，于是 $x=t^2$，这时 $\mathrm{d}x=2t\mathrm{d}t$，把这些关系式代入原式，得

$$\int \frac{1}{1+\sqrt{x}}\mathrm{d}x=\int \frac{2t}{1+t}\mathrm{d}t=2\int \left(1-\frac{1}{1+t}\right)\mathrm{d}t$$
$$=2[t-\ln(1+t)]+C$$
$$=2[\sqrt{x}-\ln(1+\sqrt{x})]+C.$$

这就得到了问题解决的办法，这一方法就是我们将要介绍的第二类换元积分法.

定理 1　如果 $x=\varphi(t)$ 单调、可导，并且 $f[\varphi(t)]\varphi'(t)$ 存在原函数 $F(t)$，那么

$$\int f(x)\mathrm{d}x=\int f[\varphi(t)]\varphi'(t)\mathrm{d}t=F(t)+C=F[\varphi^{-1}(x)]+C.$$

需要注意的是，求出 $F(t)+C$ 后必须用 $x=\varphi(t)$ 的反函数 $t=\varphi^{-1}(x)$ 代入，从而得到 $F[\varphi^{-1}(x)]+C$.

从形式上来看，第二类换元积分法是第一类换元积分法倒过来使用，用一个式子来说，

$$\int f[\varphi(t)]\varphi'(t)\mathrm{d}t=\int f[\varphi(t)]\mathrm{d}\varphi(t).$$

用右边求左边就是第一类换元积分法；反之，用左边求右边就是第二类换元积分法.

【例 1】　计算 $\int \frac{1}{\sqrt{x}+\sqrt[3]{x}}\mathrm{d}x$.

解　令 $x=t^6$，则 $\sqrt{x}=t^3$，$\sqrt[3]{x}=t^2$，$\mathrm{d}x=6t^5\mathrm{d}t$，因此

$$\int \frac{1}{\sqrt{x}+\sqrt[3]{x}}\mathrm{d}x=\int \frac{6t^5}{t^3+t^2}\mathrm{d}t=6\int \frac{t^3}{t+1}\mathrm{d}t$$
$$=6\int \frac{(t^3+1)-1}{t+1}\mathrm{d}t$$

$$= 6\int \left(t^2 - t + 1 - \frac{1}{t+1}\right) dt$$

$$= 2t^3 - 3t^2 + 6t - 6\ln(t+1) + C$$

$$\xlongequal{\text{回代 } t=\sqrt[6]{x}} 2\sqrt{x} - 3\sqrt[3]{x} + 6\sqrt[6]{x} - 6\ln(\sqrt[6]{x}+1) + C.$$

【例 2】 计算$\int \sqrt{a^2-x^2}\,dx (a>0)$.

解 令 $x = a\sin t$, $t\in\left[-\frac{\pi}{2}, \frac{\pi}{2}\right]$,则 $dx = d(a\sin t) = a\cos t\,dt$, 所以有

$$\int \sqrt{a^2-x^2}\,dx = \int \sqrt{a^2 - a^2\sin^2 t}\; a\cos t\,dt = a^2\int \cos^2 t\,dt$$

$$= a^2\int \frac{1+\cos 2t}{2} dt = \frac{a^2}{2}t + \frac{a^2}{4}\sin 2t + C = \frac{a^2}{2}t + \frac{a^2}{2}\sin t\cos t + C.$$

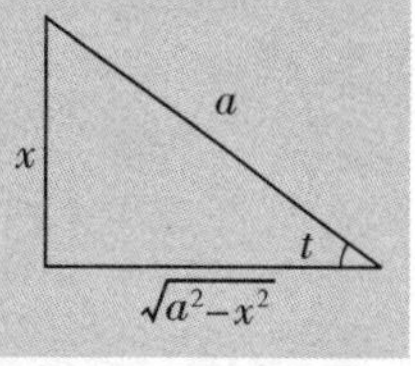

如右图,选择一个直角坐标系,于是 $\sin t = \frac{x}{a}$,$\cos t = \frac{\sqrt{a^2-x^2}}{a}$,因此

$$\int \sqrt{a^2-x^2}\,dx = \frac{a^2}{2}\arcsin\frac{x}{a} + \frac{x}{2}\sqrt{a^2-x^2} + C.$$

【例 3】 计算$\int \sqrt{a^2+x^2}\,dx (a>0)$.

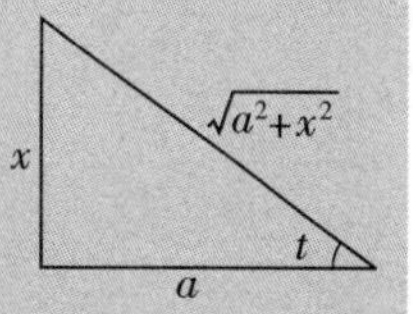

解 注意到 $1+\tan^2 t = \sec^2 t$,于是令 $x = a\tan t$, $t\in\left(-\frac{\pi}{2}, \frac{\pi}{2}\right)$,则 $dx = a\sec^2 t\,dt$,所以有

$$\int \sqrt{a^2+x^2}\,dx = \int a\sec t\; a\sec^2 t\,dt$$

$$= a^2\int \frac{1}{\cos^3 t} dt = a^2\int \frac{\cos t}{\cos^4 t} dt$$

$$= a^2\int \frac{1}{(1-\sin^2 t)^2} d(\sin t)$$

$$= \frac{a^2}{4}\int \left(\frac{1}{1-\sin t} + \frac{1}{1+\sin t}\right)^2 d(\sin t)$$

$$= \frac{a^2}{4}\int \left(\frac{1}{(1-\sin t)^2} + \frac{1}{1-\sin t} + \frac{1}{1+\sin t} + \frac{1}{(1+\sin t)^2}\right) d(\sin t)$$

$$= \frac{a^2}{4}\left(\frac{1}{1-\sin t} - \frac{1}{1+\sin t} + \ln\left|\frac{1+\sin t}{1-\sin t}\right|\right) + C$$

$$= \frac{a^2}{2}\sec t\tan t + \frac{a^2}{2}\ln|\sec t + \tan t| + C.$$

因此

$$\int\sqrt{a^2+x^2}\,\mathrm{d}x=\frac{a^2}{2}\frac{\sqrt{a^2+x^2}}{a}\frac{x}{a}+\frac{a^2}{2}\ln\left|\frac{\sqrt{a^2+x^2}}{a}+\frac{x}{a}\right|+C_1.$$

$$=\frac{x}{2}\sqrt{a^2+x^2}+\frac{a^2}{2}\ln\left|x+\sqrt{a^2+x^2}\right|+C(\text{其中 } C=C_1-\frac{a^2}{2}\ln a).$$

【例 4】 计算 $\int\frac{1}{\sqrt{x^2-a^2}}\mathrm{d}x$.

解 令 $x=a\sec t, t\in\left(0,\frac{\pi}{2}\right)\cup\left(\pi,\frac{3\pi}{2}\right)$，则 $\mathrm{d}x=a\sec t\tan t\mathrm{d}t$，

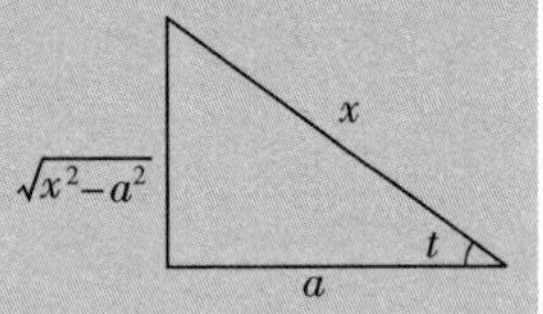

因此

$$\int\frac{1}{\sqrt{x^2-a^2}}\mathrm{d}x=\int\frac{a\sec t\cdot\tan t}{a\tan t}\mathrm{d}t$$

$$=\int\sec t\,\mathrm{d}t=\ln|\sec t+\tan t|+C_1=\ln\left|\frac{x}{a}+\frac{\sqrt{x^2-a^2}}{a}\right|+C_1$$

$$=\ln\left|x+\sqrt{x^2-a^2}\right|+C(\text{其中 } C=C_1-\ln a).$$

同样地，对于 $\int\frac{1}{\sqrt{a^2+x^2}}\mathrm{d}x$，令 $x=a\tan t, t\in\left(-\frac{\pi}{2},\frac{\pi}{2}\right)$，则

$$\int\frac{1}{\sqrt{a^2+x^2}}\mathrm{d}x=\int\frac{a\sec^2 t}{a\sec t}\mathrm{d}t=\int\sec t\,\mathrm{d}t$$

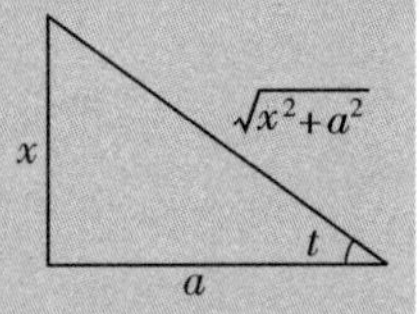

$$=\ln|\sec t+\tan t|+C_1=\ln\left|\frac{\sqrt{x^2+a^2}}{a}+\frac{x}{a}\right|+C_1$$

$$=\ln\left|x+\sqrt{a^2+x^2}\right|+C(\text{其中 } C=C_1-\ln a).$$

【例 5】 计算 $\int\frac{\sqrt{1-x^2}}{x^4}\mathrm{d}x$.

解 令 $x=\sin t, t\in\left[-\frac{\pi}{2},\frac{\pi}{2}\right]$，则 $\mathrm{d}x=\cos t\,\mathrm{d}t$，所以有

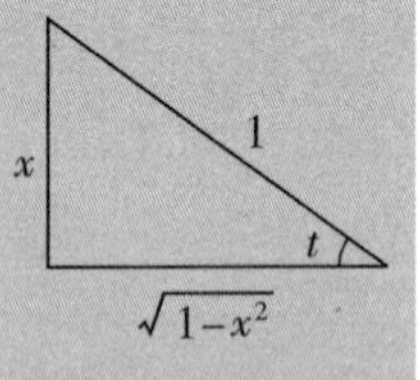

$$\int\frac{\sqrt{1-x^2}}{x^4}\mathrm{d}x=\int\frac{\sqrt{1-\sin^2 t}}{\sin^4 t}\cos t\,\mathrm{d}t=\int\frac{\cos^2 t}{\sin^4 t}\mathrm{d}t$$

$$=-\int\cot^2 t\,\mathrm{d}(\cot t)=-\frac{1}{3}\cot^3 t+C.$$

由右边的三角形不难得知，$\cot t=\frac{\sqrt{1-x^2}}{x}$，于是

$$\int\frac{\sqrt{1-x^2}}{x^4}=\frac{x^2-1}{3x^3}\sqrt{1-x^2}+C.$$

从上面几个例题可以看出，当被积函数含有根式 $\sqrt{a^2-x^2}$ 或 $\sqrt{x^2\pm a^2}$ 时，可运用第二类换元积分法对被积表达式作如下变换：

(1) 含有 $\sqrt{a^2-x^2}$ 时,令 $x=a\sin t, t\in\left[-\frac{\pi}{2},\frac{\pi}{2}\right]$;

(2) 含有 $\sqrt{x^2+a^2}$ 时,令 $x=a\tan t, t\in\left[-\frac{\pi}{2},\frac{\pi}{2}\right]$;

(3) 含有 $\sqrt{x^2-a^2}$ 时,令 $x=a\sec t, t\in\left(0,\frac{\pi}{2}\right)\cup\left(\pi,\frac{3\pi}{2}\right)$.

第二类换元积分法的基本思路是无理函数有理化,但这种方法并不适用于所有情况.有的情况下,这样做可能根本计算不出结果;有的情况下,即使能算出结果,但计算量相当大,至于如何合理使用它们,学习者只有在练习中去总结了,题目类型做得多了,思路自然就会开阔起来.

通过前面的计算,我们得到了一些基本积分公式,为了便于今后的应用,建议记住如下公式:

(1) $\int\tan x\,\mathrm{d}x=-\ln|\cos x|+C$;

(2) $\int\cot x\,\mathrm{d}x=\ln|\sin x|+C$;

(3) $\int\sec x\,\mathrm{d}x=\ln|\sec x+\tan x|+C$;

(4) $\int\csc x\,\mathrm{d}x=-\ln|\csc x+\cot x|+C$;

(5) $\int\frac{1}{a^2-x^2}\mathrm{d}x=\frac{1}{2a}\ln\left|\frac{a+x}{a-x}\right|+C$;

(6) $\int\frac{1}{a^2+x^2}\mathrm{d}x=\frac{1}{a}\arctan\frac{x}{a}+C$;

(7) $\int\frac{1}{\sqrt{a^2-x^2}}\mathrm{d}x=\arcsin\frac{x}{a}+C$;

(8) $\int\frac{1}{\sqrt{x^2\pm a^2}}\mathrm{d}x=\ln\left|x+\sqrt{x^2\pm a^2}\right|+C$.

习题 4.4

计算下列不定积分.

(1) $\int\frac{1}{1+\sqrt{3+x}}\mathrm{d}x$;

(2) $\int\frac{\sqrt{x}}{1+\sqrt{x}}\mathrm{d}x$;

(3) $\int\frac{1}{\sqrt{(1+x^2)^3}}\mathrm{d}x$;

(4) $\int\frac{\sqrt{x^2-1}}{x}\mathrm{d}x$;

(5) $\int\frac{x^2}{\sqrt{2-x}}\mathrm{d}x$;

(6) $\int\frac{1}{\sqrt{1+\mathrm{e}^x}}\mathrm{d}x$;

(7) $\int\frac{1}{x^2\sqrt{1-x^2}}\mathrm{d}x$;

(8) $\int\frac{1}{x^2\sqrt{1+x^2}}\mathrm{d}x$.

4.5 分部积分法

【同步微课】

前面,我们在复合函数求导法则的基础上,得到了换元法. 现在,我们利用两个函数乘积的求导法则,来推出另一种积分法——分部积分法.

定理 1 设 $u(x)$,$v(x)$ 具有连续的导数,则有:

$$\int u(x)\cdot v'(x)\,\mathrm{d}x = u(x)\cdot v(x) - \int u'(x)\cdot v(x)\mathrm{d}x;$$

或

$$\int u(x)\mathrm{d}v(x) = u(x)\cdot v(x) - \int v(x)\mathrm{d}u(x).\text{(证明略)}$$

定理 1 主要作用是把左边的不定积分 $\int u(x)\mathrm{d}v(x)$ 转化为右边的不定积分 $\int v(x)\mathrm{d}u(x)$,显然后一个积分较前一个积分要容易,否则,该转化是无意义的.

【例 1】 求 $\int x\mathrm{e}^x\mathrm{d}x$.

解 选 $u(x)=x, v'(x)=\mathrm{e}^x$, $\int x\mathrm{e}^x\mathrm{d}x = \int x(\mathrm{e}^x)'\mathrm{d}x = \int x\mathrm{d}(\mathrm{e}^x) = x\mathrm{e}^x - \int \mathrm{e}^x\mathrm{d}x = x\mathrm{e}^x - \mathrm{e}^x + C$.

【例 2】 求 $\int x^2\mathrm{e}^x\mathrm{d}x$.

解 选 $u(x)=x^2, v'(x)=\mathrm{e}^x$,

$$\begin{aligned}\int x^2\mathrm{e}^x\mathrm{d}x &= \int x^2\,\mathrm{d}(\mathrm{e}^x) = x^2\mathrm{e}^x - \int \mathrm{e}^x\,\mathrm{d}(x^2) = x^2\mathrm{e}^x - 2\int x\mathrm{e}^x\mathrm{d}x\ \text{(利用例 1 结果)}\\ &= x^2\mathrm{e}^x - 2x\mathrm{e}^x + 2\mathrm{e}^x + C.\end{aligned}$$

【例 3】 求 $\int x\cos x\,\mathrm{d}x$.

解 选 $u(x)=x, v'(x)=\cos x$,

$$\begin{aligned}\int x\cos x\,\mathrm{d}x &= \int x\,\mathrm{d}(\sin x) = x\sin x - \int \sin x\,\mathrm{d}x\\ &= x\sin x + \cos x + C.\end{aligned}$$

【例 4】 求 $\int x\sin(3x-1)\mathrm{d}x$.

解 因为 $\sin(3x-1) = \left[-\frac{1}{3}\cos(3x-1)\right]'$,所以选 $u(x)=x, v(x)=\cos(3x-1)$,

$$\begin{aligned}\int x\sin(3x-1)\mathrm{d}x &= -\frac{1}{3}\int x\,\mathrm{d}\cos(3x-1)\\ &= -\frac{1}{3}x\cos(3x-1) + \frac{1}{3}\int\cos(3x-1)\mathrm{d}x\\ &= -\frac{1}{3}x\cos(3x-1) + \frac{1}{9}\sin(3x-1) + C.\end{aligned}$$

【例 5】 求$\int x^3\ln x\,dx$.

解 因为$x^3=\left(\frac{1}{4}x^4\right)'$，所以选$u(x)=\ln x, v(x)=\frac{1}{4}x^4$，

$$\begin{aligned}\int x^3\ln x\,dx&=\int\ln x\,d\left(\frac{1}{4}x^4\right)=\frac{1}{4}x^4\cdot\ln x-\int\frac{1}{4}x^4\,d(\ln x)\\&=\frac{1}{4}x^4\ln x-\int\frac{1}{x}\cdot\frac{1}{4}x^4dx\\&=\frac{1}{4}x^4\ln x-\frac{1}{4}\int x^3dx=\frac{1}{4}x^4\ln x-\frac{1}{16}x^4+C.\end{aligned}$$

当被积函数是两种不同类型函数的乘积时，可利用分部积分法求解. 此时，我们可以按照“反、对、幂、三、指”（即反三角函数、对数函数、幂函数、三角函数、指数函数）的顺序，选择排列次序在前的函数作为$u(x)$，而将排在后的另一个函数选作$v'(x)$.

请思考：$\int(x+1)e^x dx$，$\int x e^{2x}\,dx$，$\int x^2\sin x\,dx$，$\int\sqrt{x}\ln x\,dx$.

【例 6】 求$\int\arcsin x\,dx$.

解 选$u(x)=\arcsin x, v(x)=x$，

$$\begin{aligned}\int\arcsin x\,dx&=\int\arcsin x\,dx=x\arcsin x-\int\frac{x}{\sqrt{1-x^2}}dx\\&=x\arcsin x+\frac{1}{2}\int\frac{1}{\sqrt{1-x^2}}d(1-x^2)=x\arcsin x+\sqrt{1-x^2}+C.\end{aligned}$$

【例 7】 求$\int e^x\sin x\,dx$.

解 选$u(x)=\sin x, v'(x)=e^x$，

$$\int e^x\sin x\,dx=\int\sin x\,d(e^x)=e^x\sin x-\int e^x\,d(\sin x)=e^x\sin x-\int e^x\cos x\,dx,$$

同理可得

$$\int e^x\cos x\,dx=e^x\cos x+\int e^x\sin x\,dx,$$

所以

$$\int e^x\sin x\,dx=e^x\sin x-e^x\cos x-\int e^x\sin x\,dx,$$

移项得

$$2\int e^x\sin x\,dx=e^x\sin x-e^x\cos x+C_1,$$

所以

$$\int e^x\sin x\,dx=\frac{1}{2}e^x(\sin x-\cos x)+C\left(\text{其中 }C=\frac{C_1}{2}\right).$$

请注意例 6 与例 7 两类被积函数的特点，并考虑：

$$\int \ln x \mathrm{d}x, \int \arccos x \mathrm{d}x, \int \arctan x \, \mathrm{d}x, \int \mathrm{e}^x \cos x \, \mathrm{d}x.$$

【例 8】 计算 $\int \mathrm{e}^{\sqrt{x}} \mathrm{d}x$.

解 令 $\sqrt{x} = t$，则 $x = t^2$，所以 $\mathrm{d}x = 2t\mathrm{d}t$，代入原式得

$$\int \mathrm{e}^{\sqrt{x}} \mathrm{d}x = 2\int t \, \mathrm{e}^t \mathrm{d}t$$

变化到此，再用分部积分法可得

$$\int \mathrm{e}^{\sqrt{x}} \mathrm{d}x = 2\int t\mathrm{e}^t \mathrm{d}t = 2\int t\mathrm{d}(\mathrm{e}^t) = 2t\,\mathrm{e}^t - 2\int \mathrm{e}^t \mathrm{d}t$$

$$= 2t\mathrm{e}^t - 2\mathrm{e}^t + C = 2(\sqrt{x} - 1)\mathrm{e}^{\sqrt{x}} + C.$$

【例 9】 计算 $\int x^5 \cos x^3 \mathrm{d}x$.

解 $\int x^5 \cos x^3 \mathrm{d}x = \dfrac{1}{3}\int x^3 \cos x^3 \mathrm{d}(x^3) = \dfrac{1}{3}\int x^3 \mathrm{d}\,(\sin x^3)$

$$= \frac{1}{3}x^3 \sin x^3 - \frac{1}{3}\int \sin x^3 \mathrm{d}(x^3) = \frac{1}{3}x^3 \sin x^3 + \frac{1}{3}\cos x^3 + C.$$

上述两个例子表明，在有的情况下，换元积分法与分部积分法要结合起来使用. 如果方法应用得当，也能比较顺利地解决问题.

习题 4.5

计算下列积分：

(1) $\int x \sin x \, \mathrm{d}x$；　　(2) $\int x\cos 3x \, \mathrm{d}x$；

(3) $\int \arcsin x \, \mathrm{d}x$；　　(4) $\int x\mathrm{e}^{-x} \mathrm{d}x$；

(5) $\int x\arctan x \, \mathrm{d}x$；　　(6) $\int x^{-2} \ln x \, \mathrm{d}x$；

(7) $\int \ln(1 + x^2)\mathrm{d}x$；　　(8) $\int \mathrm{e}^{-x} \sin x \, \mathrm{d}x$；

(9) $\int \dfrac{1}{x} \ln \ln x \, \mathrm{d}x$；　　(10) $\int \mathrm{e}^{\sqrt{x}} \mathrm{d}x$.

本章小结

一、本章主要内容

原函数的概念；不定积分的定义和几何意义；不定积分的基本公式和运算法则. 四种基本积分法：直接积分法、第一类换元积分法（凑微分法）、第二类换元积分法、分部积分法.

二、方法要点

求积分与求导数(微分)互为逆运算.通常地,求积分比求导数(微分)要难一些.在第二章我们知道,初等函数在其定义区间内的导数仍为初等函数;反过来,当初等函数有原函数时,其原函数未必能用初等函数表示,如 $\int e^{-x^2}dx$、$\int \frac{\sin x}{x}dx$ 等,这些积分就无法用本章的方法求出.求积分与求导数(微分)相比,求积分更灵活.根据函数形式的不同,通常可按以下思路求解:

(1) 首先考虑能否用直接积分法;

(2) 其次考虑能否用凑微分法;

(3) 再考虑能否进行适当的变量代换用第二类换元积分法;

(4) 对两类不同函数的乘积,能否用分部积分法;

(5) 能否综合运用或反复使用上述方法.

复习题4

一、填空题

1. $(\qquad)'=1$, $\int dx=(\qquad)$;

2. $d(\qquad)=3x^2dx$, $\int 3x^2dx=(\qquad)$;

3. $(\qquad)'=e^x$, $\int e^xdx=(\qquad)$;

4. $d(\qquad)=\sec^2x\,dx$, $\int \sec^2x\,dx=(\qquad)$;

5. $d(\qquad)=\sin x\,dx$, $\int \sin x\,dx=(\qquad)$;

6. $d\int \frac{\cos^2x}{1+\sin^2x}dx=(\qquad)$, $\int\left(\frac{\sin x}{1+\cos x}\right)'dx=(\qquad)$;

7. $\int \frac{3}{1+x^2}dx=(\qquad)$, $\int \frac{3x}{1+x^2}dx=(\qquad)$;

8. $\int \frac{3x^2}{1+x^2}dx=(\qquad)$, $\int \frac{3x^3}{1+x^2}dx=(\qquad)$;

9. $\int \frac{3x^4}{1+x^2}dx=(\qquad)$, $\int \frac{4\cdot 3^x+3\cdot 4^x}{3^x}dx=(\qquad)$;

10. $\int \frac{1}{3+\sqrt{x+2}}dx=(\qquad)$, $\int e^x\ln(e^x+1)dx=(\qquad)$.

二、选择题

1. 下列函数中,________是 $x\sin x^2$ 的一个原函数. ( )

A. $\frac{1}{2}\cos x^2$　　B. $2\cos x^2$

C. $-2\cos x^2$　　D. $-\frac{1}{2}\cos x^2$

2. 若 $F(x)$ 是 $f(x)$ 的一个原函数,则 $\int f(3x+2)dx=$ ( )

A. $F(3x+2)+C$　　B. $\frac{1}{3}F(x)+C$

C. $\frac{1}{3}F(3x+2)+C$　　D. $F(x)+C$

3. 若 $\int f(x)\mathrm{d}x=\cos 3x+C$，则 $f(x)=$　　(　　)

A. $-3\sin 3x$　　B. $-3\cos 3x$

C. $3\sin 3x$　　D. $3\cos 3x$

4. 下列等式成立的有　　(　　)

A. $\frac{1}{\sqrt{x}}\mathrm{d}x=\mathrm{d}\sqrt{x}$　　B. $\frac{1}{x^2}\mathrm{d}x=-\mathrm{d}\left(\frac{1}{x}\right)$

C. $\sin x\,\mathrm{d}x=\mathrm{d}(\cos x)$　　D. $a^x\mathrm{d}x=\ln a\,\mathrm{d}a^x$

5. 下列等式成立的是　　(　　)

A. $\int x^a\,\mathrm{d}x=\frac{1}{\alpha+1}x^{\alpha-1}+C$　　B. $\int\tan x\mathrm{d}x=\frac{1}{1+x^2}+C$

C. $\int\cos x\mathrm{d}x=\sin x+C$　　D. $\int a^x\mathrm{d}x=a^x\ln a+C$

6. 下列不定积分中，常用分部积分法计算的是　　(　　)

A. $\int\cos(2x+1)\mathrm{d}x$　　B. $\int x\sqrt{1-x^2}\mathrm{d}x$

C. $\int x\sin 2x\mathrm{d}x$　　D. $\int\frac{x}{1+x^2}\mathrm{d}x$

三、计算题

1. $\int(x^3+3x^2+1)\,\mathrm{d}x$；　　**2.** $\int x^{\frac{5}{2}}\mathrm{d}x$；

3. $\int\left(\frac{3}{5}\sqrt{x}+x+3x^{-\frac{1}{2}}\right)\mathrm{d}x$；　　**4.** $\int 10^x\cdot 2^{3x}\mathrm{d}x$；

5. $\int\sec x(\sec x-\tan x)\mathrm{d}x$；　　**6.** $\int\frac{1+x+x^2}{x(1+x^2)}\mathrm{d}x$；

7. $\int\mathrm{e}^{x-3}\mathrm{d}x$；　　**8.** $\int\frac{1+\sin 2x}{\cos x+\sin x}\mathrm{d}x$；

9. $\int\mathrm{e}^{5x+1}\mathrm{d}x$；　　**10.** $\int\frac{1}{(1+2x)^2}\mathrm{d}x$；

11. $\int\frac{x}{\sqrt{x^2+4}}\mathrm{d}x$；　　**12.** $\int\sqrt[3]{1-2x}\mathrm{d}x$；

13. $\int\frac{\ln^4 x}{x}\mathrm{d}x$；　　**14.** $\int\frac{\mathrm{e}^{\frac{1}{x}}}{x^2}\mathrm{d}x$；

15. $\int(\mathrm{e}^{2x}+2\mathrm{e}^{3x}+2)\mathrm{e}^x\,\mathrm{d}x$；　　**16.** $\int\frac{\mathrm{d}x}{36+x^2}$；

17. $\int\frac{1}{\sqrt{x}-\sqrt[3]{x}}\mathrm{d}x$；　　**18.** $\int\frac{1}{x\sqrt{1-x^2}}\mathrm{d}x$；

19. $\int\frac{\mathrm{d}x}{\sqrt{4-9x^2}}$；　　**20.** $\int\frac{\cos x}{\sqrt{\sin x}}\mathrm{d}x$；

21. $\int x\sin 2x\mathrm{d}x$；　　**22.** $\int x\mathrm{e}^{2x}\mathrm{d}x$；

23. $\int x\ln(x-1)\mathrm{d}x$；　　**24.** $\int x^2\cos x\,\mathrm{d}x$；

25. $\int \sin\sqrt{x}\mathrm{d}x$；　　　　26. $\int xf''(x)\mathrm{d}x$.

四、应用题

1. 求一曲线 $y=f(x)$，使它在点 $(x,f(x))$ 处的切线的斜率为 $2x$，且通过点 $(2,5)$.

2. 某企业每天生产某产品的总成本 y 的变化率(即边际成本)是日产量 x 的函数，即 $y'=7+\frac{25}{\sqrt{x}}$. 已知固定成本为 10 000 元，求总成本与日产量的函数关系.

3. 如果函数 $f(x)$ 的一个原函数是 $\frac{\sin x}{x}$，试求 $\int xf'(x)\mathrm{d}x$.

思政案例

微积分的起源与发展

有人将数学比作一棵大树，初等数学是树的根，繁杂的数学分支是树枝，而树干的主要部分就是微积分. 微积分可以堪称人类最伟大的成就之一.

微积分学包含微分学与积分学，从局部与整体来研究函数. 微分学研究变化率、极值等函数的局部特征，导数与微分是其主要概念，求导的过程就是微分法，围绕着导数与微分的性质、计算、应用等形成了微分学的主要内容. 积分学从整体上研究微小的变化积累的总效果，求积分的过程就是积分法，围绕着积分的性质、计算、推广与应用构成了积分学的主要内容.

然而早期的微积分学理论并不完整，微积分真正成为一门数学学科是在十七世纪，然而在此之前微积分已经一步一步地跟随人类历史的脚步缓慢发展着. 着眼于微积分的整个发展历史，可以分为四个时期：1. 早期萌芽时期；2. 建立成型时期；3. 成熟完善时期；4. 现代发展时期.

1. 早期萌芽时期

公元前七世纪，泰勒斯对图形的面积、体积与长度的研究就含有早期微积分的思想，尽管不是很明显. 公元前三世纪，伟大的全能科学家阿基米德利用“穷竭法”推算出了抛物线弓形、螺线、圆的面积以及椭球体、抛物面体等各种复杂几何体的表面积和体积的公式，其穷竭法就类似于现在的微积分中的求极限.

刘徽　(约 225 年—约 295 年)

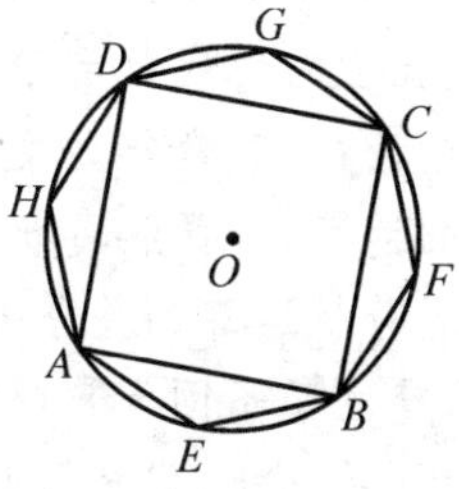

我国在公元前五世纪，战国时期名家的代表作《庄子・天下篇》中记载了惠施的一段话：“一尺之棰，日取其半，万世不竭”，这是我国较早出现的极限思想. 魏晋时期的数学家刘徽发明了著名的“割圆术”，即把圆周用内接或外切正多边形穷竭的一种求

圆周长及面积的方法."割之弥细,所失弥少,割之又割,以至于不可割,则与圆周合体而无所失矣."这在我国数学史上算是伟大创举.另外,在南朝时期杰出的祖氏父子更将圆周率计算到小数点后七位数,他们的精神值得我们学习.

2. 建立成型时期

在十七世纪上半叶,几乎所有的科学大师都致力于解决速率、极值、切线、面积问题,特别是描述运动与变化的无限小算法,并且在相当短的时间内取得了极大的发展.

天文学家开普勒发现行星运动三大定律,并利用无穷小求和的思想,求得曲边形的面积及旋转体的体积.意大利数学家卡瓦列利与同时期发现的"卡瓦列利原理",以及他用不可分量方法证明了相当于我们今天见到的幂函数定积分的公式,这些对于微积分的雏形的形成影响深远.法国数学家笛卡尔(解析几何创始人)的代数方法对于微积分的发展也起了极大的推动.法国大数学家费马在求曲线的切线及函数的极值方面贡献巨大.

到十七世纪下半叶,微积分由于牛顿与莱布尼茨两人的突出贡献才正式建立成型,他们最大的贡献在于总结了求导与求积分的一系列法则,发现求导与求积分是互逆的运算,并给出了著名的"牛顿-莱布尼茨公式"反映了这种互逆关系,使得本来独立发展的微分学与积分学结合成一门新的学科——微积分学.

3. 成熟完善时期

任何新的数学理论的建立,在起初都会引起一部分人的极力质疑.微积分学虽然在牛顿与莱布尼茨的时代逐渐建立成型,但由于早期微积分学的建立有不严谨性,许多不安分子就找漏洞攻击微积分学,其中最著名的是英国主教贝克莱针对求导过程中的无穷小(Δx 既是 0,又不是 0)展开对微积分学的进攻,以后逐渐出现了以"贝克莱悖论"为例的数学空洞,等待着又一批杰出的数学家填补.最终经过布尔查诺、柯西、阿贝尔、威尔斯特拉斯等无数杰出科学家的努力,微积分学大厦的地基终于被打牢.微积分学开始真正的展现其独特的数学魅力!

4. 现代发展时期

随着微积分的不断发展,数学分析正不断地完善,我们现在所说的微积分发展史,后来就演变成了数学分析的发展史,而整个数学分析又为现代分析提供了理论基础.最具代表性的现代数学分析理论如下:

实变函数论:以实数作为变量,在微积分学基础上,用集合论的方法,进一步研究实变函数的连续、可微和可积等基本性质,勒贝格积分理论是其中心内容.在微分与积分这两大分析运算的关系方面,实变函数论不同于微积分学,它以测度论、集合论作为工具,建立了不同于黎曼积分的勒贝格积分框架,推广了积分的应用.

泛论分析:是分析、代数与几何者三大数学的分支,经过 18—19 世纪的发展,相互交叉与渗透,于 20 世纪 30 年代形成的具有高度综合性的一门学科,也可以说泛论分析是用代数与几何的概念和方法研究分析课题的一门学科.

到此,整个微积分历程得到了前所未有的发展,但是数学家对于微积分的研究仍未止步,相信将来还会有更多的内容补充到这一框架中.

第 5 章　定积分及其应用

本章提要　积分学中的另一个基本概念就是定积分.积分方法是解决许多实际应用问题的一个重要方法，本章将主要介绍定积分的基本概念、基本性质和基本计算方法.

5.1　定积分的概念和性质

【同步微课】

5.1.1　两个实例

1. 曲边梯形的面积问题

定义 1　在区间$[a,b]$上由连续曲线$y=f(x)$($f(x)\geqslant 0$)、直线$x=a$、$x=b$与x轴所围的平面图形(如图 5-1) 称为**曲边梯形.**

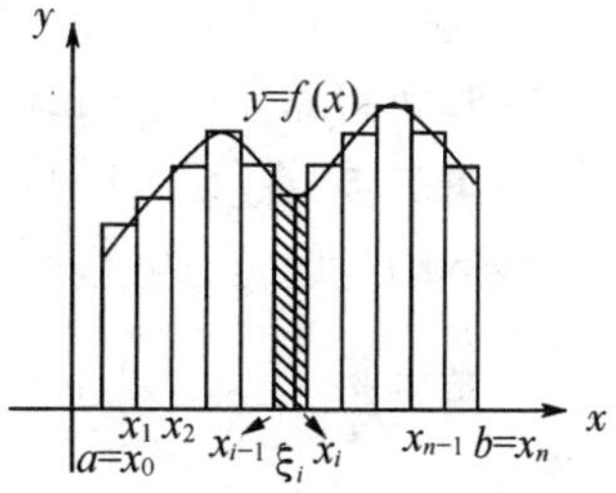

图 5-1

虽然在中学阶段我们已经会求多边形和圆的面积，但由于曲边梯形的一条边是连续曲线，故不能直接用梯形或矩形面积公式进行计算.

我们的做法是把区间$[a,b]$划分为若干个小区间，在每个小区间上的曲边梯形可近似地看作矩形.于是，每个小区间上的曲边梯形面积近似地等于该区间上小矩形面积，所有这些小矩形面积之和就是曲边梯形面积近似值.如果把区间$[a,b]$无限细分，使每一小区间长度趋于零，这时，所有小矩形面积之和的极限就可定义为曲边梯形的面积A.

具体做法：

第一步：分割.在区间$[a,b]$中任意插入$n-1$个分点$a=x_0<x_1<x_2<\cdots<x_{n-1}<x_n=b$，把$[a,b]$分成$n$个小区间$[x_0,x_1]$，$[x_1,x_2]$，$\cdots$，$[x_{n-1},x_n]$.第$i$个小区间的长度记为$\Delta x_i=x_i-x_{i-1}(i=1,2,\cdots,n)$.过各分点作$x$轴的垂线，把曲边梯形分成$n$个小曲边梯形.

第二步：近似.在每个小区间$[x_{i-1},x_i]$上任取一点ξ_i，则第i个小曲边梯形的面积ΔA_i可用与它同底、高为$f(\xi_i)$的小矩形面积近似，即$\Delta A_i=f(\xi_i)\Delta x_i$.

第三步：求和.n个小矩形面积的和是所求曲边梯形面积A的近似值，即

$$A\approx\sum_{i=1}^{n}f(\xi_i)\Delta x_i.$$

第四步：取极限.为了得到A的精确值，必须让每个小区间的长都趋于零.用λ表示n个小区间长度的最大值，即$\lambda=\max\{\Delta x_i \mid i=1,2,\cdots,n\}$，则和式$\sum\limits_{i=1}^{n}f(\xi_i)\Delta x_i$在$\lambda\to 0$时的极限就是曲边梯形的面积$A$，即

$$A = \lim_{\lambda \to 0} \sum_{i=1}^{n} f(\xi_i) \Delta x_i.$$

2. 变速直线运动的路程问题

设有一质点做变速直线运动，已知该质点在时刻 t 的瞬时速度为 $v = v(t)$，求该质点由时刻 T_0 到时刻 T_1 的运行路程 s.

和前面的问题类似，质点做匀速直线运动时，其运行路程定义为

运行路程＝运行速度×运行时间

但是，我们遇到的问题是变速直线运动，质点运行的速度时刻都在变化着的，因此，我们不能直接应用上述公式. 怎么办呢？这又是一个要转换矛盾的问题，为了能用上匀速直线运动的速度公式，我们只有把整个运行时间分成很多小段，使得时间间隔非常小，小到每一段时间内，质点运行的速度几乎不发生变化，即为匀速的，于是，

第一步：将时间段$[T_0, T_1]$任意分割成 n 个小时间段，并记为

$$[t_0, t_1], [t_1, t_2], \cdots, [t_{n-1}, t_n]$$

其中：$t_0 = T_0, t_n = T_1$. 再令 $\Delta t_i = t_i - t_{i-1} (i = 1, 2, \cdots, n)$.

时间间隔分小了，每段时间内质点又可以近似地看成做匀速运动了.

第二步：在$[t_{i-1}, t_i]$内任意取定一个时间值 ξ_i，就以此刻的速度 $v(\xi_i)$ 为这段时间的匀速直线运动速度，当然这段时间质点的运行路程为 $v(\xi_i)\Delta t_i$.

第三步：求和 $\sum_{i=1}^{n} v(\xi_i)\Delta t_i$，得到由时刻 T_0 到时刻 T_1 运行路程的近似值.

第四步：令 $\lambda = \max\{\Delta t_i \mid i = 1, 2, \cdots, n\} \to 0$，取极限 $\lim_{\lambda \to 0} \sum_{i=1}^{n} v(\xi_i)\Delta t_i$，为时刻 T_0 到时刻 T_1 运行路程的精确值.

上述两个实例，从各自的具体意义来说是毫不相干的，一个是几何学的面积问题，另一个是物理学的路程问题. 但是，我们把它们的计算方法从具体意义中抽象出来的话，其描述过程与模式是完全一致的，其最终结果就是计算同一类型的和式极限. 我们把这样一种从具体意义中抽象出来的计算方法用数学语言去描述的话，就是我们将要介绍的定积分的概念.

5.1.2 定积分的概念

1. 定积分定义

定义 2 设 $f(x)$在闭区间$[a, b]$上有定义，如果：

(1) 在闭区间$[a, b]$内任意插入 $n-1$ 个分点，$a = x_0 < x_1 < x_2 < \cdots < x_{n-1} < x_n = b$，将区间$[a, b]$分割成 n 个小区间，$[x_0, x_1], [x_1, x_2], \cdots, [x_{n-1}, x_n]$，并且令 $\Delta x_i = x_i - x_{i-1} (i = 1, 2, \cdots, n)$；

(2) 在每个小区间$[x_{i-1}, x_i]$上任取一点 $\xi_i \in [x_{i-1}, x_i]$，作乘积 $f(\xi_i)\Delta x_i (i = 1, 2, \cdots, n)$；

(3) 求和 $\sum_{i=1}^{n} f(\xi_i)\Delta x_i$；

(4) 令 $\lambda = \max\{\Delta x_i \mid i = 1,2,\cdots,n\}$，取极限 $\lim_{\lambda\to 0}\sum_{i=1}^{n} f(\xi_i)\Delta x_i$；

如果极限 $\lim_{\lambda\to 0}\sum_{i=1}^{n} f(\xi_i)\Delta x_i = I$ 存在，并且极限值 I 与区间 $[a,b]$ 的分割无关，与点 ξ_i 在区间 $[x_{i-1},x_i]$ 上的选取也无关，那么就称 $f(x)$ 在区间 $[a,b]$ 上可积，并把极限值 I 称为 $f(x)$ 在区间 $[a,b]$ 上的定积分，并记为 $\int_a^b f(x)\mathrm{d}x$. 即

$$\int_a^b f(x)\mathrm{d}x = \lim_{\lambda\to 0}\sum_{i=1}^{n} f(\xi_i)\Delta x_i,$$

其中，$f(x)$ 称为被积函数，$f(x)\mathrm{d}x$ 称为被积表达式，和式 $\sum_{i=1}^{n} f(\xi_i)\Delta x_i$ 称为积分和(也称为黎曼和)，$\int$ 称为积分号，a 称为积分下限，b 称为积分上限，x 称为积分变量，$[a,b]$ 称为积分区间.

由定积分的定义可知，前面我们讲述的两个例子实际上就是

曲边梯形的面积为

$$A = \int_a^b f(x)\mathrm{d}x\ (f(x)\geqslant 0);$$

质点运行的路程为

$$s = \int_{T_0}^{T_1} v(t)\mathrm{d}t\ (f(t)\geqslant 0).$$

2. 定积分的几何意义

我们分析一下定积分 $\int_a^b f(x)\mathrm{d}x$ 的几何意义.

(1) 当 $f(x)\geqslant 0$ 时，曲线 $y=f(x)$ 位于 x 轴的上方，和式中的 $f(\xi_i)\geqslant 0$，于是 $\sum_{i=1}^{n} f(\xi_i)\Delta x_i \geqslant 0$，因此，$\int_a^b f(x)\mathrm{d}x \geqslant 0$，它所表示的是图 5-2 的面积值，这种面积值我们称之为正面积；

(2) 当 $f(x)\leqslant 0$ 时，曲线 $y=f(x)$ 位于 x 轴的下方，和式中的 $f(\xi_i)\leqslant 0$，于是 $\sum_{i=1}^{n} f(\xi_i)\Delta x_i \leqslant 0$，因此，$\int_a^b f(x)\mathrm{d}x \leqslant 0$，它所表示的是图 5-3 的面积值，这种面积值我们称之为负面积；

(3) 更一般地，$f(\xi_i)$ 有正有负，$\int_a^b f(x)\mathrm{d}x$ 在几何上表示的是 x 轴上方围成的图形面积与 x 轴下方围成的图形面积之差(代数和). 如图 5-4.

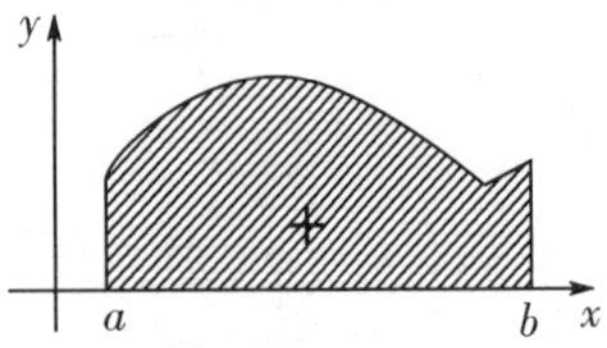

图 5-2

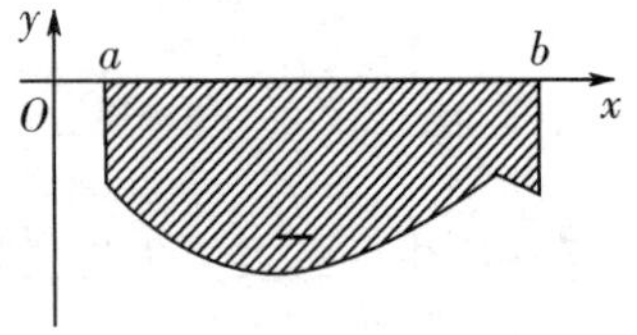

图 5-3

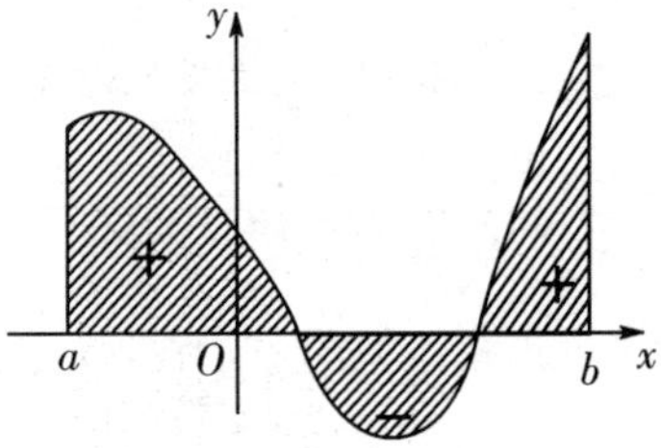

图 5-4

根据定积分的几何意义，有些定积分可以通过计算几何图形的面积得到，例如：

$\int_a^b dx$ 表示高为 1、底为 $b-a$ 的矩形面积，即$\int_a^b dx = b-a$；

$\int_0^a x dx$ 表示高为 a、底为 a 的直角三角形面积，即$\int_0^a x dx = \frac{1}{2}a^2$；

$\int_{-R}^R \sqrt{R^2-x^2} dx$ 表示半径为 R 的上半圆的面积，即$\int_{-R}^R \sqrt{R^2-x^2} dx = \frac{1}{2}\pi R^2$；

$\int_0^{2\pi} \sin x \, dx = 0$（正负面积相消后的代数面积为 0）.

关于定积分，有几点是值得特别指出的：

(1) 定积分 $\int_a^b f(x)dx$ 的值只与被积函数 $f(x)$ 和积分区间 $[a,b]$ 有关. 在我们给出积分和 $\sum_{i=1}^n f(\xi_i)\Delta x_i$ 的时候，只要不改变函数关系式，不改变区间 $[a,b]$，和式中的变量用什么字母都行，也就是说，定积分 $\int_a^b f(x)dx$ 的值与积分变量使用的字母的选取无关，即有 $\int_a^b f(x)dx = \int_a^b f(t)dt$.

(2) $\int_a^a f(x)dx = 0$. 即当积分下限等于积分上限时，积分值等于零.

(3) $\int_a^b f(x)dx = -\int_b^a f(x)dx$. 也就是说，互换积分下限与积分上限的位置时，相应积分需改变符号.

下面我们来看一个用定积分定义求定积分的例子.

【例 1】 求 $\int_0^1 x^2 dx$.

解 (1) 将 $[0,1]$ 区间进行 n 等分，得到 n 个小区间，如图 5-5 所示.

$$\left[0,\frac{1}{n}\right],\left[\frac{1}{n},\frac{2}{n}\right],\cdots,\left[\frac{n-1}{n},1\right],$$

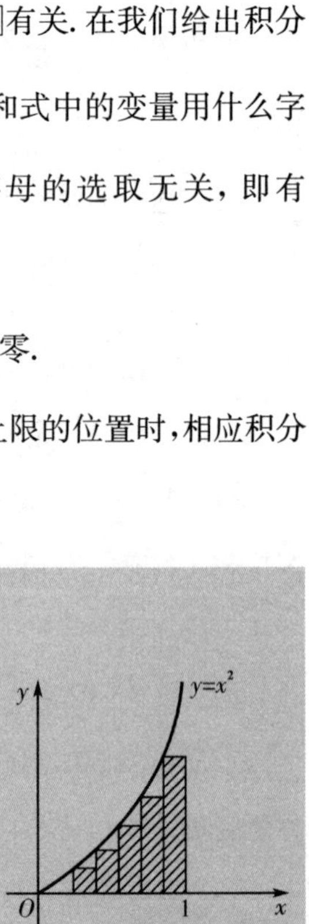

图 5-5

(2) 在每个小区间 $\left[\frac{i-1}{n},\frac{i}{n}\right](i=1,2,\cdots,n)$ 上取左端点 $\frac{i-1}{n}$，作乘积 $\left(\frac{i-1}{n}\right)^2 \frac{1}{n}$；

(3) 求和

$$\sum_{i=1}^n \left(\frac{i-1}{n}\right)^2 \frac{1}{n} = \frac{1}{n^3}\sum_{i=1}^n (i-1)^2 = \frac{(n-1)n(2n-1)}{6n^3}$$

（4）因为是 n 等分区间，最长的区间长度为 $\frac{1}{n}$，而 $\frac{1}{n}\to 0 \Leftrightarrow n\to\infty$，所以，

$$\int_0^1 x^2 \mathrm{d}x = \lim_{n\to\infty}\frac{(n-1)n(2n-1)}{6n^3} = \frac{1}{3}.$$

5.1.3 定积分的性质

在下面的讨论中，假设函数在所讨论的闭区间上都是连续的.

性质 1 $\int_a^b [f(x) \pm g(x)]\mathrm{d}x = \int_a^b f(x)\mathrm{d}x \pm \int_a^b g(x)\mathrm{d}x.$

这就是说，函数的代数和的定积分等于它们的定积分的代数和.

证明
$$\begin{aligned}\int_a^b [f(x) \pm g(x)]\mathrm{d}x &= \lim_{\lambda\to 0}\sum_{i=1}^n [f(\xi_i) \pm g(\xi_i)]\Delta x_i \\ &= \lim_{\lambda\to 0}\sum_{i=1}^n f(\xi_i)\Delta x_i \pm \lim_{\lambda\to 0}\sum_{i=1}^n g(\xi_i)\Delta x_i \\ &= \int_a^b f(x)\mathrm{d}x \pm \int_a^b g(x)\mathrm{d}x.\end{aligned}$$

即

$$\int_a^b [f(\xi_i) \pm g(\xi_i)]\mathrm{d}x = \int_a^b f(x)\mathrm{d}x \pm \int_a^b g(x)\mathrm{d}x.$$

这一性质可以推广到有限个连续函数代数和的定积分的情形.

性质 2 $\int_a^b kf(x)\mathrm{d}x = k\int_a^b f(x)\mathrm{d}x.$

这就是说，常数因子可以提到积分号外.

证明
$$\begin{aligned}\int_a^b kf(x)\mathrm{d}x &= \lim_{\lambda\to 0}\sum_{i=1}^n kf(\xi_i)\Delta x_i = \lim_{\lambda\to 0}k\sum_{i=1}^n f(\xi_i)\Delta x_i = k\lim_{\lambda\to 0}\sum_{i=1}^n f(\xi_i)\Delta x_i \\ &= k\int_a^b f(x)\mathrm{d}x.\end{aligned}$$

即

$$\int_a^b kf(x)\mathrm{d}x = k\int_a^b f(x)\mathrm{d}x.$$

性质 3 $\int_a^b \mathrm{d}x = b - a.$

这就是说，如果被积函数 $f(x) = 1$，那么 $f(x)$ 在区间 $[a,b]$ 上的定积分等于积分上限 b 减去积分下限 a 所得的差.

这一性质从定积分的几何意义可以很容易看出.

性质 4 （**积分区间的可加性**）对于任意点 c，有

$$\int_a^b f(x)\mathrm{d}x = \int_a^c f(x)\mathrm{d}x + \int_c^b f(x)\mathrm{d}x.$$

应注意，任意点 c 意味着不论 $c\in[a,b]$ 还是 $c\notin[a,b]$，只要 $\int_a^b f(x)\mathrm{d}x$、$\int_a^c f(x)\mathrm{d}x$ 和 $\int_c^b f(x)\mathrm{d}x$ 都存在，就有等式 $\int_a^b f(x)\mathrm{d}x=\int_a^c f(x)\mathrm{d}x+\int_c^b f(x)\mathrm{d}x$ 成立.

【例 2】 已知 $\int_0^2 x^2\mathrm{d}x=\frac{8}{3}$，$\int_0^3 x^2\mathrm{d}x=9$，求 $\int_2^3 x^2\mathrm{d}x$.

解 由性质 4 可知，

$$\int_0^3 x^2\mathrm{d}x=\int_0^2 x^2\mathrm{d}x+\int_2^3 x^2\mathrm{d}x,$$

于是

$$\int_2^3 x^2\mathrm{d}x=\int_0^3 x^2\mathrm{d}x-\int_0^2 x^2\mathrm{d}x,$$

因此

$$\int_2^3 x^2\mathrm{d}x=9-\frac{8}{3}=\frac{19}{3}.$$

性质 5 （**积分的保序性**）在区间 $[a,b]$ 上，若有 $f(x)\leqslant g(x)$，则

$$\int_a^b f(x)\mathrm{d}x\leqslant\int_a^b g(x)\mathrm{d}x.$$

推论 在区间 $[a,b]$ 上，若 $f(x)\geqslant 0$，则

$$\int_a^b f(x)\mathrm{d}x\geqslant 0\ .$$

性质 6 （**积分估值定理**） $f(x)$ 在区间 $[a,b]$ 上连续，m、M 分别是 $f(x)$ 在区间 $[a,b]$ 上的最小值和最大值，则

$$m(b-a)\leqslant\int_a^b f(x)\mathrm{d}x\leqslant M(b-a).$$

由几何图形，不难得到“以最小值 m 为高、区间 $[a,b]$ 为底的矩形面积”“阴影部分曲边梯形的面积”以及“以最大值 M 为高、区间 $[a,b]$ 为底的矩形面积”三者之间的大小关系. 这从几何上说明了积分估值定理的正确性.

性质 7 （**积分中值定理**）若 $f(x)$ 在区间 $[a,b]$ 上连续，则至少存在一点 $\xi\in[a,b]$，使得

$$\int_a^b f(x)\mathrm{d}x=f(\xi)(b-a).$$

证明 因为 $f(x)$ 在区间 $[a,b]$ 上连续，则 $f(x)$ 在区间 $[a,b]$ 上必能取到最小值 m 和最大值 M. 由性质 6 得 $m\leqslant\frac{1}{b-a}\int_a^b f(x)\mathrm{d}x\leqslant M$. 再由闭区间上连续函数的介值定理可知，至少有一点 $\xi\in[a,b]$，使得

$$f(\xi)=\frac{1}{b-a}\int_a^b f(x)\mathrm{d}x.$$

即

$$\int_a^b f(x)\mathrm{d}x = f(\xi)(b-a).$$

它的几何意义是：若 $f(x)$ 在区间 $[a,b]$ 上连续，那么至少可以找到一点 $\xi\in[a,b]$，使得以 $[a,b]$ 为底、以 $f(\xi)$ 为高的矩形的面积正好等于由曲线 $y=f(x)$、直线 $x=a$、$x=b$ 与 x 轴所围的曲边梯形面积(如图 5-6).

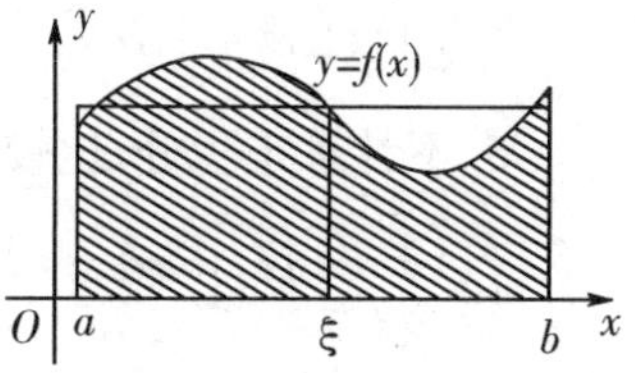

图 5-6

该性质也可从另一个角度来解释：若 $f(x)$ 在区间 $[a,b]$ 上连续，至少可以找到一点 $\xi\in[a,b]$，使得 $f(\xi)$ 为 $f(x)$ 在区间 $[a,b]$ 上的平均值.

【例 3】 估计积分值 $\int_{-1}^{1} \mathrm{e}^{-x^2}\mathrm{d}x$.

解 设 $f(x)=\mathrm{e}^{-x^2}$，则 $f'(x)=-2x\mathrm{e}^{-x^2}$，并且 $x<0$ 时有 $f'(x)>0$，$x>0$ 时有 $f'(x)<0$. 所以，$f(x)$ 在 $x=0$ 时取最大值，在 $x=1$ 和 $x=-1$ 时取最小值，最大值为 $f(0)=1$，最小值为 $f(1)=f(-1)=\mathrm{e}^{-1}$，因此 $2\mathrm{e}^{-1}\leqslant\int_{-1}^{1}\mathrm{e}^{-x^2}\mathrm{d}x\leqslant 2$.

【例 4】 试比较下列积分的大小：

(1) $\int_0^1 x^2\mathrm{d}x$ 与 $\int_0^1 x^3\mathrm{d}x$；　　(2) $\int_1^2 x^2\mathrm{d}x$ 与 $\int_1^2 x^3\mathrm{d}x$.

解 (1) 因为 $0\leqslant x\leqslant 1$ 时，$x^2\geqslant x^3$，所以 $\int_0^1 x^2\mathrm{d}x\geqslant\int_0^1 x^3\mathrm{d}x$；

(2) 因为 $1\leqslant x\leqslant 2$ 时，$x^2\leqslant x^3$，所以 $\int_1^2 x^2\mathrm{d}x\leqslant\int_1^2 x^3\mathrm{d}x$.

习题 5.1

1. 用定积分表示下面的量.

(1) 由曲线 $y=x^2+1$、直线 $x=0$、$x=3$ 及 x 轴所围成的曲边梯形的面积.

(2) 已知变速直线运动的速度 $v=2t+3$，t(单位：s)，v(单位：m/s)，当物体从第 1 秒开始，经过 2 秒后所行驶的路程.

2. 根据定积分的几何意义，判断下列定积分值的正负(不必算).

(1) $\int_{-2}^{1} x\mathrm{d}x$；　　(2) $\int_0^{\pi}\sin x\,\mathrm{d}x$；

(3) $\int_{-\pi}^{-\frac{\pi}{2}}\cos x\,\mathrm{d}x$；　　(4) $\int_{-1}^{2} x^2\mathrm{d}x$.

3. 根据定积分的几何意义，说明下列等式的正确性.

(1) $\int_{-2}^{3}\mathrm{d}x=5$；　　(2) $\int_{-\pi}^{\pi}\sin x\,\mathrm{d}x=0$；

(3) $\int_0^1(x+1)\mathrm{d}x=\frac{3}{2}$；　　(4) $\int_{-1}^{1}\sqrt{1-x^2}\mathrm{d}x=\frac{\pi}{2}$.

4. 利用定积分性质和 $\int_0^1 x^2\mathrm{d}x=\frac{1}{3}$，$\int_0^2 x^2\mathrm{d}x=\frac{8}{3}$，$\int_0^3 x^2\mathrm{d}x=9$，计算下列定积分.

(1) $\int_0^1 (3x^2-2)\mathrm{d}x$；　　(2) $\int_0^2 (2x^2-1)\mathrm{d}x$；

(3) $\int_1^2 (2x^2-3)\mathrm{d}x$；　　(4) $\int_3^2 (1-x^2)\mathrm{d}x$.

5. 不计算定积分，比较下列定积分的大小.

(1) $\int_0^1 x^2\mathrm{d}x, \int_0^1 x\mathrm{d}x$；　　(2) $\int_1^2 \ln x\,\mathrm{d}x, \int_1^2 \ln^2 x\,\mathrm{d}x$；

(3) $\int_3^4 \ln x\,\mathrm{d}x, \int_3^4 \ln^2 x\,\mathrm{d}x$；　　(4) $\int_0^{\frac{\pi}{4}} \sin x\,\mathrm{d}x, \int_0^{\frac{\pi}{4}} \tan x\,\mathrm{d}x$.

6. 不计算定积分，估计下列定积分的值.

(1) $\int_0^1 (1+x^2)\mathrm{d}x$；　　(2) $\int_1^2 x^3\,\mathrm{d}x$；

(3) $\int_1^{\mathrm{e}} \ln x\mathrm{d}x$；　　(4) $\int_{-1}^1 \frac{1}{1+x^4}\mathrm{d}x$.

5.2 微积分基本定理

【同步微课】

我们已经给出了定积分的基本概念和基本性质，但是用定积分的定义来计算定积分比较复杂、困难，因此接下来的问题就是如何方便、快捷地计算定积分. 上一章我们学习了不定积分，已经掌握了许多不定积分的计算方法. 这一节我们主要就是讨论这两者之间的联系，进而引出微积分基本公式.

5.2.1 积分上限函数及其导数

设 $f(x)$在区间$[a,b]$上连续，对任意的 $x\in[a,b]$，$f(x)$在区间$[a,x]$上也连续，因此可积，并且积分值 $\int_a^x f(t)\mathrm{d}t$（因为定积分的值与积分变量使用的字母的选取无关，为不引起混淆，我们将积分变量由 x 改为 t）由上限 x 唯一确定，如果令

$$F(x)=\int_a^x f(t)\mathrm{d}t(a\leqslant x\leqslant b),$$

那么，$F(x)$是定义在$[a,b]$上的函数，这个函数我们称它为变上限的定积分，也称为积分上限函数.

下面我们讨论积分上限函数的一个基本性质.

定理 1 若 $f(x)$在$[a,b]$上连续，则 $f(x)$在$[a,b]$上的积分上限函数 $F(x)=\int_a^x f(t)\mathrm{d}t$ 在$[a,b]$上可导，并且它的导数为

$$F'(x)=\frac{\mathrm{d}}{\mathrm{d}x}\int_a^x f(t)\mathrm{d}t=f(x)(a\leqslant x\leqslant b),$$

即积分上限函数 $F(x)=\int_a^x f(t)\mathrm{d}t$ 是 $f(x)$在$[a,b]$上的一个原函数(证明略).

这个定理给我们提供了一个非常重要的信息，就是：连续函数的积分上限函数是可导函数，并且它的导函数就等于被积函数，积分上限函数也是被积函数的一个原函数.

推论1 如果 $f(x)$ 在有限区间上连续，$\varphi(x)$ 可导，那么 $F(x)=\int_a^{\varphi(x)} f(t)\mathrm{d}t$ 可导，并且它的导数为 $F'(x)=f[\varphi(x)]\varphi'(x)$.

事实上，令 $F(u)=\int_a^u f(t)\mathrm{d}t, u=g(x)$，再由复合函数的求导法则，便可得到推论1的结论.

【例1】 设 $F(x)=\int_1^x \mathrm{e}^{-t^2}\cos t\,\mathrm{d}t$，求 $F'(x)$.

解 由积分上限函数的性质有：$F'(x)=\mathrm{e}^{-x^2}\cos x$.

【例2】 设 $F(x)=\int_0^{\cos x}\sin t\mathrm{d}t$，求 $F'(x)$.

解 由推论1得：$F'(x)=\sin(\cos x)\cdot(\cos x)'=-\sin x\cdot\sin(\cos x)$.

【例3】 求极限 $\lim\limits_{x\to 0}\dfrac{\int_0^x \sin t^2\mathrm{d}t}{x^3}$.

解 这是一个 $\dfrac{0}{0}$ 型的极限问题，由洛必达法则有

$$\lim_{x\to 0}\frac{\int_0^x \sin t^2\mathrm{d}t}{x^3}=\lim_{x\to 0}\frac{\sin x^2}{3x^2}=\frac{1}{3}.$$

5.2.2 牛顿-莱布尼兹公式

定理2 （微积分基本定理）若 $f(x)$ 在 $[a,b]$ 上连续，$F(x)$ 是 $f(x)$ 在 $[a,b]$ 上的一个原函数，则

$$\int_a^b f(x)\mathrm{d}x=F(b)-F(a).$$

上式称为**牛顿-莱布尼兹公式**，也叫微积分基本公式. 它建立起定积分与原函数的关系，也就是定积分与不定积分的关系，从而求定积分问题就转化为求被积函数的原函数在积分区间上的增量问题.

证明 已知 $F(x)$ 是 $f(x)$ 在 $[a,b]$ 上的一个原函数，又积分上限函数 $G(x)=\int_a^x f(t)\mathrm{d}t$ 也是 $f(x)$ 在 $[a,b]$ 上的一个原函数，根据原函数的性质有：

$$G(x)=\int_a^x f(t)\mathrm{d}t=F(x)+C;$$

在上式中令 $x=a$，有 $0=G(a)=\int_a^a f(t)\mathrm{d}t=F(a)+C$，所以 $C=-F(a)$，再令 $x=b$ 有：

$$\int_a^b f(x)\mathrm{d}x=F(b)-F(a).$$

有了牛顿-莱布尼兹公式，定积分的计算问题就容易多了，我们可以用不定积分的方法，求出被积函数的一个原函数，进而求出定积分的值.

【例 4】 计算定积分 $\int_0^1 x^2\mathrm{d}x$.

解 由于 $\frac{1}{3}x^3$ 是 x^2 的一个原函数，由牛顿-莱布尼兹公式有：

$$\int_0^1 x^2\mathrm{d}x=\frac{x^3}{3}\bigg|_0^1=\frac{1^3}{3}-\frac{0^3}{3}=\frac{1}{3}.$$

这个计算，相比于我们前面按定义计算，明显简单多了.

【例 5】 计算定积分 $\int_1^{\sqrt{3}}\frac{1}{1+x^2}\mathrm{d}x$.

解 由于 $\arctan x$ 是 $\frac{1}{1+x^2}$ 的一个原函数，由牛顿-莱布尼兹公式有：

$$\int_1^{\sqrt{3}}\frac{1}{1+x^2}\mathrm{d}x=\arctan x\bigg|_1^{\sqrt{3}}=\arctan\sqrt{3}-\arctan 1=\frac{\pi}{3}-\frac{\pi}{4}=\frac{\pi}{12}.$$

【例 6】 计算定积分 $\int_{-2}^{-1}\frac{1}{x}\mathrm{d}x$.

解 因为 $\int\frac{1}{x}\mathrm{d}x=\ln|x|+C$，所以

$$\int_{-2}^{-1}\frac{1}{x}\mathrm{d}x=[\ln|x|]_{-2}^{-1}=\ln 1-\ln 2=-\ln 2.$$

【例 7】 求定积分.

(1) $\int_0^2|1-x|\mathrm{d}x$； (2) $\int_{-1}^1 f(x)\mathrm{d}x$，其中 $f(x)=\begin{cases}1+x, & 0<x\leqslant 2,\\ 1, & x\leqslant 0\end{cases}$.

解 (1) 因为 $|1-x|=\begin{cases}1-x, & 0\leqslant x\leqslant 1\\ x-1, & 1<x\leqslant 2\end{cases}$，所以

$$\int_0^2|1-x|\mathrm{d}x=\int_0^1(1-x)\mathrm{d}x+\int_1^2(x-1)\,\mathrm{d}x=-\frac{1}{2}(1-x)^2\big|_0^1+\frac{1}{2}(x-1)^2\big|_1^2=1;$$

(2) $$\int_{-1}^1 f(x)\mathrm{d}x=\int_{-1}^0 f(x)\mathrm{d}x+\int_0^1 f(x)\mathrm{d}x=\int_{-1}^0 1\mathrm{d}x+\int_0^1(1+x)\mathrm{d}x$$

$$=x\big|_{-1}^0+\frac{1}{2}(1+x)^2\big|_0^1=\frac{5}{2}.$$

【例 8】 火车以 72 km/h 的速度行驶，在到达某车站前以加速度 $a=-2.5\ \mathrm{m/s^2}$ 刹车，问火车需要在到站前多少距离开始刹车，可使火车到站时停稳？

解 首先计算开始刹车到停止所需的时间，即速度从 $v_0=72\ \mathrm{km/h}=20\ \mathrm{m/s}$ 到 $v=0\ \mathrm{m/s}$ 的时间.因为开始刹车后火车以加速度 $a=-2.5\ \mathrm{m/s^2}$ 减速，由匀加速运动公式

$$v(t)=v_0+at=20-2.5t,$$

令 $v(t)=0$，得 $t=8$ s.

设开始刹车的时刻为 $t=0$，则在 $t=0$ s 到 $t=8$ s 之间火车行进的路程为

$$s=\int_0^8 v(t)\mathrm{d}t=\int_0^8(20-2.5t)\mathrm{d}t=\left(20t-\frac{5}{4}t^2\right)\Big|_0^8=80\ \mathrm{m}.$$

所以火车需要在到站前 80 m 开始刹车，才可使火车到站时停稳.

【例 9】 已知某化工产品的边际利润为 $ML=0.15(1-0.1\mathrm{e}^{-0.1x})$（万元），其中的 x（万元）为投资额，现拟投资 20 万元，可望获利多少？

解 设关于 x 的利润函数为 $L(x)$，则 $ML=L'(x)$，所以投资 20 万元时的利润为

$$L(20)=\int_0^{20} ML\,\mathrm{d}x=\int_0^{20}0.15(1-0.1\mathrm{e}^{-0.1x})\mathrm{d}x$$

$$=0.15(x+\mathrm{e}^{-0.1x})\Big|_0^{20}\approx 2.87.$$

所以投资 20 万元时，可望获利 2.87 万元.

习题 5.2

1. 计算下列函数的导数.

(1) $F(x)=\int_1^x \frac{1}{1+t^2}\mathrm{d}t$；　(2) $F(x)=\int_x^{-1} 2^t\tan t\,\mathrm{d}t$；

(3) $F(x)=\int_0^{x^2} t^2\mathrm{e}^{\sqrt{t}}\mathrm{d}t$；　(4) $F(x)=\int_{\sin x}^{\cos x}(1-t^2)\mathrm{d}t$.

2. 求下列极限.

(1) $\lim\limits_{x\to 0}\frac{\int_0^x \sin t\,\mathrm{d}t}{x^2}$；　(2) $\lim\limits_{x\to 0}\frac{\int_1^{\cos x}\mathrm{e}^{-t^2}\mathrm{d}t}{x^2}$；　(3) $\lim\limits_{x\to 0}\frac{\int_{\cos x}^1(1-t^2)\,\mathrm{d}t}{x^4}$.

3. 计算下列定积分.

(1) $\int_0^1 x^{100}\mathrm{d}x$；　(2) $\int_{-1}^3 \sqrt[3]{x}\mathrm{d}x$；

(3) $\int_0^2(3x^2-2x+1)\mathrm{d}x$；　(4) $\int_0^{\frac{\pi}{2}}\sin t\mathrm{d}t$；

(5) $\int_0^1 x\mathrm{e}^{x^2}\mathrm{d}x$；　(6) $\int_{-1}^1\frac{x^2}{1+x^2}\mathrm{d}x$；

(7) $\int_0^1|1-2x|\mathrm{d}x$；　(8) $\int_0^{\pi}|\cos x|\mathrm{d}x$；

(9) $\int_0^{2\pi}\sqrt{1-\cos 2x}\mathrm{d}x$；　(10) $\int_{-1}^1(2x+|x|+1)^2\mathrm{d}x$.

5.3 定积分的计算

牛顿-莱布尼兹公式给出了定积分的一个非常简洁的计算公式，只要我们能求出被积函数的一个原函数，定积分的计算问题就算基本解决了. 但这样做有时还很繁琐，在定积分的实际计算过程中，往往没有必要原原本本地先求出原函数，只需要在计算过程中直接进行某

些变换就可以了.下面我们就来介绍定积分的两种基本计算方法——定积分的换元积分法和分部积分法.

5.3.1 定积分的第一类换元积分法

【同步微课】

定理 1 设$\varphi(x)$在$[a,b]$上可导，$g(x)=f[\varphi(x)]\varphi'(x)$在$[a,b]$上连续，则

$$\int_a^b g(x)\mathrm{d}x=\int_a^b f[\varphi(x)]\varphi'(x)\mathrm{d}x=\int_a^b f[\varphi(x)]\mathrm{d}\varphi(x)$$

$$=F[\varphi(x)]\big|_a^b=F[\varphi(b)]-F[\varphi(a)].$$

其中，$F'(u)=f(u)$.

证明 由于$\frac{\mathrm{d}}{\mathrm{d}x}\{F[\varphi(x)]\}=F'[\varphi(x)]\varphi'(x)=f[\varphi(x)]\varphi'(x)$，所以$F[\varphi(x)]$是$g(x)$的一个原函数，由牛顿-莱布尼兹公式得$\int_a^b g(x)\mathrm{d}x=F[\varphi(x)]\big|_a^b=F[\varphi(b)]-F[\varphi(a)]$.

【例 1】 计算$\int_0^{\pi}\frac{\sin x}{1+\cos^2x}\mathrm{d}x$.

解 $\int_0^{\pi}\frac{\sin x}{1+\cos^2x}\mathrm{d}x=\int_0^{\pi}\frac{-1}{1+\cos^2x}\mathrm{d}(\cos x)=-\arctan(\cos x)\big|_0^{\pi}=-\left(-\frac{\pi}{4}-\frac{\pi}{4}\right)=\frac{\pi}{2}$.

【例 2】 计算$\int_0^1 x\mathrm{e}^{-\frac{x^2}{2}}\mathrm{d}x$.

解 $\int_0^1 x\mathrm{e}^{-\frac{x^2}{2}}\mathrm{d}x=\int_0^1-\mathrm{e}^{-\frac{x^2}{2}}\mathrm{d}\left(-\frac{x^2}{2}\right)=-\mathrm{e}^{-\frac{x^2}{2}}\big|_0^1=1-\mathrm{e}^{-\frac{1}{2}}$.

5.3.2 定积分的第二类换元积分法

定理 2 设$f(x)$在区间$[a,b]$上连续，函数$x=\varphi(t)$满足下列条件：

(1) $x=\varphi(t)$在区间$[\alpha,\beta]$(或$[\beta,\alpha]$)上有连续导函数，并且$a\leqslant\varphi(t)\leqslant b$;

(2) $\varphi(\alpha)=a,\varphi(\beta)=b$.

则

$$\int_a^b f(x)\mathrm{d}x=\int_{\alpha}^{\beta}f[\varphi(t)]\varphi'(t)\mathrm{d}t.$$

证明 设$F(x)$是$f(x)$在区间$[a,b]$上的一个原函数，则$\int_a^b f(x)\mathrm{d}x=F(b)-F(a)$.

另一方面，$\frac{\mathrm{d}}{\mathrm{d}t}F[\varphi(t)]=F'[\varphi(t)]\varphi'(t)=f[\varphi(t)]\varphi'(t)$，因此

$$\int_{\alpha}^{\beta}f[\varphi(t)]\varphi'(t)\mathrm{d}t=F[\varphi(t)]\big|_{\alpha}^{\beta}=F[\varphi(\beta)]-F[\varphi(\alpha)]=F(b)-F(a).$$

所以，$\int_a^b f(x)\mathrm{d}x=\int_{\alpha}^{\beta}f[\varphi(t)]\varphi'(t)\mathrm{d}t$.

【例 3】 求$\int_0^8 \frac{dx}{1+\sqrt[3]{x}}$.

解 令$x=t^3$,则$dx=3t^2dt$,且当$x=0$时,$t=0$,当$x=8$时,$t=2$,于是

$$\int_0^8 \frac{dx}{1+\sqrt[3]{x}}dx=\int_0^2 \frac{1}{1+t}\cdot 3t^2 dt=3\int_0^2 \frac{t^2-1+1}{t+1}dt=3\int_0^2\left(t-1+\frac{1}{t+1}\right)dt$$

$$=3\left(\frac{1}{2}t^2-t+\ln(1+t)\right)\Big|_0^2=3\ln 3.$$

【例 4】 计算$\int_2^4 \frac{1}{x\sqrt{x-1}}dx$.

解 令$\sqrt{x-1}=t$,则$x=t^2+1$,$dx=2tdt$.当$x=2$时,$t=1$;当$x=4$时,$t=\sqrt{3}$.于是

$$\int_2^4 \frac{1}{x\sqrt{x-1}}dx=\int_1^{\sqrt{3}} \frac{2tdt}{(1+t^2)t}=2\int_1^{\sqrt{3}} \frac{dt}{1+t^2}=2\arctan t\Big|_1^{\sqrt{3}}=2\left(\frac{\pi}{3}-\frac{\pi}{4}\right)=\frac{\pi}{6}.$$

【例 5】 计算$\int_0^{\frac{1}{2}} \frac{x^2}{\sqrt{1-x^2}}dx$.

解 令$x=\sin t$,则$dx=\cos t dt$.当$x=0$时,$t=0$;当$x=\frac{1}{2}$时,$t=\frac{\pi}{6}$.因此

$$\int_0^{\frac{1}{2}} \frac{x^2}{\sqrt{1-x^2}}dx=\int_0^{\frac{\pi}{6}} \frac{\sin^2 t}{\sqrt{1-\sin^2 t}}\cos t\, dt=\int_0^{\frac{\pi}{6}}\sin^2 t dt=\int_0^{\frac{\pi}{6}} \frac{1-\cos 2t}{2}dt$$

$$=\frac{t}{2}\Big|_0^{\frac{\pi}{6}}-\frac{1}{4}\int_0^{\frac{\pi}{6}}\cos 2t\, d(2t)=\frac{\pi}{12}-\frac{1}{4}\sin 2t\Big|_0^{\frac{\pi}{6}}=\frac{\pi}{12}-\frac{\sqrt{3}}{8}.$$

【例 6】 设函数$f(x)$在闭区间$[-a,a]$上连续,证明:

(1) 当$f(x)$为奇函数时,$\int_{-a}^a f(x)dx=0$;

(2) 当$f(x)$为偶函数时,$\int_{-a}^a f(x)dx=2\int_0^a f(x)dx$.

证明 $\int_{-a}^a f(x)dx=\int_{-a}^0 f(x)dx+\int_0^a f(x)dx$,

对于定积分$\int_{-a}^0 f(x)dx$,令$x=-t$,则$dx=-dt$.当$x=-a$时,$t=a$;当$x=0$时,$t=0$.于是

$$\int_{-a}^0 f(x)dx=-\int_a^0 f(-t)dt=\int_0^a f(-t)dt,$$

从而
$$\int_{-a}^a f(x)dx=\int_0^a f(-t)dt+\int_0^a f(x)dx=\int_0^a[f(-x)+f(x)]dx.$$

(1) 当$f(x)$为奇函数时,有$f(-x)+f(x)=0$,所以$\int_{-a}^a f(x)dx=0$;

(2) 当$f(x)$为偶函数时,有$f(-x)+f(x)=2f(x)$,所以$\int_{-a}^a f(x)dx=2\int_0^a f(x)dx$.

本例所证明的等式,称为奇、偶函数在对称区间上的积分性质.在理论和计算中经常会用这个结论.

从直观上看,该性质反映了对称区间上奇函数的正负面积相消、偶函数面积是右半区间

上面积的两倍这样一个事实(如图 5 - 7,图 5 - 8).

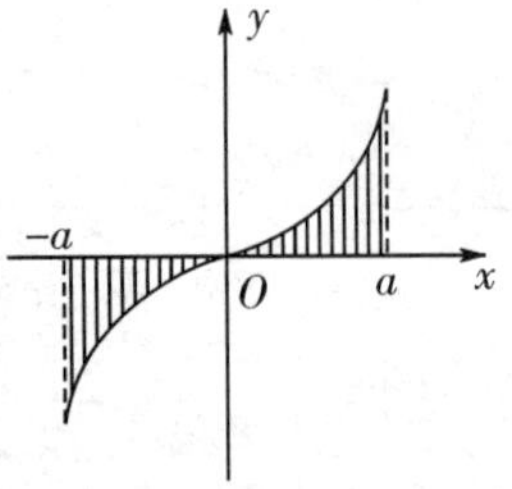

图 5 - 7

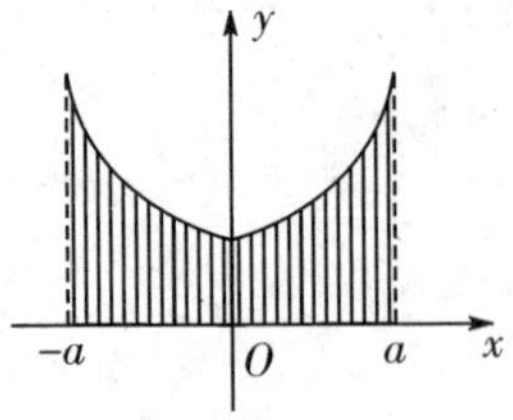

图 5 - 8

【例 7】 计算下列各定积分.

(1) $\int_{-\frac{\pi}{4}}^{\frac{\pi}{4}} \frac{1+x^3}{\cos^2 x}dx$;(2) $\int_{-1}^{1} x^2 |x| dx$.

解 (1) 由于$\frac{1}{\cos^2 x}$是$\left[-\frac{\pi}{4},\frac{\pi}{4}\right]$上的偶函数,$\frac{x^3}{\cos^2 x}$是$\left[-\frac{\pi}{4},\frac{\pi}{4}\right]$上的奇函数,所以

$$\int_{-\frac{\pi}{4}}^{\frac{\pi}{4}} \frac{1+x^3}{\cos^2 x}dx = \int_{-\frac{\pi}{4}}^{\frac{\pi}{4}} \frac{1}{\cos^2 x}dx + \int_{-\frac{\pi}{4}}^{\frac{\pi}{4}} \frac{x^3}{\cos^2 x}dx = 2\int_{0}^{\frac{\pi}{4}} \frac{1}{\cos^2 x}dx + 0 = 2\tan x\Big|_0^{\frac{\pi}{4}} = 2.$$

(2) 由于 $x^2|x|$是$[-1,1]$上的偶函数,所以

$$\int_{-1}^{1} x^2 |x| dx = 2\int_0^1 x^3 dx = 2 \cdot \frac{1}{4}x^4\Big|_0^1 = \frac{1}{2}.$$

5.3.3 定积分的分部积分法

我们知道,不定积分的分部积分公式是:$\int u dv = uv - \int v du$,它主要是来自导数公式

【同步微课】

$$(uv)' = u'v + uv'.$$

也就是说,uv 是 $u'v+uv'$的一个原函数. 因此,当 $u(x)$、$v(x)$在$[a,b]$上有连续导数时,由牛顿-莱布尼兹公式有

$$\int_a^b (u'v + uv')dx = uv\Big|_a^b,$$

即

$$\int_a^b v du + \int_a^b u dv = uv\Big|_a^b,$$

也就是

$$\int_a^b u dv = uv\Big|_a^b - \int_a^b v du.$$

这就是定积分的分部积分公式.

【例 8】 计算 $\int_0^{\frac{\pi}{2}} x \sin x dx$.

解 $\int_0^{\frac{\pi}{2}} x\sin x\mathrm{d}x = -\int_0^{\frac{\pi}{2}} x\,\mathrm{d}(\cos x) = -x\cos x\Big|_0^{\frac{\pi}{2}} + \int_0^{\frac{\pi}{2}}\cos x\,\mathrm{d}x = \sin x\Big|_0^{\frac{\pi}{2}} = 1.$

【例 9】 计算 $\int_1^{\mathrm{e}} x\ln x\mathrm{d}x.$

解 $\int_1^{\mathrm{e}} x\ln x\,\mathrm{d}x = \int_1^{\mathrm{e}}\ln x\,\mathrm{d}\left(\frac{1}{2}x^2\right) = \frac{1}{2}x^2\ln x\Big|_1^{\mathrm{e}} - \int_1^{\mathrm{e}}\frac{1}{2}x^2\cdot\frac{1}{x}\mathrm{d}x$

$$= \frac{1}{2}\mathrm{e}^2 - \frac{1}{4}x^2\Big|_1^{\mathrm{e}}$$

$$= \frac{1}{2}\mathrm{e}^2 - \left(\frac{1}{4}\mathrm{e}^2 - \frac{1}{4}\right) = \frac{1}{4}\mathrm{e}^2 + \frac{1}{4}.$$

【例 10】 计算 $\int_0^1 x^2\mathrm{e}^x\,\mathrm{d}x.$

解 $\int_0^1 x^2\mathrm{e}^x\,\mathrm{d}x = \int_0^1 x^2\,\mathrm{d}(\mathrm{e}^x) = x^2\mathrm{e}^x\Big|_0^1 - \int_0^1\mathrm{e}^x\,\mathrm{d}(x^2)$

$$= \mathrm{e} - \int_0^1 2x\,\mathrm{e}^x\,\mathrm{d}x = \mathrm{e} - 2\int_0^1 x\mathrm{d}(\mathrm{e}^x)$$

$$= \mathrm{e} - 2x\mathrm{e}^x\Big|_0^1 + 2\int_0^1\mathrm{e}^x\,\mathrm{d}x = \mathrm{e} - 2\mathrm{e} + 2\mathrm{e}^x\Big|_0^1 = \mathrm{e} - 2.$$

【例 11】 计算 $\int_0^1 x\arctan x\,\mathrm{d}x.$

解 $\int_0^1 x\arctan x\,\mathrm{d}x = \int_0^1\arctan x\,\mathrm{d}\left(\frac{x^2}{2}\right) = \frac{x^2}{2}\arctan x\Big|_0^1 - \frac{1}{2}\int_0^1 x^2\,\mathrm{d}(\arctan x)$

$$= \frac{\pi}{8} - \frac{1}{2}\int_0^1\frac{x^2}{1+x^2}\mathrm{d}x = \frac{\pi}{8} - \frac{1}{2}\left(\int_0^1\mathrm{d}x - \int_0^1\frac{1}{1+x^2}\mathrm{d}x\right)$$

$$= \frac{\pi}{8} - \frac{1}{2} + \frac{1}{2}\arctan x\Big|_0^1 = \frac{\pi}{4} - \frac{1}{2}.$$

【例 12】 计算 $\int_0^1\mathrm{e}^{\sqrt{x}}\,\mathrm{d}x.$

解 先用换元法

令 $\sqrt{x} = t$，则 $x = t^2$，$\mathrm{d}x = 2t\mathrm{d}t$，当 $x = 0$ 时，$t = 0$；当 $x = 1$ 时，$t = 1$. 于是

$$\int_0^1\mathrm{e}^{\sqrt{x}}\,\mathrm{d}x = \int_0^1 2t\,\mathrm{e}^t\,\mathrm{d}t = 2\int_0^1 t\,\mathrm{e}^t\,\mathrm{d}t.$$

再用分部积分法

$$\int_0^1 t\mathrm{e}^t\,\mathrm{d}t = \int_0^1 t\,\mathrm{d}(\mathrm{e}^t) = t\mathrm{e}^t\Big|_0^1 - \int_0^1\mathrm{e}^t\,\mathrm{d}t = \mathrm{e} - \mathrm{e}^t\Big|_0^1 = \mathrm{e} - (\mathrm{e} - 1) = 1,$$

所以

$$\int_0^1\mathrm{e}^{\sqrt{x}}\,\mathrm{d}x = 2.$$

习题 5.3

计算下列定积分.

(1) $\int_0^1 \frac{x^2}{1+x^6}\mathrm{d}x$；

(2) $\int_0^9 \frac{1}{1+\sqrt{x}}\mathrm{d}x$；

(3) $\int_1^3 \sqrt{1+x}\mathrm{d}x$；

(4) $\int_1^{e^2} \frac{1}{x\sqrt{1+\ln x}}\mathrm{d}x$；

(5) $\int_3^8 \frac{x}{\sqrt{1+x}}\mathrm{d}x$；

(6) $\int_1^5 \frac{\sqrt{x-1}}{x}\mathrm{d}x$；

(7) $\int_0^1 \sqrt{1-x^2}\mathrm{d}x$；

(8) $\int_1^{\ln 3} \frac{1}{1+e^x}\mathrm{d}x$；

(9) $\int_{-4}^4 \frac{\sin x}{x^2\sqrt{1+x^4}}\mathrm{d}x$；

(10) $\int_{-1}^1 x^2\sqrt{1-x^2}\mathrm{d}x$；

(11) $\int_0^{\pi} x\cos\frac{x}{2}\mathrm{d}x$；

(12) $\int_1^e \ln x\,\mathrm{d}x$；

(13) $\int_0^{\frac{1}{2}} \arcsin x\,\mathrm{d}x$；

(14) $\int_0^1 x^2\ln(x+1)\mathrm{d}x$.

5.4 广义积分

前面我们介绍的定积分概念，必须满足积分区间一定是有限区间这个前提条件. 但在实际问题中，常常需要讨论积分区间为无穷区间的情形. 该情形下的积分，通常称为无穷区间上的广义积分，简称为无穷积分.

定义 1 设 $f(x)$ 在 $[a,+\infty)$ 上有定义，如果 $\lim\limits_{b\to+\infty}\int_a^b f(x)\mathrm{d}x\,(a<b)$ 存在，则称此极限值为 $f(x)$ 在 $[a,+\infty)$ 上的广义积分，并记为

$$\int_a^{+\infty} f(x)\mathrm{d}x = \lim_{b\to+\infty}\int_a^b f(x)\mathrm{d}x.$$

当 $\lim\limits_{b\to+\infty}\int_a^b f(x)\mathrm{d}x$ 存在时，也称广义积分 $\int_a^{+\infty} f(x)\mathrm{d}x$ 是收敛的，否则称广义积分 $\int_a^{+\infty} f(x)\mathrm{d}x$ 发散.

同样地，可以定义函数 $f(x)$ 在 $(-\infty,b]$ 和 $(-\infty,+\infty)$ 上的广义积分：

在 $(-\infty,b]$ 上，

$$\int_{-\infty}^b f(x)\mathrm{d}x = \lim_{a\to-\infty}\int_a^b f(x)\mathrm{d}x\,(a<b),$$

上式右端极限存在时，也称广义积分 $\int_{-\infty}^b f(x)\mathrm{d}x$ 收敛，否则称广义积分 $\int_{-\infty}^b f(x)\mathrm{d}x$ 发散.

在 $(-\infty,+\infty)$ 上，

$$\int_{-\infty}^{+\infty} f(x)\mathrm{d}x = \int_{-\infty}^{a} f(x)\mathrm{d}x + \int_{a}^{+\infty} f(x)\mathrm{d}x,$$

其中 a 为任意实数，当且仅当上式右端两个积分同时收敛时，称广义积分 $\int_{-\infty}^{+\infty} f(x)\mathrm{d}x$ 收敛，否则称广义积分 $\int_{-\infty}^{+\infty} f(x)\mathrm{d}x$ 发散.

注：若 $F(x)$ 是 $f(x)$ 的一个原函数，则上述广义积分可分别记为

$$\int_{a}^{+\infty} f(x)\mathrm{d}x = \lim_{b\to+\infty}\int_{a}^{b} f(x)\mathrm{d}x = \lim_{b\to+\infty} F(x)\Big|_{a}^{b} = \lim_{b\to+\infty} F(b) - F(a) = F(+\infty) - F(a);$$

$$\int_{-\infty}^{b} f(x)\mathrm{d}x = \lim_{a\to-\infty}\int_{a}^{b} f(x)\mathrm{d}x = \lim_{a\to-\infty} F(x)\Big|_{a}^{b} = F(b) - \lim_{a\to-\infty} F(a) = F(b) - F(-\infty);$$

$$\int_{-\infty}^{+\infty} f(x)\mathrm{d}x = \lim_{b\to+\infty}\lim_{a\to-\infty}\int_{a}^{b} f(x) = \lim_{b\to+\infty}\lim_{a\to-\infty} F(x)\Big|_{a}^{b} = \lim_{b\to+\infty} F(b) - \lim_{a\to-\infty} F(a)$$

$$= F(+\infty) - F(-\infty).$$

上述三种广义积分都称为无穷区间上的广义积分.

【例 1】 计算广义积分 $\int_{0}^{+\infty} \mathrm{e}^{-x}\mathrm{d}x$.

解 $\int_{0}^{+\infty} \mathrm{e}^{-x}\mathrm{d}x = \lim_{b\to+\infty}\int_{0}^{b} \mathrm{e}^{-x}\mathrm{d}x = \lim_{b\to+\infty}(-\mathrm{e}^{-x})\Big|_{0}^{b} = \lim_{b\to+\infty}(-\mathrm{e}^{-b}+1) = 1$

或
$$\int_{0}^{+\infty} \mathrm{e}^{-x}\mathrm{d}x = (-\mathrm{e}^{-x})\Big|_{0}^{+\infty} = 1.$$

【例 2】 计算广义积分 $\int_{0}^{+\infty} \frac{x}{1+x^2}\mathrm{d}x$.

解 $\int_{0}^{+\infty} \frac{x}{1+x^2}\mathrm{d}x = \frac{1}{2}\ln(1+x^2)\Big|_{0}^{+\infty} = +\infty$,

所以广义积分 $\int_{0}^{+\infty} \frac{x}{1+x^2}\mathrm{d}x$ 发散.

【例 3】 讨论广义积分 $\int_{a}^{+\infty} \frac{1}{x^p}\mathrm{d}x$ 的敛散性($a>0$).

解 当 $p=1$ 时，

$$\int_{a}^{+\infty} \frac{\mathrm{d}x}{x} = \ln x\Big|_{a}^{+\infty} = +\infty,$$

当 $p\neq 1$ 时，

$$\int_{a}^{+\infty} \frac{1}{x^p}\mathrm{d}x = \frac{x^{1-p}}{1-p}\Big|_{a}^{+\infty} = \begin{cases} \dfrac{a^{1-p}}{p-1}, p>1, \\ +\infty, p<1. \end{cases}$$

综上所述，当 $p\leqslant 1$ 时，$\int_{a}^{+\infty} \frac{1}{x^p}\mathrm{d}x$ 发散；当 $p>1$ 时，$\int_{a}^{+\infty} \frac{1}{x^p}\mathrm{d}x$ 收敛，并且 $\int_{a}^{+\infty} \frac{1}{x^p}\mathrm{d}x = \frac{a^{1-p}}{p-1}$.

【例 4】 计算广义积分$\int_{-\infty}^{+\infty}\frac{1}{1+x^2}\mathrm{d}x$.

解 $\int_{-\infty}^{+\infty}\frac{1}{1+x^2}\mathrm{d}x=\arctan x\Big|_{-\infty}^{+\infty}=\frac{\pi}{2}-\left(-\frac{\pi}{2}\right)=\pi$.

习题 5.4

1. 下列广义积分是否收敛？若收敛，求其值.

(1) $\int_{0}^{+\infty}\mathrm{e}^{-2x}\mathrm{d}x$； (2) $\int_{\mathrm{e}}^{+\infty}\frac{1}{x\ln^2 x}\mathrm{d}x$； (3) $\int_{\frac{1}{\mathrm{e}}}^{+\infty}\frac{\ln x}{x}\mathrm{d}x$；

(4) $\int_{-\infty}^{0}\frac{2x}{x^2+1}\mathrm{d}x$； (5) $\int_{-\infty}^{+\infty}x\mathrm{e}^{-x^2}\mathrm{d}x$.

【同步微课】

5.5 定积分的应用

从定积分引入的背景来说，它就是人们在解决类似于“曲边梯形的面积”“变速运动质点的运行路程”等问题中产生的. 理论来源于实践，回过来又用于指导实践、服务于实践.

在这一节，我们将主要介绍定积分在几何学、经济学中的简单应用.

5.5.1 定积分的微元法

定积分概念的引入，体现了一种思想，它就是：在微观意义下，没有什么“曲、直”之分，曲顶的图形可以看成是平顶的，“不均匀”的可以看成是“均匀”的. 简单地说，就是以“直”代“曲”，以“不变”代“变”. 用这一思想来指导我们的实际应用，许多计算公式可以比较便利地得出来.

比如，求图 5-9 所示图形的面积时，在$[a,b]$上任取一点 x，此处任给一个“宽度” Δx，那么这个微小的“矩形”的面积为

$$\mathrm{d}S=f(x)\Delta x=f(x)\mathrm{d}x$$

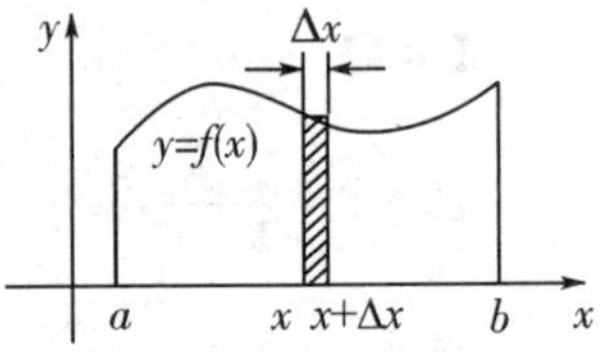

图 5-9

此时我们把 $\mathrm{d}S=f(x)\mathrm{d}x$ 称为“面积微元”. 把这些微小的面积全部累加起来，就是整个图形的面积了. 这种累加可以通过以下积分来实现

$$S=\int_{a}^{b}f(x)\mathrm{d}x.$$

当 Δx 足够小时，这些“面积微元”，几乎就是细线段. 当这些数都数不清的“细线段”一根一根地累加起来，就形成了整个图形的面积. 打一个不很严格的比方，一页纸的厚度几乎可以忽略不计，但几十页上百页的纸全部累加起来，就有了一本书的厚度.

这样的思想方法称为“微元法”.

再比如，求变速直线运动的质点的运行路程时，我们在 T_0 到 T_1 的时间段内，任取一个时间值 t，那么，在任意小的时间增量 Δt 内，质点做匀速运动，速度为 $v(t)$，其运行的路程当

然就是

$$dS = v(t)\Delta t = v(t)dt.$$

$dS = v(t)dt$ 就是“路程微元”，把它们全部累加起来之后就是

$$S = \int_{T_0}^{T_1} v(t)dt$$

用这样的思想方法，我们还可以得出“弧长微元”“体积微元”“质量微元”和“功微元”等等. 这是一种解决实际问题非常有效、可行的方法.

5.5.2 平面图形的面积

下面我们应用微元法的思想，给出直角坐标系下平面图形面积的计算公式.

1. X-型平面图形的面积

若平面图形由：曲线 $y = f(x)$、$y = g(x)$ $(f(x) \geqslant g(x))$ 及直线 $x = a$、$x = b$ 所围，那么称该图形为 X-型平面图形. 如图 5-10 所示.

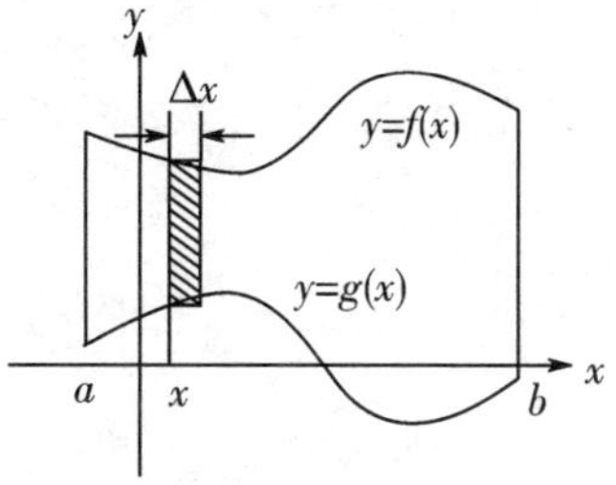

图 5-10

为了求这个图形的面积 S，在$[a,b]$上任取一点 x，再任给 x 一个增量 Δx，于是面积微元为

$$dS = [f(x) - g(x)]\Delta x = [f(x) - g(x)]dx,$$

所以

$$S = \int_a^b [f(x) - g(x)]dx.$$

当然更一般地有

$$dS = |f(x) - g(x)|\Delta x = |f(x) - g(x)|dx,$$

所以

$$S = \int_a^b |f(x) - g(x)|dx.$$

2. Y-型平面图形

若平面图形由：曲线 $x = \varphi(y)$、$x = \psi(y)$ $(\varphi(y) \geqslant \psi(y))$ 及直线 $y = c$、$y = d$ 所围，那么这个图形称为 Y-型平面图形. 如图 5-11所示.

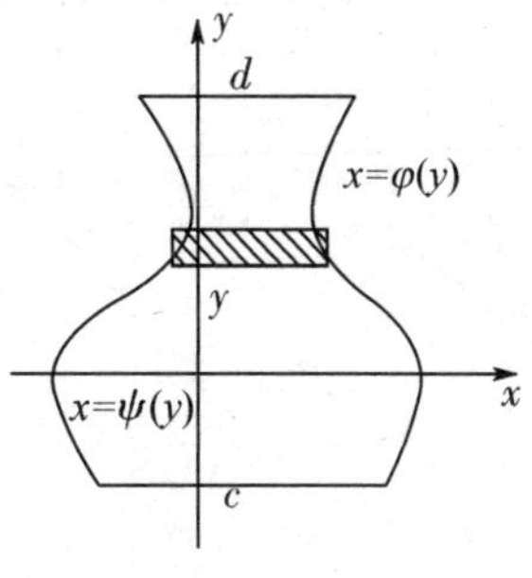

图 5-11

为了求这个图形的面积 S，在$[c,d]$上任取一点 y，再任给 y 一个增量 Δy，于是面积微元为

$$dS = [\varphi(y) - \psi(y)]\Delta y = [\varphi(y) - \psi(y)]dy,$$

所以

$$S = \int_c^d [\varphi(y) - \psi(y)]dy.$$

当然更一般地有

$$dS=|\varphi(y)-\psi(y)|\Delta y=|\varphi(y)-\psi(y)|\,dy,$$

所以

$$S=\int_c^d|\varphi(y)-\psi(y)|\,dy.$$

5.5.3 几何应用举例

【例 1】 计算由曲线 $y=x^3$ 和直线 $y=x$ 围成的平面图形的面积.

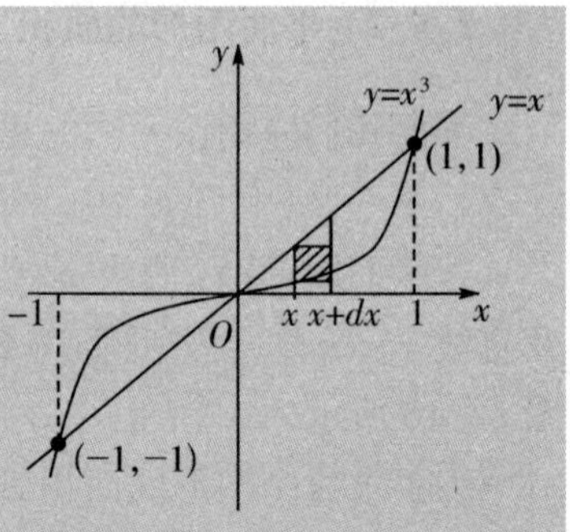

图 5-12

解 如图 5-12 所示,解方程组 $\begin{cases}y=x^3\\y=x\end{cases}$,得交点坐标为(−1,−1),(0,0),(1,1).选取 x 为积分变量,则对于任意 $x\in[-1,1]$,在小区间 $[x,x+dx]$ 上,其面积微元为 $dA=|x-x^3|\,dx$,于是

$$A=\int_{-1}^{1}dA=\int_{-1}^{1}|x-x^3|\,dx$$

$$=\int_{-1}^{0}(x^3-x)dx+\int_{0}^{1}(x-x^3)\,dx$$

$$=\left(\frac{x^4}{4}-\frac{x^2}{2}\right)\Bigg|_{-1}^{0}+\left(\frac{x^2}{2}-\frac{x^4}{4}\right)\Bigg|_{0}^{1}=\frac{1}{2}.$$

为简化运算,也可以根据图形的对称性 $A=2\int_0^1|x-x^3|\,dx$ 求面积.

如果选取 y 为积分变量,则对于任意 $y\in[-1,1]$,在小区间 $[y,y+dy]$ 上,其面积微元为 $dA=|y-\sqrt[3]{y}|\,dy$,于是 $A=2\int_0^1|y-\sqrt[3]{y}|\,dy=2\int_0^1(\sqrt[3]{y}-y)dy=2\left(\frac{3y^{\frac{4}{3}}}{4}-\frac{y^2}{2}\right)\Bigg|_0^1=\frac{1}{2}$.

【例 2】 求由抛物线 $y^2=2x$ 与直线 $y=x-4$ 所围成的平面图形的面积.

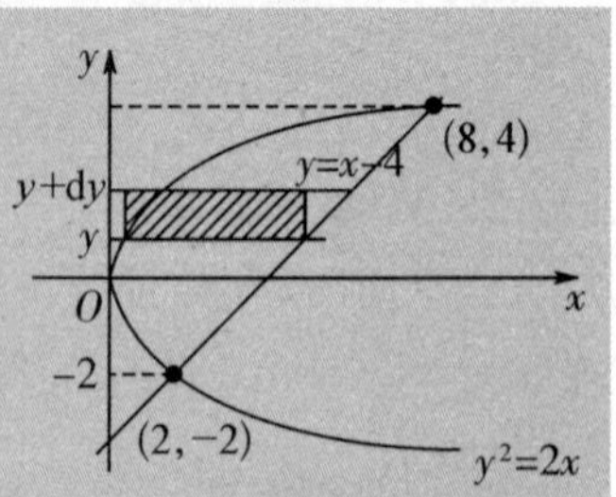

图 5-13

解 如图 5-13 所示,解方程组 $\begin{cases}y^2=2x\\y=x-4\end{cases}$,得交点坐标为(2,−2),(8,4).

如果选取 x 为积分变量,在区间[0,2]和区间[2,8]上,面积微元的解析式不同,需要分区间求面积.

如果选取 y 为积分变量,对于任意 $y\in[-2,4]$,在小区间 $[y,y+dy]$ 上,面积微元为

$$dA=\left|(y+4)-\frac{y^2}{2}\right|dy,$$

于是

$$A=\int_{-2}^{4}\mathrm{d}A=\int_{-2}^{4}\left|(y+4)-\frac{y^2}{2}\right|\mathrm{d}y$$

$$=\int_{-2}^{4}\left(y+4-\frac{y^2}{2}\right)\mathrm{d}y$$

$$=\left(\frac{y^2}{2}+4y-\frac{1}{6}y^3\right)\bigg|_{-2}^{4}=18.$$

由此可见，适当选取积分变量可以使计算简便.

5.5.4 经济应用举例

1. 由经济函数的边际，求经济函数在区间上的增量

根据边际成本，边际收入，边际利润以及产量 x 的变动区间$[a,b]$上的改变量(增量)就等于它们各自边际在区间$[a,b]$上的定积分：

$$R(b)-R(a)=\int_{a}^{b}R'(x)\mathrm{d}x \tag{1}$$

$$C(b)-C(a)=\int_{a}^{b}C'(x)\mathrm{d}x \tag{2}$$

$$L(b)-L(a)=\int_{a}^{b}L'(x)\mathrm{d}x \tag{3}$$

【例 3】 已知某商品边际收入为$-0.08x+25$(万元/t)，边际成本为5(万元/t)，求产量 x 从250t增加到300t时销售收入 $R(x)$，总成本 $C(x)$，利润 $L(x)$ 的改变量(增量).

解 首先求边际利润

$$L'(x)=R'(x)-C'(x)=-0.08x+25-5=-0.08x+20,$$

所以根据式(1)、式(2)、式(3)，依次求出：

$$R(300)-R(250)=\int_{250}^{300}R'(x)\mathrm{d}x=\int_{250}^{300}(-0.08x+25)\mathrm{d}x=150(\text{万元});$$

$$C(300)-C(250)=\int_{250}^{300}C'(x)\mathrm{d}x=\int_{250}^{300}5\mathrm{d}x=250(\text{万元});$$

$$L(300)-L(250)=\int_{250}^{300}L'(x)\mathrm{d}x=\int_{250}^{300}(-0.08x+20)\mathrm{d}x=-100(\text{万元}).$$

2. 由经济函数的变化率，求经济函数在区间上的平均变化率

设某经济函数的变化率为 $f(t)$，则称

$$\frac{\int_{t_1}^{t_2}f(t)\mathrm{d}t}{t_2-t_1}$$

为该经济函数在时间间隔$[t_1,t_2]$内的平均变化率.

【例 4】 某银行的利息连续计算，利息率是时间 t(单位：年)的函数：$r(t)=0.08+0.015\sqrt{t}$，求它在开始2年，即时间间隔$[0,2]$内的平均利息率.

解 由于

$$\int_0^2 r(t)\mathrm{d}t=\int_0^2(0.08+0.015\sqrt{t})\mathrm{d}t=0.16+0.01t\sqrt{t}\Big|_0^2=0.16+0.02\sqrt{2},$$

所以开始 2 年的平均利息率为

$$r=\frac{\int_0^2 r(t)\mathrm{d}t}{2-0}=0.08+0.01\sqrt{2}\approx 0.094.$$

【例 5】 某公司运行 T(年)所获利润为 $L(t)$(元)利润的年变化率为 $L'(t)=3\times10^5\sqrt{t+1}$(元/年)，求利润从第 4 年初到第 8 年末，即时间间隔[3,8]内年平均变化率.

解 由于

$$\int_3^8 L'(t)\mathrm{d}t=\int_3^8 3\times10^5\sqrt{t+1}\mathrm{d}t=2\times10^5\cdot(t+1)^{\frac{3}{2}}\Big|_3^8=3.8\times10^6,$$

所以从第 4 年初到第 8 年末，利润的年平均变化率为

$$\frac{\int_3^8 L'(t)\mathrm{d}t}{8-3}=7.6\times10^5\ (\text{元/年}),$$

即在这 5 年内公司平均每年平均获利 7.6×10^5 元.

3. 由贴现率求总贴现值在时间区间上的增量

设某个项目在 T(年)时的收入为 $f(t)$(万元)，年利率为 r，即贴现率是 $f(t)\mathrm{e}^{-rt}$，则应用定积分计算，该项目在时间区间$[a,b]$上总贴现值的增量为 $\int_a^b f(t)\mathrm{e}^{-rt}n\mathrm{d}t$.

设某工程总投资在竣工时的贴现值为 A(万元)，竣工后的年收入预计为 a(万元)年利率为 R，银行利息连续计算. 在进行动态经济分析时，把竣工后收入的总贴现值达到 A，即使关系式

$$\int_0^T a\mathrm{e}^{-rt}\mathrm{d}t=A,$$

成立的时间 T(年)称为该项工程的投资回收期.

【例 6】 某工程总投资在竣工时的贴现值为 1 000 万元，竣工后的年收入预计为 200 万元，年利息率为 0.08，求该工程的投资回收期.

解 这里 $A=1\,000$，$a=200$，$r=0.08$，则该工程竣工后 T 年内收入的总贴现值为

$$\int_0^T 200\mathrm{e}^{-0.08t}\mathrm{d}t=\frac{200}{-0.08}\mathrm{e}^{-0.08t}\Big|_0^T=2\,500(1-\mathrm{e}^{-0.08T})$$

令 $2\,500(1-\mathrm{e}^{-0.08T})=1\,000$，即得该工程回收期为

$$T=-\frac{1}{0.08}\ln\left(1-\frac{1\,000}{2\,500}\right)=-\frac{1}{0.08}\ln 0.6=6.39(\text{年}).$$

习题 5.5

1. 求由曲线 $y=x^2$ 和直线 $y=2x$ 所围平面图形的面积.

2. 求由曲线 $y=x^2$ 和 $y^2=x$ 所围平面图形的面积.

3. 求由曲线 $y^2=2x$ 和直线 $y=x-4$ 所围平面图形的面积.

4. 已知某产品的总产量 Q(kg)关于时间 t(h)的变化率为 $Q'(t)=250+32t-0.6t^2$(kg/h),求从 $t=2$ 至 $t=4$ 这两小时的总产量.

5. 设某产品边际成本为 $C'(q)=4+0.5q$(万元/吨),边际收益 $R'(q)=80-q$(万元/吨),其中 q(吨)为产量.

(1) 求产量由 10 吨增加到 50 吨时,总成本和总收益各增加多少?

(2) 当固定成本为 $C(0)=10$ 万元时,试求总成本函数和总收益函数.

本章小结

一、主要内容

定积分的概念与性质;定积分的换元积分法与分部积分法;积分上限函数及其导数;牛顿-莱布尼兹公式;广义积分;定积分在几何上与在经济学上的简单应用.

二、方法要点

1. 定积分定义的冗长叙述,主要是解释积分和 $\sum_{i=1}^{n} f(\xi_i)\Delta x_i$ 的构成方法及其极限的含义,至于为什么要构成如此复杂的和,为什么要求此和式的极限,则是由背景决定的. 了解了构成和式的原理及其极限的含义,也就知道了定积分的应用范畴和方法.

2. 关于定积分的计算

(1) 利用直接积分法和第一类换元积分法计算定积分时,需求出被积函数的一个原函数,再应用牛顿-莱布尼兹公式.

(2) 利用第二类换元积分法计算定积分,要注意:作代换的函数在相应的区间上要单调,且有连续的导数;换元的同时需变限.

(3) 利用分部积分法计算定积分时,积分上、下限不需改变.

复 习 题 5

一、填空题

1. $\int_1^1 \mathrm{d}x=$ ________, $\int_0^3 \mathrm{d}x=$ ________.

2. $\frac{\mathrm{d}}{\mathrm{d}x}\int_0^x \sin t^2\,\mathrm{d}t=$ ________, $\frac{\mathrm{d}}{\mathrm{d}x}\int_0^{x^2} \sin t^2\,\mathrm{d}t=$ ________, $\frac{\mathrm{d}}{\mathrm{d}x}\int_0^1 \sin t^2\,\mathrm{d}t=$ ________.

3. $\int_{-2}^{2} \sin x\sqrt{4-x^2}\,\mathrm{d}x=$ ________, $\int_{-\pi}^{\pi} \cos x\,\mathrm{d}x=$ ________.

4. $\int_0^1 \frac{x^2}{1+x^2}\mathrm{d}x=$ ________, $\int_0^4 \frac{\mathrm{d}x}{(x-3)^2}=$ ________.

5. $\int_1^{+\infty} \frac{1}{x^4}\mathrm{d}x=$ ________, $\int_1^{+\infty} \frac{x}{x^2+1}\mathrm{d}x=$ ________.

6. 设 $f(x)$ 为连续函数,则 $\int_{-a}^{a} x^2[f(x)-f(-x)]\mathrm{d}x=$ ________.

7. 若 $\int_a^b \frac{f(x)}{f(x)+g(x)}\mathrm{d}x = 1$,则 $\int_a^b \frac{g(x)}{f(x)+g(x)}\mathrm{d}x =$ ________.

8. 求由曲线 $y^2 = x$ 与 $y = x - 3$ 所围的平面图形面积,选________为积分变量,计算较简单.

二、选择题

1. 定积分 $\int_a^b f(x)\mathrm{d}x$ 是 ( )

A. 一个常数　　B. $f(x)$的一个原函数

C. 一个函数族　　D. 一个非负常数

2. 定积分定义 $\int_a^b f(x)\mathrm{d}x = \lim\limits_{\lambda\to 0}\sum\limits_{i=1}^{n} f(\xi_i)\Delta x_i$ 说明 ( )

A. $[a,b]$必须 n 等分,ξ_i 是$[x_{i-1},x_i]$端点

B. $[a,b]$可任意分法,ξ_i 必须是$[x_{i-1},x_i]$端点

C. $[a,b]$可任意分法,$\lambda = \max\{\Delta x_i\}\to 0$,$\xi_i$ 可在$[x_{i-1},x_i]$内任取

D. $[a,b]$必须等分,$\lambda=\max\{\Delta x_i\}\to 0$,$\xi_i$ 可在$[x_{i-1},x_i]$内任取

3. 下列命题中正确的是(其中 $f(x)$,$g(x)$均为连续函数) ( )

A. 在$[a,b]$上若 $f(x)\neq g(x)$,则 $\int_a^b f(x)\mathrm{d}x \neq \int_a^b g(x)\mathrm{d}x$

B. $\int_a^b f(x)\mathrm{d}x \neq \int_a^b f(t)\mathrm{d}t$

C. $\mathrm{d}\int_a^b f(x)\mathrm{d}x = f(x)\mathrm{d}x$

D. $f(x)\neq g(x)$,则 $\int f(x)\mathrm{d}x \neq \int g(x)\mathrm{d}x$

4. 设 $f'(x)$ 连续,则变上限积分 $\int_a^x f(t)\mathrm{d}t$ 是 ( )

A. $f'(x)$ 的一个原函数　　B. $f'(x)$ 的全体原函数

C. $f(x)$的一个原函数　　D. $f(x)$的全体原函数

5. $\int_{-\frac{\pi}{2}}^{\frac{\pi}{2}} |\sin x|\,\mathrm{d}x$ 的值为 ( )

A. 0　　B. π　　C. $\frac{\pi}{2}$　　D. 2

6. $\lim\limits_{x\to 0}\frac{\int_0^x \sin t^2\,\mathrm{d}t}{x^3}$ 的值为 ( )

A. 1　　B. 0　　C. $\frac{1}{2}$　　D. $\frac{1}{3}$

7. 设函数 $f(x)$在$[a,b]$上连续,则由曲线 $y = f(x)$、直线 $x = a$、$x = b$ 与 x 轴所围平面图形的面积为 ( )

A. $\int_a^b f(x)\mathrm{d}x$　　B. $\left|\int_a^b f(x)\mathrm{d}x\right|$

C. $\int_a^b |f(x)|\,\mathrm{d}x$　　D. $f(\varepsilon)(b-a)$,$a<\varepsilon<b$

8. 已知 $F'(x) = f(x)$,则 $\int_a^x f(t+a)\mathrm{d}t =$ ( )

A. $F(x) = F(a)$　　B. $F(t) - F(a)$

C. $F(x+a) - F(2a)$　　D. $F(t+a) - F(2a)$

三、计算题

1. 求下列定积分.

(1) $\int_3^4 \frac{x^2+x-6}{x-2}dx$；　　(2) $\int_{-1}^0 (2x+3)^4 dx$；

(3) $\int_0^{2\pi} |\sin x| dx$；　　(4) $\int_0^1 \frac{x}{\sqrt{1+x^2}}dx$；

(5) $\int_0^1 \frac{e^x}{1+e^x}dx$；　　(6) $\int_1^2 \frac{e^{\frac{1}{x}}}{x^2}dx$；

(7) $\int_0^3 \frac{x}{1+\sqrt{1+x}}dx$；　　(8) $f(x)=\begin{cases} x+1, & x\leqslant 1 \\ \frac{1}{2}x^2, & x>1 \end{cases}$，求$\int_0^2 f(x)dx$.

2. 设 $f(x)$连续，且 $f(x)=x+2\int_0^1 f(t)dt$，求 $f(x)$.

四、应用题

1. 求由曲线 $y=x^2$ 和 $y=2-x^2$ 所围平面图形的面积.

2. 求由曲线 $y=x, x=2$ 以及 $y=\frac{1}{x}$ 所围平面图形的面积.

3. 求曲线 $y=x^2$ 以及直线 $y=x, y=2x$ 所围平面图形的面积.

4. 求由曲线 $y=x^3$ 与直线 $y=\sqrt{x}$ 所围平面图形的面积.

5. 设某产品在时刻 T(小时)时的产量的变化率为 $f(t)=100+12t-0.6t^2$ (单位:小时)，求从 $t=2$ 至 $t=4$ 这 2 小时的产量.

6. 已知某产品的边际收益 $R'(x)=200-0.01x$ (元/件) $(x\geqslant 0)$，其中 x(件)为产量.

(1) 求生产了 50 件时的收益；

(2) 若已生产了 100 件，求再生产 100 件的收益.

思政案例

数学史上最精彩的纷争——莱布尼茨 VS 牛顿

莱布尼茨(G. W. Leibniz，1646 年—1716 年)是德国最重要的数学家、物理学家、历史学家和哲学家，一个举世罕见的科学天才，和牛顿同为微积分的创建人. 莱布尼茨出生于莱比锡，卒于汉诺威. 他的父亲在莱比锡大学教授伦理学，在他六岁时就过世了，留下大量的人文书籍，早慧的他自习拉丁文与希腊文，广泛阅读. 莱布尼茨 1661 年进入莱比锡大学学习法律，又曾到耶拿大学学习几何，1666 年在纽伦堡阿尔多夫大学通过论文"论组合的艺术"，获得法学博士，并成为教授，该论文及后来的一系列工作使他成为数理逻辑的创始人. 1667 年，他投身外交界，游历欧洲各国，接触了许多数学界的名流并保持联系，在巴黎受惠更斯的影响，决心钻研数学. 他的主要目标是寻求可获得知识和创造发明的一般方法，这导致了他一生中有许多发明，其中最突出的就是微积分.

与牛顿不同，莱布尼茨主要从代数的角度，把微积分作为一种运算的过程与方法；而牛顿主要从几何和物理的角度来思考和推理，把微积分作为研究力学的工具. 莱布尼茨于 1684 年发表了第一篇微分学的论文"一种求极大极小和切线的新方法". 这是世界上最早的关于微积分的文献，虽然仅有 6 页，推理也不是很清晰，却含有现代微分学的记号与法则. 1686年,他又发表了他的第一篇积分论文,由于印刷困难,未用现在的积分记号"$\int$",但在他1675年10月的手稿中用了拉长的S——"$\int$",作为积分记号,同年11月的手稿上出现了微分记号"$\mathrm{d}x$".

有趣的是,在莱布尼茨发表了他的第一篇微分学的论文后不久,牛顿公布了他的私人笔记,并证明至少在莱布尼茨发表论文的10年之前就已经运用了微积分的原理. 牛顿还说:"在莱布尼茨发表其成果的不久前,他曾在写给莱布尼茨的信中,谈起过自己关于微积分的思想."但是事后证实,在牛顿给莱布尼茨的信中有关微积分的几行文字,几乎没有涉及这一理论的重要之处. 因此,他们是各自独立地发明了微积分. 但是当时牛顿与莱布尼茨关于微积分是谁最先发明的科学争论持续了很久,致使欧洲大陆的数学家(莱布尼茨支持者)与英国数学家(牛顿支持者)长期对立,最终英国的数学家因不愿使用莱布尼茨发明的积分符号及成果,导致英国的数学发展远远落后于欧洲大陆.

其实,莱布尼茨思考微积分的问题大约开始于1673年,其思想和研究成果记录在从该年起的数百页笔记本中. 其中,他断言作为求和的过程的积分是微分的逆. 正是由于牛顿在1665—1666年和莱布尼茨在1673—1676年独立建立了微积分学的一般方法,他们被公认为是微积分学的两位创始人. 莱布尼茨创立的微积分记号对微积分的传播和发展起到了重要作用,并沿用至今.

莱布尼茨的其他著作包括哲学、法学、历史、语言、生物、地质、物理、外交、神学等,并于1671年制造了第一台可作乘法计算的计算机,他的多才多艺在历史上少有人能与之相比.

第 6 章　多元函数微积分

本章提要　前面我们学习了一元函数的微积分,但在许多实际问题中涉及的因素较多,反映到数学上,就是一个变量依赖于多个变量的情况.本章将在一元函数微积分的基础上,以二元函数为主,首先介绍多元函数的基本概念、多元函数的微分法及其应用、多元函数的积分法(二重积分的概念、计算方法).

6.1　空间直角坐标系与向量的概念

6.1.1　空间直角坐标系

1. 坐标系和坐标

坐标系:以 O 为公共原点,作三条互相垂直的数轴 Ox 轴(横轴),Oy 轴(纵轴),Oz 轴(竖轴),其中三条数轴符合右手规则.我们把点 O 叫作**坐标原点**,数轴 Ox,Oy,Oz 统称为**坐标轴**. xOy,yOz,zOx 是三个**坐标面**.三个坐标面将空间分成八个部分,每一部分称为一个**卦限**(如图 6-1).

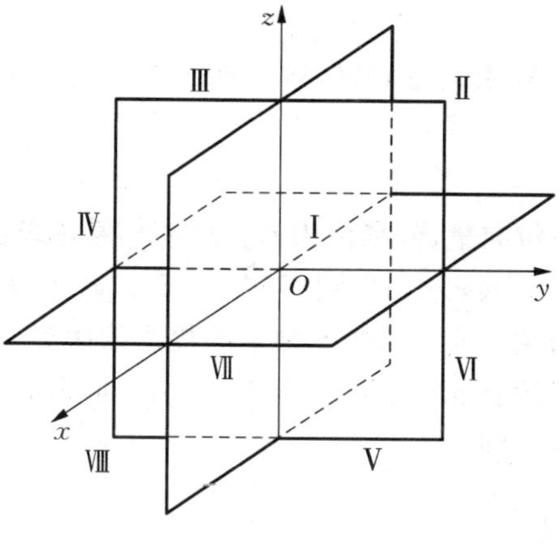

图 6-1

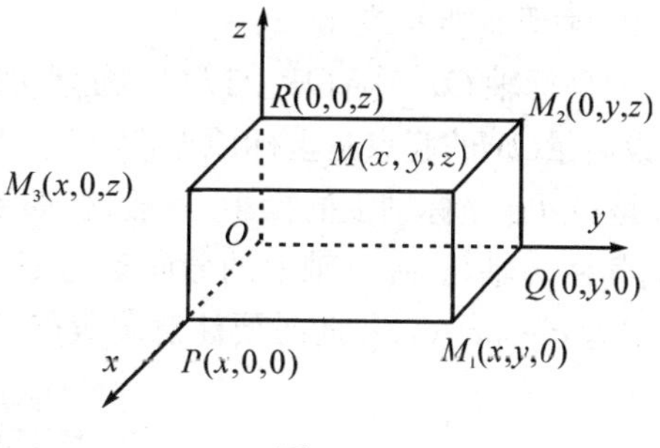

图 6-2

点的坐标:设 M 为空间中一点,过 M 点作三个平面分别垂直于三条坐标轴,它们与 x 轴,y 轴,z 轴的交点依次为 P,Q,R(图 6-2),设 P,Q,R 三点在三个坐标轴的坐标依次为 x,y,z. 空间一点 M 就唯一地确定了一个有序数组(x,y,z),称为 M 的**直角坐标**,x、y、z 分别称为点 M 的**横坐标**,**纵坐标**和**竖坐标**,记为 $M(x,y,z)$(如图 6-2).

2. 两点间的距离

设 $M_1(x_1,y_1,z_1)$、$M_2(x_2,y_2,z_2)$为空间两点,可以证明:这两点间的距离为

$$|M_1M_2|=\sqrt{(x_2-x_1)^2+(y_2-y_1)^2+(z_2-z_1)^2}.$$

特别地，点 $M(x,y,z)$ 与原点 $O(0,0,0)$ 的距离为

$$|OM| = \sqrt{x^2+y^2+z^2}.$$

不难看出，上述两个公式是平面直角坐标系中两点间距离公式的推广.

【同步微课】

6.1.2 向量的基本概念及坐标表示

1. 向量的概念

在日常生活中，我们经常会遇到两类不同的量，一类像距离、温度、体积、质量等，这一类量的共性是给出大小即可确定，我们称这种量为**数量**；而另一类如力、位移、速度、加速度等，这类量不仅要给出大小，还要给出它们的方向，才能确定下来，这种具有大小和方向的量称为**向量**.

向量的定义：既有大小又有方向的量叫作**向量**(或称**矢量**).

向量的表示：我们用有向线段来表示一个向量，其中，线段的方向表示向量的方向；线段的长度表示向量的大小. 若向量起点为 A，终点为 B，则记为$\overrightarrow{AB}$. 也可以用黑体字母表示向量，如 $\boldsymbol{a}$、$\boldsymbol{b}$ 等. 向量的大小又叫作向量的**模**，向量$\overrightarrow{AB}$的模用 $|\overrightarrow{AB}|$ 来表示，而向量 $\boldsymbol{a}$ 的模为 $|\boldsymbol{a}|$.

模为 1 的向量称为**单位向量**. 模为 0 的向量称为**零向量**，记作 $\mathbf{0}$. $\mathbf{0}$ 的方向是任意的.

与向量 $\boldsymbol{a}$ 的模相等、方向相反的向量叫作 $\boldsymbol{a}$ 的**反向量**(负向量)，记作 $-\boldsymbol{a}$. 如果两个向量长度相等且方向也相同，就说这两个向量**相等**. 于是一向量平行移动后仍与原向量相等.

注：两个向量不能比较大小.

在坐标系中，以坐标原点 O 为起点，向已知点 M 引向量 $\overrightarrow{OM}$，称之为点 M 对于点 O 的**向径**.

2. 向量的坐标表示

取坐标轴 Ox,Oy,Oz 上以 O 为起点的三个单位向量，分别记为 $\boldsymbol{i}$,$\boldsymbol{j}$,$\boldsymbol{k}$，叫作**基本单位向量**. 设向量$\overrightarrow{OM}$的起点是坐标原点，而终点 M 的坐标为 (x,y,z)，则 $\overrightarrow{OM} = x\boldsymbol{i} + y\boldsymbol{j} + z\boldsymbol{k}$，$x$，$y$，$z$ 是$\overrightarrow{OM}$在坐标轴上的投影. 一般地，如果向量 $\boldsymbol{a}$ 在 x 轴，y 轴，z 轴上的投影依次为 x，y，z，则其在 x 轴，y 轴，z 轴上的分向量为 $x\boldsymbol{i}$，$y\boldsymbol{j}$，$z\boldsymbol{k}$，故有 $\boldsymbol{a}=x\boldsymbol{i}+y\boldsymbol{j}+z\boldsymbol{k}$，$x$，$y$，$z$ 叫作 $\boldsymbol{a}$ 的坐标，记为 $\boldsymbol{a}=\{x,y,z\}$. 此时要注意向量与点的坐标区别.

习题 6.1

1. 在空间直角坐标系中，指出下列各点所在的卦限.

$(1,-1,2)$；$(-1,-1,2)$；$(1,1,-2)$；$(-1,1,2)$；$(-1,1,-2)$

2. 求两点 $M_1(2,-1,3)$ 和 $M_2(-3,2,1)$ 之间的距离.

3. 求平行于向量 $\boldsymbol{a} = \{6,7,-6\}$ 的单位向量.

4. 在坐标面和坐标轴上的点的坐标各有什么特征？指出下列各点的位置.

$(3,4,0)$；$(0,4,3)$；$(3,0,0)$；$(0,-1,0)$.

6.2 多元函数的基本概念

6.2.1 区域

1. 邻域

设 $P_0(x_0, y_0)$ 是 xOy 平面上的一个点，δ 是某一正数. 与点 $P_0(x_0, y_0)$ 距离小于 δ 的点 $P(x,y)$ 的全体，称为点 P_0 的 δ **邻域**，记为 $U(P_0,\delta)$，即

$$U(P_0,\delta) = \{P \mid |PP_0| < \delta\},$$

也就是

$$U(P_0,\delta) = \{(x,y) \mid \sqrt{(x-x_0)^2+(y-y_0)^2} < \delta\}.$$

点 P_0 的去心 δ 邻域，记作 $\mathring{U}(P_0,\delta)$，即 $\mathring{U}(P_0,\delta)=\{P \mid 0<|PP_0|<\delta\}$

在几何上，$U(P_0,\delta)$ 就是 xOy 平面上以点 $P_0(x_0, y_0)$ 为中心、$\delta>0$ 为半径的圆内部的点 $P(x,y)$ 的全体.

2. 区域

设 E 是平面上的一个点集，P 是平面上的一个点. 如果存在点 P 的某一邻域 $U(P) \subset E$，则称 P 为 E 的**内点**. 显然，E 的内点属于 E.

如果 E 的点都是内点，则称 E 为**开集**. 例如，集合 $E_1 = \{(x,y) \mid 1 < x^2 + y^2 < 4\}$ 中每个点都是 E_1 的内点，因此 E_1 为开集.

如果点 P 的任一邻域内既有属于 E 的点，也有不属于 E 的点(点 P 本身可以属于 E，也可以不属于 E)，则称 P 为 E 的**边界点**. E 的边界点的全体称为 E 的**边界**. 例如上例中，E_1 的边界是圆周 $x^2 + y^2 = 1$ 和 $x^2 + y^2 = 4$.

设 D 是点集. 如果对于 D 内任何两点，都可用折线联结起来，且该折线上的点都属于 D，则称点集 D 是连通的.

连通的开集称为**区域**或**开区域**. 例如，$\{(x,y) \mid x+y>0\}$ 及 $\{(x,y) \mid 1<x^2+y^2<4\}$ 都是区域.

开区域连同它的边界一起所构成的点集，称为**闭区域**，例如

$$\{(x,y) \mid x+y \geqslant 0\} \text{ 及 } \{(x,y) \mid 1 \leqslant x^2+y^2 \leqslant 4\}$$

都是闭区域.

对于平面点集 E，如果存在某一正数 r，使得

$$E \subset U(O,r),$$

其中 O 是原点坐标，则称 E 为**有界点集**，否则称为**无界点集**. 例如，$\{(x,y) \mid 1 \leqslant x^2+y^2 \leqslant 4\}$ 是有界闭区域；$\{(x,y) \mid x+y>0\}$ 是无界开区域.

6.2.2 多元函数概念

在很多自然现象以及实际问题中，经常遇到多个变量之间的依赖关系，举例如下：

【例 1】 圆柱体的体积 V 和它的底半径 r、高 h 之间具有关系

$$V = \pi r^2 h.$$

这里，当 r、h 在集合 $\{(r,h)\mid r>0,h>0\}$ 内取定一对值 (r,h) 时，V 的对应值就随之确定.

【例 2】 一定量的理想气体的压强 p、体积 V 和绝对温度 T 之间具有关系

$$p = \frac{RT}{V},$$

其中 R 为常数. 这里，当 V、T 在集合 $\{(V,T)\mid V>0,T>T_0\}$ 内取定一对值 (V,T) 时，p 的对应值就随之确定.

定义 1 设 D 是平面上的一个非空点集. 称对应法则 $f:D\to R$ 为定义在 D 上的二元函数，通常记为

$$z = f(x,y),(x,y)\in D(\text{或 } z = f(P),P\in D).$$

其中点集 D 称为该函数的定义域，x、y 称为自变量，z 称为因变量. 数集

$$\{z\mid z = f(x,y),(x,y)\in D\}$$

称为该函数的值域.

z 是 x，y 的函数也可记为 $z = z(x,y)$，$z = \varphi(x,y)$ 等.

类似地，可以定义三元函数 $u = f(x,y,z)$ 以及三元以上的函数. 一般的，把定义 1 中的平面点集 D 换成 n 维空间内的点集 D，则可以定义 n 元函数 $u = f(x_1,x_2,\cdots,x_n)$. n 元函数也可简记为 $u = f(P)$，这里点 $P(x_1,x_2,\cdots,x_n)\in D$. 当 $n=1$ 时，n 元函数就是一元函数. 当 $n\geqslant 2$ 时，n 元函数就统称为多元函数.

关于多元函数定义域，与一元函数类似，我们做如下约定：在讨论用算式表达的多元函数 $u = f(x)$ 时，以使这个算式有意义的变元 x 的值所组成的点集为这个多元函数的自然定义域. 例如，函数 $z = \ln(x+y)$ 的定义域为

$$\{(x,y)\mid x+y>0\}$$

（图 6－3），就是一个无界开区域. 又如，函数 $z = \arcsin(x^2+y^2)$ 的定义域为

$$\{(x,y)\mid x^2+y^2\leqslant 1\}$$

（图 6－4），这是一个有界闭区域.

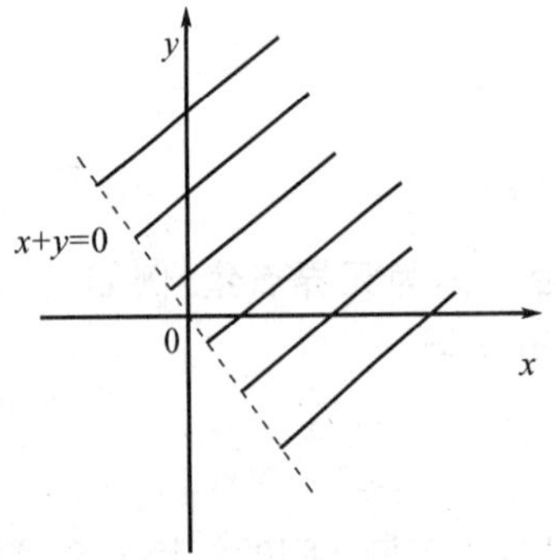

图 6－3

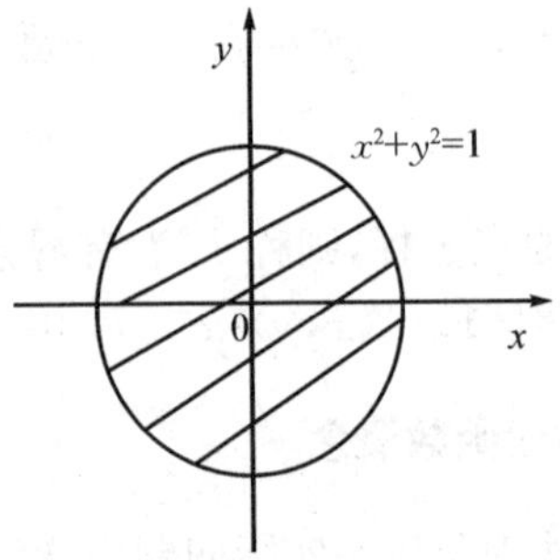

图 6－4

设函数 $z=f(x,y)$ 的定义域为 D. 对于任意取定的点 $P(x,y)\in D$, 对应的函数值为 $z=f(x,y)$. 这样,以 x 为横坐标、y 为纵坐标、$z=f(x,y)$ 为竖坐标在空间就确定一点 $M(x,y,z)$. 当(x,y)遍取 D 上的一切点时,得到一个空间点集

$$\{(x,y,z)\mid z=f(x,y),(x,y)\in D\},$$

这个点集称为二元函数 $z=f(x,y)$ 的图形. 通常我们也说二元函数的图形是一张曲面.

6.2.3 多元函数的极限

定义 2 设二元函数 $z=f(x,y)$在点 $P_0(x_0,y_0)$的某一去心邻域内有定义,点 $P(x,y)$以任意方式趋近于点 $P_0(x_0,y_0)$时,函数的对应值总趋于一个确定的常数 A,则称常数 A 为函数 $f(x,y)$当 $(x,y)\to(x_0,y_0)$ 时的极限,记作

$$\lim_{(x,y)\to(x_0,y_0)} f(x,y)=A,$$

或

$$f(x,y)\to A((x,y)\to(x_0,y_0)).$$

【同步微课】

为了区别于一元函数的极限,我们把二元函数的极限叫作二重极限.

我们必须注意,所谓二重极限存在,是指 $P(x,y)$以任何方式趋于 $P_0(x_0,y_0)$时,函数都无限接近于 A. 因此,如果 $P(x,y)$以某一种特殊方式,例如沿着一条直线或定曲线趋于 $P_0(x_0,y_0)$时,即使函数无限接近于某一确定值,我们还不能由此断定函数的极限存在. 但是反过来,如果当 $P(x,y)$以不同方式趋于 $P_0(x_0,y_0)$时,函数趋于不同的值,那么就可以断定这函数的极限不存在. 下面用例子来说明这种情形.

考察函数

$$f(x,y)=\begin{cases}\dfrac{xy}{x^2+y^2}, & x^2+y^2\neq 0\\ 0, & x^2+y^2=0\end{cases}$$

显然,当点 $P(x,y)$沿 x 轴趋于点(0,0)时, $\lim\limits_{\substack{(x,y)\to(0,0)\\ y=0}} f(x,y)=\lim\limits_{x\to 0}f(x,0)=0$; 又当点 $P(x,y)$沿 y 轴趋于点(0,0)时, $\lim\limits_{\substack{(x,y)\to(0,0)\\ x=0}} f(x,y)=\lim\limits_{y\to 0}f(0,y)=0$.

虽然点 $P(x,y)$以上述两种特殊方式(沿 x 轴或沿 y 轴)趋于原点时函数的极限存在并且相等,但是 $\lim\limits_{(x,y)\to(0,0)} f(x,y)$ 并不存在. 这是因为当点 $P(x,y)$沿着直线 $y=kx$ 趋于点(0,0)时,有

$$\lim_{\substack{(x,y)\to(0,0)\\ y=kx}}\frac{xy}{x^2+y^2}=\lim_{x\to 0}\frac{kx^2}{x^2+k^2x^2}=\frac{k}{1+k^2},$$

显然它是随着 k 的值的不同而改变的.

【例 3】 求 $\lim\limits_{(x,y)\to(0,2)}\dfrac{\sin(xy)}{x}$.

解 这里 $f(x,y)=\dfrac{\sin(xy)}{x}$ 的定义域为 $D=\{(x,y)\mid x\neq 0,y\in R\}$, $P_0(0,2)$ 为 D 的聚点. 由极限运算法则得

$$\lim_{(x,y)\to(0,2)}\frac{\sin(xy)}{x}=\lim_{xy\to 0}\frac{\sin(xy)}{xy}\cdot\lim_{y\to 2}y=1\times 2=2.$$

6.2.4 多元函数的连续性

定义 3 设函数 $f(x,y)$ 在开区域(闭区域)D 内有定义，$P_0(x_0,y_0)$ 是 D 聚点，且 $P_0\in D$. 如果

$$\lim_{(x,y)\to(x_0,y_0)} f(x,y)=f(x_0,y_0),$$

则称函数 $f(x,y)$ 在点 $P_0(x_0,y_0)$ 连续.

如果函数 $f(x,y)$ 在开区域(或闭区域)D 内的每一点连续，那么就称函数 $f(x,y)$ 在 D 内连续，或者称 $f(x,y)$ 是 D 内的连续函数.

若函数 $f(x,y)$ 在点 $P_0(x_0,y_0)$ 不连续，则称 P_0 为函数 $f(x,y)$ 的间断点. 这里顺便指出：如果在开区域(或闭区域)D 内某些孤立点，或者沿 D 内某些曲线，函数 $f(x,y)$ 没有定义，但在 D 内其余部分都有定义，那么这些孤立点或这些曲线上的点，都是函数 $f(x,y)$ 的不连续点，即间断点.

前面已经讨论过的函数

$$f(x,y)=\begin{cases}\dfrac{xy}{x^2+y^2}, & x^2+y^2\neq 0\\ 0, & x^2+y^2=0\end{cases}$$

当 $(x,y)\to(0,0)$ 时的极限不存在，所以点 $(0,0)$ 是该函数的一个间断点. 二元函数的间断点可以形成一条曲线，例如函数

$$z=\sin\frac{1}{x^2+y^2-1}$$

在圆周 $x^2+y^2=1$ 上没有定义，所以该圆周上各点都是间断点.

与闭区间上一元连续函数的性质相类似，在有界闭区域上多元连续函数也有如下性质.

性质 1(**最大值和最小值定理**) 在有界闭区域 D 上的多元连续函数，在 D 上一定有最大值和最小值. 这就是说，在 D 上至少有一点 P_1 及一点 P_2，使得 $f(P_1)$ 为最大值而 $f(P_2)$ 为最小值，即对于一切 $P\in D$，有

$$f(P_2)\leqslant f(P)\leqslant f(P_1).$$

性质 2(**介值定理**) 在有界闭区域 D 上的多元连续函数，必取得介于最大值和最小值之间的任何值.

一切多元初等函数在其定义区域内是连续的. 所谓定义区域是指包含在定义域内的区域或闭区域.

由多元初等函数的连续性，如果要求它在点 P_0 处的极限，而该点又在此函数的定义区域内，则极限值就是函数在该点的函数值，即

$$\lim_{P\to P_0} f(P)=f(P_0).$$

【例 4】 求 $\displaystyle\lim_{(x,y)\to(1,2)}\frac{x+y}{xy}$.

解 函数 $f(x,y)=\dfrac{x+y}{xy}$ 是初等函数，它的定义域为 $D=\{(x,y)\mid x\neq 0,y\neq 0\}$.

因 D 不是连通的，故 D 不是区域. 但 $D_1=\{(x,y)\mid x>0,y>0\}$ 是区域，且 $D_1\subset D$，所以 D 是函数 $f(x,y)$ 的一个定义区域. 因 $P_0(1,2)\in D_1$，故

$$\lim_{(x,y)\to(1,2)}\frac{x+y}{xy}=f(1,2)=\frac{3}{2}.$$

如果这里不引进区域 D_1，也可用下述方法判定函数 $f(x,y)$ 在点 $P_0(1,2)$ 处是连续的：因 P_0 是 $f(x,y)$ 的定义域 D 的内点，故存在 P_0 的某一邻域 $U(P_0)\subset D$，而任何邻域都是区域，所以 $U(P_0)$ 是 $f(x,y)$ 的一个定义区域，又由于 $f(x,y)$ 是初等函数，因此 $f(x,y)$ 在点 P_0 处连续.

一般地，求 $\lim\limits_{P\to P_0}f(P)$，如果 $f(P)$ 是初等函数，且 P_0 是 $f(P)$ 的定义域的内点，则 $f(P)$ 在点 P_0 处连续，于是 $\lim\limits_{P\to P_0}f(P)=f(P_0)$.

【例5】 求 $\lim\limits_{(x,y)\to(0,0)}\dfrac{\sqrt{xy+1}-1}{xy}$.

解 $\lim\limits_{(x,y)\to(0,0)}\dfrac{\sqrt{xy+1}-1}{xy}=\lim\limits_{(x,y)\to(0,0)}\dfrac{xy+1-1}{xy(\sqrt{xy+1}+1)}=\lim\limits_{(x,y)\to(0,0)}\dfrac{1}{\sqrt{xy+1}+1}=\dfrac{1}{2}$.

习题 6.2

1. 求下列函数的表达式.

(1) 已知 $f(x,y)=x^2y$，求 $f(x+y,x-y)$；

(2) 已知 $f(x,y)=\dfrac{xy}{x^2+y^2}$，求 $f\left(\dfrac{x}{y},\dfrac{y}{x}\right)$.

2. 求下列函数的定义域，并绘出定义域的图形.

(1) $z=\sqrt{4x^2+y^2-1}$；　　(2) $z=\ln(xy)$；

(3) $z=\dfrac{1}{\sqrt{x+y}}+\dfrac{1}{\sqrt{x-y}}$；　　(4) $z=\dfrac{\sqrt{4x-y^2}}{\ln(1-x^2-y^2)}$.

3. 求下列函数的极限.

(1) $\lim\limits_{(x,y)\to(0,1)}\dfrac{1-xy}{x^2+y^2}$；　　(2) $\lim\limits_{(x,y)\to(0,0)}\dfrac{1-\cos(x^2+y^2)}{(x^2+y^2)e^{xy}}$；

(3) $\lim\limits_{(x,y)\to(1,0)}\dfrac{\ln(x+e^y)}{\sqrt{x^2+y^2}}$；　　(4) $\lim\limits_{(x,y)\to(2,0)}\dfrac{\ln(1+xy)}{y}$；

(5) $\lim\limits_{(x,y)\to(0,0)}\dfrac{\sqrt{xy+2}-\sqrt{2}}{xy}$；　　(6) $\lim\limits_{(x,y)\to(2,0)}\dfrac{\tan(xy)}{y}$.

6.3 多元函数的偏导数与全微分

【同步微课】

6.3.1 偏导数的定义及其计算法

以二元函数 $z=f(x,y)$ 为例，如果只有自变量 x 变化，而自变量 y 固定(即看作常量)，

这时它就是 x 的一元函数，此函数对 x 的导数，就称为二元函数 z 对于 x 的偏导数，即有如下定义：

定义 1 设函数 $z=f(x,y)$ 在点(x_0,y_0)的某一邻域内有定义，当 y 固定在 y_0 而 x 在 x_0 处有增量 Δx 时，相应地函数有增量

$$f(x_0+\Delta x,y_0)-f(x_0,y_0),$$

如果
$$\lim_{\Delta x\to 0}\frac{f(x_0+\Delta x,y_0)-f(x_0,y_0)}{\Delta x} \tag{1}$$

存在，则称此极限为函数 $z=f(x,y)$ 在点(x_0,y_0)处对 x 的偏导数，记作

$$\left.\frac{\partial z}{\partial x}\right|_{\substack{x=x_0\\y=y_0}},\left.\frac{\partial f}{\partial x}\right|_{\substack{x=x_0\\y=y_0}},\left.z_x\right|_{\substack{x=x_0\\y=y_0}}\quad \text{或 } f_x(x_0,y_0)$$

例如，极限(1)可以表示为

$$f_x(x_0,y_0)=\lim_{\Delta x\to 0}\frac{f(x_0+\Delta x,y_0)-f(x_0,y_0)}{\Delta x}. \tag{2}$$

类似地，函数 $z=f(x,y)$ 在点 (x_0,y_0) 处对 y 的偏导数定义为

$$\lim_{\Delta y\to 0}\frac{f(x_0,y_0+\Delta y)-f(x_0,y_0)}{\Delta y} \tag{3}$$

记作
$$\left.\frac{\partial z}{\partial y}\right|_{\substack{x=x_0\\y=y_0}},\left.\frac{\partial f}{\partial y}\right|_{\substack{x=x_0\\y=y_0}},\left.z_y\right|_{\substack{x=x_0\\y=y_0}}\quad \text{或 } f_y(x_0,y_0)$$

如果函数 $z=f(x,y)$ 在区域 D 内每一点(x,y)处对 x 的偏导数都存在，那么这个偏导数就是 x、y 的函数，它就称为函数 $z=f(x,y)$ 对自变量 x 的偏导数，记作

$$\frac{\partial z}{\partial x},\quad \frac{\partial f}{\partial x},\quad z_x\quad \text{或 } f_x(x,y)$$

类似地，可以定义函数 $z=f(x,y)$ 对自变量 y 的偏导数，记作

$$\frac{\partial z}{\partial y},\quad \frac{\partial f}{\partial y},\quad z_y\quad \text{或 } f_y(x,y)$$

偏导数的概念还可以推广到二元以上的函数. 例如三元函数 $u=f(x,y,z)$在点(x,y,z)处对 x 的偏导数定义为

$$f_x(x,y,z)=\lim_{\Delta x\to 0}\frac{f(x_0+\Delta x,y,z)-f(x,y,z)}{\Delta x}$$

其中(x,y,z)是函数 $u=f(x,y,z)$ 的定义域内的点. 它们的求法也仍旧是一元函数的求导问题.

【例 1】 求 $z=x^2+3xy+y^2$ 在点(1,2)处的偏导数.

解 把 y 看作常量，对 x 求导得

$$\frac{\partial z}{\partial x}=2x+3y$$

把 x 看作常量，得

$$\frac{\partial z}{\partial y}=3x+2y$$

将 (1,2)代入上面的结果，就得

$$\left.\frac{\partial z}{\partial x}\right|_{\substack{x=1\\y=2}}=2\times1+3\times2=8,$$

$$\left.\frac{\partial z}{\partial y}\right|_{\substack{x=1\\y=2}}=3\times1+2\times2=7.$$

【例 2】 求 $z=x^2\sin 2y$ 的偏导数.

解 $\frac{\partial z}{\partial x}=2x\sin 2y$，$\frac{\partial z}{\partial y}=2x^2\cos 2y$.

【例 3】 设 $z=x^y(x>0,x\neq1)$，求证：

$$\frac{x}{y}\frac{\partial z}{\partial x}+\frac{1}{\ln x}\frac{\partial z}{\partial y}=2z.$$

证 因为 $\frac{\partial z}{\partial x}=yx^{y-1}$，$\frac{\partial z}{\partial y}=x^y\ln x$，

所以 $\frac{x}{y}\frac{\partial z}{\partial x}+\frac{1}{\ln x}\frac{\partial z}{\partial y}=\frac{x}{y}yx^{y-1}+\frac{1}{\ln x}x^y\ln x=x^y+x^y=2z.$

【例 4】 求 $r=\sqrt{x^2+y^2+z^2}$ 的偏导数.

解 把 y 和 z 都看作常量，得

$$\frac{\partial r}{\partial x}=\frac{x}{\sqrt{x^2+y^2+z^2}}=\frac{x}{r}$$

由于所给函数关于自变量的对称性，所以

$$\frac{\partial r}{\partial y}=\frac{y}{r},\quad \frac{\partial r}{\partial z}=\frac{z}{r}.$$

二元函数 $z=f(x,y)$ 在点 (x_0,y_0) 的偏导数有下述几何意义.

设 $M_0(x_0,y_0,f(x_0,y_0))$为曲面 $z=f(x,y)$ 上的一点，过 M_0 作平面 $y=y_0$，截此曲面得一曲线，此曲线在平面 $y=y_0$ 上的方程为 $z=f(x,y_0)$，则导数 $\left.\frac{\mathrm{d}}{\mathrm{d}x}f(x,y_0)\right|_{x=x_0}$，即偏导数 $f_x(x_0,y_0)$，就是这曲线在点 M_0 处的切线 M_0T_x 对 x 轴的斜率. 同样，偏导数 $f_y(x_0,y_0)$ 的几何意义是曲面被平面 $x=x_0$ 所截得的曲线在点 M_0 处的切线 M_0T_y 对 y 轴的斜率.

我们已经知道，如果一元函数在某点具有导数，则它在该点必定连续. 但对于多元函数来说，即使各偏导数在某点都存在，也不能保证函数在该点连续. 这是因为各偏导数存在只能保证点 P 沿着平行于坐标轴的方向趋于 P_0 时，函数值 $f(P)$ 趋于 $f(P_0)$，但不能保证点 P 按任何方式趋于 P_0 时，函数值 $f(P)$ 都趋于 $f(P_0)$. 例如，函数

$$z=f(x,y)=\begin{cases}\dfrac{xy}{x^2+y^2}, & x^2+y^2\neq 0\\ 0, & x^2+y^2=0\end{cases}$$

在点(0,0)对 x 的偏导数为

$$f_x(0,0)=\lim_{\Delta x\to 0}\frac{f(0+\Delta x,0)-f(0,0)}{\Delta x}=0,$$

同样有

$$f_y(0,0)=\lim_{\Delta y\to 0}\frac{f(0,0+\Delta y)-f(0,0)}{\Delta y}=0.$$

但是我们在第一节中已经知道这函数在点(0,0)并不连续.

二元函数 $z=f(x,y)$ 在点 (x_0,y_0) 处的偏导数有下述几何意义.

设 $M_0(x_0,y_0,f(x_0,y_0))$ 是曲面 $z=f(x,y)$ 上一点,过 M_0 作平面 $y=y_0$,与曲面相截得一条曲线(图 6-5),其方程为

$$\begin{cases}y=y_0\\ z=f(x,y_0)\end{cases}.$$

偏导数 $f_x(x_0,y_0)$,就是导数 $\left.\dfrac{\mathrm{d}}{\mathrm{d}x}f(x,y_0)\right|_{x=x_0}$ 在几何上,它是该曲线在点 M_0 处的切线 M_0T_x 对 x 轴的斜率.

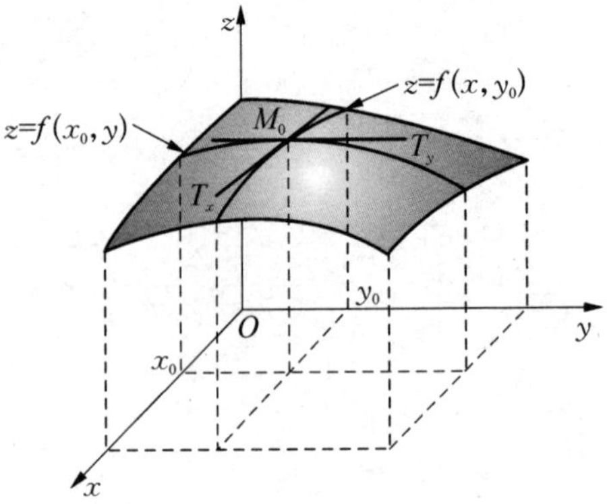

图 6-5

同样,偏导数 $f_y(x_0,y_0)$ 表示曲面 $z=f(x,y)$ 被平面 $x=x_0$ 所截得的曲线

$$\begin{cases}x=x_0\\ z=f(x_0,y)\end{cases}$$

在点 M_0 处的切线 M_0T_y 对 y 轴的斜率.

6.3.2 高阶偏导数

设函数 $z=f(x,y)$ 在区域 D 内具有偏导数

$$\frac{\partial z}{\partial x}=f_x(x,y),\quad \frac{\partial z}{\partial y}=f_y(x,y),$$

那么在 D 内 $f_x(x,y)$、$f_y(x,y)$ 都是 x,y 的函数.如果这两个函数的偏导数也存在,则称它们是函数 $z=f(x,y)$ 的二阶偏导数.按照对变量求导次序的不同有下列四个二阶偏导数:

$$\frac{\partial}{\partial x}\left(\frac{\partial z}{\partial x}\right)=\frac{\partial^2 z}{\partial x^2}=f_{xx}(x,y),\quad \frac{\partial}{\partial y}\left(\frac{\partial z}{\partial x}\right)=\frac{\partial^2 z}{\partial x\partial y}=f_{xy}(x,y),$$

$$\frac{\partial}{\partial x}\left(\frac{\partial z}{\partial y}\right)=\frac{\partial^2 z}{\partial y\partial x}=f_{yx}(x,y),\quad \frac{\partial}{\partial y}\left(\frac{\partial z}{\partial y}\right)=\frac{\partial^2 z}{\partial y^2}=f_{yy}(x,y)$$

其中第二、三个偏导数称为混合偏导数. 同样可得三阶、四阶以及 n 阶偏导数. 二阶及二阶以上的偏导数统称为高阶偏导数.

【例 5】 设 $z=x^3y^2-3xy^3-xy+1$，求 $\frac{\partial^2 z}{\partial x^2}$、$\frac{\partial^2 z}{\partial y\partial x}$、$\frac{\partial^2 z}{\partial x\partial y}$、$\frac{\partial^2 z}{\partial y^2}$ 及 $\frac{\partial^3 z}{\partial x^3}$.

解 $\frac{\partial z}{\partial x}=3x^2y^2-3y^3-y$，　$\frac{\partial z}{\partial y}=2x^3y-9xy^2-x$；

$\frac{\partial^2 z}{\partial x^2}=6xy^2$，　$\frac{\partial^2 z}{\partial y\partial x}=6x^2y-9y^2-1$；

$\frac{\partial^2 z}{\partial x\partial y}=6x^2y-9y^2-1$，　$\frac{\partial^2 z}{\partial y^2}=2x^3-18xy$；

$\frac{\partial^3 z}{\partial x^3}=6y^2$.

我们看到例 5 中两个二阶混合偏导数相等，即 $\frac{\partial^2 z}{\partial y\partial x}=\frac{\partial^2 z}{\partial x\partial y}$. 这不是偶然的. 事实上，我们有下述定理.

定理 1 如果函数 $z=f(x,y)$ 的两个二阶混合偏导数 $\frac{\partial^2 z}{\partial y\partial x}$ 及 $\frac{\partial^2 z}{\partial x\partial y}$ 在区域 D 内连续，那么在该区域内这两个二阶混合偏导数必相等.

【例 6】 验证函数 $z=\ln\sqrt{x^2+y^2}$ 满足方程

$$\frac{\partial^2 z}{\partial x^2}+\frac{\partial^2 z}{\partial y^2}=0.$$

证 因为 $z=\ln\sqrt{x^2+y^2}=\frac{1}{2}\ln(x^2+y^2)$，

所以

$$\frac{\partial z}{\partial x}=\frac{x}{x^2+y^2},\ \frac{\partial z}{\partial y}=\frac{y}{x^2+y^2},$$

$$\frac{\partial^2 z}{\partial x^2}=\frac{(x^2+y^2)-x\cdot 2x}{(x^2+y^2)^2}=\frac{y^2-x^2}{(x^2+y^2)^2},$$

$$\frac{\partial^2 z}{\partial y^2}=\frac{(x^2+y^2)-y\cdot 2y}{(x^2+y^2)^2}=\frac{x^2-y^2}{(x^2+y^2)^2}.$$

因此

$$\frac{\partial^2 z}{\partial x^2}+\frac{\partial^2 z}{\partial y^2}=\frac{y^2-x^2}{(x^2+y^2)^2}+\frac{x^2-y^2}{(x^2+y^2)^2}=0.$$

【例 7】 证明函数 $u=\frac{1}{r}$，满足方程

$$\frac{\partial^2 u}{\partial x^2}+\frac{\partial^2 u}{\partial y^2}+\frac{\partial^2 u}{\partial z^2}=0,$$

其中 $r=\sqrt{x^2+y^2+z^2}$.

证

$$\frac{\partial u}{\partial x}=-\frac{1}{r^2}\frac{\partial r}{\partial x}=-\frac{1}{r^2}\cdot\frac{x}{r}=-\frac{x}{r^3},$$

$$\frac{\partial^2 u}{\partial x^2}=-\frac{1}{r^3}+\frac{3x}{r^4}\cdot\frac{\partial r}{\partial x}=-\frac{1}{r^3}+\frac{3x^2}{r^5}.$$

由于函数关于自变量的对称性，所以

$$\frac{\partial^2 u}{\partial y^2}=-\frac{1}{r^3}+\frac{3y^2}{r^5},\quad \frac{\partial^2 u}{\partial z^2}=-\frac{1}{r^3}+\frac{3z^2}{r^5}.$$

因此 $$\frac{\partial^2 u}{\partial x^2}+\frac{\partial^2 u}{\partial y^2}+\frac{\partial^2 u}{\partial z^2}=-\frac{3}{r^3}+\frac{3(x^2+y^2+z^2)}{r^5}=-\frac{3}{r^3}+\frac{3r^2}{r^5}=0.$$

例 6 和例 7 中两个方程都叫作拉普拉斯(Laplace)方程,它是数学物理方程中一种很重要的方程.

6.3.3 全微分

【同步微课】

二元函数对某个自变量的偏导数表示当另一个自变量固定时,因变量相对于该自变量的变化率根据一元函数微分学中增量与微分的关系,可得

$$f(x+\Delta x,y)-f(x,y)\approx f_x(x,y)\Delta x,$$

$$f(x,y+\Delta y)-f(x,y)\approx f_y(x,y)\Delta y.$$

上面两式的左端分别叫作二元函数对 x 和对 y 的偏增量,而右端分别叫作二元函数对 x 和对 y 的偏微分.

设函数 $z=f(x,y)$ 在点 $P(x,y)$ 的某一邻域内有定义,并设 $P'(x+\Delta x,y+\Delta y)$ 为这邻域内的任意一点,则称这两点的函数值之差 $f(x+\Delta x,y+\Delta y)-f(x,y)$ 为函数在点 P 对应于自变量增量 Δx、Δy 的全增量,记作 Δz,即

$$\Delta z=f(x+\Delta x,y+\Delta y)-f(x,y) \tag{1}$$

一般说来,计算全增量 Δz 比较复杂.与一元函数的情形一样,我们希望用自变量的增量 Δx、Δy 的线性函数来近似的代替函数的全增量 Δz,从而引入如下定义

定义 2 如果函数 $z=f(x,y)$ 在点 $P(x,y)$ 的全增量

$$\Delta z=f(x+\Delta x,y+\Delta y)-f(x,y)$$

可表示为

$$\Delta z=A\Delta x+B\Delta y+o(\rho), \tag{2}$$

其中 A、B 不依赖于 Δx、Δy 而仅与 x、y 有关,$\rho=\sqrt{(\Delta x)^2+(\Delta y)^2}$,则称函数 $z=f(x,y)$ 在点 $P(x,y)$ 可微分,而 $A\Delta x+B\Delta y$ 称为函数 $z=f(x,y)$ 在点 $P(x,y)$ 的全微分,记作 $\mathrm{d}z$,即 $\mathrm{d}z=A\Delta x+B\Delta y$.

在第二节中曾指出,多元函数在某点的各个偏导数即使都存在,却不能保证函数在该点连续.但是,由上述定义可知,如果函数 $z=f(x,y)$ 在点 $P(x,y)$ 可微分,那么函数在该点必定连续.事实上,这时由(2)式可得

$$\lim_{\rho\to 0}\Delta z=0,$$

从而

$$\lim_{\substack{\Delta x\to 0\\ \Delta y\to 0}} f(x+\Delta x,y+\Delta y)=\lim_{\Delta\rho\to 0}[f(x,y)+\Delta z]=f(x,y).$$

因此函数 $z=f(x,y)$ 在点 $P(x,y)$ 处连续.

下面讨论函数 $z=f(x,y)$ 在点 $P(x,y)$ 可微分的条件.

定理 2（必要条件） 如果函数 $z=f(x,y)$ 在点 $P(x,y)$ 可微分，则该函数在点 $P(x,y)$ 的偏导数 $\frac{\partial z}{\partial x}$、$\frac{\partial z}{\partial y}$ 必定存在，且函数 $z=f(x,y)$ 在点 $P(x,y)$ 的全微分为

$$dz=\frac{\partial z}{\partial x}\Delta x+\frac{\partial z}{\partial y}\Delta y. \tag{3}$$

证 设函数 $z=f(x,y)$ 在点 $P(x,y)$ 可微分. 于是，对于点 P 的某个邻域的任意一点 $P'(x+\Delta x,y+\Delta y)$，(2)式总成立. 特别当 $\Delta y=0$ 时(2)式也应成立，这时 $\rho=|\Delta x|$，所以(2)式成为

$$f(x+\Delta x,y)-f(x,y)=A\cdot\Delta x+o(|\Delta x|).$$

上式两边各除以 Δx，再令 $\Delta x\to 0$ 而取极限，就得

$$\lim_{\Delta x\to 0}\frac{f(x+\Delta x,y)-f(x,y)}{\Delta x}=A,$$

从而偏导数 $\frac{\partial z}{\partial x}$ 存在，且等于 A. 同样可证 $\frac{\partial z}{\partial y}=B$. 所以(3)式成立. 证毕.

我们知道，一元函数在某点的导数存在是微分存在的充分必要条件. 但对于多元函数来说，情形就不同了. 当函数的各偏导数都存在时，虽然能形式地写出 $\frac{\partial z}{\partial x}\Delta x+\frac{\partial z}{\partial y}\Delta y$，但它与 Δz 之差并不一定是较 ρ 高阶的无穷小，因此它不一定是函数的全微分. 换句话说，**各偏导数的存在只是全微分存在的必要条件而不是充分条件**. 例如，函数

$$z=f(x,y)=\begin{cases}\dfrac{xy}{\sqrt{x^2+y^2}}, & x^2+y^2\neq 0\\ 0, & x^2+y^2=0\end{cases}$$

在点 $P(0,0)$ 处有 $f_x(0,0)=0$ 及 $f_y(0,0)=0$，所以

$$\Delta z-[f_x(0,0)\cdot\Delta x+f_y(0,0)\cdot\Delta y]=\frac{\Delta x\cdot\Delta y}{\sqrt{(\Delta x)^2+(\Delta y)^2}},$$

如果考虑点 $P'(\Delta x,\Delta y)$ 沿着直线 $y=x$ 趋于 $P(0,0)$，则

$$\frac{\dfrac{\Delta x\cdot\Delta y}{\sqrt{(\Delta x)^2+(\Delta y)^2}}}{\rho}=\frac{\Delta x\cdot\Delta y}{(\Delta x)^2+(\Delta y)^2}=\frac{\Delta x\cdot\Delta x}{(\Delta x)^2+(\Delta x)^2}=\frac{1}{2},$$

它不能随 $\rho\to 0$ 而趋于 0，这表示 $\rho\to 0$ 时，

$$\Delta z-[f_x(0,0)\cdot\Delta x+f_y(0,0)\cdot\Delta y]$$

并不是较 ρ 高阶的无穷小，因此函数在点 $P(0,0)$ 处的全微分并不存在，即函数在点 $P(0,0)$ 处是不可微分的.

由定理 2 及这个例子可知，偏导数存在是可微分的必要条件而不是充分条件. 但是，如

果再假定函数的各个偏导数连续，则可以证明函数是可微分的，即有下面定理.

定理 3（充分条件） 如果函数 $z=f(x,y)$ 的偏导数 $\frac{\partial z}{\partial x}$、$\frac{\partial z}{\partial y}$ 在点 $P(x,y)$ 连续，则函数在该点可微分.

以上关于二元函数全微分的定义及微分的必要条件和充分条件，可以完全类似地推广到三元和三元以上的多元函数.

习惯上，我们将自变量的增量 Δx、Δy 分别记作 $\mathrm{d}x$、$\mathrm{d}y$，并分别称为自变量 x、y 的微分. 这样，函数 $z=f(x,y)$ 的全微分就可以写为

$$\mathrm{d}z=\frac{\partial z}{\partial x}\mathrm{d}x+\frac{\partial z}{\partial y}\mathrm{d}y. \tag{4}$$

如果三元函数 $u=\varphi(x,y,z)$ 可以微分，那么它的全微分就等于它的三个偏微分之和，即

$$\mathrm{d}u=\frac{\partial u}{\partial x}\mathrm{d}x+\frac{\partial u}{\partial y}\mathrm{d}y+\frac{\partial u}{\partial z}\mathrm{d}z.$$

【例 8】 计算函数 $z=\mathrm{e}^{xy}$ 在点 (2,1) 处的全微分.

解 因为 $\frac{\partial z}{\partial x}=y\mathrm{e}^{xy}$，$\frac{\partial z}{\partial y}=x\mathrm{e}^{xy}$

$$\left.\frac{\partial z}{\partial x}\right|_{\substack{x=2\\y=1}}=\mathrm{e}^2,\quad \left.\frac{\partial z}{\partial y}\right|_{\substack{x=2\\y=1}}=2\mathrm{e}^2,$$

所以
$$\mathrm{d}z=\mathrm{e}^2\mathrm{d}x+2\mathrm{e}^2\mathrm{d}y.$$

【例 9】 计算函数 $u=x+\sin\frac{y}{2}+\mathrm{e}^{yz}$ 的全微分.

解 因为 $\frac{\partial u}{\partial x}=1,\frac{\partial u}{\partial y}=\frac{1}{2}\cos\frac{y}{2}+z\mathrm{e}^{yz},\frac{\partial u}{\partial z}=y\mathrm{e}^{yz}$，

所以
$$\mathrm{d}u=\mathrm{d}x+\left(\frac{1}{2}\cos\frac{y}{2}+z\mathrm{e}^{yz}\right)\mathrm{d}y+y\mathrm{e}^{yz}\mathrm{d}z.$$

习题 6.3

1. 求下列函数的偏导数.

(1) $z=x^3y-xy^3$；

(2) $z=\frac{x^2+y^2}{xy}$；

(3) $z=\sqrt{\ln(xy)}$；

(4) $z=x^3y+\mathrm{e}^{xy}-\sin(x^2-y^2)$；

(5) $z=\ln\frac{x}{y}$；

(6) $z=(1+xy)^y$.

2. 求下列函数的二阶偏导数 $\frac{\partial^2 z}{\partial x^2},\frac{\partial^2 z}{\partial y^2}$ 及 $\frac{\partial^2 z}{\partial x\partial y}$.

(1) $z=x^4+y^4-4x^2y^2$； (2) $z=x^y$； (3) $z=\arctan\frac{x}{y}$.

3. 求下列函数的全微分.

(1) $z = x^2 y + y^2$；(2) $z = xy + \dfrac{x}{y}$；

(3) $z = \arctan\dfrac{y}{x} + \arctan\dfrac{x}{y}$，求 $\mathrm{d}z$；

(4) $f(x,y,z) = \dfrac{z}{\sqrt{x^2 + y^2}}$，求 $\mathrm{d}f(3,4,5)$.

4. 设 $z = \dfrac{y}{x}$，当 $x = 2, y = 1, \Delta x = 0.1, \Delta y = -0.2$ 时，求 $\Delta z, \mathrm{d}z$.

【同步微课】

6.4 多元复合函数的求导法则

定理 如果函数 $u = \varphi(t)$ 及 $v = \psi(t)$ 都在点 t 可导，函数 $z = f(u,v)$ 在对应点(u, v)具有连续偏导数，则复合函数 $z = f[\varphi(t),\psi(t)]$ 在点 t 可导，且其导数可用下列公式计算：

$$\frac{\mathrm{d}z}{\mathrm{d}t} = \frac{\partial z}{\partial u}\frac{\mathrm{d}u}{\mathrm{d}t} + \frac{\partial z}{\partial v}\frac{\mathrm{d}v}{\mathrm{d}t} \tag{1}$$

证 设 t 获得增量 Δt，这时 $u = \varphi(t)$、$v = \psi(t)$ 的对应增量为 Δu、Δv，由此，函数 $z = f(u,v)$ 对应地获得增量 Δz. 根据假定，函数 $z = f(u,v)$ 在点 (u,v) 具有连续偏导数，这时全增量 Δz 可表示为

$$\Delta z = \frac{\partial z}{\partial u}\Delta u + \frac{\partial z}{\partial v}\Delta v + \varepsilon_1 \Delta u + \varepsilon_2 \Delta v,$$

这里，当 $\Delta u \to 0, \Delta v \to 0$ 时，$\varepsilon_1 \to 0, \varepsilon_2 \to 0$.

将上式两边各除以 Δt，得

$$\frac{\Delta z}{\Delta t} = \frac{\partial z}{\partial u}\frac{\Delta u}{\Delta t} + \frac{\partial z}{\partial v}\frac{\Delta v}{\Delta t} + \varepsilon_1 \frac{\Delta u}{\Delta t} + \varepsilon_1 \frac{\Delta v}{\Delta t}.$$

因为当 $\Delta t \to 0$ 时，$\Delta u \to 0, \Delta v \to 0, \dfrac{\Delta u}{\Delta t} \to \dfrac{\mathrm{d}u}{\mathrm{d}t}, \dfrac{\Delta v}{\Delta t} \to \dfrac{\mathrm{d}v}{\mathrm{d}t}$，所以

$$\lim_{\Delta t \to 0}\frac{\Delta z}{\Delta t} = \frac{\partial z}{\partial u}\frac{\mathrm{d}u}{\mathrm{d}t} + \frac{\partial z}{\partial v}\frac{\mathrm{d}v}{\mathrm{d}t}$$

这就证明了复合函数 $z = f[\varphi(t),\psi(t)]$ 在点 t 可导，且其导数可用公式(1)计算. 证毕.

用同样的方法，可把定理推广到复合函数的中间变量多于两个的情形. 例如，设 $z = f(u,v,w)$，$u = \varphi(t)$、$v = \psi(t)$，$w = \omega(t)$ 复合而得复合函数

$$z = f[\varphi(t),\psi(t),\omega(t)],$$

则在与定理相类似的条件下，这复合函数在点 t 可导，且其导数可用下列公式计算

$$\frac{\mathrm{d}z}{\mathrm{d}t} = \frac{\partial z}{\partial u}\frac{\mathrm{d}u}{\mathrm{d}t} + \frac{\partial z}{\partial v}\frac{\mathrm{d}v}{\mathrm{d}t} + \frac{\partial z}{\partial \omega}\frac{\mathrm{d}\omega}{\mathrm{d}t}. \tag{2}$$

在公式(1)及(2)中的导数 $\dfrac{\mathrm{d}z}{\mathrm{d}t}$ 称为全导数.

上述定理还可推广到中间变量不是一元函数而是多元函数的情形. 例如,设 $z=f(u,v)$, $u=\varphi(x,y)$, $v=\psi(x,y)$ 复合而得复合函数

$$z=f[\varphi(x,y),\psi(x,y)], \tag{3}$$

如果 $u=\varphi(x,y)$ 及 $v=\psi(x,y)$ 都在点(x,y)具有对 x 及对 y 的偏导数,函数 $z=f(u,v)$ 在对应点(u,v)具有连续偏导数,则复合函数(3)在点(x,y)的两个偏导数存在,且可用下列公式计算:

$$\frac{\partial z}{\partial x}=\frac{\partial z}{\partial u}\frac{\partial u}{\partial x}+\frac{\partial z}{\partial v}\frac{\partial v}{\partial x}, \tag{4}$$

$$\frac{\partial z}{\partial y}=\frac{\partial z}{\partial u}\frac{\partial u}{\partial y}+\frac{\partial z}{\partial v}\frac{\partial v}{\partial y}. \tag{5}$$

类似地,设 $u=\varphi(x,y)$、$v=\psi(x,y)$ 及 $w=\omega(x,y)$ 都在点 (x,y) 具有对 x 及对 y 的偏导数,函数 $z=f(u,v,w)$ 在对应点 (u,v,w) 具有连续偏导数,则复合函数

$$z=f[\varphi(x,y),\psi(x,y),\omega(x,y)],$$

在点 (x,y) 的两个偏导数都存在,且可用下列公式计算:

$$\frac{\partial z}{\partial x}=\frac{\partial z}{\partial u}\frac{\partial u}{\partial x}+\frac{\partial z}{\partial v}\frac{\partial v}{\partial x}+\frac{\partial z}{\partial w}\frac{\partial w}{\partial x}, \tag{6}$$

$$\frac{\partial z}{\partial y}=\frac{\partial z}{\partial u}\frac{\partial u}{\partial y}+\frac{\partial z}{\partial v}\frac{\partial v}{\partial y}+\frac{\partial z}{\partial w}\frac{\partial w}{\partial y}. \tag{7}$$

如果 $z=f(u,v,w)$ 具有连续偏导数,而 $u=\varphi(x,y)$ 具有偏导数,则复合函数

$$z=f[\varphi(x,y),x,y], \tag{8}$$

可看作上述情形中当 $v=x, w=y$ 的特殊情形,因此

$$\frac{\partial v}{\partial x}=1,\quad \frac{\partial w}{\partial x}=0,$$

$$\frac{\partial v}{\partial y}=0,\quad \frac{\partial w}{\partial y}=1,$$

从而复合函数(8)具有对自变量 x 及 y 的偏导数,且由公式(6)及(7)得

$$\frac{\partial z}{\partial x}=\frac{\partial f}{\partial u}\frac{\partial u}{\partial x}+\frac{\partial f}{\partial x},$$

$$\frac{\partial z}{\partial y}=\frac{\partial f}{\partial u}\frac{\partial u}{\partial y}+\frac{\partial f}{\partial y}.$$

注: 这里 $\frac{\partial z}{\partial x}$ 与 $\frac{\partial f}{\partial x}$ 是不同的, $\frac{\partial z}{\partial x}$ 是把复合函数(8)中的 y 看作不变而对 x 的偏导数, $\frac{\partial f}{\partial x}$ 是把 $f(u,x,y)$ 中的 u 及 y 看作不变而对 x 的偏导数. $\frac{\partial z}{\partial y}$ 与 $\frac{\partial f}{\partial y}$ 也有类似的区别.

【例1】 设 $z=e^u\sin v$ 而 $u=xy, v=x+y$. 求 $\frac{\partial z}{\partial x}$ 和 $\frac{\partial z}{\partial y}$.

解
$$\begin{aligned}\frac{\partial z}{\partial x}&=\frac{\partial z}{\partial u}\frac{\partial u}{\partial x}+\frac{\partial z}{\partial v}\frac{\partial v}{\partial x}\\&=e^u\sin v\cdot y+e^u\cos v\cdot 1\\&=e^{xy}[y\sin(x+y)+\cos(x+y)],\end{aligned}$$

$$\begin{aligned}\frac{\partial z}{\partial y}&=\frac{\partial z}{\partial u}\frac{\partial u}{\partial y}+\frac{\partial z}{\partial v}\frac{\partial v}{\partial y}\\&=e^u\sin v\cdot x+e^u\cos v\cdot 1\\&=e^{xy}[x\sin(x+y)+\cos(x+y)].\end{aligned}$$

【例2】 设 $u=f(x,y,z)=e^{x^2+y+z^2}$，而 $z=x^2\sin y$. 求 $\frac{\partial u}{\partial x}$ 和 $\frac{\partial u}{\partial y}$.

解 $\frac{\partial u}{\partial x}=\frac{\partial f}{\partial x}+\frac{\partial f}{\partial z}\frac{\partial z}{\partial x}=2xe^{x^2+y+z^2}+2ze^{x^2+y+z^2}\cdot 2x\sin y$

$$=2x(1+2x^2\sin^2 y)e^{x^2+y+z^2\sin^2 y}.$$

$$\frac{\partial u}{\partial y}=\frac{\partial f}{\partial y}+\frac{\partial f}{\partial z}\frac{\partial z}{\partial y}=2ye^{x^2+y+z^2}+2ze^{x^2+y+z^2}\cdot x^2\cos y$$

$$=2(y+x^4\sin y\cos y)e^{x^2+y+x^4\sin^2 y}.$$

【例3】 设 $z=uv+\sin t$，而 $u=e^t, v=\cos t$. 求全导数 $\frac{dz}{dt}$.

解 $\frac{dz}{dt}=\frac{\partial z}{\partial u}\frac{du}{dt}+\frac{\partial z}{\partial v}\frac{dv}{dt}+\frac{\partial z}{\partial t}=ve^t-u\sin t+\cos t$

$$=e^t\cos t-e^t\sin t+\cos t=e^t(\cos t-\sin t)+\cos t.$$

【例4】 设 $w=f(x+y+z,xyz)$，f 具有二阶连续偏导数，求 $\frac{\partial w}{\partial x}$ 及 $\frac{\partial^2 w}{\partial x\partial z}$.

解 令 $u=x+y+z, v=xyz$，则 $w=f(u,v)$.

为表达简便起见，引入以下记号：

$$f_1'=\frac{\partial f(u,v)}{\partial u}, f_{12}''=\frac{\partial^2 f(u,v)}{\partial u\partial v},$$

这里下标1表示对第一个变量 u 求偏导数，下标2表示对第二个变量 v 求偏导数，同理有 f_2'、f_{11}''、f_{22}'' 等等.

因所给函数由 $w=f(u,v)$ 及 $u=x+y+z, v=xyz$ 复合而成，根据复合函数求导法则，有

$$\frac{\partial w}{\partial x}=\frac{\partial f}{\partial u}\frac{\partial u}{\partial x}+\frac{\partial f}{\partial v}\frac{\partial v}{\partial x}=f_1'+yzf_2',$$

$$\frac{\partial^2 w}{\partial x\partial z}=\frac{\partial}{\partial z}(f_1'+yzf_2')=\frac{\partial f_1'}{\partial z}+yf_2'+yz\frac{\partial f_2'}{\partial z}.$$

求 $\frac{\partial f_1'}{\partial z}$ 及 $\frac{\partial f_2'}{\partial z}$ 时，应注意 f_1' 及 f_2' 仍旧是复合函数，根据复合函数求导法则，有

$$\frac{\partial f_1'}{\partial z}=\frac{\partial f_1'}{\partial u}\frac{\partial u}{\partial z}+\frac{\partial f_1'}{\partial v}\frac{\partial v}{\partial z}=f_{11}''+xyf_{12}'',$$

$$\frac{\partial f_2'}{\partial z}=\frac{\partial f_2'}{\partial u}\frac{\partial u}{\partial z}+\frac{\partial f_2'}{\partial v}\frac{\partial v}{\partial z}=f_{11}''+xyf_{22}''$$

于是

$$\begin{aligned}\frac{\partial^2 w}{\partial x\partial z}&=f_{11}''+xyf_{12}''+yf_2'+yzf_{21}''+xy^2zf_{22}''\\&=f_{11}''+y(x+z)f_{12}''+xy^2zf_{22}''+yf_2'.\end{aligned}$$

习题 6.4

1. $z=u^2+v^2$，而 $u=x+y$，$v=x-y$，求 $\frac{\partial z}{\partial x}$ 及 $\frac{\partial z}{\partial y}$.

2. 设 $z=u^2v-uv^2$，而 $u=x\cos y$，$v=x\sin y$，$\frac{\partial z}{\partial x}$ 及 $\frac{\partial z}{\partial y}$.

3. $z=u^2\ln v$，而 $u=\frac{x}{y}$，$v=3x-2y$，求 $\frac{\partial z}{\partial x}$ 及 $\frac{\partial z}{\partial y}$.

4. 设 $z=2^{\frac{x}{y}}$，而 $y=\ln x$，求 $\frac{\mathrm{d}z}{\mathrm{d}x}$.

5. 设 $z=\frac{y}{x}$，而 $x=\mathrm{e}^t$，$y=1-\mathrm{e}^{2t}$，求 $\frac{\mathrm{d}z}{\mathrm{d}t}$.

6. 求下列函数的一阶偏导数 $\frac{\partial z}{\partial x}$ 及 $\frac{\partial z}{\partial y}$（其中 f 具有一阶连续偏导数）.

（1）$z=f(x^2+y^2,\mathrm{e}^{xy})$；　　（2）$z=x^2f\left(\frac{y}{x}\right)$.

7. 设函数 $u=y+f(x^2+y^2)$，其中 f 可微，试证 $x\frac{\partial u}{\partial y}-y\frac{\partial u}{\partial x}=x$.

8. 设 $u=f(x+y+z,xyz)$，f 具有各二阶偏导数，求 $\frac{\partial^2 u}{\partial x\partial z}$.

9. 设 $u=f(x+y,x^2+y^2)$，其中 f 具有二阶连续偏导数，求 $\frac{\partial^2 z}{\partial x^2}$ 及 $\frac{\partial^2 z}{\partial x\partial y}$.

6.5 隐函数的求导公式

【同步微课】

在第二章我们已经提出了隐函数的概念，并且指出了不经过显化直接由方程

$$f(x,y)=0 \tag{1}$$

求它所确定的隐函数的方法. 现在介绍隐函数存在定理，并根据多元复合函数的求导法来导出隐函数的导数公式.

隐函数存在定理 1　设函数 $F(x,y)$ 在点 $P(x_0,y_0)$ 的某一邻域内具有连续的偏导数，且 $F(x_0,y_0)=0$，$F_y(x_0,y_0)\neq 0$，则方程 $F(x,y)=0$ 在点 (x_0,y_0) 的某一邻域内恒能唯一确定一个单值连续且具有连续导数的函数 $y=f(x)$，它满足条件 $y_0=f(x_0)$，并有

$$\frac{\mathrm{d}y}{\mathrm{d}x}=-\frac{F_x}{F_y} \tag{2}$$

公式(2)就是隐函数的求导公式.

这个定理我们不证.现仅就公式(2)做如下推导.

将方程(1)所确定的函数 $y=f(x)$ 代入,得恒等式

$$F(x,f(x))\equiv 0,$$

其左端可以看作是 x 的一个复合函数,求这个函数的全导数,由于恒等式两端求导后仍然恒等,即得

$$\frac{\partial F}{\partial x}+\frac{\partial F}{\partial y}\frac{\mathrm{d}y}{\mathrm{d}x}=0,$$

由于 F_y 连续,且 $F_y(x_0,y_0)\neq 0$,所以存在 (x_0,y_0) 的一个邻域,在这个邻域内 $F_y\neq 0$,于是得

$$\frac{\mathrm{d}y}{\mathrm{d}x}=-\frac{F_x}{F_y}.$$

如果 $F(x,y)$ 的二阶偏导数也都连续,我们可以把等式(2)的两端看作 x 的复合函数而再一次求导,即得

$$\begin{aligned}\frac{\mathrm{d}^2y}{\mathrm{d}x^2}&=\frac{\partial}{\partial x}\left(-\frac{F_x}{F_y}\right)+\frac{\partial}{\partial y}\left(-\frac{F_x}{F_y}\right)\frac{\mathrm{d}y}{\mathrm{d}x}\\&=-\frac{F_{xx}F_y-F_{yx}F_x}{F_y^2}-\frac{F_{xy}F_y-F_{yy}F_x}{F_y^2}\left(-\frac{F_x}{F_y}\right)\\&=-\frac{F_{xx}F_y^2-2F_{xy}F_xF_y+F_{yy}F_x^2}{F_y^3}.\end{aligned}$$

【例1】 验证方程 $x^2+y^2-1=0$ 在点(0,1)的某一邻域内能唯一确定一个单值且有连续导数,当 $x=0$ 时 $y=1$ 的隐函数 $y=f(x)$,并求这函数的一阶和二阶导数在 $x=0$ 的值.

解 设 $F(x,y)=x^2+y^2-1$,则 $F_x=2x,F_y=2y,F(0,1)=0,F_y(0,1)=2\neq 0$. 因此由定理1可知,方程 $x^2+y^2-1=0$ 在点(0,1)的某邻域内能唯一确定一个单值且有连续导数,当 $x=0$ 时 $y=1$ 的隐函数 $y=f(x)$.

下面求这函数的一阶和二阶导数

$$\frac{\mathrm{d}y}{\mathrm{d}x}=-\frac{F_x}{F_y}=-\frac{x}{y},\left.\frac{\mathrm{d}y}{\mathrm{d}x}\right|_{x=0}=0;$$

$$\frac{\mathrm{d}^2y}{\mathrm{d}x^2}=-\frac{y-xy'}{y^2}=-\frac{y-x\left(-\dfrac{x}{y}\right)}{y^2}=-\frac{y^2+x^2}{y^3}=-\frac{1}{y^3},$$

$$\left.\frac{\mathrm{d}^2y}{\mathrm{d}x^2}\right|_{x=0}=-1.$$

隐函数存在定理还可以推广到多元函数.既然一个二元方程(1)可以确定一个一元隐函数,那么一个三元方程

$$F(x,y,z)=0 \tag{3}$$

就有可能确定一个二元隐函数.

与定理 1 一样,我们同样可以由三元函数 $F(x,y,z)$ 的性质来断定由方程 $F(x,y,z)=0$ 所确定的二元函数 $z=(x,y)$ 的存在,以及这个函数的性质.这就是下面的定理.

隐函数存在定理 2 设函数 $F(x,y,z)$ 在点 $P(x_0,y_0,z_0)$ 的某一邻域内具有连续的偏导数,且 $F(x_0,y_0,z_0)=0$, $F_z(x_0,y_0,z_0)\neq 0$, 则方程 $F(x,y,z)=0$ 在点 (x_0,y_0,z_0) 的某一邻域内恒能唯一确定一个单值连续且具有连续偏导数的函数 $z=f(x,y)$, 它满足条件 $z_0=f(x_0,y_0)$, 并有

$$\frac{\partial z}{\partial x}=-\frac{F_x}{F_z},\quad \frac{\partial z}{\partial y}=-\frac{F_y}{F_z} \tag{4}$$

这个定理我们不证.与定理 1 类似,仅就公式(4)做如下推导.

由于
$$F(x,y,f(x,y))\equiv 0,$$
将上式两端分别对 x 和 y 求导,应用复合函数求导法则得

$$F_x+F_z\frac{\partial z}{\partial x}=0,\quad F_y+F_z\frac{\partial z}{\partial y}=0.$$

因为 F_z 连续,且 $F_z(x_0,y_0,z_0)\neq 0$, 所以存在点 (x_0,y_0,z_0) 的一个邻域,在这个邻域内 $F_z\neq 0$, 于是得

$$\frac{\partial z}{\partial x}=-\frac{F_x}{F_z},\quad \frac{\partial z}{\partial y}=-\frac{F_y}{F_z}.$$

【例 2】 设 $x^2+y^2+z^2-4z=0$, 求 $\frac{\partial^2 z}{\partial x^2}$.

解 设 $F(x,y,z)=x^2+y^2+z^2-4z$, 则 $F_x=2x, F_z=2z-4$. 应用公式(4),得

$$\frac{\partial z}{\partial x}=\frac{x}{2-z}.$$

再一次 x 对求偏导数,得

$$\frac{\partial^2 z}{\partial x^2}=\frac{(2-z)+x\frac{\partial z}{\partial x}}{(2-z)^2}=\frac{(2-z)+x\left(\frac{x}{2-z}\right)}{(2-z)^2}=\frac{(2-z)^2+x^2}{(2-z)^3}.$$

习题 6.5

1. 设 $\sin y+e^x-xy^2=0$, 求 $\frac{dy}{dx}$.

2. 设 $\ln\sqrt{x^2+y^2}=\arctan\frac{y}{x}$, 求 $\frac{dy}{dx}$.

3. 求由方程 $x^2+2y^2+3z^2+xy-z-9=0$ 所确定的函数 $z=z(x,y)(z>0)$ 在点 $(1,-2)$ 处的偏导数 $\frac{\partial z}{\partial x}$ 与 $\frac{\partial z}{\partial y}$.

4. 设函数 $z=z(x,y)$ 由方程 $\sin x+2y-z=e^z$ 所确定,求 $\frac{\partial z}{\partial x}$.

5. 设 $e^{xy}+\tan(xy)=y$, 求 $y'|_{x=0}$.

6. 设 $z=f(x,y)$ 由 $e^{\frac{x}{z}}+e^{\frac{y}{z}}=2e^2$ 确定,求 $\left(x\dfrac{\partial z}{\partial x}+y\dfrac{\partial z}{\partial y}\right)\Big|_{\substack{x=2\\y=2}}$.

6.6 多元函数微分学的几何应用

6.6.1 空间曲线的切线与法平面

平面曲线的切线与法线的概念在一元函数导数的几何意义中已十分清楚,即一点处切线是在该点割线的极限位置,而法线是该点处垂直于切线的直线,类似地,我们有以下空间曲线的切线和法平面的概念.

定义 1 设 M_0 是空间曲线 Γ 上的一点,M 是 Γ 上与 M_0 邻近的点(如图 6-6 所示),当点 M 沿曲线 Γ 趋向于点 M_0 时,割线 M_0M 的极限位置 M_0T(如果存在),称为曲线 Γ 在点 M_0 处的切线. 过点 M_0 且与切线 M_0T 垂直的平面,称为曲线 Γ 在点 M_0 处的法平面.

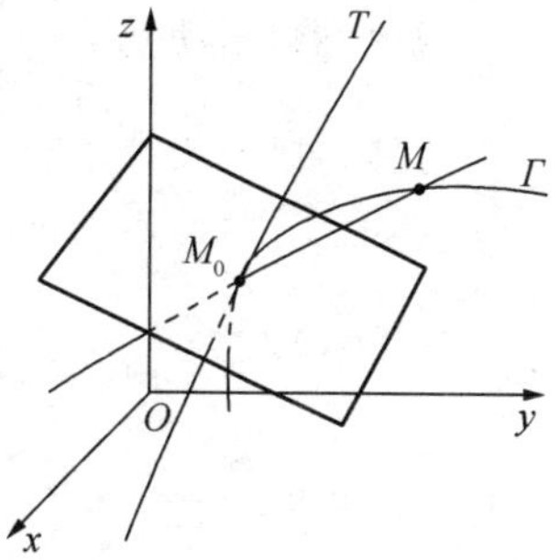

图 6-6

下面建立空间曲线 Γ 的切线与法平面方程.

设空间曲线 Γ 的参数方程为

$$\begin{cases}x=\varphi(t),\\ y=\psi(t), \quad (t\text{ 为参数}).\\ z=w(t)\end{cases}$$

当 $t=t_0$ 时,曲线 Γ 上的对应点为 $M_0(x_0,y_0,z_0)$. 假定 $\varphi(t),\psi(t),w(t)$ 可导,且 $\varphi'(t_0)$, $\psi'(t_0)$, $w'(t_0)$ 不同时为零. 给 t_0 以增量 Δt,对应地在曲线 Γ 上有点 $M(x_0+\Delta x,y_0+\Delta y,z_0+\Delta z)$,则割线 M_0M 的方程为

$$\frac{x-x_0}{\Delta x}=\frac{y-y_0}{\Delta y}=\frac{z-z_0}{\Delta z}.$$

上式中各分母同除以 Δt,得

【同步微课】

$$\frac{x-x_0}{\dfrac{\Delta x}{\Delta t}}=\frac{y-y_0}{\dfrac{\Delta y}{\Delta t}}=\frac{z-z_0}{\dfrac{\Delta z}{\Delta t}}.$$

让点 M 沿曲线 Γ 趋向于点 M_0,即令 $\Delta t\to 0$,即得曲线点 M_0 处的切线方程

$$\frac{x-x_0}{\varphi'(t_0)}=\frac{y-y_0}{\psi'(t_0)}=\frac{z-z_0}{w'(t_0)}. \tag{1}$$

切线的方向向量 $\boldsymbol{T}=(\varphi'(t_0),\psi'(t_0),w'(t_0))$ 称为曲线的切向量. 它也是曲线的法平面的法向量,从而可以得到曲线 Γ 在点 M_0 处的法平面方程为

$$\varphi'(t_0)(x-x_0)+\psi'(t_0)(y-y_0)+w'(t_0)(z-z_0)=0. \tag{2}$$

【例 1】 求曲线 $x=t,y=t^2,z=t^3$ 在点(1,1,1)处的切线与法平面方程.

解 由于点(1,1,1)对应于 $t=1,x'(1)=1,y'(1)=2,z'(1)=3$,故切向量 $\boldsymbol{T}=(1,2,3)$,所以切线方程为

$$\frac{x-1}{1}=\frac{y-1}{2}=\frac{z-1}{3}.$$

法平面方程为

$$(x-1)+2(y-1)+3(z-1)=0,$$

即

$$x+2y+3z=6.$$

【例 2】 求曲线 $\Gamma:\begin{cases}y=2x,\\z=3x^2\end{cases}$ 在点(1,2,3)处的切线与法平面方程.

解 把 x 看成参数,则曲线 Γ 的方程为

$$\begin{cases}x=x,\\y=2x,\\z=3x^2.\end{cases}$$

由于点(1,2,3)对应于 $x=1,x'(1)=1,y'(1)=2,z'(1)=6$,故切向量 $\boldsymbol{T}=(1,2,6)$,

故切线方程为 $$\frac{x-1}{1}=\frac{y-2}{2}=\frac{z-3}{6}.$$

法平面方程为 $$x-1+2(y-2)+6(z-3)=0,$$

即 $$x+2y+6z-23=0.$$

6.6.2 空间曲面的切平面与法线

【同步微课】

定义 2 设 M_0 为曲面 Σ 上的一点,如果曲面 Σ 上过点 M_0 的任何一条光滑曲线在该点的切线均在同一个平面上,那么这个平面就称为曲面 Σ 在点 M_0 处的切平面.过点 M_0 且与切平面垂直的直线称为曲面 Σ 在点 M_0 处的法线.

易见,求点 M_0 处的切平面与法线关键在于求切平面的法向量.

设曲面 Σ 的方程为 $F(x,y,z)=0$,$M_0(x_0,y_0,z_0)$ 为 Σ 上的一点,函数 $F(x,y,z)$ 在点 M_0 处可微,且 F_x,F_y,F_z 在点 M_0 处不同时为零.下面证明曲面 Σ 在点 M_0 处有切平面,并由此导出切平面与法线方程.

不妨令 Γ 为曲面 Σ 上过点 M_0 的任一条光滑曲线(如图6-7),设其方程为

$x=\varphi(t),y=\psi(t),z=w(t),t=t_0$ 对应于点 M_0,

由于 Γ 在曲面之上,故

$$F[\varphi(t),\psi(t),w(t)]=0.$$

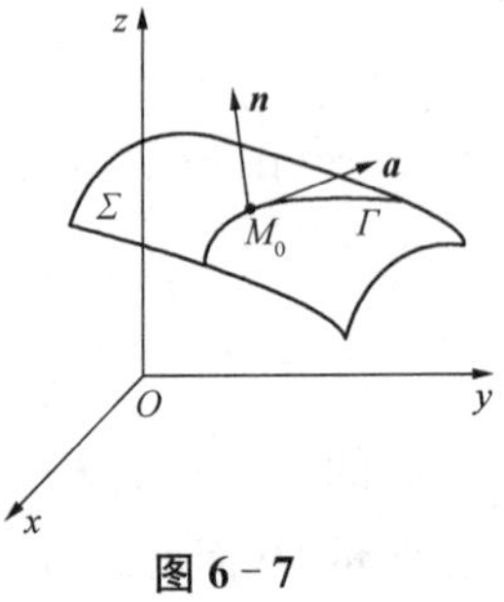

图 6-7

由全导数公式得

$$F_x(x_0,y_0,z_0)\varphi'(t_0)+F_y(x_0,y_0,z_0)\psi'(t_0)+F_z(x_0,y_0,z_0)w'(t_0)=0,$$

令
$$\boldsymbol{n}=(F_x,F_y,F_z)\Big|_{(x_0,y_0,z_0)},\quad \boldsymbol{a}=(\varphi'(t_0),\psi'(t_0),w'(t_0)),$$

则上式可写为
$$\boldsymbol{n}\cdot\boldsymbol{a}=0.$$

由于 $\boldsymbol{a}$ 为曲线 Γ 在点 M_0 处的切线的方向向量，而 Γ 又是曲面之上任意一条过点 M_0 的曲线. 因此上式表明，过点 M_0 的任一位于曲面上的曲线在点 M_0 处切线均与 $\boldsymbol{n}$ 垂直，因而都在过点 M_0 并以 $\boldsymbol{n}$ 为法向量的平面内，注意到 $\boldsymbol{n}$ 只由函数 $F(x,y,z)$ 和点 M_0 确定，与过 M_0 的切线选取无关，故曲面在点 M_0 处的切平面存在，且 $\boldsymbol{n}$ 为其法向量，其方程为

$$F_x(x_0,y_0,z_0)(x-x_0)+F_y(x_0,y_0,z_0)(y-y_0)+F_z(x_0,y_0,z_0)(z-z_0)=0. \tag{3}$$

曲面在点 M_0 处的法线方程为

$$\frac{x-x_0}{F_x(x_0,y_0,z_0)}=\frac{y-y_0}{F_y(x_0,y_0,z_0)}=\frac{z-z_0}{F_z(x_0,y_0,z_0)}. \tag{4}$$

若曲面 Σ 的方程为 $z=f(x,y)$，则只要令函数 $F(x,y,z)=f(x,y)-z$，

就有
$$F_x=f_x,F_y=f_y,F_z=-1.$$

于是，曲面在点 $M_0(x_0,y_0,z_0)$ 处的切平面方程为

$$z-z_0=f_x(x_0,y_0)(x-x_0)+f_y(x_0,y_0)(y-y_0), \tag{5}$$

法线方程为

$$\frac{x-x_0}{f_x(x_0,y_0)}=\frac{y-y_0}{f_y(x_0,y_0)}=\frac{z-z_0}{-1}. \tag{6}$$

【例 3】 求旋转抛物面 $z=x^2+y^2-1$ 在点 $(2,1,4)$ 处的切平面与法线方程.

解 设函数 $F(x,y,z)=x^2+y^2-1-z$，则切平面的法向量

$$\boldsymbol{n}=(F_x,F_y,F_z)=(2x,2y,-1),\boldsymbol{n}\Big|_{(2,1,4)}=(4,2,-1),$$

故在点 $(2,1,4)$ 处的切平面方程为

$$4(x-2)+2(y-1)-(z-4)=0,$$

即
$$4x+2y-z-6=0.$$

法线方程为

$$\frac{x-2}{4}=\frac{y-1}{2}=\frac{z-4}{-1}.$$

例 4 在抛物面 $z=9-4x^2-y^2$ 上求一点，使在这点处的切平面平行于平面 $z=8x+4y$.

解 设该点为 $M_0(x_0,y_0,z_0)$，函数 $F(x,y,z)=9-4x^2-y^2-z$，

则
$$F_x=-8x,\quad F_y=-2y.$$

所以抛物面在点 M_0 处的切平面的法向量 $\boldsymbol{n}=(-8x_0,-2y_0,-1)$，且与平面 $z=8x+4y$ 的法向量 $(8,4,-1)$ 平行，从而

$$\frac{-8x_0}{8}=\frac{-2y_0}{4}=1,$$

即 $x_0=-1, y_0=-2$. 又点 $M_0(x_0, y_0, z_0)$ 在抛物面上,

所以 $$z_0=9-4x_0^2-y_0^2, \text{ 即 } z_0=1.$$

故所求点为 $$M_0(-1,-2,1).$$

习题 6.6

1. 求曲线 $x=1-\cos t, y=3+\sin 2t, z=1+\cos 3t$ 在 $t=\frac{\pi}{2}$ 对应点处的切线及法平面方程.

2. 求曲面 $3x^2+y^2-z^2=27$ 在点(3,1,1)处的切平面及法线方程.

3. 求曲面 $z=x^2+y^2$ 在点(1,1,2)处的切平面方程与法线方程.

4. 求曲线 $y=-x^2, z=x^3$ 上的一点,使该点的切线平行于已知平面 $x+2y+z=4$.

6.7 多元函数的极值及其求法

【同步微课】

6.7.1 多元函数的极值

定义 设函数 $z=f(x,y)$ 在点 (x_0,y_0) 的某个邻域内有定义,对于该邻域内异于 (x_0,y_0) 的点,如果都适合不等式

$$f(x,y)<f(x_0,y_0),$$

则称函数 $f(x,y)$ 在点 (x_0,y_0) 有**极大值** $f(x_0,y_0)$. 如果都适合不等式

$$f(x,y)>f(x_0,y_0),$$

则称函数 $f(x,y)$ 在点 (x_0,y_0) 有**极小值** $f(x_0,y_0)$. 极大值、极小值统称为**极值**. 使函数取得极值的点称为**极值点**.

有些函数较容易判断它在某点处是否取得极值,例如,$f(x,y)=x^2+y^2$ 在点(0,0)处取得极小值 $f(0,0)=0$,这是开口向上的旋转抛物面与 z 轴的交点(如图 6-8(a)),而 $f(x,y)=\sqrt{1-x^2-y^2}$ 在点(0,0)处取得极大值 $f(0,0)=1$,这是半径为 1 的上半球面与 z 轴的交点(如图 6-8(b)),但 $f(x,y)=xy$ 在点(0,0)处不取极值,这是马鞍面与 z 轴的交点(如图6-8(c)),因为 $f(0,0)=0$,而在点(0,0)的任何邻域内其函数值既有正值,也有负值.

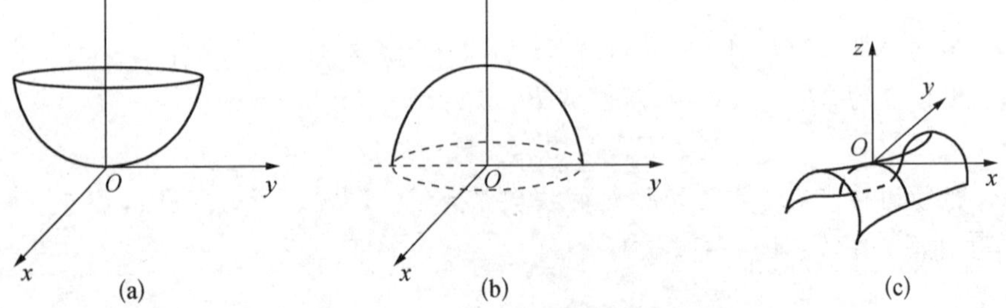

图 6-8

在一般情况下，极值并不容易看出来，有必要研究判定极值的方法. 二元函数的极值问题，一般可以利用偏导数来解决. 下面两个定理就是关于这个问题的结论.

定理1（**必要条件**） 设函数 $z=f(x,y)$ 在点 $P_0(x_0,y_0)$ 处具有偏导数，且在点 $P_0(x_0,y_0)$ 处有极值，则有

$$f_x(x_0,y_0)=0,f_y(x_0,y_0)=0.$$

证 不妨设 $z=f(x,y)$ 在点 $P_0(x_0,y_0)$ 取得极大值，由极大值的定义，在点 P_0 的某邻域内任意异于 P_0 的点 $P(x,y)$，都有 $f(x,y)<f(x_0,y_0)$.

特别地，固定 $y=y_0$，让 $x\neq x_0$，上面不等式仍成立，即

$$f(x,y_0)<f(x_0,y_0).$$

这表明一元函数 $f(x,y_0)$ 在点 x_0 处取得极大值，因而必有

$$f_x(x_0,y_0)=0.$$

类似可得，

$$f_y(x_0,y_0)=0.$$

使得 $f_x(x_0,y_0)=0,f_y(x_0,y_0)=0$ 同时成立的点 $P_0(x_0,y_0)$ 称为函数 $z=f(x,y)$ 的**驻点**. 上述定理指出，具有偏导数的函数的极值点必为驻点，但反之不真. 如前知，点(0,0)是函数 $z=xy$ 的驻点，但不是极值点，这就是说，二元函数找到驻点后，仍需鉴别它是否为极值点，这有下面的定理.

定理2（**充分条件**） 设函数 $z=f(x,y)$ 在点 $P_0(x_0,y_0)$ 的某邻域内具有二阶连续偏导数，点 $P_0(x_0,y_0)$ 为 $f(x,y)$ 的驻点. 记

$$A=f_{xx}(x_0,y_0),B=f_{xy}(x_0,y_0),C=f_{yy}(x_0,y_0),$$

则 $f(x,y)$ 在点 $P_0(x_0,y_0)$ 是否取得极值的条件如下：

(1) $AC-B^2>0$ 时，函数 $z=f(x,y)$ 有极值，且当 $A<0$ 时取得极大值，$A>0$ 时取得极小值；

(2) $AC-B^2<0$ 时，函数 $z=f(x,y)$ 没有极值；

(3) $AC-B^2=0$ 时，函数 $z=f(x,y)$ 可能有极值，也可能没有极值，需另加讨论.

此定理不证，仅把对具有二阶连续偏导数的函数求极值的方法归纳如下：

第一步 解方程组 $\begin{cases}f_x(x,y)=0,\\f_y(x,y)=0,\end{cases}$ 求出一切驻点；

第二步 求出二阶偏导数 f_{xx},f_{xy},f_{yy}；

第三步 对每一个驻点 (x_0,y_0)，计算三个二阶偏导数的值 A,B,C，并定出 $AC-B^2$ 的符号，按定理2的结论判定 $f(x_0,y_0)$ 是否是极值，是极大值还是极小值.

【例1】 求函数 $f(x,y)=x^3-y^3+3x^2+3y^2-9x$ 的极值.

解 (1) 解方程组 $\begin{cases}f_x(x,y)=3x^2+6x-9=0,\\f_y(x,y)=-3y^2+6y=0,\end{cases}$

求得驻点为(1,0),(1,2),(−3,0),(−3,2);

(2) 求二阶偏导数 $f_{xx}=6x+6, f_{xy}=0, f_{yy}=-6y+6$;

(3) 在点(1,0)处,$AC-B^2=12\times6>0$,又 $A>0$,所以函数在点(1,0)处取得极小值 $f(1,0)=-5$;

在点(1,2)处,$AC-B^2=12\times(-6)<0$,所以 $f(1,2)$ 不是极值;

在点(−3,0)处,$AC-B^2=-12\times6<0$,所以 $f(-3,0)$ 不是极值;

在点(−3,2)处,$AC-B^2=-12\times(-6)>0$,又 $A<0$,所以函数在点(1,0)处取得极大值 $f(-3,2)=31$.

与一元函数一样,二元函数中的偏导数不存在点也可能为极值点.例如,上半锥面 $z=\sqrt{x^2+y^2}$ 在点(0,0)处取得极小值,但 $z=\sqrt{x^2+y^2}$ 在点(0,0)处的偏导数不存在.

6.7.2 最大值和最小值

由连续函数的性质知,有界闭区域上的连续函数必有最大值和最小值,而取最大值、最小值的点可能出现在区域内极值点处,也可能出现在区域的边界点处.因此,求二元函数 $z=f(x,y)$ 在有界闭区域上 D 的最大值和最小值的方法是:

(1) 求出 $f(x,y)$ 在 D 内的所有可疑极值点(驻点和偏导数不存在的点)处的函数值;

(2) 求出 $z=f(x,y)$ 在 D 的边界上的最大值和最小值;

(3) 比较这些值的大小,其中最大的就是最大值,最小的就是最小值.

【例 2】 求函数 $f(x,y)=xy-x^2$ 在正方形区域 $D=\{(x,y)\mid 0\leqslant x\leqslant1, 0\leqslant y\leqslant1\}$ 上的最大值和最小值.

解 由 $\begin{cases}f_x=y-2x=0,\\ f_y=x=0\end{cases}$ 得驻点为(0,0),它是 D 的一个边界点,因而,$f(x,y)$ 在 D 上的极值必在 D 的边界上,又 D 的边界由四条直线段 l_1, l_2, l_3, l_4 构成(如图 6-9 所示).

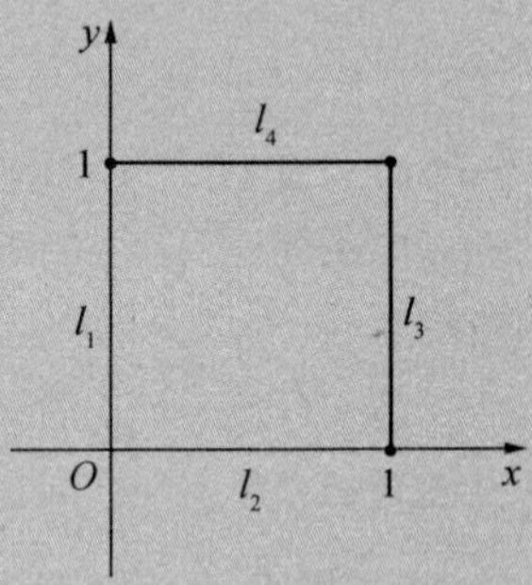

图 6-9

在 l_1 上,$x=0$ 而 $0\leqslant y\leqslant1$,且 $f(0,y)=0$,所以 $f(x,y)$ 在 l_1 上的最大值和最小值均为 0;在 l_2 上,$y=0$ 而 $0\leqslant x\leqslant1$,且 $f(x,0)=-x^2$,所以 $f(x,y)$ 在 l_2 上的最大值是 0,最小值是 −1;在 l_3 上,$x=1$ 而 $0\leqslant y\leqslant1$,且 $f(1,y)=y-1$,所以 $f(x,y)$ 在 l_3 上的最大值是 0,最小值是 −1;在 l_4 上,$y=1$ 而 $0\leqslant x\leqslant1$,且 $f(x,1)=x-x^2$,由一元函数求最值方法知,$f(x,y)$ 在 l_4 上最大值是 $\frac{1}{4}$,最小值是 0.比较 $f(x,y)$ 在 l_1, l_2, l_3, l_4 上的最大值与最小值知,$f(x,y)$ 在 D 上的最大值为 $\frac{1}{4}$,最小值为 −1.

求可微函数在边界上的最大值和最小值并非都像上例那样简单,有时十分复杂.通常在解决实际问题中,采用下面较为简便的方法.如果实际问题确定存在最大值(或最小值)且一定在讨论区域 D 的内部取得,那么在驻点处的函数值一定为该函数在 D 上的最大值(或最小值).

【例 3】 某快递公司对长方体的包裹规定其长与围长(如图 6-10)的和不超过 120 cm 时,才能代为传递.求这样的包裹的最大体积.

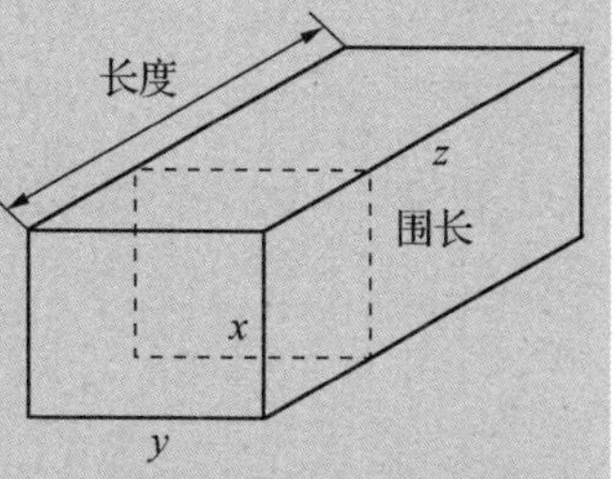

图 6-10

解 设 x,y 分别为包裹围长的高和宽,z 为包裹长度.

由题意,目标函数 $V=xyz$ 且 $2x+2y+z\leqslant 120$.

其中 $x>0,y>0,z>0$.因为所要求的是可能的最大体积,所以可假设 $2x+2y+z=120$.

解出 z,并代入 V 的方程,得

$$V=xy(120-2x-2y)=120xy-2x^2y-2xy^2.$$

令

$$\begin{cases}\dfrac{\partial V}{\partial x}=120y-4xy-2y^2=2y(60-2x-y)=0,\\\dfrac{\partial V}{\partial y}=120x-2x^2-4xy=2x(60-x-2y)=0,\end{cases}$$

由 $x>0,y>0$,解得 $x=20,y=20$.

根据实际问题,这样的包裹的最大体积一定存在,并在开区域 $D=\{(x,y)\mid x>0,y>0\}$ 内取得,又函数在 D 内只有唯一驻点(20,20),故可以断定当 $x=y=20$ 时,V 取得最大值.所以可代为传递包裹的最大体积 $V=20\times 20\times 40=16\,000(\text{cm}^3)$.

6.7.3 条件极值

【同步微课】

多元函数极值问题有两种情形,一种对于函数自变量,除了限制在定义域内以外,没有其他条件(如例 1),这种极值称为无条件极值;另一种,特别在实际问题中,函数的自变量还要受一些附加条件的约束,如例 3 中的 x,y,z 还必须满足附加条件 $2x+2y+z=120$.这种对自变量有附加条件的极值称为条件极值.由于例 3 中附加条件比较简单,我们将它化为无条件极值可以解决.但在很多情形下,将条件极值转化为无条件极值并不这样简单.下面介绍拉格朗日乘数法,这种方法不必将条件极值问题化为无条件极值问题,即直接对所给问题寻求结果.

我们讨论函数 $z=f(x,y)$ 在约束条件 $\varphi(x,y)=0$ 下取得极值的必要条件.

假设在所考虑的区域内函数 $f(x,y)$,$\varphi(x,y)$ 有连续偏导数,且 $\varphi_y(x,y)\neq 0$.由第五节定理 1 知道 $\varphi(x,y)=0$ 确定一个隐函数 $y=y(x)$,这样 z 就是 x 的复合函数 $z=f(x,y(x))$,求条件极值就转化为求 $z=f(x,y(x))$ 的无条件极值.因而 z 的极值点既要满足 $\varphi(x,y)=0$,还要满足极值的必要条件 $\dfrac{\mathrm{d}z}{\mathrm{d}x}=0$,即 $\dfrac{\mathrm{d}z}{\mathrm{d}x}=f_x(x,y)+f_y(x,y)\dfrac{\mathrm{d}y}{\mathrm{d}x}=0$.又由隐函数微分法则得

$$\frac{\mathrm{d}y}{\mathrm{d}x}=-\frac{\varphi_x(x,y)}{\varphi_y(x,y)},$$

代入上式,有

$$f_x(x,y)\varphi_y(x,y)-f_y(x,y)\varphi_x(x,y)=0. \tag{1}$$

这就表明,函数 $z=f(x,y)$ 的极值点必须满足

$$\begin{cases} f_x(x,y)\varphi_y(x,y)-f_y(x,y)\varphi_x(x,y)=0, \\ \varphi(x,y)=0. \end{cases} \tag{2}$$

如果 $F(x,y)=f(x,y)+\lambda\varphi(x,y)$，$\lambda$ 为与 x，y 无关的参数，那么方程组

$$\begin{cases} F_x(x,y)=f_x(x,y)+\lambda\varphi_x(x,y)=0, \\ F_x(x,y)=f_y(x,y)+\lambda\varphi_y(x,y)=0 \end{cases}$$

与(2)式等价，这从方程组两式中消去 λ 即可得. 这里 $F(x,y)$ 称为**拉格朗日函数**，参数 λ 称为**拉格朗日乘子**.

这样，通过上面讨论我们得出求条件极值的方法(**拉格朗日乘数法**)如下：

(1) 构造拉格朗日函数 $F(x,y)=f(x,y)+\lambda\varphi(x,y)$；

(2) 解联立方程组

$$\begin{cases} F_x(x,y)=f_x(x,y)+\lambda\varphi_x(x,y)=0, \\ F_y(x,y)=f_y(x,y)+\lambda\varphi_y(x,y)=0, \\ \varphi(x,y)=0, \end{cases}$$

求得可能的极值点；

(3) 由问题的实际意义，如果知道存在条件极值，且只有唯一可能的极值点，那么该点就是所求的极值点.

一般地，拉格朗日乘数法可推广到二元以上的多元函数以及一个以上约束条件的情况. 例如，求函数 $u=f(x,y,z)$ 在附加条件下 $\varphi(x,y,z)=0$，$\psi(x,y,z)=0$ 的极值时，可构造拉格朗日函数

$$F(x,y,z)=f(x,y,z)+\lambda\varphi(x,y,z)+\mu\psi(x,y,z).$$

其中 λ，μ 均为参数，再求其一阶偏导数，并使之为零，然后与条件 $\varphi(x,y,z)=0$ 及 $\psi(x,y,z)=0$ 联立，求解，其解 (x,y,z) 就是所要求的可能极值点.

【例 4】 应用拉格朗日乘数法求解例 3.

解 长方形包裹的体积函数为 $V=xyz(x>0,y>0,z>0)$，包裹围长的高、宽和包裹长度(即自变量 x,y,z)满足约束条件

$$2x+2y+z=120.$$

作拉格朗日函数 $F(x,y,z)=xyz+\lambda(2x+2y+z-120)$，

令

$$\begin{cases} F_x=yz+2\lambda=0, \\ F_y=xz+2\lambda=0, \\ F_z=xy+\lambda=0, \\ 2x+2y+z=120, \end{cases}$$

解得

$$x=y=20, z=40.$$

这是唯一可能的极值点，由于这样的包裹的最大体积一定存在，所以最大体积就在这个可能极值点处取得. 即可代为传递包裹的最大体积 $V=20\times20\times40=16\ 000(\text{cm}^3)$.

【例 5】 一个制药公司要制作一种装一定体积 V 的药物胶囊，甲设计员想把胶囊制成长为 h，底面圆半径为 r 的圆柱形，其两端为两个半球(如图6-11)；乙设计员要求用料最省，并认为相同容积的胶囊，表面为球形时其面积较小，问：哪一个设计会成功？

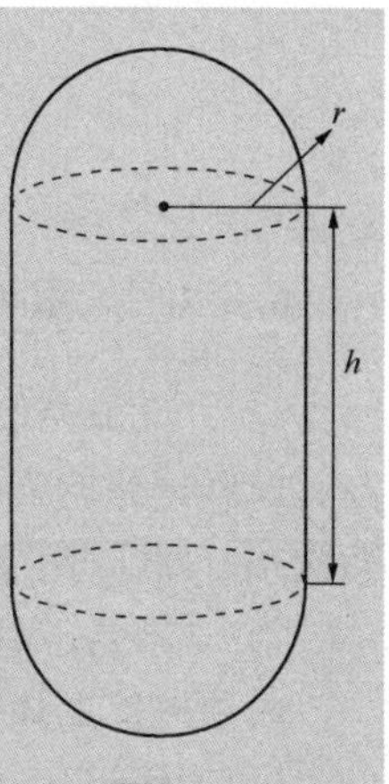

图 6-11

解 药物胶囊所含药量必为固定值 V，因而公司对胶囊设计的评判当然是在药量一定的条件下，所用材料(即胶囊的表面积)最少为好.

按照甲设计员的想法，不妨令其设计的胶囊表面积为

$$A=2\pi rh+4\pi r^2\ (r>0,h\geqslant 0).$$

于是这个问题转化为求函数 A 在附加条件 $\pi r^2h+\frac{4}{3}\pi r^3=V$ 下的最小值. 作拉格朗日函数

$$F(r,h)=2\pi rh+4\pi r^2+\lambda\left(\pi r^2h+\frac{4}{3}\pi r^3-V\right).$$

令

$$\begin{cases}F_r=2\pi h+8\pi r+(2\pi rh+4\pi r^2)\lambda=0,\\ F_h=2\pi r+\pi r^2\lambda=0,\\ \pi r^2h+\frac{4}{3}\pi r^3=V,\end{cases}$$

解得

$$h=0,r=\sqrt[3]{\frac{3V}{4\pi}}.$$

这样得到唯一可能的极值点 $r=\sqrt[3]{\frac{3V}{4\pi}}$，$h=0$. 由问题的本身可知最小值一定存在，因而，球形设计的胶囊可使所用材料最少，故乙设计员会取得成功.

习题 6.7

1. 求函数 $f(x,y)=y^3-x^2+6x-12y+5$ 的极值.
2. 求函数 $f(x,y)=xy(1-x-y)$ 的极值.
3. 求函数 $z=(6x-x^2)(4y-y^2)$ 的极值.
4. 求函数 $z=e^{2x}(x+y^2+2y)$ 的极值.
5. 求函数 $f(x,y)=x^2(2+y^2)+y\ln y$ 的极值.
6. 求抛物线 $y=x^2$ 和直线 $x+y+2=0$ 之间的最短距离.
7. 从斜边之长为 l 的一切直角三角形中求最大周长的直角三角形.
8. 欲造一个无盖长方体容器，已知底部造价为 3 元/m^2，侧面造价为 1.5 元/m^2. 现想用 36 元造一个容积最大的容器，求它的尺寸.

6.8 二重积分的概念与性质

【同步微课】

6.8.1 二重积分的概念

1. 曲顶柱体的体积

设有一空间立体 Ω,它的底是 xOy 面上的有界区域 D,它的侧面是以 D 的边界曲线为准线,而母线平行于 z 轴的柱面,它的顶是曲面 $z=f(x,y)$.

当 $(x,y)\in D$ 时, $f(x,y)$ 在 D 上连续且 $f(x,y)\geqslant 0$, 以后称这种立体为曲顶柱体.

曲顶柱体的体积 V 可以这样来计算:

(1) 用任意一组曲线网将区域 D 分成 n 个小区域 $\Delta\sigma_1,\Delta\sigma_2,\cdots,\Delta\sigma_n$, 以这些小区域的边界曲线为准线,作母线平行于 z 轴的柱面,这些柱面将原来的曲顶柱体 Ω 划分成 n 个小曲顶柱体 $\Delta\Omega_1,\Delta\Omega_2,\cdots,\Delta\Omega_n$.

(假设 $\Delta\sigma_i$ 所对应的小曲顶柱体为 $\Delta\Omega_i$,这里 $\Delta\sigma_i$ 既代表第 i 个小区域,又表示它的面积值,$\Delta\Omega_i$ 既代表第 i 个小曲顶柱体,又代表它的体积值.)

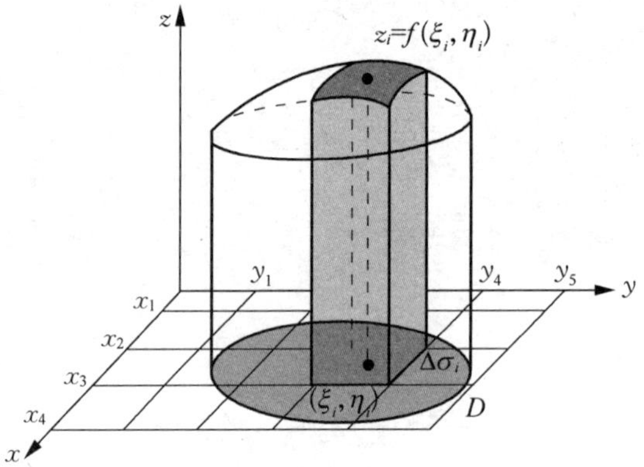

图 6-12

从而 $V=\sum\limits_{i=1}^{n}\Delta\Omega_i$ (将 Ω 化整为零)

(2) 由于 $f(x,y)$连续,对于同一个小区域来说,函数值的变化不大. 因此,可以将小曲顶柱体近似地看作小平顶柱体,于是

$$\Delta\Omega_i\approx f(\xi_i,\eta_i)\Delta\sigma_i\quad(\forall(\xi_i,\eta_i)\in\sigma_i)$$

(以不变之高代替变高,求 $\Delta\Omega_i$ 的近似值)

(3) 整个曲顶柱体的体积近似值为

$$V\approx\sum_{i=1}^{n}f(\xi_i,\eta_i)\Delta\sigma_i$$

(4) 为得到 V 的精确值,只需让这 n 个小区域越来越小,即让每个小区域向某点收缩. 为此,我们引入区域直径的概念:

一个闭区域的直径是指区域上任意两点距离的最大者.

所谓让区域向一点收缩性地变小,意指让区域的直径趋向于零.

设 n 个小区域直径中的最大者为 λ,则

$$V=\lim_{\lambda\to 0}\sum_{i=1}^{n}f(\xi_i,\eta_i)\Delta\sigma_i.$$

2. 平面薄片的质量

设有一平面薄片占有 xOy 面上的区域 D(图 6-13),它在 (x,y) 处的面密度为 $\rho(x,y)$,这里 $\rho(x,y)\geqslant 0$,而且 $\rho(x,y)$ 在 D 上连续,现计算该平面薄片的质量 M.

将 D 分成 n 个小区域 $\Delta\sigma_1,\Delta\sigma_2,\cdots,\Delta\sigma_n$,用 λ_i 记 $\Delta\sigma_i$ 的直径,$\Delta\sigma_i$ 既代表第 i 个小区域又代表它的面积.

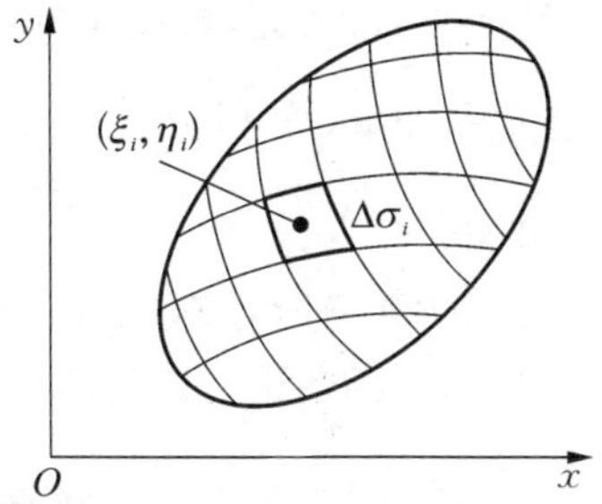

图 6-13

当 $\lambda=\max\limits_{1\leqslant i\leqslant n}\{\lambda_i\}$ 很小时,由于 $\rho(x,y)$ 连续,每小片区域的质量可近似地看作是均匀的,那么第 i 小块区域的近似质量可取为

$$\rho(\xi_i,\eta_i)\Delta\sigma_i,\ \forall(\xi_i,\eta_i)\in\Delta\sigma_i$$

于是 $$M\approx\sum_{i=1}^{n}\rho(\xi_i,\eta_i)\Delta\sigma_i$$

$$M=\lim_{\lambda\to 0}\sum_{i=1}^{n}\rho(\xi_i,\eta_i)\Delta\sigma_i.$$

两种实际意义完全不同的问题,最终都归结同一形式的极限问题.因此,有必要撇开这类极限问题的实际背景,给出一个更广泛、更抽象的数学概念,即二重积分.

3. 二重积分的定义

设 $f(x,y)$ 是闭区域 D 上的有界函数,将区域 D 分成几个小区域

$$\Delta\sigma_1,\Delta\sigma_2,\cdots,\Delta\sigma_n,$$

其中,$\Delta\sigma_i$ 既表示第 i 个小区域,也表示它的面积,λ_i 表示它的直径.

$$\lambda=\max_{1\leqslant i\leqslant n}\{\lambda_i\}\qquad\forall(\xi_i,\eta_i)\in\Delta\sigma_i$$

作乘积 $f(\xi_i,\eta_i)\Delta\sigma_i\quad(i=1,2\cdots,n)$,作和式 $\sum\limits_{i=1}^{n}f(\xi_i,\eta_i)\Delta\sigma_i$,

若极限 $\lim\limits_{\lambda\to 0}\sum\limits_{i=1}^{n}f(\xi_i,\eta_i)\Delta\sigma_i$ 存在,则称此极限值为函数 $f(x,y)$ 在区域 D 上的二重积分,记作 $\iint\limits_{D}f(x,y)\mathrm{d}\sigma$.

即 $$\iint_{D}f(x,y)\mathrm{d}\sigma=\lim_{\lambda\to 0}\sum_{i=1}^{n}f(\xi_i,\eta_i)\Delta\sigma_i.$$

其中:$f(x,y)$ 称为被积函数,$f(x,y)\mathrm{d}\sigma$ 称为被积表达式,$\mathrm{d}\sigma$ 称为面积元素,x,y 称为积分变量,D 称为积分区域,$\sum\limits_{i=1}^{n}f(\xi_i,\eta_i)\Delta\sigma_i$ 称为积分和式.

4. 几个事实

(1) 二重积分的存在定理

若 $f(x,y)$在闭区域 D 上连续,则 $f(x,y)$在 D 上的二重积分存在.

声明:在以后的讨论中,我们总假定在闭区域上的二重积分存在.

(2) $\iint\limits_D f(x,y)\mathrm{d}\sigma$ 中的面积元素 $\mathrm{d}\sigma$ 象征着积分和式中的 $\Delta\sigma_i$.

由于二重积分的定义中对区域 D 的划分是任意的,若用一组平行于坐标轴的直线来划分区域 D,那么除了靠近边界曲线的一些小区域之外,绝大多数的小区域都是矩形(图 6-14),因此,可以将 $\mathrm{d}\sigma$ 记作 $\mathrm{d}x\mathrm{d}y$(并称 $\mathrm{d}x\mathrm{d}y$ 为直角坐标系下的面积元素),二重积分也可表示成 $\iint\limits_D f(x,y)\mathrm{d}x\mathrm{d}y$.

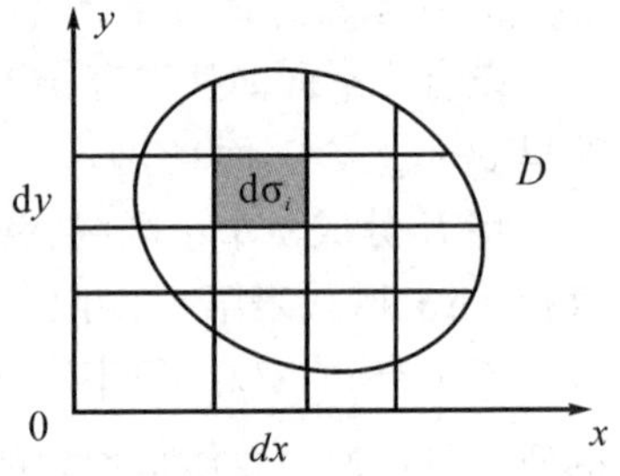

图 6-14

(3) 若 $f(x,y)\geqslant 0$,二重积分表示以 $f(x,y)$ 为曲顶,以 D 为底的曲顶柱体的体积.

6.8.2 二重积分的性质

二重积分与定积分有相类似的性质

1. 线性性质

$$\iint\limits_D[\alpha f(x,y)+\beta g(x,y)]\mathrm{d}\sigma=\alpha\iint\limits_D f(x,y)\mathrm{d}\sigma+\beta\iint\limits_D g(x,y)]\mathrm{d}\sigma$$

其中:α,β是常数.

2. 对区域的可加性

若区域 D 分为两个部分区域 D_1,D_2,则

$$\iint\limits_D f(x,y)\mathrm{d}\sigma=\iint\limits_{D_1} f(x,y)\mathrm{d}\sigma+\iint\limits_{D_2} f(x,y)\mathrm{d}\sigma$$

3. 若在 D 上,$f(x,y)\equiv 1$,σ 为区域 D 的面积,则

$$\sigma=\iint\limits_D 1\mathrm{d}\sigma=\iint\limits_D \mathrm{d}\sigma$$

几何意义:高为 1 的平顶柱体的体积在数值上等于柱体的底面积.

4. 若在 D 上,$f(x,y)\leqslant g(x,y)$,则有不等式

$$\iint\limits_D f(x,y)\mathrm{d}\sigma\leqslant\iint\limits_D g(x,y)\mathrm{d}\sigma$$

特别地,由于 $-|f(x,y)|\leqslant f(x,y)\leqslant|f(x,y)|$,有

$$\left|\iint\limits_D f(x,y)\mathrm{d}\sigma\right|\leqslant\iint\limits_D |f(x,y)|\mathrm{d}\sigma$$

5. 估值不等式

设 M 与 m 分别是 $f(x,y)$ 在闭区域 D 上最大值和最小值，σ 是 M 的面积，则

$$m\sigma \leqslant \iint_D f(x,y)\mathrm{d}\sigma \leqslant M\sigma$$

6. 二重积分的中值定理

设函数 $f(x,y)$ 在闭区域 D 上连续，σ 是 D 的面积，则在 D 上至少存在一点 (ξ,η)，使得

$$\iint_D f(x,y)\mathrm{d}\sigma = f(\xi,\eta)\sigma$$

【例 1】 估计二重积分 $\iint_D (x^2+4y^2+9)\mathrm{d}\sigma$ 的值，D 是圆域 $x^2+y^2 \leqslant 4$.

解 求被积函数 $f(x,y)=x^2+4y^2+9$ 在区域 D 上可能的最值

$$\begin{cases} \dfrac{\partial f}{\partial x}=2x=0 \\ \dfrac{\partial f}{\partial y}=8y=0 \end{cases},$$

(0,0)是驻点，且 $f(0,0)=9$；

在边界上，$f(x,y)=x^2+4(4-x^2)+9=25-3x^2 \quad (-2\leqslant x\leqslant 2)$

$$13 \leqslant f(x,y) \leqslant 25$$

$$f_{\max}=25, f_{\min}=9,$$

于是有

$$36\pi = 9\times 4\pi \leqslant I \leqslant 25\times 4\pi = 100\pi.$$

习题 6.8

1. 二重积分 $\iint_D f(x,y)\mathrm{d}\sigma$ 的几何意义是_________.

2. 根据二重积分的几何意义，确定下列积分的值.

(1) $\iint_D \sqrt{a^2-x^2-y^2}\,\mathrm{d}\sigma =$ _________，其中 $D: x^2+y^2 \leqslant a^2$；

(2) $\iint_D (a-\sqrt{x^2+y^2})\mathrm{d}\sigma =$ _________，其中 $D: x^2+y^2 \leqslant a^2$.

3. 利用二重积分的性质估计下列积分的范围.

(1) $\iint\limits_{\substack{0\leqslant x\leqslant \pi \\ 0\leqslant y\leqslant \pi}} \sin x \sin y\,\mathrm{d}x\mathrm{d}y$；

(2) $\iint_D (x+y)\mathrm{d}x\mathrm{d}y$，其中 $D=\{(x,y)\mid 0\leqslant x\leqslant 1, 1\leqslant y\leqslant 2\}$.

4. 比较下列积分的大小：$I_1\iint_D (x^2+y^2)\mathrm{d}x\mathrm{d}y$ 与 $I_2\iint_D 2xy\,\mathrm{d}x\mathrm{d}y$，其中 D 为任意积分区域.

6.9 二重积分的计算法

利用二重积分的定义来计算二重积分显然是不实际的，二重积分的计算是通过两个定积分的计算(即二次积分)来实现的.

6.9.1 利用直角坐标计算二重积分

【同步微课】

我们用几何观点来讨论二重积分$\iint\limits_D f(x,y)\mathrm{d}\sigma$的计算问题.

讨论中，我们假定$f(x,y)\geqslant 0$；

假定积分区域D可用不等式$a\leqslant x\leqslant b,\varphi_1(x)\leqslant y\leqslant\varphi_2(x)$表示，

其中$\varphi_1(x),\varphi_2(x)$在$[a,b]$上连续.

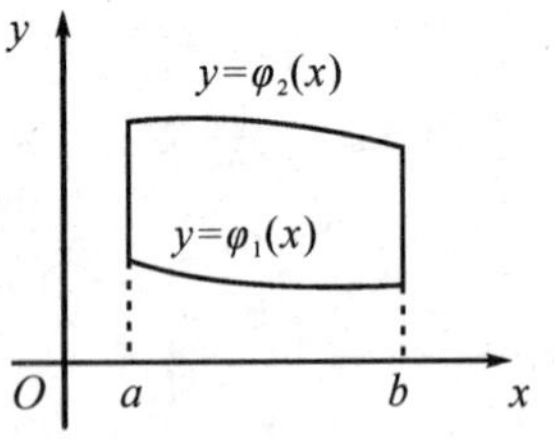

图 6-15

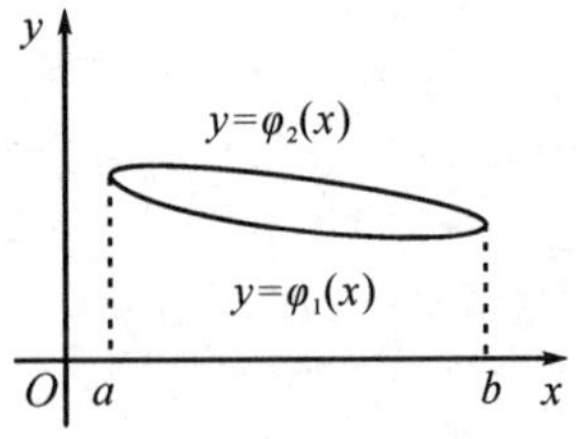

图 6-16

据二重积分的几何意义可知，$\iint\limits_D f(x,y)\mathrm{d}\sigma$的值等于以$D$为底，以曲面$z=f(x,y)$为顶的曲顶柱体的体积(图 6-17).

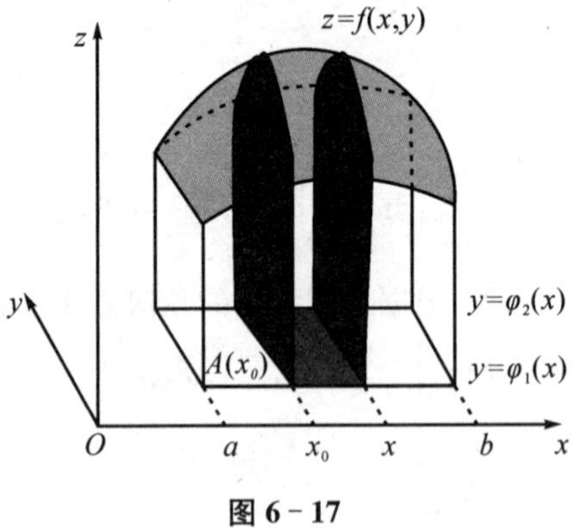

图 6-17

在区间$[a,b]$上任意取定一个点x_0，作平行于yOz面的平面$x=x_0$，这平面截曲顶柱体所得截面是一个以区间$[\varphi_1(x_0),\varphi_2(x_0)]$为底，曲线$z=f(x_0,y)$为曲边的曲边梯形，其面积为

$$A(x_0)=\int_{\varphi_1(x_0)}^{\varphi_2(x_0)}f(x_0,y)\mathrm{d}y$$

一般地，过区间$[a,b]$上任一点x且平行于yOz面的平面截曲顶柱体所得截面的面积为

$$A(x)=\int_{\varphi_1(x)}^{\varphi_2(x)}f(x,y)\mathrm{d}y$$

利用计算平行截面面积为已知的立体之体积的方法，该曲顶柱体的体积为

$$V=\int_a^b A(x)\mathrm{d}x=\int_a^b\left[\int_{\varphi_1(x)}^{\varphi_2(x)}f(x,y)\mathrm{d}y\right]\mathrm{d}x$$

从而有

$$\iint_D f(x,y)\mathrm{d}\sigma=\int_a^b\left[\int_{\varphi_1(x)}^{\varphi_2(x)}f(x,y)\mathrm{d}y\right]\mathrm{d}x \tag{1}$$

上述积分叫作先对 y,后对 x 的二次积分,即先把 x 看作常数,$f(x,y)$ 只看作 y 的函数,对 $f(x,y)$ 计算从 $\varphi_1(x)$ 到 $\varphi_2(x)$ 的定积分,然后把所得的结果(它是 x 的函数)再对 x 从 a 到 b 计算定积分.

这个先对 y,后对 x 的二次积分也常记作

$$\iint_D f(x,y)\mathrm{d}\sigma=\int_a^b\mathrm{d}x\int_{\varphi_1(x)}^{\varphi_2(x)}f(x,y)\mathrm{d}y$$

在上述讨论中,假定了 $f(x,y)\geqslant 0$,利用二重积分的几何意义,导出了二重积分的计算公式(1).但实际上,公式(1)并不受此条件限制,对一般的 $f(x,y)$(在 D 上连续),公式(1)总是成立的.

【例1】 计算 $I=\iint_D(1-x^2)\mathrm{d}\sigma$, $D=\{(x,y)\mid -1\leqslant x\leqslant 1,0\leqslant y\leqslant 2\}$.

解
$$I=\int_{-1}^1\mathrm{d}x\int_0^2(1-x^2)\mathrm{d}y=\int_{-1}^1(1-x^2)\cdot y\Big|_0^2\mathrm{d}x$$
$$=\int_{-1}^1 2(1-x^2)\mathrm{d}x=\left(2x-\frac{2}{3}x^3\right)\Big|_{-1}^1=\frac{8}{3}.$$

类似地,如果积分区域 D 可以用下述不等式:

$$c\leqslant y\leqslant d,\quad \varphi_1(y)\leqslant x\leqslant\varphi_2(y)$$

表示,且函数 $\varphi_1(y)$,$\varphi_2(y)$ 在 $[c,d]$ 上连续,$f(x,y)$ 在 D 上连续,则

$$\iint_D f(x,y)\mathrm{d}\sigma=\int_c^d\left[\int_{\varphi_1(y)}^{\varphi_2(y)}f(x,y)\mathrm{d}x\right]\mathrm{d}y=\int_c^d\mathrm{d}y\int_{\varphi_1(y)}^{\varphi_2(y)}f(x,y)\mathrm{d}x \tag{2}$$

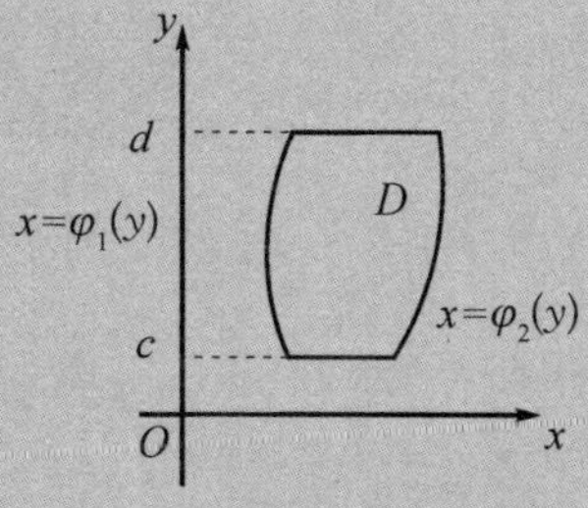

图 6-18

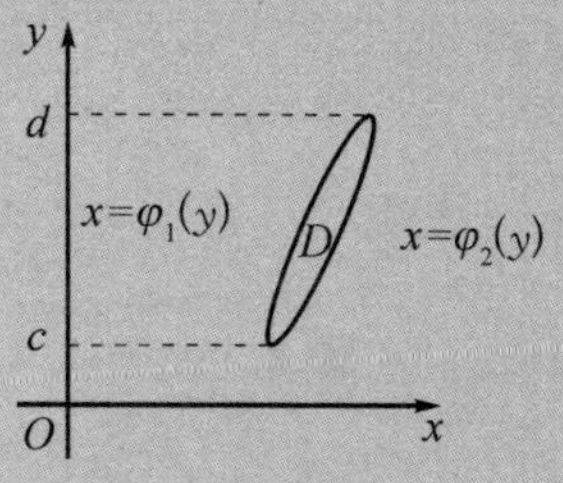

图 6-19

显然,(2)式是先对 x,后对 y 的二次积分.

二重积分化二次积分时应注意的问题:

1. 积分区域的形状

前面所画的两类积分区域的形状具有一个共同点:

对于Ⅰ型(或Ⅱ型)区域,用平行于 y 轴(x 轴)的直线穿过区域内部,直线与区域的边界相交不多于两点.

如果积分区域不满足这一条件时,可对区域进行剖分,化归为Ⅰ型(或Ⅱ型)区域的

并集.

2. 积分限的确定

二重积分化二次积分，确定两个定积分的限是关键. 这里我们介绍配置二次积分限的方法——几何法.

画出积分区域 D 的图形(假设的图形如图 6－20)

在 $[a,b]$ 上任取一点 x，过 x 作平行于 y 轴的直线，该直线穿过区域 D，与区域 D 的边界有两个交点 $(x,\varphi_1(x))$ 与 $(x,\varphi_2(x))$，这里的 $\varphi_1(x)$、$\varphi_2(x)$ 就是将 x 看作常数，而对 y 积分时的下限和上限；又因 x 是在区间 $[a,b]$ 上任意取的，所以再将 x 看作变量而对 x 积分时，积分的下限为 a、上限为 b.

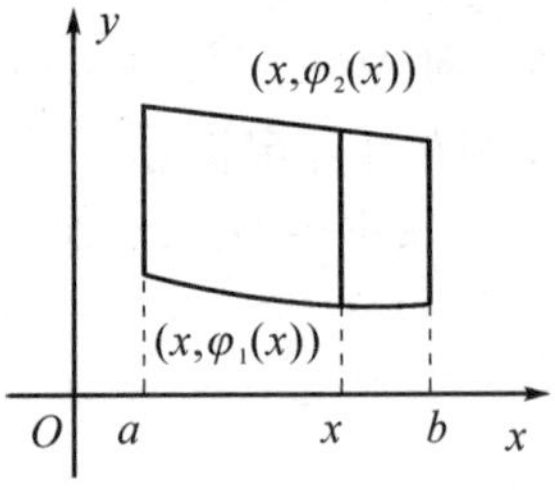

图 6－20

【例 2】 计算 $\iint\limits_D xy\mathrm{d}\sigma$，其中 D 是由抛物线 $y^2=x$ 及直线 $y=x-2$ 所围成的区域.

解 积分区域可用下列不等式表示

$$D: -1\leqslant y\leqslant 2,\quad y^2\leqslant x\leqslant y+2$$

$$\iint\limits_D xy\mathrm{d}\sigma=\int_{-1}^{2}\mathrm{d}y\int_{y^2}^{y+2}xy\mathrm{d}x=\int_{-1}^{2}\left[\frac{1}{2}x^2y\right]_{y^2}^{y+2}\mathrm{d}y$$

$$=\frac{1}{2}\int_{-1}^{2}[y(y+2)^2-y^5]\mathrm{d}y=\frac{45}{8}.$$

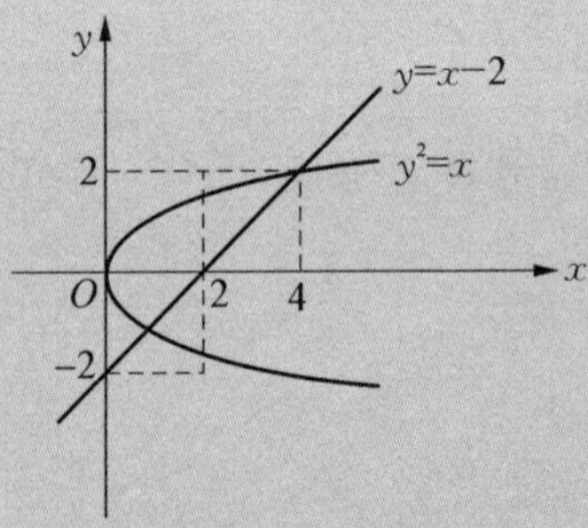

图 6－21

【例 3】 计算二重积分 $\iint_D(x+y)\mathrm{d}x\mathrm{d}y$，其中 D 是由曲线 $y=x^2(x\leqslant 0)$ 与直线 $y=x$ 及 $y=1$ 所围成的平面闭区域.

解 如图 6－22 所示，积分区域 D 可表示为 $\begin{cases}0\leqslant y\leqslant 1,\\ -\sqrt{y}\leqslant x\leqslant y.\end{cases}$ 故

$$\iint\limits_D(x+y)\mathrm{d}x\mathrm{d}y$$

$$=\int_0^1\mathrm{d}y\int_{-\sqrt{y}}^{y}(x+y)\mathrm{d}x$$

$$=\int_0^1\left(\frac{3}{2}y^2-\frac{1}{2}y+y^{\frac{3}{2}}\right)\mathrm{d}y$$

$$=\left(\frac{y^3}{2}-\frac{y^2}{4}+\frac{2}{5}y^{\frac{5}{2}}\right)\Bigg|_0^1=\frac{13}{20}.$$

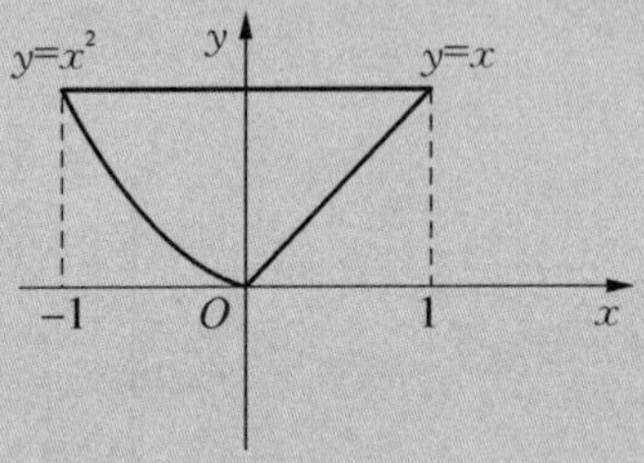

图 6－22

6.9.2 利用极坐标计算二重积分

【同步微课】

1. 变换公式

按照二重积分的定义有

$$\iint\limits_D f(x,y)\mathrm{d}\sigma=\lim_{\lambda\to 0}\sum_{i=1}^{n}f(\xi_i,\eta_i)\Delta\sigma_i$$

现在研究这一和式极限在极坐标中的形式.

用以极点 O 为中心的一族同心圆 $r=$ 常数 以及从极点出发的一族射线 $\theta=$ 常数，将 D 剖分成个小闭区域.

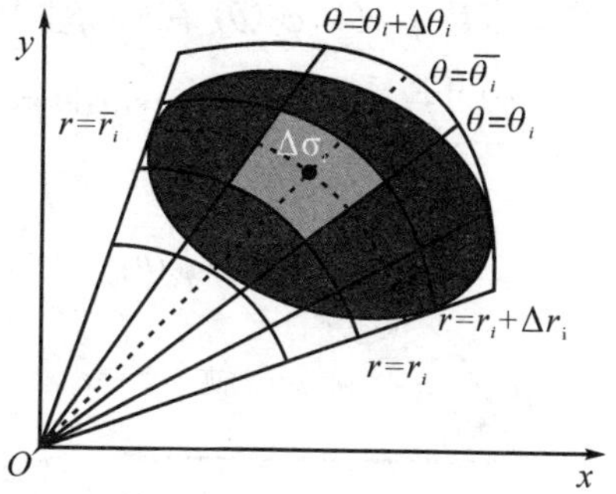

图 6－23

除了包含边界点的一些小闭区域外，小闭区域 $\Delta\sigma_i$ 的面积可如下计算

$$\begin{aligned}\Delta\sigma_i &= \frac{1}{2}(r_i+\Delta r_i)^2\Delta\theta_i-\frac{1}{2}r_i^2\Delta\theta_i \\ &= \frac{1}{2}(2r_1+\Delta r_i)\Delta r_i\Delta\theta_i \\ &= \frac{r_i+(r_i+\Delta r_i)}{2}\Delta r_i\Delta\theta_i=\bar{r}_i\Delta r_i\Delta\theta_i\end{aligned}$$

其中，$\bar{r}_i$ 表示相邻两圆弧半径的平均值.

在小区域 $\Delta\sigma_i$ 上取点 $(\bar{r}_i,\bar{\theta}_i)$，设该点直角坐标为 (ξ_i,η_i)，据直角坐标与极坐标的关系有

$$\xi_i=\bar{r}_i\cos\bar{\theta}_i,\quad \eta_i=\bar{r}_i\sin\bar{\theta}_i$$

于是

$$\lim_{\lambda\to 0}\sum_{i=1}^{n}f(\xi_i,\eta_i)\Delta\sigma_i=\lim_{\lambda\to 0}\sum_{i=1}^{n}f(\bar{r}_i\cos\bar{\theta}_i,\bar{r}_i\sin\bar{\theta}_i)\cdot\bar{r}_i\Delta r_i\Delta\theta_i$$

即

$$\iint_D f(x,y)\mathrm{d}\sigma=\iint_D f(r\cos\theta,r\sin\theta)r\mathrm{d}r\mathrm{d}\theta$$

由于 $\iint_D f(x,y)\mathrm{d}\sigma$ 也常记作 $\iint_D f(x,y)\mathrm{d}x\mathrm{d}y$，因此，上述变换公式也可以写成更富有启发性的形式

$$\iint_D f(x,y)\mathrm{d}x\mathrm{d}y=\iint_D f(r\cos\theta,r\sin\theta)r\mathrm{d}r\mathrm{d}\theta \tag{1}$$

(1)式称为二重积分由直角坐标变量变换成极坐标变量的变换公式，其中，$r\mathrm{d}r\mathrm{d}\theta$ 就是极坐标中的面积元素.

(1)式的记忆方法：

$$\iint_D f(x,y)\mathrm{d}x\mathrm{d}y\Rightarrow\begin{cases}x\to r\cos\theta\\ y\to r\sin\theta\\ \mathrm{d}x\mathrm{d}y\to r\mathrm{d}r\mathrm{d}\theta\end{cases}\Rightarrow\iint_D f(r\cos\theta,r\sin\theta)r\mathrm{d}r\mathrm{d}\theta$$

2. 极坐标下的二重积分计算法

极坐标系中的二重积分，同样可以化归为二次积分来计算.

(1) 积分区域 D 可表示成下述形式

$$\alpha \leqslant \theta \leqslant \beta, \quad \varphi_1(\theta) \leqslant r \leqslant \varphi_2(\theta)$$

其中函数 $\varphi_1(\theta)$，$\varphi_2(\theta)$ 在 $[\alpha,\beta]$ 上连续，如图 6－24 所示.

则 $\iint\limits_D f(r\cos\theta, r\sin\theta) r\mathrm{d}r\mathrm{d}\theta = \int_\alpha^\beta \mathrm{d}\theta \int_{\varphi_1(\theta)}^{\varphi_2(\theta)} f(r\cos\theta, r\sin\theta) r\mathrm{d}r$.

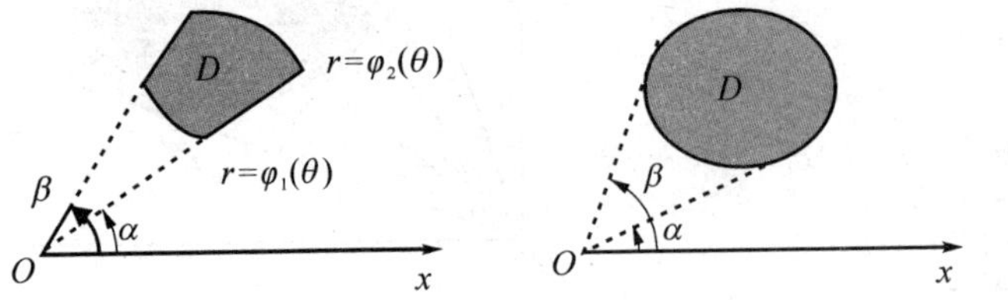

图 6－24

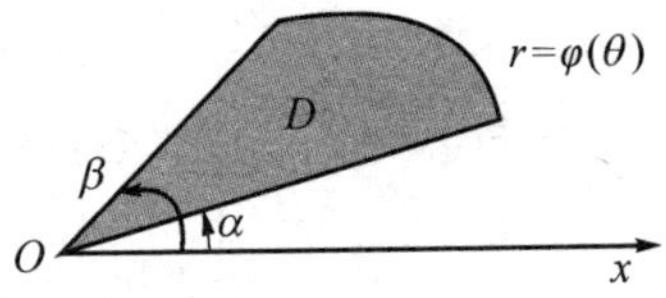

图 6－25

(2) 积分区域 D 为下述形式(如图 6－25 所示)

显然，这只是(1)的特殊形式 $\varphi_1(\theta) \equiv 0$（即极点在积分区域的边界上）.

故 $\iint\limits_D f(r\cos\theta, r\sin\theta) r\mathrm{d}r\mathrm{d}\theta = \int_\alpha^\beta \mathrm{d}\theta \int_0^{\varphi(\theta)} f(r\cos\theta, r\sin\theta) r\mathrm{d}r$.

(3) 积分区域 D 为下述形式(如图 6－26 所示)

显然，这类区域又是情形二的一种变形(极点包围在积分区域 D 的内部)，D 可剖分成 D_1 与 D_2，而

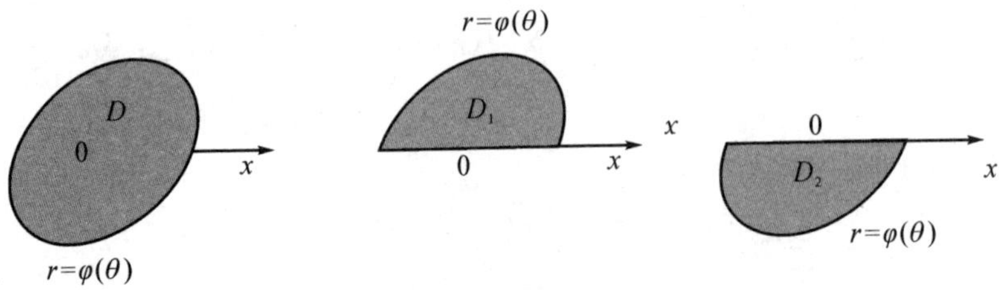

图 6－26

$$D_1: 0 \leqslant \theta \leqslant \pi, 0 \leqslant r \leqslant \varphi(\theta), \quad D_2: \pi \leqslant \theta \leqslant 2\pi, 0 \leqslant r \leqslant \varphi(\theta)$$

故 $D: 0 \leqslant \theta \leqslant 2\pi, 0 \leqslant r \leqslant \varphi(\theta)$

则 $$\iint\limits_D f(r\cos\theta, r\sin\theta) r\mathrm{d}r\mathrm{d}\theta = \int_0^{2\pi} \mathrm{d}\theta \int_0^{\varphi(\theta)} f(r\cos\theta, r\sin\theta) r\mathrm{d}r$$

由上面的讨论不难发现，将二重积分化为极坐标形式进行计算，其关键在于将积分区域 D 用极坐标变量 r，θ 表示成如下形式：

$$\alpha \leqslant \theta \leqslant \beta, \quad \varphi_1(\theta) \leqslant r \leqslant \varphi_2(\theta).$$

3. 使用极坐标变换计算二重积分的原则

(1) 积分区域的边界曲线易于用极坐标方程表示(含圆弧，直线段)；

(2) 被积函数表示式用极坐标变量表示较简单(含 $(x^2+y^2)^\alpha$，α 为实数).

【例 4】 计算二重积分 $\iint\limits_D y\mathrm{d}x\mathrm{d}y$，其中 D 是由曲线 $y=\sqrt{2-x^2}$ 与直线 $y=-x$ 及 y 轴所围成的平面闭区域.

解 如图 6－27 所示，令 $x=r\cos\theta, y=r\sin\theta$，则积分区域 D 可表示成 $\begin{cases}\frac{\pi}{2}\leqslant\theta\leqslant\frac{3}{4}\pi,\\ 0\leqslant r\leqslant\sqrt{2},\end{cases}$ 故 $\iint\limits_D y\mathrm{d}x\mathrm{d}y = \int_{\frac{\pi}{2}}^{\frac{3}{4}\pi}\mathrm{d}\theta\int_0^{\sqrt{2}} r^2\sin\theta\mathrm{d}r = \frac{2\sqrt{2}}{3}\int_{\frac{\pi}{2}}^{\frac{3}{4}\pi}\sin\theta\mathrm{d}\theta = -\frac{2\sqrt{2}}{3}\cos\theta\Big|_{\frac{\pi}{2}}^{\frac{3}{4}\pi} = \frac{2}{3}$.

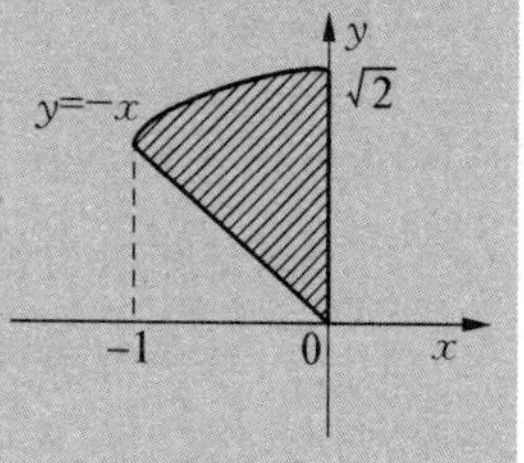

图 6－27

习题 6.9

1. 化二重积分 $I=\iint\limits_D f(x,y)\mathrm{d}\sigma$ 为二次积分(分别列出对两个变量先后次序不同的二次积分)，其中积分区域 D：

(1) 由直线 $y=x$ 及抛物线 $y^2=4x$ 所围成的闭区域；

(2) 由直线 $y=x$，$x=2$ 及双曲线 $y=\dfrac{1}{x}(x>0)$ 所围成的闭区域.

2. 画出积分区域，并计算下列二重积分.

(1) $\iint\limits_D x\sqrt{y}\mathrm{d}\sigma$，其中 D 是由两条抛物线 $y=\sqrt{x}$，$y=x^2$ 所围成的闭区域；

(2) 计算 $\iint\limits_D xy\mathrm{d}x\mathrm{d}y$，D 是由 $x^2-y^2=1$ 及 $y=0, y=1$ 所围区域；

(3) 计算 $\iint\limits_D x\mathrm{d}x\mathrm{d}y$，其中 D 是以 $O(0,0), A(1,2), B(2,1)$ 为顶点的三角形区域.

3. 交换二次积分 $\int_0^1\mathrm{d}y\int_0^y f(x,y)\mathrm{d}x$ 的积分次序.

4. 交换二次积分 $\int_0^1\mathrm{d}x\int_0^{x^2} f(x,y)\mathrm{d}y+\int_1^3 dx\int_0^{\frac{1}{2}(3-x)} f(x,y)\mathrm{d}y$ 的积分次序.

5. 计算二次积分 $\int_0^2\mathrm{d}x\int_x^2 \mathrm{e}^{-y^2}\mathrm{d}y$.

6. 计算 $\iint\limits_D y\mathrm{d}x\mathrm{d}y$，$D$ 是由 $x=\dfrac{\pi}{4}, x=\pi, y=0, y=\cos x$ 围成的区域.

7. 设 $f(x,y)$ 在 D 上连续，将二重积分 $I=\iint\limits_D f(x,y)\mathrm{d}x\mathrm{d}y$ 化为极坐标形式下的二次积分.

(1) 当 $D=\{(x,y)\,|\,x^2+y^2\leqslant 2x\}$；

(2) 当 $D=\{(x,y)\,|\,a^2\leqslant x^2+y^2\leqslant b^2\}$，其中 $0<a<b$.

8. 把积分 $\int_0^{2a}\mathrm{d}x\int_0^{\sqrt{2ax-x^2}}(x^2+y^2)\mathrm{d}y$ 化为极坐标形式，并计算积分值.

9. 选用适当坐标计算下列各题.

(1) $\iint\limits_D (x^2+y^2)\mathrm{d}x\mathrm{d}y$，$D$：$x^2+y^2\geqslant 2x, x^2+y^2\leqslant 4x$；

(2) $\iint\limits_D \sqrt{x}\,\mathrm{d}x\mathrm{d}y, D=\{(x,y)\mid x^2+y^2\leqslant x\}$;

(3) $\iint\limits_D \frac{x^2}{y^2}\mathrm{d}\sigma$，其中 D 是由直线 $x=2$，$y=x$ 及曲线 $xy=1$ 所围成的闭区域.

本章小结

1. 空间直角坐标系:坐标系,卦限,两点距离,向量表示.
2. 二元函数的概念:定义域,极限,连续.
3. 偏导数与全微分.
4. 复合函数偏导数.

在求复合函数的微分时,应先分清变量间的关系:哪些是中间变量,哪些是自变量.一般,可画出变量关系图,明确复合关系,然后运用公式得到正确结果.

5. 二元函数的极值.
6. 二重积分的概念与性质.
7. 二重积分的计算.

复 习 题 6

一、选择题

1. 二元函数 $z=\frac{1}{\ln(xy)}$ 的定义域为 (　　)

A. $\{(x,y)\mid xy\neq 0\}$　　B. $\{(x,y)\mid x>0,y>0,xy\neq 1\}$

C. $\{(x,y)\mid x<0,y<0,xy\neq 1\}$　　D. $\{(x,y)\mid xy>0,xy\neq 1\}$

2. 极限 $\lim\limits_{(x,y)\to(0,2)}\frac{\sin(xy)}{x}=$ (　　)

A. 0　　B. 1

C. 2　　D. 不存在

3. 函数 $f(x,y)=\begin{cases}\frac{xy}{x^2+y^2}, & (x,y)\neq(0,0)\\ 0, & (x,y)=(0,0)\end{cases}$ 在点$(0,0)$处 (　　)

A. 连续但不可偏导　　B. 可偏导但不连续

C. 连续且可偏导但不可微分　　D. 可微分

4. 函数 $z=f(x,y)$ 在点 (x_0,y_0) 处的两个偏导数存在是函数在该点连续的 (　　)

A. 充分非必要条件　　B. 必要非充分条件

C. 充分必要条件　　D. 既非充分条件又非必要条件

5. 设 $D=\{(x,y)\mid 1\leqslant x^2+y^2\leqslant 9\}$，则 $\iint\limits_D \mathrm{d}x\mathrm{d}y=$ (　　)

A. π　　B. 2π　　C. 3π　　D. 8π

二、填空题

1. 设 $f(x,y)=\frac{x-3y}{x^2+y^2}$，则 $f(2,-1)=$ ________.

2. 极限 $\lim\limits_{(x,y)\to(0,0)}\frac{\sqrt{xy+1}-1}{\sqrt{xy}}=$ ________.

3. 设 $z=e^{x-2y}$，而 $x=\sin t, y=t^2$，则 $\frac{dz}{dt}=$ ________.

4. 函数 $z=e^x+\sin y$ 的全微分 $dz=$ ________________.

5. 球面 $x^2+y^2+z^2=9$ 在点(1,2,2)处的切平面方程为________________.

6. 交换二次积分次序后 $\int_0^1 dy\int_{-\sqrt{1-y^2}}^{\sqrt{1-y^2}} f(x,y)dx=$ ________________.

三、解答与证明题

1. 求函数 $z=xe^x\sin y$ 的二阶偏导数.

2. 设 $u=x+\sin\frac{y}{2}+e^{yz}$，求 du.

3. 设 $z=e^u\sin v, u=xy, v=x+y$，求 $\frac{\partial z}{\partial x}$ 与 $\frac{\partial z}{\partial y}$.

4. 设函数 $y=y(x)$ 由方程 $e^{xy}+\cos(xy)=0$ 确定，求 $\frac{dy}{dx}$.

5. 求下列函数的极值.

(1) $f(x,y)=4(x-y)-x^2-y^2$；

(2) $f(x,y)=x^3+y^3-3xy$.

6. 求曲线 $x=\int_0^t e^u\cos u du, y=2\sin t+\cos t, z=1+e^{3t}$ 在 $t=0$ 处的切线与法平面.

7. 求曲面 $x^2+2y^2+3z^2=6$ 在点(1,1,1)处的切平面及法线方程.

8. 计算 $\iint\limits_D xy d\sigma$，其中 D 是由抛物线 $y^2=x$ 及直线 $y=x-2$ 所围成的闭区域.

9. 计算 $\iint\limits_D \frac{\sin(\pi\sqrt{x^2+y^2})}{\sqrt{x^2+y^2}}dxdy$，其中积分区域 $D=\{(x,y)\mid 1\leqslant x^2+y^2\leqslant 4\}$.

思政案例

极值的诗情画意

宋代著名文学家苏轼曾畅游庐山，留有名诗《题西林壁》：

横看成岭侧成峰，远近高低各不同；
不识庐山真面目，只缘身在此山中.

诗的前两句是表现庐山的高低起伏、错落有致.在群山中各个山峰的顶端虽然不一定是群山的最高处，但它却是附近的最高点，将其抽象为函数图像，我们可以思考图像中共有多少个相对于附近的"最高(低)"点？"最高(低)"点处的函数值有何特点？从几何角度结合本章的内容总结如下：

特征一：峰点比附近的点高，谷点比附近的点低，即出现了极值，但极值是一个局部概念，它是局部的最值；极值点一定在区间内部，端点不一定是极值点.

特征二：在峰点和谷点处，若有切线，择切线水平.

特征三：在峰点两侧，曲线由上升转为下降；在谷点两侧，曲线由下降转为上升.

诗的后两句“不识庐山真面目，只缘身在此山中”，即身在庐山之中，视野仅为庐山峰峦的局部，并不是庐山的全貌。这也启迪我们由于所处的地位不同，看问题的出发点不同，对客观事物的认识难免有一定的片面性，要认识事物的真相与全貌，就必须超越狭小的范围，摆脱主观的成见.

第 7 章　无穷级数

本章提要　级数是研究无穷项和的问题，是表示函数、研究函数性质以及进行数值计算的重要工具，本章首先讨论常数项级数，介绍其基本概念和敛散性的判断，然后研究函数项级数，最后研究把函数展开为幂级数.

7.1　常数项级数的概念和性质

【同步微课】

7.1.1　常数项级数的概念

战国时代哲学家庄周所著的《庄子・天下篇》中提到"一尺之棰，日取其半，万世不竭"，也就是说一根长为一尺的木棒，每天截去一半，这样的过程可以无限制的进行下去. 若把每天截下那一部分的长度"加"起来：

$$\frac{1}{2}+\frac{1}{2^2}+\frac{1}{2^3}+\cdots+\frac{1}{2^n}+\cdots$$

这就是一个"无限个数相加"的例子. 从直观上可以看到，它的和是 1.

再如下面由"无限个数相加"的表达式：

$$1+(-1)+1+(-1)+\cdots$$

如果将它写作 $(1-1)+(1-1)+(1-1)+\cdots=0+0+0+\cdots$，
其结果无疑是 0，如写作

$$1+[(-1)+1]+[(-1)+1]+\cdots=1+0+0+\cdots$$

其结果就是 1.

因此两个结果完全不同. 由此提出这样的问题："无限个数相加"是否存在"和"；如果存在，"和"等于什么？可见，"无限个数相加"不能简单地引用有限个数相加的概念，而需建立它本身的理论.

设已给数列 $\{u_n\}$：$u_1,u_2,u_3,\cdots,u_n,\cdots$，表达式 $u_1+u_2+u_3+\cdots+u_n+\cdots$ 或记为 $\sum\limits_{n=1}^{\infty}u_n$，称为无穷级数，简称级数，其中 u_n 叫作级数的通项或一般项.

各项都是常数的级数叫作常数项级数，如 $\sum\limits_{n=1}^{\infty}\dfrac{1}{n!}$，　$\sum\limits_{n=1}^{\infty}\dfrac{1}{n(n+1)}$ 等.

各项是函数的级数，称为函数项级数，如 $\sum\limits_{n=1}^{\infty}\dfrac{x^n}{n^2}$，　$\sum\limits_{n=1}^{\infty}\dfrac{\sin n\pi x}{2^n}$ 等.

作常数项级数的前 n 项的和 $s_n=u_1+u_2+u_3+\cdots+u_n$，$s_n$ 称为级数的部分和. 从而得到一个新的序列：$s_1=u_1$，$s_2=u_1+u_2$，$s_3=u_1+u_2+u_3$，$\cdots$，$s_n=u_1+u_2+u_3+\cdots+u_n$.

定义 如果级数 $\sum_{n=1}^{\infty} u_n$ 的部分和数列 $\{s_n\}$ 有极限 s，即 $\lim_{n\to\infty} s_n = s$，则称级数 $\sum_{n=1}^{\infty} u_n$ 收敛，这时极限 s 叫作这个级数的和，记为 $\sum_{n=1}^{\infty} u_n = s$

如果 $\{s_n\}$ 没有极限，则称级数 $\sum_{n=1}^{\infty} u_n$ 发散.

此时称 $r_n = s - s_n$ 为级数第 n 项以后的余项.

【例 1】 证明等比级数(几何级数) $a + aq + aq^2 + \cdots + aq^{n-1} + \cdots (a \neq 0)$ 当 $|q| < 1$ 时收敛，当 $|q| \geqslant 1$ 时发散.

证明 当 $q \neq 1$ 时，其前 n 项和 $s_n = a + aq + aq^2 + \cdots + aq^{n-1} = a \cdot \dfrac{1-q^n}{1-q}$.

若 $|q| < 1$，则 $\lim_{n\to\infty} q^n = 0$，于是 $\lim_{n\to\infty} s_n = \lim_{n\to\infty} a\dfrac{1-q^n}{1-q} = \dfrac{a}{1-q}$，即当 $|q| < 1$ 时等比级数收敛，且其和为 $\dfrac{a}{1-q}$. 当 $|q| > 1$，则 $\lim_{n\to\infty} |q|^n = \infty$. $n \to \infty$ 时，s_n 是无穷大量，级数发散.

若 $q = 1$，则级数成为 $a + a + a + \cdots$，于是 $s_n = na$，$\lim_{n\to\infty} s_n = \infty$，级数发散.

若 $q = -1$，则级数成为 $a - a + a - a + \cdots$，当 n 为奇数时，$s_n = a$，而当 n 为偶数时，$s_n = 0$. 当 $n \to \infty$ 时，s_n 无极限，所以级数也发散.

【例 2】 证明级数 $\sum_{n=1}^{\infty} \dfrac{1}{n(n+1)} = 1$.

证明 $S_n = \dfrac{1}{1\times 2} + \dfrac{1}{2\times 3} + \cdots + \dfrac{1}{n(n+1)} = \left(1 - \dfrac{1}{2}\right) + \left(\dfrac{1}{2} - \dfrac{1}{3}\right) + \cdots + \left(\dfrac{1}{n} - \dfrac{1}{n+1}\right) = 1 - \dfrac{1}{n+1}$，当 $n \to \infty$ 时，$S_n \to 1$. 所以级数 $\sum_{n=1}^{\infty} \dfrac{1}{n(n+1)} = 1$.

7.1.2 收敛级数的基本性质

由级数收敛性定义，可得下面性质：

性质 1 若级数 $\sum_{n=1}^{\infty} u_n$ 收敛，其和为 s，又 k 为常数，则 $\sum_{n=1}^{\infty} ku_n$ 也收敛，且 $\sum_{n=1}^{\infty} ku_n = k\sum_{n=1}^{\infty} u_n$ (级数的每一项同乘一个不为零的常数后，它的收敛性不会改变).

性质 2 若已知两个级数收敛 $\sum_{n=1}^{\infty} u_n = s$，$\sum_{n=1}^{\infty} v_n = \sigma$，则 $\sum_{n=1}^{\infty} (u_n \pm v_n) = s \pm \sigma$ (两个收敛级数可以逐项相加与逐项相减).

性质 3 改变级数的有限项的值不改变级数的敛散性.

性质 4 收敛级数中的各项(按其原来的次序)任意合并(即加上括号)以后所成的新级数仍然收敛，而且其和不变.

推论 1 一个级数如果添加括号后所成的新级数发散，那么原级数一定发散.

7.1.3 级数收敛的必要条件

定理 若级数 $\sum_{n=1}^{\infty} u_n$ 收敛,则 $\lim_{n\to\infty} u_n = 0$.

证明 设 $\sum_{n=1}^{\infty} u_n = s$, 即 $\lim_{n\to\infty} s_n = s$, 则 $\lim_{n\to\infty} s_{n-1} = s$, 所以

$$\lim_{n\to\infty} u_n = \lim_{n\to\infty}(s_n - s_{n-1}) = \lim_{n\to\infty} s_n - \lim_{n\to\infty} s_{n-1} = s - s = 0.$$

推论2 若级数 $\sum_{n=1}^{\infty} u_n$ 的通项 u_n, 当 $n\to\infty$ 时不趋于零,则此级数必发散.

注1:级数的一般项趋于零并不是级数收敛的充分条件,比如调和级数

$$1+\frac{1}{2}+\frac{1}{3}+\cdots+\frac{1}{n}+\cdots,$$

它的一般项 $u_n = \frac{1}{n} \to 0 (n\to\infty)$, 但是它是发散的.

注2:本节主要是依据级数的定义及其性质判别级数的敛散性. 如

(1) $\sum_{n=1}^{\infty}(\sqrt{n+1}-\sqrt{n})$

$$\because S_n = \sum_{k=1}^{n}(\sqrt{k+1}-\sqrt{k}) = (\sqrt{2}-1)+(\sqrt{3}-\sqrt{2})+(\sqrt{4}-\sqrt{3})+\cdots+(\sqrt{n+1}-\sqrt{n})$$
$$= \sqrt{n+1}-1 \to \infty (n\to\infty),$$

∴级数发散.

(2) $\left(\frac{1}{2}+\frac{1}{3}\right)+\left(\frac{1}{2^2}+\frac{1}{3^2}\right)+\left(\frac{1}{2^3}+\frac{1}{3^3}\right)+\cdots+\left(\frac{1}{2^n}+\frac{1}{3^n}\right)+\cdots$

∵级数为 $\sum_{n=1}^{\infty}\left(\frac{1}{2^n}+\frac{1}{3^n}\right) = \sum_{n=1}^{\infty}\frac{1}{2^n}+\sum_{n=1}^{\infty}\frac{1}{3^n}$, 分别为等比级数且 $q=\frac{1}{2},\frac{1}{3}$,

∴原级数收敛.

(3) $\frac{1}{3}+\frac{1}{\sqrt{3}}+\frac{1}{\sqrt[3]{3}}+\cdots+\frac{1}{\sqrt[n]{3}}+\cdots$

$\because u_n = \frac{1}{\sqrt[n]{3}} \to 1 (n\to\infty)$, ∴ 原级数发散.

习题 7.1

1. 写出下列级数的一般项.

(1) $\frac{1!}{2}+\frac{2!}{5}+\frac{3!}{10}+\frac{4!}{17}+\cdots$ (2) $-\frac{1}{2}+\frac{2}{2^2}-\frac{3}{2^3}+\frac{4}{2^4}-\cdots$

(3) $\frac{1}{4}-\frac{1}{7}+\frac{1}{10}-\frac{1}{13}+\cdots$ (4) $\frac{1!}{1}+\frac{2!}{2^2}+\frac{3!}{3^3}+\frac{4!}{4^4}+\cdots$

2. 已知级数 $\sum_{n=1}^{\infty} u_n$ 的前 n 项和 $s_n = \frac{2n}{n+1}$, (1) 级数的一般项 $u_n =$ ________;(2)级

数的和 $s=$ ________.

3. 写出级数 $\sum_{n=1}^{\infty}\frac{1}{(2n-1)(2n+1)}$ 的部分和 s_n，并讨论该级数的敛散性.

4. 依据级数收敛与发散的定义，判断下列级数的收敛性.

(1) $\sum_{n=1}^{\infty}\frac{1}{n(n+1)}$；　(2) $\sum_{n=1}^{\infty}\ln\frac{n+1}{n}$；

(3) $\sum_{n=1}^{\infty}\frac{1}{n(n+3)}$；　(4) $\sum_{n=1}^{\infty}\frac{1}{\left(1+\frac{1}{n}\right)^{n}}$.

5. 判断下列命题是否正确.

(1) 若 $\lim\limits_{n\to\infty}u_n=0$，则级数 $\sum_{n=1}^{\infty}u_n$ 收敛；

(2) 若 $\lim\limits_{n\to\infty}u_n\neq 0$，则级数 $\sum_{n=1}^{\infty}u_n$ 发散；

(3) 若级数 $\sum_{n=1}^{\infty}u_n$ 发散，则 $\lim\limits_{n\to\infty}u_n\neq 0$；

(4) 若级数 $\sum_{n=1}^{\infty}u_n$ 发散，则必有 $\lim\limits_{n\to\infty}u_n=\infty$；

(5) 若级数 $\sum_{n=1}^{\infty}u_n$，$\sum_{n=1}^{\infty}v_n$ 都发散，则级数 $\sum_{n=1}^{\infty}(u_n+v_n)$ 必发散；

(6) 若级数 $\sum_{n=1}^{\infty}(u_n+v_n)$ 收敛，则级数 $\sum_{n=1}^{\infty}u_n$，$\sum_{n=1}^{\infty}v_n$ 都收敛；

(7) 若级数 $\sum_{n=1}^{\infty}u_n$ 收敛，$\sum_{n=1}^{\infty}v_n$ 发散，则级数 $\sum_{n=1}^{\infty}(u_n+v_n)$ 必发散；

(8) 若级数 $\sum_{n=1}^{\infty}(u_n+v_n)$ 发散，则级数 $\sum_{n=1}^{\infty}u_n$，$\sum_{n=1}^{\infty}v_n$ 都发散；

(9) 若级数 $\sum_{n=1}^{\infty}(u_{2n-1}+u_{2n})$ 收敛，则级数 $\sum_{n=1}^{\infty}u_n$ 收敛；

(10) 若级数 $\sum_{n=1}^{\infty}(u_{2n-1}+u_{2n})$ 收敛，则 $\lim\limits_{n\to\infty}u_n=0$；

(11) 若级数 $\sum_{n=1}^{\infty}(u_{2n-1}+u_{2n})$ 发散，则级数 $\sum_{n=1}^{\infty}u_n$ 发散；

(12) 若 $\lim\limits_{n\to\infty}u_n=0$ 则级数 $\sum_{n=1}^{\infty}(u_{2n-1}+u_{2n})$ 收敛.

6. 利用几何级数、调和级数的敛散性及常数项级数的基本性质，判断下列级数的敛散性.

(1) $\sum_{n=1}^{\infty}\frac{1}{3n}$；　(2) $\sum_{n=1}^{\infty}\frac{n+2^n}{n\cdot 2^n}$；　(3) $\sum_{n=1}^{\infty}\left(\frac{1}{2^n}+\frac{1}{3^n}\right)$；　(4) $\sum_{n=1}^{\infty}\left(\frac{n}{n+1}\right)^{n}$.

7. 判别级数 $\sum_{n=1}^{\infty}n\tan\frac{1}{n}$ 的敛散性.

7.2 常数项级数的审敛法

【同步微课】

7.2.1 正项级数及其审敛法

一般的常数项级数，它的各项可以是正数、负数或者零. 现在我们先讨论各项都是正数或零的级数，这种级数称为正项级数.

对于正项级数

$$\sum_{n=1}^{\infty} u_n = u_1 + u_2 + \cdots + u_n + \cdots,\text{其中 } u_n \geqslant 0 \tag{1}$$

设其部分和为 s_n，显然部分和数列 $\{s_n\}$ 是单调增加的，也就是：

$$s_1 \leqslant s_2 \leqslant \cdots \leqslant s_n \leqslant \cdots (n = 1, 2, \cdots)$$

从而 s_n 只有两种变化情况：

(1) s_n 无限增大，于是 $\lim\limits_{n\to\infty} s_n$ 不存在；

(2) 存在一个正数 M，使得 $|s_n| < M$. 此时，根据数列极限存在准则，$\lim\limits_{n\to\infty} s_n$ 存在. 对于情况(1)表明级数(1)发散；对于情况(2)表明级数是收敛的. 因此正项级数是否收敛只要判定是否存在一个正数 M，使得 $|s_n| < M$ 就行了. 下面我们介绍几种判别法.

定理 1　比较审敛法

设 $\sum\limits_{n=1}^{\infty} u_n$ 和 $\sum\limits_{n=1}^{\infty} v_n$ 是两个正项级数，如果存在某正数 N，对一切 $n > N$，都有 $u_n \leqslant v_n$，那么：(1) 若级数 $\sum\limits_{n=1}^{\infty} v_n$ 收敛，则级数 $\sum\limits_{n=1}^{\infty} u_n$ 也收敛；

(2) 若级数 $\sum\limits_{n=1}^{\infty} u_n$ 发散，则级数 $\sum\limits_{n=1}^{\infty} v_n$ 也发散.

定理 2　比值审敛法的极限形式

设 $\sum\limits_{n=1}^{\infty} u_n$ 和 $\sum\limits_{n=1}^{\infty} v_n$ 都是正项级数.

(1) 如果 $\lim\limits_{n\to\infty} \dfrac{u_n}{v_n} = l(0 \leqslant l < +\infty)$，且级数 $\sum\limits_{n=1}^{\infty} v_n$ 收敛，那么级数 $\sum\limits_{n=1}^{\infty} u_n$ 收敛；

(2) 如果 $\lim\limits_{n\to\infty} \dfrac{u_n}{v_n} = l > 0$ 或 $\lim\limits_{n\to\infty} \dfrac{u_n}{v_n} = +\infty$，且级数 $\sum\limits_{n=1}^{\infty} v_n$ 发散，那么级数 $\sum\limits_{n=1}^{\infty} u_n$ 发散.

【例 1】 判断以下正项级数的敛散性.

(1) $\sum\limits_{n=1}^{\infty} \dfrac{1}{2^n + 1}$；(2) $\sum\limits_{n=1}^{\infty} \dfrac{1}{n + \sqrt{n}}$.

解 (1) 由于 $\dfrac{1}{2^n + 1} < \dfrac{1}{2^n}$，而几何级数 $\sum\limits_{n=1}^{\infty} \dfrac{1}{2^n}$ 是收敛的，则有比较判别法知：$\sum\limits_{n=1}^{\infty} \dfrac{1}{2^n + 1}$ 收敛.

(2) 由于 $\dfrac{1}{n + \sqrt{n}} > \dfrac{1}{2n}$，$\sum\limits_{n=1}^{\infty} \dfrac{1}{2n} = \dfrac{1}{2} \sum\limits_{n=1}^{\infty} \dfrac{1}{n}$，而调和级数 $\sum\limits_{n=1}^{\infty} \dfrac{1}{n}$ 是发散的，则 $\sum\limits_{n=1}^{\infty} \dfrac{1}{2n}$ 也发散. 则由比较审敛法知 $\sum\limits_{n=1}^{\infty} \dfrac{1}{n + \sqrt{n}}$ 也发散.

【例 2】 判断下列级数的敛散性.

(1) $\sum_{n=1}^{\infty}\frac{1}{2^n-n}$; (2) $\sum_{n=1}^{\infty}\sin\frac{1}{n}$.

解 (1) 由于 $\lim_{n\to\infty}\frac{\frac{1}{2^n-n}}{\frac{1}{2^n}}=\lim_{n\to\infty}\frac{2^n}{2^n-n}=\lim_{n\to\infty}\frac{1}{1-\frac{n}{2^n}}=1$，而 $\sum_{n=1}^{\infty}\frac{1}{2^n}$ 是收敛的，故 $\sum_{n=1}^{\infty}\frac{1}{2^n-n}$ 也收敛.

(2) $\sum_{n=1}^{\infty}\sin\frac{1}{n}=\sin 1+\sin\frac{1}{2}+\cdots+\sin\frac{1}{n}+\cdots$，由于 $\lim_{n\to\infty}\frac{\sin\frac{1}{n}}{\frac{1}{n}}=1$，而 $\sum_{n=1}^{\infty}\frac{1}{n}$ 发散，故 $\sum_{n=1}^{\infty}\sin\frac{1}{n}$ 也发散.

【例 3】 讨论 p-级数 $1+\frac{1}{2^p}+\frac{1}{3^p}+\cdots+\frac{1}{n^p}+\cdots$ 的敛散性($p>0$).

解 当 $p\leqslant 1$ 时，$\frac{1}{n^p}\geqslant\frac{1}{n}$，由于调和级数 $\sum_{n=1}^{\infty}\frac{1}{n}$ 发散. 由比较审敛法，当 $p\leqslant 1$ 时，该级数是发散的.

当 $p>1$ 时，按顺序把该级数按 1 项、2 项、4 项、8 项……括在一起.

$$1+\left(\frac{1}{2^p}+\frac{1}{3^p}\right)+\left(\frac{1}{4^p}+\frac{1}{5^p}+\frac{1}{6^p}+\frac{1}{7^p}\right)+\left(\frac{1}{8^p}+\cdots+\frac{1}{15^p}\right)+\cdots \tag{2}$$

它的各项显然小于下列级数的各项.

$$1+\left(\frac{1}{2^p}+\frac{1}{2^p}\right)+\left(\frac{1}{4^p}+\frac{1}{4^p}+\frac{1}{4^p}+\frac{1}{4^p}\right)+\left(\frac{1}{8^p}+\cdots+\frac{1}{8^p}\right)+\cdots$$

即

$$1+\frac{1}{2^{p-1}}+\frac{1}{4^{p-1}}+\frac{1}{8^{p-1}}+\cdots \tag{3}$$

而后一个级数是等比级数，其比 $q=\left(\frac{1}{2}\right)^{p-1}<1$，所以级数(3)收敛.

于是根据级数收敛的比较审敛法，当 $p>1$ 时，级数(2)收敛，而级数(2)是正项级数，所以加括号不影响其敛散性，故原 p-级数收敛.

综上所述，p-级数当 $p\leqslant 1$ 时，发散；当 $p>1$ 时，收敛.

定理 3 比值审敛法

若 $\sum_{n=1}^{\infty}u_n$ 为正项级数，且 $\lim_{n\to\infty}\frac{u_{n+1}}{u_n}=q$，则：

(1) 当 $q<1$ 时，级数 $\sum_{n=1}^{\infty}u_n$ 收敛；

(2) 当 $q>1$ 或 $q=+\infty$ 时，级数 $\sum_{n=1}^{\infty}u_n$ 发散；

(3) 当 $q=1$ 时，级数 $\sum_{n=1}^{\infty}u_n$ 可能收敛也可能发散.

(证明略)

【例 4】 判断下列级数的敛散性.

(1) $\frac{2}{1}+\frac{2\times5}{1\times5}+\frac{2\times5\times8}{1\times5\times9}+\cdots+\frac{2\times5\times8\cdots[2+3(n-1)]}{1\times5\times9\cdots[1+4(n-1)]}+\cdots$

(2) $\sum\limits_{n=1}^{\infty}nx^{n-1}\quad(x>0)$；　　(3) $\sum\limits_{n=1}^{\infty}\frac{5^n n!}{n^n}$.

解 (1) 由于 $\lim\limits_{n\to\infty}\frac{u_{n+1}}{u_n}=\lim\limits_{n\to\infty}\frac{2+3n}{1+4n}=\frac{3}{4}<1$，由比值审敛法知，原级数收敛.

(2) 由于 $\lim\limits_{n\to\infty}\frac{u_{n+1}}{u_n}=\lim\limits_{n\to\infty}\frac{(n+1)x^n}{nx^{n-1}}=\lim\limits_{n\to\infty}x\cdot\frac{n+1}{n}=x$，故由比值审敛法知：

当 $0<x<1$ 时，$\sum\limits_{n=1}^{\infty}nx^{n-1}$ 收敛；

当 $x>1$ 时，$\sum\limits_{n=1}^{\infty}nx^{n-1}$ 发散；

当 $x=1$ 时，$\sum\limits_{n=1}^{\infty}nx^{n-1}=\sum\limits_{n=1}^{\infty}n$ 发散.

(3) 由于

$$\lim_{n\to\infty}\frac{u_{n+1}}{u_n}=\lim_{n\to\infty}\frac{\dfrac{5^{n+1}(n+1)!}{(n+1)^{n+1}}}{\dfrac{5^n\cdot n!}{n^n}}=\lim_{n\to\infty}5\cdot\left(\frac{n}{n+1}\right)^n=\lim_{n\to\infty}5\cdot\left[\frac{1}{\left(1+\frac{1}{n}\right)^n}\right]=\frac{5}{\mathrm{e}}>1.$$

故原级数发散.

定理 4　根值审敛法

设 $\sum\limits_{n=1}^{\infty}u_n$ 为正项级数，如果 $\lim\limits_{n\to\infty}\sqrt[n]{u_n}=q$，则有

(1) 当 $q<1$ 时，级数收敛；

(2) 当 $q>1$ 时，级数发散；

(3) 当 $q=1$ 时，级数可能收敛也可能发散.

(证明略)

【例 5】 讨论级数 $\sum\limits_{n=1}^{\infty}\frac{3+(-1)^n}{2^n}$ 的敛散性.

解 由于 $\lim\limits_{n\to\infty}\sqrt[n]{u_n}=\lim\limits_{n\to\infty}\sqrt[n]{\frac{3+(-1)^n}{2^n}}=\frac{1}{2}(<1)$，所以原级数是收敛的.

注：凡能由比值审敛法判别敛散性的级数，它也能用根值审敛法判断. 因而可以说根值审敛法比比值审敛法更有效. 事实上当 $\lim\limits_{n\to\infty}\frac{u_{n+1}}{u_n}=q$ 时，则必有 $\lim\limits_{n\to\infty}\sqrt[n]{u_n}=q$.

例如，级数 $\sum\limits_{n=1}^{\infty}\frac{2+(-1)^n}{2^n}$，由于 $\lim\limits_{m\to\infty}\frac{u_{2m}}{u_{2m-1}}=\lim\limits_{m\to\infty}\frac{\frac{3}{2^{2m}}}{\frac{1}{2^{2m-1}}}=\frac{3}{2}(>1)$，

而
$$\lim_{m\to\infty}\frac{u_{2m+1}}{u_{2m}}=\lim_{m\to\infty}\frac{\frac{1}{2^{2m+1}}}{\frac{3}{2^{2m}}}=\frac{1}{6}(<1),$$

故由比值审敛法无法判别此级数的敛散性,但是用根值审敛法考察这个级数:

$$\lim_{m\to\infty}\sqrt[2m]{u_{2m}}=\lim_{m\to\infty}\sqrt[2m]{\frac{3}{2^{2m}}}=\frac{1}{2},\quad 且\lim_{m\to\infty}\sqrt[2m+1]{u_{2m}+1}=\lim_{m\to\infty}\sqrt[2m+1]{\frac{1}{2^{2m+1}}}=\frac{1}{2}.$$

故 $\lim\limits_{n\to\infty}\sqrt[n]{u_n}=\frac{1}{2}(<1)$ 知原级数是收敛的.

一般地,当 u_n 为乘积式时多用比值审敛法,当 u_n 为乘方形式时多用根值审敛法.

上面我们讨论了正项级数的三个判别法则. 比较审敛法需找一个已知收敛或发散的级数作参照,而比值审敛法与根值审敛法不需要其他参照级数,就其级数本身的特点进行判定,这是它的优点,缺点是当极限 $\lim\limits_{n\to\infty}\frac{u_{n+1}}{u_n}=1$ (或 $\lim\limits_{n\to\infty}\sqrt[n]{u_n}=1$) 时,判别法失效,需用其他判别法判别. 总之,在具体使用这三个判别法时,可根据所给级数的特征灵活选择判别法进行判定.

7.2.2 交错级数及其审敛法

一个级数的各项如果是正负相间的就叫作交错级数. 若 $u_n>0$, $n=1,2,3,\cdots$, 则 $u_1-u_2+u_3-u_4+\cdots+(-1)^{n-1}u_n+\cdots$ 就是一个交错级数.

定理 5 (莱布尼兹定理)如果交错级数 $\sum\limits_{n=1}^{\infty}(-1)^{n-1}u_n$ 满足条件:

(1) $u_n\geqslant u_{n+1}(n=1,2,3,\cdots)$;

(2) $\lim\limits_{n\to\infty}u_n=0$,那么级数收敛,且其和 $s\leqslant u_1$,其余项的绝对值 $|r_n|\leqslant u_{n+1}$.

证明 先证前 $2n$ 项的和 s_{2n} 的极限存在,

$s_{2n}=(u_1-u_2)+(u_3-u_4)+\cdots+(u_{2n-1}-u_{2n})\to\{s_{2n}\}$ (括号非负)

又 $s_{2n}=u_1-(u_2-u_3)-(u_4-u_5)-\cdots-(u_{2n-2}-u_{2n-1})-u_{2n}\to s_{2n}<u_1$

$\therefore \lim\limits_{n\to\infty}s_{2n}=s\leqslant u_1$

$\lim\limits_{n\to\infty}s_{2n+1}=\lim\limits_{n\to\infty}(s_{2n}+u_{2n+1})=s$

故 $\lim\limits_{n\to\infty}s_n=s\leqslant u_1$.

$|r_n|=u_{n+1}-u_{n+2}+\cdots$, $|r_n|$ 也是一个交错级数,故 $|r_n|\leqslant u_{n+1}$. 证明完毕.

【例 6】 证明交错级数 $1-\frac{1}{2}+\frac{1}{3}-\frac{1}{4}+\cdots+(-1)^{n-1}\frac{1}{n}+\cdots$ 收敛.

证明 $u_n=\frac{1}{n}>0$, $u_n=\frac{1}{n}>\frac{1}{n+1}=u_{n+1}(n=1,2,\cdots)$ 及 $\lim\limits_{n\to\infty}u_n=\lim\limits_{n\to\infty}\frac{1}{n}=0$.

由莱氏判别法,知 $\sum\limits_{n=1}^{\infty}(-1)^{n-1}\frac{1}{n}$ 收敛,且其和 $s<1$, 如果取前 n 项的和, $s_n=1-\frac{1}{2}+\frac{1}{3}+\cdots+(-1)^{n-1}\frac{1}{n}$, 作为 s 的近似值,产生的误差 $|r_n|\leqslant\frac{1}{n+1}(=u_{n+1})$.

7.2.3 绝对收敛与条件收敛

每一个任意项级数的各项都换为它的绝对值,那就对应地有一个正项级数,该正项级数与任意项级数的收敛性有下面定理所述的关系.

定理 6 若 $\sum\limits_{n=1}^{\infty}|u_n|$ 收敛,则 $\sum\limits_{n=1}^{\infty}u_n$ 也收敛.

证明 令 $v_n=\frac{1}{2}(|u_n|+u_n)$，则 $v_n\geqslant 0$，即 $\sum\limits_{n=1}^{\infty}v_n$ 是正项级数，

$\because v_n\leqslant|u_n|$， 而 $\sum\limits_{n=1}^{\infty}|u_n|$ 收敛，从而 $\sum\limits_{n=1}^{\infty}2v_n$ 收敛. 又 $2v_n-|u_n|=u_n$，由基本性质知 $\sum\limits_{n=1}^{\infty}u_n$ 收敛.

必须指出，此定理的逆定理不成立.

定义 若 $\sum\limits_{n=1}^{\infty}|u_n|$ 收敛，则称 $\sum\limits_{n=1}^{\infty}u_n$ 是绝对收敛的；如果 $\sum\limits_{n=1}^{\infty}u_n$ 收敛而 $\sum\limits_{n=1}^{\infty}|u_n|$ 发散，则称 $\sum\limits_{n=1}^{\infty}u_n$ 是条件收敛的.

如级数 $\sum\limits_{n=1}^{\infty}(-1)^{n-1}\frac{1}{n}$ 是条件收敛的.

【例 7】 判定级数 $\frac{1}{2}-\frac{1}{2}\times\frac{1}{2^2}+\frac{1}{3}\times\frac{1}{2^3}+\cdots+(-1)^{n+1}\frac{1}{n}\times\frac{1}{2^n}+\cdots$ 是绝对收敛还是条件收敛还是发散？

解 $\because \lim\limits_{n\to\infty}\left|\frac{u_{n+1}}{u_n}\right|=\lim\limits_{n\to\infty}\frac{\frac{1}{n+1}\cdot\frac{1}{2^{n+1}}}{\frac{1}{n}\cdot\frac{1}{2^n}}=\lim\limits_{n\to\infty}\left(\frac{n}{n+1}\cdot\frac{1}{2}\right)=\frac{1}{2}<1$，

$\therefore$ 所给的级数是绝对收敛的.

【例 8】 讨论级数 $\sum\limits_{n=1}^{\infty}\frac{\sin nx}{n^2}$ 的收敛性.

解 由 $u_n=\frac{\sin nx}{n^2}$ 得 $|u_n|=\frac{|\sin nx|}{n^2}\leqslant\frac{1}{n^2}$.

而级数 $\sum\limits_{n=1}^{\infty}\frac{1}{n^2}$ 收敛，故由比较审敛法知 $\sum\limits_{n=1}^{\infty}|u_n|$ 收敛，再由定理 5 知原级数 $\sum\limits_{n=1}^{\infty}\frac{\sin nx}{n^2}$ 收敛，并且为绝对收敛.

【例 9】 判断下列级数是否收敛，若收敛，是条件收敛还是绝对收敛？

(1) $\sum\limits_{n=1}^{\infty}(-1)^{n-1}\frac{1}{n}$；(2) $\sum\limits_{n=1}^{\infty}(-1)^{n-1}\frac{1}{n^2}$；(3) $\sum\limits_{n=1}^{\infty}(-1)^{n-1}\frac{1}{2n-1}$；

解 (1) 原级数为交错级数，$u_n=\frac{1}{n}$，$u_{n+1}=\frac{1}{n+1}$，故 $u_n\geqslant u_{n+1}$ 且 $\lim\limits_{n\to\infty}u_n=0$ 由莱布尼兹定理知原级数收敛. 但由于 $\sum\limits_{n=1}^{\infty}|u_n|=1+\frac{1}{2}+\cdots+\frac{1}{n}+\cdots$ 发散，故原级数为条件收敛.

(2) 由于 $\sum\limits_{n=1}^{\infty}\left|(-1)^{n-1}\frac{1}{n^2}\right|=\sum\limits_{n=1}^{\infty}\frac{1}{n^2}$，而 $\sum\limits_{n=1}^{\infty}\frac{1}{n^2}$ 为收敛级数，故原级数收敛，并且为绝对收敛.

(3) $u_n=\frac{1}{2n-1}$，$\lim\limits_{n\to\infty}u_n=0$，且 $u_n\geqslant u_{n+1}$，根据莱布尼兹定理，知原级数收敛.

又因为 $\left|(-1)^{n-1}\frac{1}{2n-1}\right|=\frac{1}{2n-1}>\frac{1}{2n}$，而级数 $\sum\limits_{n=1}^{\infty}\frac{1}{2n}=\frac{1}{2}\sum\limits_{n=1}^{\infty}\frac{1}{n}$ 发散，由比较审敛法知级数 $\sum\limits_{n=1}^{\infty}\frac{1}{2n-1}$ 发散，所以 $\sum\limits_{n=1}^{\infty}(-1)^{n-1}\frac{1}{2n-1}$ 条件收敛.

习题 7.2

1. 用比较审敛法判定下列级数的收敛性.

(1) $\sum\limits_{n=1}^{\infty}\dfrac{1}{\sqrt{n}}$；　(2) $\sum\limits_{n=1}^{\infty}\dfrac{1}{(2n^2+2n+1)}$；　(3) $\sum\limits_{n=1}^{\infty}\sin\dfrac{\pi}{3^n}$；

(4) $\sum\limits_{n=1}^{\infty}\dfrac{\ln\left(1+\dfrac{1}{n}\right)}{2n}$；　(5) $\sum\limits_{n=1}^{\infty}\dfrac{\ln n}{n}$.

2. 用比值审敛法判别下列正项级数的敛散性.

(1) $\sum\limits_{n=1}^{\infty}\dfrac{3^n}{n\times 2^n}$；　(2) $\sum\limits_{n=1}^{\infty}\dfrac{4^n}{n^2}$；

(3) $\sum\limits_{n=1}^{\infty}\dfrac{1}{(2n-1)!}$；　(4) $\sum\limits_{n=1}^{\infty}\dfrac{n!}{n^n}$.

3. 用根值审敛法判别下列正项级数的敛散性.

(1) $\sum\limits_{n=1}^{\infty}\left(1-\dfrac{1}{n}\right)^{n^2}$；　(2) $\sum\limits_{n=1}^{\infty}\dfrac{1}{2^n}\left(1+\dfrac{1}{n}\right)^{n^2}$；　(3) $\sum\limits_{n=1}^{\infty}\left(\dfrac{n}{3n-1}\right)^{2n-1}$.

4. 判别下列正项级数的敛散性.

(1) $\sum\limits_{n=1}^{\infty}\left(1-\cos\dfrac{\pi}{n}\right)$；　(2) $\sum\limits_{n=1}^{\infty}\dfrac{1\times 3\cdots(2n-1)}{3^n n!}$.

5. 判别下列级数是否收敛，如果收敛，是绝对收敛还是条件收敛.

(1) $\sum\limits_{n=1}^{\infty}(-1)^{n+1}\dfrac{1}{\sqrt{n}}$；　(2) $\sum\limits_{n=1}^{\infty}(-1)^{n+1}\dfrac{1}{2n-1}$；　(3) $\sum\limits_{n=1}^{\infty}(-1)^{n+1}\dfrac{1}{\ln(n+1)}$；

(4) $\sum\limits_{n=1}^{\infty}(-1)^{n-1}\dfrac{n}{3^{n-1}}$；　(5) $\sum\limits_{n=1}^{\infty}(-1)^{n}\dfrac{1}{2^n}$；　(6) $\sum\limits_{n=2}^{\infty}\sin\left(n\pi+\dfrac{1}{\ln n}\right)$.

7.3 幂级数

如果级数 $u_1(x)+u_2(x)+u_3(x)+\cdots+u_n(x)+\cdots$ 的各项都是定义在某区间 I 中的函数，就叫作函数项级数. 当自变量 x 取特定值，如 $x=x_0\in I$ 时，级数变成一个常数项级数 $\sum\limits_{n=1}^{\infty}u_n(x_0)$. 如果这个常数项级数收敛，称为 x_0 函数项级数 $\sum\limits_{n=1}^{\infty}u_n(x)$ 的收敛点，如发散，称 x_0 为发散点，一个函数项级数的收敛点的全体构成它的收敛域.

【同步微课】

7.3.1 幂级数及其收敛域

形如 $\sum\limits_{n=0}^{\infty}a_nx^n=a_0+a_1x+a_2x^2+\cdots+a_nx^n+\cdots$ 的级数称为幂级数，其中常数 $a_0,a_1,a_2,\cdots,a_n,\cdots$ 叫作幂级数的系数. 例如

$$1+x+x^2+\cdots+x^n+\cdots,$$

$$1+x+\frac{1}{2!}x^2+\cdots+\frac{1}{n!}x^n+\cdots,$$

从简单的一个幂级数 $\sum_{n=0}^{\infty} x^{n-1} = 1 + x + x^2 + \cdots + x^n + \cdots$ 公比为 x 的等比级数，当 $|x| < 1$ 时收敛；当 $|x| \geqslant 1$ 时发散出发，因为它的收敛域是以 0 为中心，半径为 1 的对称区间，引入到 $\sum_{n=0}^{\infty} a_n x^n$ 收敛域构造的阿贝尔定理：

定理 1 若有 $x_0 \neq 0$ 使 $\sum_{n=0}^{\infty} a_n x_0^n$ 收敛，则当 $|x| < |x_0|$ 时，幂级数 $\sum_{n=0}^{\infty} a_n x^n$ 绝对收敛；若有 x' 使 $\sum_{n=0}^{\infty} a_n x'$ 发散，则当 $|x| > |x'|$ 时，幂级数 $\sum_{n=0}^{\infty} a_n x^n$ 发散.

证明 先设 x_0 是幂级数 $\sum_{n=0}^{\infty} a_n x^n$ 的收敛点，根据级数收敛的必要条件，有 $\lim\limits_{n\to\infty} a_n x_0^n = 0$，于是存在一个常数 M，使得 $|a_n x_0^n| \leqslant M\,(n=0,1,2,\cdots)$.

这样级数 $\sum_{n=0}^{\infty} a_n x^n$ 的一般项的绝对值

$$|a_n x^n| = \left| a_n x_0^n \cdot \frac{x^n}{x_0^n} \right| = |a_n x_0^n| \cdot \left| \frac{x}{x_0} \right|^n \leqslant M \left| \frac{x}{x_0} \right|^n.$$

因为当 $|x| < |x_0|$ 时，等比级数 $\sum_{n=0}^{\infty} M \left| \frac{x}{x_0} \right|^n$ 收敛（公比 $\left| \frac{x}{x_0} \right| < 1$），所以级数 $\sum_{n=0}^{\infty} |a_n x^n|$ 收敛，也就是级数 $\sum_{n=0}^{\infty} a_n x^n$ 绝对收敛.

定理的第二部分可用反证法证明：若幂级数当 $x = x_0$ 时发散而有一点 x_1 适合 $|x_1| > |x_0|$ 使级数收敛，则根据本定理第一部分，级数当 $x = x_0$ 时应收敛，这与所设矛盾. 定理得证.

推论 如果幂级数 $\sum_{n=0}^{\infty} a_n x^n$ 不是仅在 $x = 0$ 一点收敛，也不是在整个数轴上都收敛，则必有一个确定的数 R 存在，使得：

当 $|x| < R$ 时，幂级数 $\sum_{n=0}^{\infty} a_n x^n$ 绝对收敛；

当 $|x| > R$ 时，幂级数 $\sum_{n=0}^{\infty} a_n x^n$ 发散；

当 $x = R$ 与 $x = -R$ 时，幂级数可能收敛也可能发散.

正数 R 通常叫作幂级数 $\sum_{n=0}^{\infty} a_n x^n$ 的收敛半径，开区间 $(-R, R)$ 叫做幂级数的收敛区间.

关于收敛半径的求法有如下定理：

定理 2 如果幂级数 $\sum_{n=0}^{\infty} a_n x^n$，当 n 充分大以后都有 $a_n \neq 0$，且 $\lim\limits_{n\to\infty} \left| \frac{a_{n+1}}{a_n} \right| = \rho$，则

(1) 当 $0 < \rho < +\infty$ 时，$R = \frac{1}{\rho}$；

(2) 当 $\rho = 0$ 时，$R = +\infty$；

(3) 当 $\rho = +\infty$ 时，$R = 0$.

证明 考察幂级数 $\sum\limits_{n=0}^{\infty}a_nx^n$ 的各项取绝对值所成的级数

$$|a_0|+|a_1x|+|a_2x^2|+\cdots+|a_nx^n|+\cdots$$

这级数相邻两项之比为

$$\frac{|a_{n+1}x^{n+1}|}{|a_nx^n|}=\left|\frac{a_{n+1}}{a_n}\right||x|.$$

(1) 如果 $\lim\limits_{n\to\infty}\left|\frac{a_{n+1}}{a_n}\right|=\rho(\rho\neq0)$ 存在，根据比值审敛法，当 $\rho|x|<1$ 即 $|x|<\frac{1}{\rho}$ 时，级数收敛，从而级数 $\sum\limits_{n=0}^{\infty}a_nx^n$ 绝对收敛；当 $\rho|x|>1$ 即 $|x|>\frac{1}{\rho}$ 时，级数发散并且从某一个 n 开始 $|a_{n+1}x^{n+1}|>|a_nx^n|$，因此一般项 $|a_nx^n|$ 不能趋于零，所以 a_nx^n 也不能趋于零，从而级数 $\sum\limits_{n=0}^{\infty}a_nx^n$ 发散，于是收敛半径 $R=\frac{1}{\rho}$.

(2) 如果 $\rho=0$，则任何 $x\neq0$，有 $\frac{|a_{n+1}x^{n+1}|}{|a_nx^n|}\to0(n\to\infty)$，所以级数收敛，从而级数 $\sum\limits_{n=0}^{\infty}a_nx^n$ 绝对收敛. 于是 $R=+\infty$.

(3) 如果 $\rho=+\infty$，则对于除 $x=0$ 外的其他一切 x 值，级数 $\sum\limits_{n=0}^{\infty}a_nx^n$ 必发散，否则由定理 1 知，当点 $x\neq0$ 时，级数收敛，于是 $R=0$.

【例 1】 求下列各幂级数的收敛域.

(1) $\sum\limits_{n=0}^{\infty}\frac{x^n}{n}$； (2) $\sum\limits_{n=1}^{\infty}\frac{2n-1}{2^n}x^{2n-2}$.

解 (1) $\because \lim\limits_{n\to\infty}\left|\frac{a_{n+1}}{a_n}\right|=\lim\limits_{n\to\infty}\frac{\frac{1}{n+1}}{\frac{1}{n}}=1$, $\therefore R=1$.

当 $x=1$ 时，级数成为 $\sum\limits_{n=0}^{\infty}\frac{1}{n}$ (发散)；

当 $x=-1$ 时，级数成为 $\sum\limits_{n=0}^{\infty}\frac{(-1)^n}{n}$ (收敛).

$\therefore$ 收敛域为 $[-1,1)$.

(2) 因为级数中只出现 x 的偶次幂，所以不能直接用定理 2 来求 R.

可设 $u_n=\frac{2n-1}{2^n}x^{2n-2}$，由比值审敛法 $\lim\limits_{n\to\infty}\left|\frac{u_{n+1}(x)}{u_n(x)}\right|=\lim\limits_{n\to\infty}\left|\frac{\frac{2n+1}{2^{n+1}}x^{2n}}{\frac{2n-1}{2^n}x^{2n-2}}\right|=\frac{x^2}{2}$，

可知：当 $\frac{x^2}{2}<1$，即 $|x|<\sqrt{2}$，幂级数绝对收敛；

当 $\frac{x^2}{2}>1$，即 $|x|>\sqrt{2}$，幂级数发散，故 $R=\sqrt{2}$；

当 $x=\pm\sqrt{2}$ 时，级数成为 $\sum\limits_{n=1}^{\infty}\frac{2n-1}{2^n}$，它是发散的，因此该幂级数的收敛域是 $(-\sqrt{2},\sqrt{2})$.

幂级数一般形式 $\sum_{n=0}^{\infty} a_n (x-x_0)^n$ 的讨论，可用变换 $x-x_0=y$，使之成为 $\sum_{n=0}^{\infty} a_n y^n$ 进行.

7.3.2　幂级数的运算

设幂级数：$a_0+a_1x+a_2x^2+\cdots+a_nx^n+\cdots$ 及 $b_0+b_1x+b_2x^2+\cdots+b_nx^n+\cdots$

分别在区间 $(-R,R)$ 及 $(-R',R')$ 内收敛，对于这两个幂级数，有下列运算成立.

加减法：

$$(a_0+a_1x+a_2x^2+\cdots+a_nx^n+\cdots)\pm(b_0+b_1x+b_2x^2+\cdots+b_nx^n+\cdots)$$
$$=(a_0\pm b_0)+(a_1\pm b_1)x+(a_2\pm b_2)x^2+\cdots+(a_n\pm b_n)x^n+\cdots$$

乘法：

$$(a_0+a_1x+a_2x^2+\cdots+a_nx^n+\cdots)\cdot(b_0+b_1x+b_2x^2+\cdots+b_nx^n+\cdots)$$
$$=a_0b_0+(a_0b_1+a_1b_0)x+(a_0b_2+a_1b_1+a_2b_0)x^2+\cdots$$
$$+(a_0b_n+a_1b_{n-1}+\cdots+a_nb_0)x^n+\cdots$$

可以证明上面两式在 $(-R,R)$ 与 $(-R',R')$ 中较小的区间内成立.

幂级数的和函数有下列重要性质：

性质 1　幂级数 $\sum_{n=0}^{\infty} a_nx^n$ 的和函数 $s(x)$ 在其收敛域 I 上连续.

性质 2　幂级数 $\sum_{n=0}^{\infty} a_nx^n$ 的和函数 $s(x)$ 在其收敛域 I 上可积，并有逐项积分公式：

$$\int_0^x s(x)\mathrm{d}x=\int_0^x\left[\sum_{n=0}^{\infty} a_nx^n\right]\mathrm{d}x=\sum_{n=0}^{\infty}\int_0^x a_nx^n\mathrm{d}x=\sum_{n=0}^{\infty}\frac{a_n}{n+1}x^{n+1},(x\in I)$$

逐项积分后所得到的幂级数和原级数有相同的收敛半径.

性质 3　幂级数 $\sum_{n=0}^{\infty} a_nx^n$ 的和函数 $s(x)$ 在其收敛区间 $(-R,R)$ 内可导，且有逐项求导公式：

$$s'(x)=\left(\sum_{n=0}^{\infty} a_nx^n\right)'=\sum_{n=0}^{\infty}(a_nx^n)'=\sum_{n=1}^{\infty} na_nx^{n-1},\ |x|<R$$

逐项求导后所得到的幂级数和原级数有相同的收敛半径.

【例 2】　求幂级数 $\sum_{n=0}^{\infty}\frac{x^n}{n+1}$ 的和函数.

解　先求收敛域. 由 $\lim_{n\to\infty}\left|\frac{a_{n+1}}{a_n}\right|=\lim_{n\to\infty}\frac{n+1}{n+2}=1$ 得收敛半径 $R=1$.

在端点 $x=-1$ 处，幂级数成为 $\sum_{n=0}^{\infty}\frac{(-1)^n}{n+1}$，是收敛的交错级数；

在端点 $x=1$ 处，幂级数成为 $\sum_{n=0}^{\infty}\frac{1}{n+1}$，是发散的. 因此收敛域为 $I=[-1,1)$.

设和函数为 $s(x)$，即 $s(x)=\sum\limits_{n=0}^{\infty}\dfrac{x^n}{n+1},x\in[-1,1)$. 于是 $xs(x)=\sum\limits_{n=0}^{\infty}\dfrac{x^{n+1}}{n+1}$.

利用性质 3，逐项求导，并由 $\dfrac{1}{1-x}=1+x+x^2+\cdots+x^n+\cdots,(-1<x<1)$

得 $[xs(x)]'=\sum\limits_{n=0}^{\infty}\left(\dfrac{x^{n+1}}{n+1}\right)'=\sum\limits_{n=0}^{\infty}x^n=\dfrac{1}{1-x}(|x|<1)$

对上式从 0 到 x 积分，得 $xs(x)=\int_0^x\dfrac{1}{1-x}\mathrm{d}x=-\ln(1-x),(-1\leqslant x<1)$.

于是，当 $x\neq0$ 时，有 $s(x)=-\dfrac{1}{x}\ln(1-x)$.

而 $s(0)$ 可由 $s(0)=a_0=1$ 得出，

故

$$s(x)=\begin{cases}-\dfrac{1}{x}\ln(1-x), & x\in[-1,0)\cup(0,1)\\ 1, & x=0\end{cases}.$$

习题 7.3

1. 求下列等比级数的收敛区间及和函数.

(1) $1-\dfrac{x}{2}+\left(\dfrac{x}{2}\right)^2-\cdots+(-1)^{n-1}\left(\dfrac{x}{2}\right)^{n-1}+\cdots$；

(2) $3+3\left(\dfrac{x}{4}\right)^2+3\left(\dfrac{x}{4}\right)^4+\cdots+3\left(\dfrac{x}{4}\right)^{2n}+\cdots$.

2. 求下列幂级数的收敛半径与收敛域.

(1) $\sum\limits_{n=0}^{\infty}(-1)^n\dfrac{x^n}{n^2}$；　(2) $\sum\limits_{n=1}^{\infty}(-1)^{n-1}(2x)^n$；　(3) $\sum\limits_{n=1}^{\infty}\dfrac{2^n}{1+n^2}x^n$.

3. 利用逐项求导或逐项积分，求下列级数的和函数 $s(x)$.

(1) $\sum\limits_{n=1}^{\infty}\dfrac{1}{n}x^{n-1}$；　(2) $\sum\limits_{n=1}^{\infty}\dfrac{1}{n+1}x^n$；　(3) $\sum\limits_{n=0}^{\infty}\dfrac{x^{2n+1}}{2n+1}$；

(4) $\sum\limits_{n=1}^{\infty}nx^{n-1}$；　(5) $\sum\limits_{n=1}^{\infty}(n+2)x^{n+3}$；　(6) $\sum\limits_{n=1}^{\infty}\dfrac{x^{4n+1}}{4n+1}$.

7.4 函数展开成幂函数

【同步微课】

7.4.1 泰勒级数

设给定函数 $f(x)$ 在 $x=0$ 点的某邻域内存在任意阶导数，如果 $f(x)$ 在 $x=0$ 点的某邻域内可以展开成幂级数

$$f(x)=\sum_{n=0}^{\infty}a_nx^n=a_0+a_1x+a_2x^2+\cdots+a_nx^n+\cdots \tag{1}$$

将 $x=0$ 代入(1)式，得　$a_0=f(0)$.

对(1)式两边求各阶导数，再将 $x=0$ 代入，可得

$$a_1 = f'(0), a_2 = \frac{f''(0)}{2!}, a_3 = \frac{f'''(0)}{3!}, \cdots, a_n = \frac{f^{(n)}(0)}{n!}, \cdots$$

于是,得到幂级数

$$f(x) = f(0) + f'(0)x + \frac{f''(0)}{2!}x^2 + \cdots + \frac{f^{(n)}(0)}{n!}x^n + \cdots \quad (2)$$

级数(2)称为 $f(x)$的**麦克劳林(Maclaurin)级数**.

称 $$R_n(x) = f(x) - \left[f(0) + f'(0)x + \frac{f''(0)}{2!}x^2 + \cdots + \frac{f^{(n)}(0)}{n!}x^n + \cdots\right]$$

为 $f(x)$的**麦克劳林余项**.

定理 1 如果函数 $f(x)$在 $x = 0$ 的某邻域内存在 $(n+1)$ 阶导数,则有

$$f(x) = f(0) + f'(0)x + \frac{f''(0)}{2!}x^2 + \cdots + \frac{f^{(n)}(0)}{n!}x^n + R_n(x) \quad (3)$$

其中 $$R_n(x) = \frac{f^{(n+1)}(\theta x)}{(n+1)!}x^{n+1} \quad (0 < \theta < 1) \quad (4)$$

(3)式称为**麦克劳林(Maclaurin)公式**,余项(4)式又称为**拉格朗日余项**.

(证明从略)

关于 $f(x)$的麦克劳林级数的收敛情况,有以下结论:

定理 2 设函数 $f(x)$在 $x = 0$ 点的某邻域内存在任意阶导数,则 $f(x)$的麦克劳林级数(2)收敛于 $f(x)$的充分必要条件是 $\lim\limits_{n\to+\infty} R_n(x) = 0$.

(证明从略)

定理 3 说明:如果 $\lim\limits_{n\to+\infty} R_n(x) = 0$, 则有

$$f(x) = f(0) + f'(0)x + \frac{f''(0)}{2!}x^2 + \cdots + \frac{f^{(n)}(0)}{n!}x^n + \cdots \quad (5)$$

公式(5)称为 $f(x)$的**麦克劳林(Maclaurin)展开式**,又称为 $f(x)$的幂级数展开式.

可以证明,$f(x)$的幂级数展开式是唯一的.

7.4.2 函数展开成幂级数

1. 直接展开法

所谓直接展开法,就是按以下步骤将函数展开成幂级数:

(1) 求出 $f(x)$的各阶导数,进而求出 $f(0), f'(0), f''(0), \cdots, f^{(n)}(0), \cdots$;

(2) 写出 $f(x)$的麦克劳林级数,并求出其收敛半径 R 与收敛域;

(3) 考察当 $x \in (-R, R)$ 时, $\lim\limits_{n\to+\infty} R_n(x)$ 是否为零,如果 $\lim\limits_{n\to+\infty} R_n(x) = 0$, 则由(2)所得的级数即为 $f(x)$的幂级数展开式.

【例 1】 将函数 $f(x) = e^x$ 展开成 x 的幂级数.

解 由于 $f^{(n)}(x) = e^x$; $f^{(n)}(0) = 1, (n = 1, 2, \cdots)$; $f(0) = 1$. 于是得级数

$$1+x+\frac{x^2}{2!}+\cdots+\frac{x^n}{n!}+\cdots,$$

它的收敛半径为 $R=+\infty$.

由于 $f(x)$ 的拉格朗日余项为 $R_n(x)=\frac{e^{\xi}}{(n+1)!}x^{n+1}$,($\xi$ 在 0 与 x 之间)

因此, $|R_n(x)|=\frac{e^{\xi}}{(n+1)!}|x|^{n+1}\leqslant e^{|x|}\frac{|x|^{n+1}}{(n+1)!}$.

由于级数 $\sum_{n=0}^{\infty}\frac{|x|^{n+1}}{(n+1)!}$ 的收敛域为 $(-\infty,+\infty)$,

因此 $\lim_{n\to\infty}\frac{|x|^{n+1}}{(n+1)!}=0$. 所以对任何实数 x 均有 $\lim_{n\to\infty}R_n(x)=0$.

于是 $e^x=1+x+\frac{x^2}{2!}+\cdots+\frac{x^n}{n!}+\cdots, x\in(-\infty,+\infty)$.

【例 2】 将函数 $f(x)=\sin x$ 展开成 x 的幂级数.

解 由于 $f^{(n)}(x)=\sin\left(x+\frac{n\pi}{2}\right),(n=1,2,\cdots)$,

$f^{(n)}(0)$ 顺序循环地取 $0,1,0,-1,\cdots(n=1,2,\cdots)$,于是得级数

$$x-\frac{x^3}{3!}+\frac{x^5}{5!}-\cdots+(-1)^{n-1}\frac{x^{2n-1}}{(2n-1)!}+\cdots,$$

它的收敛半径为 $R=+\infty$. 现考察正弦函数的拉格朗日余项,由于

$$|R_n(x)|=\left|\frac{\sin\left(\xi+(n+1)\frac{\pi}{2}\right)}{(n+1)!}x^{n+1}\right|\leqslant\frac{|x|^{n+1}}{(n+1)!}\to 0,\quad(n\to\infty).$$

所以 $\sin x$ 的展式为

$$\sin x=x-\frac{x^3}{3!}+\frac{x^5}{5!}-\cdots+(-1)^{n-1}\frac{x^{2n-1}}{(2n-1)!}+\cdots, x\in(-\infty,+\infty).$$

一般来说,只有少数比较简单的函数,其幂级数展开式能用直接展开法得到,更多的是从已知的展开式出发,间接地求得函数的幂级数展开式,这种方法叫作间接展开法.

2. 间接展开法

用直接展开法求函数 $f(x)$ 的幂级数展开式,既要计算系数,又要考察 $\lim_{n\to\infty}R_n(x)$ 是否为零,这样计算量较大,而且比较复杂. 因此常常采用间接展开法来求函数 $f(x)$ 的幂级数展开式,即利用一些已知函数的幂级数展开式和幂级数的性质,通过变量代换、加减法、逐项求导、逐项积分等方法,将所给函数展开成幂级数.

【例 3】 将函数 $f(x)=\cos x$ 展开成 x 的幂级数.

解 对 $\sin x=x-\frac{x^3}{3!}+\frac{x^5}{5!}-\cdots+(-1)^{n-1}\frac{x^{2n-1}}{(2n-1)!}+\cdots$ 逐项求导,得

$$\cos x=1-\frac{x^2}{2!}+\frac{x^4}{4!}-\cdots+(-1)^n\frac{x^{2n}}{(2n)!}+\cdots, x\in(-\infty,+\infty).$$

【例 4】 将函数 $\frac{1}{3+x}$ 展开成(1) x 的幂级数;(2) $(x-1)$ 的幂级数.

解 (1) 由于 $\frac{1}{1-x}=1+x+x^2+\cdots+x^n+\cdots,(-1<x<1)$

又由于 $\frac{1}{3+x}=\frac{1}{3}\times\frac{1}{1-\left(-\frac{x}{3}\right)}$，将上式中的 x 换成 $-\frac{x}{3}$ 得到

$$\frac{1}{3+x}=\frac{1}{3}\sum_{n=0}^{\infty}\left(-\frac{x}{3}\right)^n=\sum_{n=0}^{\infty}\frac{(-1)^n}{3^{n+1}}x^n,\quad(-3<x<3).$$

(2) 由于 $\frac{1}{3+x}=\frac{1}{4+(x-1)}=\frac{1}{4}\cdot\frac{1}{1-\left(-\frac{x-1}{4}\right)}$

$$=\frac{1}{4}\sum_{n=0}^{\infty}\left(-\frac{x-1}{4}\right)^n=\sum_{n=0}^{\infty}\frac{(-1)^n}{4^{n+1}}(x-1)^n,(|x-1|<4).$$

如果函数 $f(x)$ 在开区间 $(-R,R)$ 内的展开式为 $f(x)=\sum_{n=0}^{\infty}a_nx^n$，而所展开的幂级数在该区间的端点 $x=R$（或 $x=-R$）仍收敛，且函数 $f(x)$ 在 $x=R$（或 $x=-R$）处有定义并连续，那么由幂级数的和函数的连续性，所得展式对 $x=R$（或 $x=-R$）也成立.

【例 5】 将函数 $f(x)=\ln(1+x)$ 展开成 x 的幂级数.

解 因为 $f'(x)=\frac{1}{1+x}$，用例 4 的解法可得

$$\frac{1}{1+x}=1-x+x^2-x^3+\cdots+(-1)^nx^n+\cdots,(-1<x<1)$$

将上式从 0 到 x 逐项积分，得

$$\ln(1+x)=x-\frac{x^2}{2}+\frac{x^3}{3}-\frac{x^4}{4}+\cdots+(-1)^n\frac{x^{n+1}}{n+1}+\cdots,(-1<x<1)$$

又由于 $\ln(1+x)$ 在 $x=1$ 处连续，且上式右边的幂级数在 $x=1$ 处收敛，所以 $\ln(1+x)=x-\frac{x^2}{2}+\frac{x^3}{3}-\frac{x^4}{4}+\cdots+(-1)^n\frac{x^{n+1}}{n+1}+\cdots,(-1<x\leqslant 1)$.

另外，函数 $f(x)=(1+x)^\lambda$（其中 λ 为任意实数）展开成 x 的幂级数为

$$(1+x)^\lambda=1+\lambda x+\frac{\lambda(\lambda-1)}{2!}x^2+\cdots+\frac{\lambda(\lambda-1)\cdot\cdots\cdot(\lambda-n+1)}{n!}x^n+\cdots \tag{6}$$

它的收敛半径为 1，收敛区间是 $(-1,1)$. 在区间的端点，展开式是否成立，要看 λ 的数值而定.

(6) 式称为二项展开式. 特别地，当 λ 为正整数时，级数为 x 的 λ 次多项式，这时的(6)式就是代数中的二项式定理.

当 $\lambda=-\frac{1}{2}$ 时，(6)式为

$$\frac{1}{\sqrt{1+x}}=1-\frac{1}{2}x+\frac{1\times 3}{2\times 4}x^2-\frac{1\times 3\times 5}{2\times 4\times 6}x^3+\cdots,x\in(-1,1]. \tag{7}$$

习题 7.4

1. 利用直接展开法将函数 $f(x)=xe^x$ 展开为麦克劳林级数.

2. 把下列函数展成 x 的幂级数，并写出收敛域.

(1) $y = \ln(3+x)$； (2) $y = \dfrac{x}{2-x}$； (3) $y = \sin^2 x$.

3. 将函数 $f(x) = \dfrac{1}{3-x}$ 按以下方式展开，并求出级数的收敛域.

(1) 按 x 的幂级数展开；

(2) 按 $x-1$ 的幂级数展开.

4. 将函数 $f(x) = \dfrac{1}{x^2+3x+2}$ 在 $x=-3$ 处展开成幂级数.

5. 将函数 $f(x) = \arctan x$ 展开为 x 幂级数.

本章小结

1. 常数项级数的基本概念：设给定数列，把形如 $\sum\limits_{n=1}^{\infty} a_n = a_1 + a_2 + \cdots + a_n + \cdots$ 的式子称为常数项级数，简称级数，其中第 n 项 a_n 称为级数 $\sum\limits_{n=1}^{\infty} a_n$ 的通项（或一般项）.

2. 常数项级数的性质

(1) 若 $\sum\limits_{n=1}^{\infty} a_n$ 收敛于 a，$\sum\limits_{n=1}^{\infty} b_n$ 收敛于 b，c，d 为常数，则 $\sum\limits_{n=1}^{\infty}(ca_n + db_n)$ 也收敛，且 $\sum\limits_{n=1}^{\infty}(ca_n + db_n) = ca \pm db$.

(2) 若级数 $\sum\limits_{n=1}^{\infty} a_n$ 收敛，则 $\lim\limits_{n\to\infty} a_n = 0$.

3. 正项级数及其收敛性

4. 几个常见级数敛散性的重要结论

(1) 调和级数

$$\sum_{n=1}^{\infty} \frac{1}{n} = 1 + \frac{1}{2} + \cdots + \frac{1}{n} + \cdots \text{ 是发散的.}$$

$$\sum_{n=1}^{\infty} (-1)^{n-1} \frac{1}{n} = 1 - \frac{1}{2} + \frac{1}{3} - \frac{1}{4} + \cdots + (-1)^{n-1} \frac{1}{n} + \cdots \text{ 是收敛的.}$$

(2) 几何级数（也称等比级数）

$$\sum_{n=0}^{\infty} aq^n = a + aq + aq^2 + \cdots aq^n + \cdots$$

当 $|q| < 1$ 时，级数收敛，且 $s = \dfrac{a}{1-q}$；

当 $|q| \geqslant 1$ 时，级数发散.

(3) p-级数：$\sum\limits_{n=1}^{\infty} \dfrac{1}{n^p} = 1 + \dfrac{1}{2^p} + \dfrac{1}{3^p} + \cdots + \dfrac{1}{n^p} + \cdots$

当 $p \leqslant 1$ 时发散；

当 $p>1$ 时收敛.

5. 交错项级数

若级数的各项符号正负相间,即

$$u_1-u_2+u_3-u_4+\cdots=\sum_{n=1}^{\infty}(-1)^{n+1}u_n$$

则称此级数为交错项级数,其中 $u_n>0(n=1,2,\cdots)$

莱布尼兹判别法:

若交错级数 $\sum_{n=1}^{\infty}(-1)^{n+1}u_n,u_n>0,n=1,2,\cdots$,满足条件

(1) $u_n\geqslant u_{n+1}$;

(2) $\lim\limits_{n\to\infty}u_n=0$.

则级数 $\sum_{n=1}^{\infty}(-1)^{n+1}u_n$ 收敛,且其和 $s\leqslant u_1$.

6. 绝对收敛与条件收敛

如果级数 $\sum_{n=1}^{\infty}u_n$ 的各项 u_n 可以取任意数,则称为任意项级数.

(1) 若绝对值级数 $\sum_{n=1}^{\infty}|u_n|$ 收敛,则级数 $\sum_{n=1}^{\infty}u_n$ 必然收敛.

(2) 若级数 $\sum_{n=1}^{\infty}|u_n|$ 收敛,则称原级数 $\sum_{n=1}^{\infty}u_n$ 绝对收敛,若级数 $\sum_{n=1}^{\infty}|u_n|$ 发散,但级数 $\sum_{n=1}^{\infty}u_n$ 收敛,则称级数 $\sum_{n=1}^{\infty}u_n$ 为条件收敛.

7. 幂级数的概念

8. 幂级数的收敛半径和收敛域及其求法

若 $\lim\limits_{n\to\infty}\left|\frac{a_n}{a_{n+1}}\right|=R$,其中 a_n,a_{n+1} 是幂级数 $\sum_{n=0}^{\infty}a_nx^n$ 相邻两项的系数,则 R 即是幂级数 $\sum_{n=0}^{\infty}a_nx^n$ 的收敛半径,区间 $(-R,R)$ 称为幂级数的收敛区间;$x=\pm R$ 时,幂级数可能收敛也可能发散.

9. 幂级数的性质

设幂级数 $\sum_{n=0}^{\infty}a_nx^n$ 的收敛区域为 $(-R_1,R_1)$,和函数为 $s_1(x)$,又设 $\sum_{n=0}^{\infty}b_nx^n$ 的收敛区域为 $(-R_2,R_2)$,和函数为 $s_2(x)$.

性质 1 设 $R=\min\{R_1,R_2\}$,则

$$\sum_{n=0}^{\infty}a_nx^n\pm\sum_{n=0}^{\infty}b_nx^n=\sum_{n=0}^{\infty}(a_n\pm b_n)x^n=s_1(x)\pm s_2(x),|x|<R;$$

性质 2 设 $R=\min\{R_1,R_2\}$，则

$$\left(\sum_{n=0}^{\infty}a_nx^n\right)\left(\sum_{n=0}^{\infty}b_nx^n\right)=s_1(x)s_2(x),\ |x|<R;$$

性质 3 幂级数 $\sum_{n=0}^{\infty}a_nx^n$ 在 $(-R_1,R_1)$ 内可以逐项求导，且求导后所得的幂级数的收敛半径与原级数的收敛半径相同，即

$$\left(\sum_{n=0}^{\infty}a_nx^n\right)'=\sum_{n=0}^{\infty}(a_nx^n)'=\sum_{n=0}^{\infty}na_nx^{n-1}=s_1'(x),\ |x|<R_1;$$

性质 4 幂级数 $\sum_{n=0}^{\infty}a_nx^n$ 在收级区域 $(-R_1,R_1)$ 内，可以逐项积分，且积分后所得的幂级数的收敛半径与原级数的收敛半径相同，即

$$\int_0^x\left(\sum_{n=0}^{\infty}a_nx^n\right)\mathrm{d}x=\sum_{n=0}^{\infty}\int_0^x a_nx^n\mathrm{d}x=\sum_{n=0}^{\infty}\frac{1}{n+1}a_nx^{n+1}\mathrm{d}x=\int_0^x s(x)\mathrm{d}x,\ |x|<R.$$

10. 函数的幂级数的展开式

(1) 泰勒级数与麦克劳林级数

若 $f(x)$ 在 x_0 的某邻域内具有各阶导数，则

$$f(x)=f(x_0)+f'(x_0)(x-x_0)+\frac{f''(x_0)}{2!}(x-x_0)^2+\cdots+\frac{f^{(n)}(x_0)}{n!}(x-x_0)^n+\cdots$$

称为 $f(x)$ 在 x_0 处的泰勒级数.

若 $x_0=0$，则有

$$f(x)=f(0)+f'(0)x+\frac{f''(x_0)}{2!}x^2+\cdots+\frac{f^{(n)}(0)}{n!}x^n+\cdots$$

称此级数为函数 $f(x)$ 的麦克劳林级数.

(2) 一些常见函数的幂级数展开式

$$\mathrm{e}^x=\sum_{n=0}^{\infty}\frac{x^n}{n!}=1+x+\frac{x^2}{2!}+\cdots+\frac{x^n}{n!}+\cdots,\ |x|<+\infty;$$

$$\sin x=\sum_{n=0}^{\infty}(-1)^n\frac{x^{2n+1}}{(2n+1)!}=x-\frac{x^3}{3!}+\frac{x^5}{5!}+\cdots+(-1)^n\frac{x^{2n+1}}{(2n+1)!}+\cdots,\ |x|<+\infty;$$

$$\cos x=\sum_{n=0}^{\infty}(-1)^n\frac{x^{2n}}{2n!}=1-\frac{x^2}{2!}+\frac{x^4}{4!}+\cdots+(-1)^n\frac{x^{2n}}{(2n)!}+\cdots,\ |x|<+\infty;$$

$$\frac{1}{1-x}=\sum_{n=0}^{\infty}x^n=1+x+x^2+\cdots+x^n+\cdots,\ |x|<1;$$

$$\frac{1}{1+x}=\sum_{n=0}^{\infty}(-1)^n x^n=1-x+x^2-\cdots+(-1)^n x^n+\cdots,|x|<1;$$

$$\ln(1+x)=\sum_{n=0}^{\infty}(-1)^n\frac{x^{n+1}}{n+1}=x-\frac{x^2}{2}+\cdots+(-1)^n\frac{x^{n+1}}{n+1}+\cdots,-1<x\leqslant 1;$$

(3) 利用一些已知函数的展开式,根据函数的幂级数展开式的唯一性,以及幂级数的运算性质,将所给函数展开成幂级数,有时可以采用变量代换来展开函数成为幂级数,这种方法避免了进行复杂的运算.

复习题 7

一、填空题

1. 幂级数 $\sum_{n=1}^{\infty}(-1)^{n-1}\frac{x^n}{n}$ 在 $(-1,1]$ 上的和函数是________.

2. 幂级数 $\sum_{n=1}^{\infty}\frac{(x-3)^n}{n\cdot 3^n}$ 的收敛域是________.

3. 函数 $f(x)=e^{\frac{x}{2}}$ 在点 $x=0$ 处展开成幂级数为________.

4. 设级数 $\sum_{n=1}^{\infty}(1-u_n)$ 收敛,则 $\lim_{n\to\infty}u_n=$________.

二、选择题

1. 设常数 $a\neq 0$,几何级数 $\sum_{n=1}^{\infty}aq^n$ 收敛,则 q 满足 ( )

A. $q<1$　　B. $-1<q<1$　　C. $q>-1$　　D. $q>1$

2. 若级数 $\sum_{n=1}^{\infty}\frac{1}{n^{p-2}}$ 发散,则有 ( )

A. $p>0$　　B. $p>3$　　C. $p\leqslant 3$　　D. $p\leqslant 2$

3. 若极限 $\lim_{n\to\infty}u_n\neq 0$,则级数 $\sum_{n=1}^{\infty}u_n$ ( )

A. 收敛　　B. 发散

C. 条件收敛　　D. 绝对收敛

4. 如果级数 $\sum_{n=1}^{\infty}u_n$ 发散,k 为常数,则级数 $\sum_{n=1}^{\infty}ku_n$ ( )

A. 发散　　B. 可能收敛,也可能发散

C. 收敛　　D. 无界

5. 正项级数 $\sum_{n=1}^{\infty}u_n$ 收敛的充分必要条件是 ( )

A. $\lim_{n\to\infty}u_n=0$　　B. $\{u_n\}$ 是递减数列

C. $\lim_{n\to\infty}s_n$ 存在(其中 $s_n=\sum_{k=1}^{n}u_k$)　　D. $\lim_{n\to\infty}\frac{u_{n+1}}{u_n}=1$

6. 下列级数中,条件收敛的是 ( )

A. $\sum_{n=1}^{\infty}(-1)^n\frac{n}{n+1}$　　B. $\sum_{n=1}^{\infty}(-1)^n\frac{1}{\sqrt{n}}$

C. $\sum_{n=1}^{\infty}(-1)^n\frac{1}{n^2}$　　D. $\sum_{n=1}^{\infty}(-1)^n\frac{1}{n^3}$

7. 交错级数 $\sum_{n=1}^{\infty}(-1)^n(\sqrt{n+1}-\sqrt{n})$ 是 (　　)

A. 绝对收敛　　B. 发散

C. 条件收敛　　D. 可能收敛,可能发散

8. 设幂级数 $\sum_{n=1}^{\infty}a_nx^n$ 在 $x=2$ 处收敛,则在 $x=-1$ 处 (　　)

A. 绝对收敛　　B. 发散　　C. 条件收敛　　D. 敛散性不一定

9. 设幂级数 $\sum_{n=1}^{\infty}a_nx^n$ 的收敛半径为 $R(0<R<+\infty)$,则幂级数 $\sum_{n=1}^{\infty}a_n\left(\frac{x}{2}\right)^n$ 的收敛半径为 (　　)

A. $\frac{R}{2}$　　B. $2R$　　C. R　　D. $\frac{2}{R}$

10. 幂级数 $1-\frac{x^2}{2!}+\frac{x^4}{4!}-\frac{x^6}{6!}+\cdots$ 在 $(-\infty,+\infty)$ 上的和函数为 (　　)

A. $\sin x$　　B. $\cos x$　　C. $\ln(1+x^2)$　　D. e^x

三、综合题

1. 判别下列级数的敛散性.

(1) $\sum_{n=1}^{\infty}\sin\frac{1}{n^2}$;　　(2) $\sum_{n=1}^{\infty}\frac{1}{\sqrt{n(n+1)}}$;　　(3) $\sum_{n=1}^{\infty}\left(\frac{2n+1}{3n-2}\right)^{2n}$.

2. 判别下列级数是绝对收敛,条件收敛,还是发散?

(1) $\sum_{n=1}^{\infty}(-1)^{n-1}\frac{n^2}{3^n}$;　　(2) $\sum_{n=1}^{\infty}\frac{n^2\cos n}{3^n}$.

3. 用已知函数的展开式,将下列函数展开成 x 幂级数.

(1) $f(x)=\ln(2+x)$;　　(2) $f(x)=\sin 2x$;　　(3) $f(x)=e^{x^2}$.

4. 求下列幂级数的收敛半径和收敛区间.

(1) $\sum_{n=1}^{\infty}\frac{\ln(n+1)}{n+1}x^n$;　　(2) $\sum_{n=1}^{\infty}\left(1+\frac{1}{2}+\frac{1}{3}+\cdots+\frac{1}{n}\right)x^n$;　　(3) $\sum_{n=1}^{\infty}n(x-1)^n$.

思政案例

数学神话——泰勒

布鲁克·泰勒(Brook Taylor,1685—1731 年)是 18 世纪早期英国牛顿学派最优秀代表人物之一.1685 年,他出生于英格兰密德萨斯埃德蒙顿,1709 年后移居伦敦,获法学硕士学位。他在 1712 年当选为英国皇家学会会员,并于两年后获法学博士学位。同年出任英国皇家学会秘书,四年后因健康理由辞退职务。1717 年,他以泰勒定理求解了数值方程.最后在 1731 年 12 月 29 日于伦敦逝世.

泰勒的主要著作是 1715 年出版的《正的和反的增量方法》,此书中他首次陈述了著名的理论——泰勒定理。1772 年,拉格朗日强调了此公式的重要性,而且称之为微分学的基本定理,但泰勒于证明当中并没有考虑级数的收敛性,因而使证明不严谨,这工作直至 19 世纪 20 年代才由柯西完成.

泰勒定理开创了有限差分理论,使任何单变量函数都可展成幂级数;同时也使泰勒成了有限差分理论的奠基者.泰勒在书中还讨论了微积分对一系列物理问题的应用,其中以有关弦的横向振动的结果尤为重要。他透过求解方程导出了基本频率公式,开创了研究弦振问题的先河.

1715年,他还出版了另一本名著《线性透视论》,此外在1719年发表了再版的《线性透视原理》.他以极严密的形式展开其线性透视学体系,提出和使用了“没影点”概念,这对摄影测量制图学的发展有一定影响.

泰勒虽然是一名非常杰出的数学家,但是由于他不喜欢明确和完整地把他的思路写下来,因此他的许多证明没有遗留下来.

第 8 章　微分方程

本章提要　函数是客观事物的内部联系在数量方面的反映，利用函数关系可以对客观事物的规律性进行研究. 因此寻求函数关系具有重要的实践意义，而在许多问题中，不能直接找出所需要的函数关系，但是根据问题提供的情境，有时可以列出所要找的函数及其导数的关系. 这种关系式就是微分方程. 微分方程建立以后，找出未知函数，就是解微分方程. 本章主要介绍微分方程的基本概念、常用的解法，以及常见的微分方程应用模型.

【同步微课】

8.1　常微分方程的基本概念

【引例 1】　一条曲线通过点(1,2)，且在该曲线上任一点 $M(x,y)$ 处的切线的斜率为 $2x$，求这条曲线的方程.

分析　设曲线方程为 $y=y(x)$. 由导数的几何意义可知函数 $y=y(x)$ 满足

$$\frac{\mathrm{d}y}{\mathrm{d}x}=2x \tag{1}$$

同时还满足以下条件：

$$x=1\text{ 时}, y=2 \tag{2}$$

把(1)式两端积分，得

$$y=\int 2x\mathrm{d}x \quad \text{即} \quad y=x^2+C \tag{3}$$

其中 C 是任意常数.

把条件(2)代入(3)式，得

$$C=1,$$

得到所求曲线方程：

$$y=x^2+1 \tag{4}$$

【引例 2】　汽车在平直线路上以 20 m/s 的速度行驶；当制动时汽车获得加速度 $-0.4\ \mathrm{m/s^2}$. 问开始制动后多少时间汽车才能停住，以及汽车在这段时间里行驶了多少路程？

分析　设汽车开始制动后 t 秒时行驶了 s 米. 根据题意，反映制动阶段汽车运动规律的函数 $s=s(t)$ 满足：

$$\frac{\mathrm{d}^2s}{\mathrm{d}t^2}=-0.4 \tag{5}$$

此外，还满足条件：

$$t=0 \text{ 时}, s=0, v=\frac{ds}{dt}=20 \tag{6}$$

(5)式两端积分一次得：

$$v=\frac{ds}{dt}=-0.4t+C_1 \tag{7}$$

再积分一次得

$$s=-0.2t^2+C_1t+C_2 \tag{8}$$

其中 C_1,C_2 都是任意常数.

把条件"$t=0$ 时 $v=20$"和"$t=0$ 时 $s=0$"分别代入(7)式和(8)式，得

$$C_1=20,\ C_2=0$$

把 C_1,C_2 的值代入(7)及(8)式得

$$v=-0.4t+20 \tag{9}$$

$$s=-0.2t^2+20t \tag{10}$$

在(9)式中令 $v=0$，得到汽车从开始制动到完全停止所需的时间：

$$t=\frac{20}{0.4}=50(\text{s}).$$

再把 $t=5$ 代入(10)式，得到汽车在制动阶段行驶的路程：

$$s=-0.2\times 50^2+20\times 50=500(\text{m}).$$

上述两个例子中的关系式(1)和(5)都含有未知函数的导数，它们都是微分方程.

定义 1 一般地，凡表示未知函数、未知函数的导数与自变量之间的关系的方程，叫作微分方程. 未知函数是一元函数的方程叫作常微分方程；未知函数是多元函数的方程，叫作偏微分方程. 本章只讨论常微分方程.

微分方程中所含有的导数(或偏导数)的最高阶的阶数，叫作微分方程的阶. 例如，方程(1)是一阶微分方程；方程(5)是二阶微分方程. 又如，方程

$$y^{(4)}-4y'''+10y''-12y'+5y=\sin 2x$$

是四阶微分方程.

一般地，n 阶微分方程的形式是

$$F(x,y,y',\cdots,y^{(n)})=0, \tag{11}$$

其中 F 是含有 $(n+2)$ 个变量的函数. 这里必须指出，在方程(11)中，$y^{(n)}$ 是必须出现的，而 $x,y,y',\cdots,y^{(n-1)}$ 等变量则可以不出现. 例如 n 阶微分方程

$$y^{(n)}+1=0$$

除 $y^{(n)}$ 外，其他变量都没有出现.

如果能从方程(11)中解出最高阶导数，得微分方程

$$y^{(n)}=f(x,y,y',\cdots,y^{(n-1)}). \tag{12}$$

以后我们讨论的微分方程都是已解出最高阶导数的方程或能解出最高阶导数的方程，且(12)式右端的函数 f 在所讨论的范围内连续.

由前面的例子我们看到，在研究某些实际问题时，首先要建立微分方程，然后找出满足微分方程的函数，就是说，找出这样的函数，把这个函数代入微分方程能使该方程成为恒等式. 这个函数就叫作该微分方程的解. 确切地说，设函数 $y=\varphi(x)$ 在区间 I 上有 n 阶连续导数，如果在区间 I 上，

$$F[x,\varphi(x),\varphi'(x),\cdots,\varphi^{(n)}(x)]\equiv 0,$$

那么函数 $y=\varphi(x)$ 就叫作微分方程(11)在区间 I 上的解.

例如，函数(3)和(4)都是微分方程(1)的解；函数(8)和(10)都是微分方程(5)的解.

如果微分方程的解中含有任意常数，且任意常数的个数与微分方程的阶数相同，这样的解叫作微分方程的通解. 例如，函数(3)是方程(1)的解，它含有一个任意常数，而方程(1)是一阶的，所以函数(3)是方程(1)的通解. 又如，函数(8)是方程的解，它含有两个任意常数，而方程(5)是二阶的，所以函数(8)是方程(5)的通解.

由于通解中含有任意常数，所以它还不能完全确定地反映某一客观事物的规律性，必须确定这些常数的值. 为此，要根据问题的实际情况提出确定这些常数的条件. 例如，引例 1 中的条件(2)，引例 2 中的条件(6)，便是这样的条件.

设微分方程中的未知函数为 $y=y(x)$，如果微分方程是一阶的，通常用来确定任意常数的条件是

$$x=x_0 \text{ 时}, \ y=y_0$$

或写成

$$y\Big|_{x=x_0}=y_0$$

其中 x_0, y_0 都是给定的值；如果微分方程是二阶的，通常用来确定任意常数的条件是：

$$x=x_0 \text{ 时}, \ y=y_0, y'=y'_0$$

或写成

$$y\Big|_{x=x_0}=y_0, y'\Big|_{x=x_0}=y'_0$$

其中 x_0, y_0 和 y'_0 都是给定的值. 上述条件叫作**初始条件**.

确定了通解中的任意常数以后，就得到了**微分方程的特解**. 例如(4)式是方程(1)满足条件(2)的特解；(10)式是方程(5)满足条件(6)的特解.

求微分方程 $y'=f(x,y)$ 满足初始条件 $y\Big|_{x=x_0}=y_0$ 的特解这样一个问题，叫作一阶微分方程的**初值问题**，记作

$$\begin{cases} y'=f(x,y) \\ y\Big|_{x=x_0}=y_0 \end{cases} \tag{13}$$

微分方程的解的图形是一条曲线，叫作**微分方程的积分曲线**. 初值问题(13)的几何意义是求微分方程的通过点 (x_0, y_0) 的那条积分曲线. 二阶微分方程的初值问题

$$\begin{cases} y'' = f(x, y, y') \\ y\Big|_{x=x_0} = y_0, \quad y'\Big|_{x=x_0} = y'_0 \end{cases}$$

的几何意义是求微分方程的通过点(x_0, y_0)且在该点处的切线斜率为y'_0的那条积分曲线.

【例 1】 验证函数

$$x = C_1\cos kt + C_2\sin kt \tag{14}$$

是微分方程

$$\frac{d^2x}{dt^2} + k^2x = 0 \tag{15}$$

的解.

解 求出所给函数(14)的导数

$$\frac{dx}{dt} = -kC_1\sin kt + kC_2\cos kt,$$

$$\frac{d^2x}{dt^2} = -k^2C_1\cos kt - k^2C_2\sin kt = -k^2(C_1\cos kt + C_2\sin kt)$$

把 $\frac{d^2x}{dt^2}$ 及 x 的表达式代入方程(15)得

$$-k^2(C_1\cos kt + C_2\sin kt) + k^2(C_1\cos kt + C_2\sin kt) \equiv 0$$

函数(14)及其导数代入方程(15)后成为一个恒等式,因此函数(14)是微分方程(15)的解.

【例 2】 已知函数(14)当 $k \neq 0$ 时是微分方程(15)的通解,求满足初始条件

$$x\Big|_{t=0} = A, \quad \frac{dx}{dt}\Big|_{t=0} = 0$$

的特解.

解 将条件"$t=0$ 时,$x=A$"代入(14)式得

$$C_1 = A.$$

将条件"$t=0$ 时,$\frac{dx}{dt}=0$"代入(16)式,得

$$C_2 = 0.$$

把 C_1, C_2 的值代入(14)式,就得所求的特解为

$$x = A\cos kt.$$

实际上,并不是任意的微分方程一定有解,就是有解存在也不一定能用有效的方法求出其解,下面各节将对一些特定类型的微分方程如何求解进行讨论.

习题 8.1

1. 指出下列各微分方程的阶数.

(1) $xy'^2 - 2yy' + x = 0$;　　(2) $x^2y'' - xy' + y = 0$;

(3) $xy''' + 2y'' + x^2y = 0$;　　(4) $(7x-6y)dx + (x+y)dy = 0$;

(5) $L\dfrac{d^2Q}{dt^2}+R\dfrac{dQ}{dt}+\dfrac{1}{C}Q=0$；　　　(6) $\dfrac{d\rho}{d\theta}+\rho=\sin^2\theta$.

2. 指出下列各题中的函数是否为所给微分方程的解，是通解还是特解.

(1) $xy'=2y, y=5x^2$；

(2) $y''+y=0, y=3\sin x-4\cos x$；

(3) $y''-2y'+y=0, y=x^2e^x$；

(4) $y''-(\lambda_1+\lambda_2)y'+\lambda_1\lambda_2 y=0, y=C_1e^{\lambda_1 x}+C_2e^{\lambda_2 x}$.

3. 在下列各题中，验证所给二元方程所确定的函数为所给微分方程的解.

(1) $(x-2y)y'=2x-y, x^2-xy+y^2=C$；

(2) $(xy-x)y''+xy'^2+yy'-2y'=0, y=\ln(xy)$.

4. 在下列各题给出的微分方程的通解中，按所给初始条件确定特解.

(1) $x^2-y^2=C, y\big|_{x=0}=5$；

(2) $y=(C_1+C_2x)e^{2x}, y\big|_{x=0}=0, y'\big|_{x=0}=1$；

(3) $y=C_1\sin(x-C_2), y\big|_{x=\pi}=1, y'\big|_{x=\pi}=0$.

5. 已知一曲线在点(x,y)处的切线斜率等于该点的横坐标的 6 倍，而且经过点(1,4)，求该曲线的方程.

8.2 一阶微分方程

一阶微分方程的形式有很多，本节主要研究可分离变量的微分方程、齐次微分方程及一阶线性微分方程.

8.2.1 可分离变量的微分方程

【同步微课】

定义 1 形如：

$$\frac{dy}{dx}=f(x)g(y) \tag{1}$$

的一阶微分方程，称为可分离变量的微分方程. 该微分方程的特点是等式右边可以分解成两个函数之积，其中一个仅是 x 的函数，另一个仅是 y 的函数.

可分离变量的微分方程 $\dfrac{dy}{dx}=f(x)g(y)$ 的求解步骤为：

第一步，分离变量，得　$\dfrac{1}{g(y)}dy=f(x)dx$　$(g(y)\neq 0)$，

第二步，两边积分，有　$\displaystyle\int\frac{1}{g(y)}dy=\int f(x)dx$　(式中左边对 y 积分，右边对 x 积分)，

然后求出不定积分，就得到方程(1)的解，把这种求解过程叫作分离变量法.

设 $G(y)$ 及 $F(x)$ 依次为$\dfrac{1}{g(y)}$和 $f(x)$ 的原函数，于是有

$$G(y)=F(x)+C \tag{2}$$

【例1】 求微分方程

$$\frac{\mathrm{d}y}{\mathrm{d}x}=2xy$$

的通解.

解 上述方程是可分离变量的,分离变量后得

$$\frac{\mathrm{d}y}{y}=2x\mathrm{d}x$$

两端积分

$$\int\frac{\mathrm{d}y}{y}=\int 2x\mathrm{d}x,$$

得

$$\ln|y|=x^2+C_1,$$

从而

$$y=\pm e^{x^2+C_1}=\pm e^{C_1}e^{x^2}.$$

又因为 $\pm e^{C_1}$ 是不为 0 的任意常数,又 $y=0$ 也是微分方程的解,故微分方程的通解为:

$$y=Ce^{x^2}.$$

【例2】 (1) 求方程 $\frac{\mathrm{d}y}{\mathrm{d}x}=-\frac{x}{y}$ 的通解;(2) 求该方程满足初始条件 $y(0)=2$ 的特解.

解 (1) 第一步,将方程分离变量,得

$$y\mathrm{d}y=-x\mathrm{d}x,$$

第二步,两边积分,有

$$\int y\mathrm{d}y=\int -x\mathrm{d}x,$$

然后求出积分,得

$$\frac{1}{2}y^2=-\frac{1}{2}x^2+C_1,$$

故方程的通解为:

$$x^2+y^2=C\ (C=2C_1\text{ 是任意常数}).$$

(2) 将初始条件 $y(0)=2$ 代入以上通解,得 $C=4$,故所要求的特解为:

$$x^2+y^2=4.$$

8.2.2 齐次微分方程

定义 2 形如:

$$\frac{\mathrm{d}y}{\mathrm{d}x}=\varphi\left(\frac{y}{x}\right) \tag{3}$$

的一阶微分方程,称为齐次微分方程,简称齐次方程.

例如 $(xy-y^2)\mathrm{d}x-(x^2-2xy)\mathrm{d}y=0$ 是齐次方程,因为

$$\frac{\mathrm{d}y}{\mathrm{d}x}=\frac{xy-y^2}{x^2-2xy}=\frac{\frac{y}{x}-\left(\frac{y}{x}\right)^2}{1-2\left(\frac{y}{x}\right)}=\varphi\left(\frac{y}{x}\right).$$

齐次方程的特点是每一项所变量的次数都是相同的.

齐次方程 $\frac{\mathrm{d}y}{\mathrm{d}x}=\varphi\left(\frac{y}{x}\right)$ 的求解的步骤为：

第一步，作变量代换 $u=\frac{y}{x}$，把齐次方程化为可分离变量的微分方程，因为

$$y=ux,\quad \frac{\mathrm{d}y}{\mathrm{d}x}=u+x\frac{\mathrm{d}u}{\mathrm{d}x}$$

将它们代入齐次方程，得

$$u+x\frac{\mathrm{d}u}{\mathrm{d}x}=\varphi(u),$$

即

$$x\frac{\mathrm{d}u}{\mathrm{d}x}=\varphi(u)-u;$$

第二步，用分离变量法，得

$$\int\frac{\mathrm{d}u}{\varphi(u)-u}=\int\frac{\mathrm{d}x}{x},$$

然后求出积分；

第三步，换回原变量，再以 $u=\frac{y}{x}$ 代回，就得所给齐次方程的通解.

【例 3】 求微分方程 $y'=\frac{y}{x}+\tan\frac{y}{x}$ 的通解.

解 第一步，变量代换 $u=\frac{y}{x}$，则 $y=ux$，$\frac{\mathrm{d}y}{\mathrm{d}x}=u+x\frac{\mathrm{d}u}{\mathrm{d}x}$ 代入原方程，得

$$x\frac{\mathrm{d}u}{\mathrm{d}x}=\tan u;$$

第二步，分离变量法，得

$$\int\frac{\mathrm{d}u}{\tan u}=\int\frac{\mathrm{d}x}{x},$$

有

$$\ln|\sin u|=\ln|x|+\ln|C|$$

即

$$\sin u=Cx;$$

第三步，换回原变量，以 $u=\frac{y}{x}$ 代回，即得方程的通解：

$$\sin\frac{y}{x}=Cx.$$

【例 4】 求微分方程 $(x-2y)y'=2x-y$ 的通解.

解 原方程可化为

$$\frac{\mathrm{d}y}{\mathrm{d}x}=\frac{2x-y}{x-2y}=\frac{2-\dfrac{y}{x}}{1-2\dfrac{y}{x}},$$

这是齐次方程. 变量代换 $u=\dfrac{y}{x}$, 则 $y=ux$, $\dfrac{\mathrm{d}y}{\mathrm{d}x}=u+x\dfrac{\mathrm{d}u}{\mathrm{d}x}$ 代入以上方程,得

$$u+x\frac{\mathrm{d}u}{\mathrm{d}x}=\frac{2-u}{1-2u},$$

即

$$x\frac{\mathrm{d}u}{\mathrm{d}x}=\frac{2(1-u+u^2)}{1-2u},$$

分离变量,得

$$\frac{(2u-1)\mathrm{d}u}{u^2-u+1}=-\frac{2}{x}\mathrm{d}x$$

两边积分,有

$$\ln|u^2-u+1|=-2\ln|x|+\ln|C|$$

即

$$x^2(u^2-u+1)=C$$

换回原变量,故原方程的通解为:

$$x^2-xy+y^2=C.$$

8.2.3 一阶线性微分方程

定义 3 形如:

$$\frac{\mathrm{d}y}{\mathrm{d}x}+P(x)y=Q(x) \tag{4}$$

的微分方程,称为一阶线性微分方程,其中 $P(x)$,$Q(x)$ 都是 x 的连续函数.

如果 $Q(x)\equiv 0$, 则方程(4)为:

$$\frac{\mathrm{d}y}{\mathrm{d}x}+P(x)y=0 \tag{5}$$

这时称为**一阶线性齐次**的微分方程,如果 $Q(x)$ 不恒为零,则方程(4)称为**一阶线性非齐次**的微分方程.

例如,方程 $\dfrac{\mathrm{d}y}{\mathrm{d}x}+\dfrac{1}{x}y=\sin x$, 是一阶线性非齐次的微分方程,它对应的一阶线性齐次的

微分方程是 $\frac{\mathrm{d}y}{\mathrm{d}x}+\frac{1}{x}y=0$.

1. 一阶线性齐次的微分方程 $\frac{\mathrm{d}y}{\mathrm{d}x}+P(x)y=0$ 的通解

一阶线性齐次的微分方程 $\frac{\mathrm{d}y}{\mathrm{d}x}+P(x)y=0$ 的求解步骤为(即分离变量法):

分离变量,得 $\frac{\mathrm{d}y}{y}=-P(x)\mathrm{d}x$,

两边积分,有 $\ln|y|=-\int P(x)\mathrm{d}x+C_1$,

因此,一阶线性齐次的微分方程的通解为:

$$y=C\mathrm{e}^{-\int P(x)\mathrm{d}x}, \tag{6}$$

由于 $y=0$ 也是方程的解,所以式中 C 可为任意常数.

2. 一阶线性非齐次的微分方程 $\frac{\mathrm{d}y}{\mathrm{d}x}+P(x)y=Q(x)$ 的通解

显然,当 C 为常数时,(6)式不是非齐次微分方程(4)的解,现在设想一下,把常数 C 换成待定函数 $u(x)$后,(6)式会是方程(4)的解吗? 于是给出如下常数变易法:

设 $y=u(x)\mathrm{e}^{-\int P(x)\mathrm{d}x}$,得

$$\frac{\mathrm{d}y}{\mathrm{d}x}=u'(x)\mathrm{e}^{-\int P(x)\mathrm{d}x}-u(x)P(x)\mathrm{e}^{-\int P(x)\mathrm{d}x},$$

代入方程(4),得

$$u'(x)\mathrm{e}^{-\int P(x)\mathrm{d}x}=Q(x),$$

即

$$u(x)=\int Q(x)\mathrm{e}^{\int P(x)\mathrm{d}x}\mathrm{d}x+C,$$

因此,一阶线性非齐次微分方程的通解为:

$$y=\mathrm{e}^{-\int P(x)\mathrm{d}x}\left[\int Q(x)\mathrm{e}^{\int P(x)\mathrm{d}x}\mathrm{d}x+C\right]. \tag{7}$$

于是用常数变易法求解一阶线性非齐次微分方程的通解步骤:

第一步,先求出其对应的齐次微分方程的通解:$y=C\mathrm{e}^{-\int P(x)\mathrm{d}x}$;

第二步,将通解中的常数 C 换成待定函数 $u(x)$,即 $y=u(x)\mathrm{e}^{-\int P(x)\mathrm{d}x}$,求出 $u(x)$,最后写出非齐次微分方程的通解.

因此,一阶线性非齐次微分方程 $\frac{\mathrm{d}y}{\mathrm{d}x}+P(x)y=Q(x)$ 的求解方法有两种:

方法一:用常数变易法求解;

方法二:直接用公式(7)求解.

下面来分析一下，一阶线性非齐次微分方程的通解结构. 由于通解(7)也可写成：

$$y = Ce^{-\int P(x)\mathrm{d}x} + e^{-\int P(x)\mathrm{d}x}\int Q(x)e^{\int P(x)\mathrm{d}x}\mathrm{d}x. \tag{8}$$

上式右边第一项是非齐次方程(4)所对应的齐次方程(5)的通解，而第二项是非齐次方程(4)的一个特解(取 $C=0$ 得到)，于是有如下定理.

定理 1 一阶线性非齐次微分方程 $\frac{\mathrm{d}y}{\mathrm{d}x}+P(x)y=Q(x)$ 的通解，是由其对应的齐次方程 $\frac{\mathrm{d}y}{\mathrm{d}x}+P(x)y=0$ 的通解加上非齐次方程本身的一个特解所构成.

【例 5】 求一阶线性非齐次微分方程 $y'+y\tan x=\cos x$ 的通解.

解 方法一(常数变易法)：

第一步，先求 $y'+y\tan x=0$ 的通解，

分离变量，得

$$\frac{1}{y}\mathrm{d}y=-\frac{\sin x}{\cos x}\mathrm{d}x,$$

两边积分，有

$$\ln|y|=\ln|\cos x|+\ln|C|,$$

则 $y'+y\tan x=0$ 的通解为：

$$y=C\cos x;$$

第二步，设 $y=u(x)\cos x$，代入原方程，得

$$u'(x)\cos x=\cos x,$$

即

$$u(x)=x+C,$$

于是原方程 $y'+y\tan x=\cos x$ 的通解为：

$$y=(x+C)\cos x=x\cos x+C\cos x.$$

方法二(直接用公式(7)求解)：

将 $P(x)=\tan x, Q(x)=\cos x$ 直接代入 $y=e^{-\int P(x)\mathrm{d}x}\left[\int Q(x)e^{\int P(x)\mathrm{d}x}\mathrm{d}x+C\right]$ 得：

$$\begin{aligned}y&=e^{-\int\tan x\mathrm{d}x}\left[\int\cos x e^{\int\tan x\mathrm{d}x}\mathrm{d}x+C\right]=\cos x\left[\int 1\mathrm{d}x+C\right]\\&=\cos x(x+C)=x\cos x+C\cos x.\end{aligned}$$

【例 6】 求一阶线性非齐次微分方程 $\frac{\mathrm{d}y}{\mathrm{d}x}-\frac{2}{x+1}y=(x+1)^3$ 满足 $y(0)=1$ 的特解.

解 方法一(常数变易法)：

第一步，先求 $\frac{\mathrm{d}y}{\mathrm{d}x}-\frac{2}{x+1}y=0$ 的通解，

分离变量，得

$$\frac{\mathrm{d}y}{y}=\frac{2}{x+1}\mathrm{d}x,$$

两边积分，有

$$\ln|y| = 2\ln|x+1| + \ln|C|,$$

则 $\frac{dy}{dx} - \frac{2}{x+1}y = 0$ 的通解为：

$$y = C(x+1)^2;$$

第二步，设 $y = u(x)(x+1)^2$，代入原方程，得

$$u'(x) = x+1,$$

即

$$u(x) = \frac{1}{2}x^2 + x + C,$$

于是原方程的通解为：

$$y = \left(\frac{1}{2}x^2 + x + C\right)(x+1)^2,$$

将条件 $y(0) = 1$ 代入，得 $C = 1$，因此所求特解为：

$$y = \left(\frac{1}{2}x^2 + x + 1\right)(x+1)^2.$$

方法二（直接用公式(7)求解）：

将 $P(x) = -\frac{2}{x+1}$，$Q(x) = (x+1)^3$ 直接代入 $y = e^{-\int P(x)dx}\left[\int Q(x)e^{\int P(x)dx}dx + C\right]$ 得：

$$y = e^{\int \frac{2}{x+1}dx}\left[\int (x+1)^3 e^{-\int \frac{2}{x+1}dx}dx + C\right] = (x+1)^2\left[\int (x+1)dx + C\right]$$

$$= (x+1)^2\left(\frac{1}{2}x^2 + x + C\right),$$

同样将条件 $y(0) = 1$ 代入，得 $C = 1$，因此所要求的特解为：

$$y = \left(\frac{1}{2}x^2 + x + 1\right)(x+1)^2.$$

现将一阶微分方程的几种常见类型及解法归纳如下（见表 8 - 1）.

表 8 - 1　一阶微分方程的几种常见类型及解法

方程类型		方　程	解　法
可分离变量的微分方程		$\frac{dy}{dx} = f(x)g(y)$	先分离变量，后两边积分（即分离变量法）
齐次型的微分方程		$\frac{dy}{dx} = \varphi\left(\frac{y}{x}\right)$	先变量代换 $u = \frac{y}{x}$，把原方程化为可分离变量的方程，然后用分离变量法解出方程，最后换回原变量
一阶线性微分方程	齐次的方程	$\frac{dy}{dx} + P(x)y = 0$	分离变量法或直接用公式 $y = Ce^{-\int P(x)dx}$
	非齐次的方程	$\frac{dy}{dx} + P(x)y = Q(x)$	常数变易法或直接用公式 $y = e^{-\int P(x)dx}\left[\int Q(x)e^{\int P(x)dx}dx + C\right]$

习题 8.2

1. 求下列微分方程的通解或满足初始条件的特解.

(1) $y' = 3x^2(1+y)^2$；　　(2) $\frac{dy}{dx} = y^2\cos x$；

(3) $xy' - y\ln y = 0$；　　(4) $3x^2 + 5x - 5y' = 0$；

(5) $2(xy+x)y' = y$；　　(6) $xydy + dx = y^2dx + ydy$；

(7) $y' = e^{2x-y}, y|_{x=0} = 0$；　　(8) $dy = x(2ydx - xdy), y(1) = 4$.

2. 求下列微分方程的通解或满足初始条件的特解.

(1) $xy' = y(\ln y - \ln x)$；　　(2) $y' = \frac{x}{y} + \frac{y}{x}, y|_{x=1} = 2$.

3. 求下列微分方程的通解.

(1) $xy' - 3y = x^4$；　　(2) $\frac{dy}{dx} + y = e^{-x}$；

(3) $xy' + y = x^2 + 3x + 2$；　　(4) $\frac{dy}{dx} + 2xy = 4x$.

4. 一曲线通过点(2,3)，且曲线任意一点处的切线及原点与该点的连线总与横轴组成以横轴上的线段为底的等腰三角形，求此曲线的方程.

8.3 可降阶的高阶微分方程

8.3.1 $y^{(n)} = f(x)$ 型

令　$y^{(n-1)} = z$，则原方程可化为 $\frac{dz}{dx} = f(x)$，

于是
$$z = y^{(n-1)} = \int f(x)dx + C_1$$

同理
$$y^{(n-2)} = \int\left[\int f(x)dx + C_1\right]dx + C$$

n 次积分后可求其通解.

特点：只含有 $y^{(n)}$ 和 x，不含 y 及 y 的 1 至$(n-1)$ 阶导数.

【例 1】 求微分方程 $y''' = e^{2x} - \cos x$ 的通解.

解 对所给方程接连积分三次，得

$$y'' = \frac{1}{2}e^{2x} - \sin x + C,$$

$$y' = \frac{1}{4}e^{2x} + \cos x + Cx + C_2,$$

$$y = \frac{1}{8}e^{2x} + \sin x + C_1x^2 + C_2x + C_3\left(C_1 = \frac{C}{2}\right).$$

这就是所求的通解.

【例 2】 质量为 m 的质点受力 F 的作用沿 Ox 做直线运动. 设力 F 仅是时间 t 的函数: $F=F(t)$. 在开始时刻 $t=0$ 时, $F(0)=F_0$, 随着时间 t 的增大, 此力 F 均匀地减小, 直到 $t=T$ 时, $F(T)=0$. 如果开始时质点位于原点, 且初速度为零, 求这个质点的运动规律.

解 设 $x=x(t)$ 表示在时刻 t 时质点的位置, 根据牛顿第二定律, 质点运动的微分方程:

$$m\frac{\mathrm{d}^2x}{\mathrm{d}t^2}=F(t) \tag{1}$$

由题设, 力 $F(t)$ 随 t 增大而均匀地减小, 且 $t=0$ 时, $F(0)=F_0$, 所以 $F(t)=F_0-kt$; 又当 $t=T$ 时, $F(T)=0$, 从而

$$F(t)=F_0\left(1-\frac{t}{T}\right).$$

于是方程(1)可以写成

$$\frac{\mathrm{d}^2x}{\mathrm{d}t^2}=\frac{F_0}{m}\left(1-\frac{t}{T}\right). \tag{2}$$

其初始条件为

$$x\Big|_{t=0}=0,\quad \frac{\mathrm{d}x}{\mathrm{d}t}\Big|_{t=0}=0.$$

把(2)式两端积分, 得

$$\frac{\mathrm{d}x}{\mathrm{d}t}=\frac{F_0}{m}\int\left(1-\frac{t}{T}\right)\mathrm{d}t,$$

即

$$\frac{\mathrm{d}x}{\mathrm{d}t}=\frac{F_0}{m}\left(t-\frac{t^2}{2T}\right)+C_1. \tag{3}$$

将条件 $\frac{\mathrm{d}x}{\mathrm{d}t}\Big|_{t=0}=0$ 代入(3)式, 得

$$C_1=0,$$

于是(3)式成为

$$\frac{\mathrm{d}x}{\mathrm{d}t}=\frac{F_0}{m}\left(t-\frac{t^2}{2T}\right). \tag{4}$$

把(4)式两端积分, 得

$$x=\frac{F_0}{m}\left(\frac{t^2}{2}-\frac{t^3}{6T}\right)+C_2,$$

将条件 $x\Big|_{t=0}=0$ 代入上式, 得

$$C_2=0.$$

于是所求质点的运动规律为

$$x=\frac{F_0}{m}\left(\frac{t^2}{2}-\frac{t^3}{6T}\right),\quad 0\leqslant t\leqslant T.$$

8.3.2 $y''=f(x,y')$ 型

令 $y'=p$ 则 $y''=p'$, 于是可将其化成一阶微分方程.

特点:含有 y''、y'、x,不含 y.

【例3】 求微分方程

$$(1+x^2)y''=2xy'$$

满足初始条件

$$y\Big|_{x=0}=1,\quad y'\Big|_{x=0}=3$$

的特解.

解 所给方程是 $y''=f(x,y')$ 型的.设 $y'=p$,代入方程并分离变量后,有

$$\frac{\mathrm{d}p}{p}=\frac{2x}{1+x^2}\mathrm{d}x.$$

两端积分,得

$$\ln|p|=\ln(1+x^2)+C,$$

即
$$p=y'=C_1(1+x^2)\qquad(C_1=\pm\mathrm{e}^C).$$

又由条件 $y'\Big|_{x=0}=3$,得

$$C_1=3$$

所以 $y'=3(1+x^2)$.两端再积分,得 $y=x^3+3x+C_2$.又由 $y|_{x=0}=1$,得 $C_2=1$,于是所求的特解为

$$y=x^3+3x+1.$$

8.3.3 $y''=f(y,y')$ 型

令 $y'=p$,则
$$y''=\frac{\mathrm{d}p}{\mathrm{d}x}=\frac{\mathrm{d}p}{\mathrm{d}y}\cdot\frac{\mathrm{d}y}{\mathrm{d}x}=p\frac{\mathrm{d}p}{\mathrm{d}y},$$
于是可将其化为一阶微分方程.

特点:不显含 x.

【例4】 求微分方程 $yy''-y'^2=0$ 的通解.

解 作变量代换,令 $y'=p(y)$,则 $y''=p\dfrac{\mathrm{d}p}{\mathrm{d}y}$,

$$y\cdot p\frac{\mathrm{d}p}{\mathrm{d}y}-p^2=0,\quad p\left(y\frac{\mathrm{d}p}{\mathrm{d}y}-p\right)=0,$$

当 $p\neq0$ 时,
$$y\frac{\mathrm{d}p}{\mathrm{d}y}-p=0,\ p=C_1y,$$

$$\frac{\mathrm{d}y}{\mathrm{d}x}=C_1y,\ y=C_2\mathrm{e}^{C_1x}.$$

习题 8.3

1. 求下列微分方程的通解.

(1) $y''=x+\sin x$; (2) $y'''=x\mathrm{e}^x$;

(3) $y''=y'+x$;　　(4) $xy''+y'=0$;

(5) $yy''+2y'=0$;　　(6) $y^3y''-1=0$.

8.4　二阶常系数线性微分方程

在自然科学及工程技术中,线性微分方程有着十分广泛的应用,在上一节我们介绍一阶线性微分方程,本节主要介绍二阶常系数线性微分方程.

定义 1　形如:

$$y''+py'+qy=f(x) \tag{1}$$

的微分方程,称为二阶常系数线性微分方程.其中 p,q 为常数,$f(x)$为 x 的连续函数.

如果 $f(x)\equiv 0$,则方程(1)为:

$$y''+py'+qy=0 \tag{2}$$

这时称为二阶常系数**齐次**线性微分方程,如果 $f(x)$不恒为零,则方程(1)称为二阶常系数**非齐次**线性微分方程.

例如,方程 $y''-6y'+9y=e^{3x}$,是二阶常系数非齐次线性微分方程,它对应的二阶常系数齐次线性微分方程是 $y''-6y'+9y=0$. 下面分别来讨论二阶常系数齐次与非齐次线性微分方程的解的结构及解法.

8.4.1　二阶常系数齐次线性微分方程

1. 二阶常系数齐次线性微分方程 $y''+py'+qy=0$ 的解的结构

定义 2　设 $y_1(x)$,$y_2(x)$是两个定义在区间(a,b)内的函数,若它们的比$\dfrac{y_1(x)}{y_2(x)}$为常数,则称它们是线性相关的,否则称它们是线性无关的.

例如,函数 $y_1=e^x$ 与 $y_2=2e^x$ 是线性相关的,因为 $\dfrac{y_1}{y_2}=\dfrac{e^x}{2e^x}=\dfrac{1}{2}$;而函数 $y_1=e^x$ 与 $y_2=e^{-x}$ 是线性无关的,因为 $\dfrac{y_1}{y_2}=\dfrac{e^x}{e^{-x}}=e^{2x}\neq C$.

定理 1　(叠加原理)如果函数 $y_1(x)$和 $y_2(x)$是齐次方程(2)的两个解,则

$$y=C_1y_1(x)+C_2y_2(x) \tag{3}$$

也是齐次方程(2)的解,其中 C_1,C_2 为任意常数;且当 $y_1(x)$与 $y_2(x)$线性无关时,式(3)就是齐次方程(2)的通解.

例如:对于方程 $y''-y=0$,容易验证 $y_1=e^x$ 与 $y_2=e^{-x}$ 是该方程的两个解,由于它们线性无关,因此 $y=C_1e^x+C_2e^{-x}$ 就是该方程的通解.

至于定理 1 的证明不难,利用导数运算性质很容易得到验证,请读者自行完成.

2. 二阶常系数齐次线性微分方程 $y''+py'+qy=0$ 的解法

由定理 1 可知,求齐次方程(2)的通解,可归结为求它的两个线性无关的解.

从齐次方程(2)的结构来看,它的解 y 必须与其一阶导数、二阶导数只差一个常数因

子，而具有此特征的最简单的函数就是指数函数 e^{rx}（其中 r 为常数）.

因此，可设 $y=e^{rx}$ 为齐次方程(2)的解（r 为待定），则 $y'=re^{rx}$，$y''=r^2e^{rx}$，把它们代入齐次方程(2)得 $e^{rx}(r^2+pr+q)=0$，由于 $e^{rx}\neq 0$，所以有

$$r^2+pr+q=0. \tag{4}$$

由此可见，只要 r 满足方程(4)，函数 $y=e^{rx}$ 就是齐次方程(2)的解，我们称方程(4)为齐次方程(2)的特征方程，满足方程(4)的根为特征根.

由于特征方程(4)是一个一元二次方程，它的两个根 r_1 与 r_2 可用公式

$$r_{1,2}=\frac{-p\pm\sqrt{p^2-4q}}{2}$$

求出，它们有三种不同的情况，分别对应着齐次方程(2)的通解的三种不同情形，叙述如下：

(1) $p^2-4q>0$ 时，有两个不相等的实根 r_1 与 r_2，这时易验证 $y_1=e^{r_1x}$ 与 $y_2=e^{r_2x}$ 就是齐次方程(2)两个线性无关的解，因此齐次方程(2)的通解为：

$$y=C_1e^{r_1x}+C_2e^{r_2x},$$

其中 C_1，C_2 为两个相互独立的任意常数.

(2) $p^2-4q=0$ 时，有两个相等的实根 $r_1=r_2=r$，这时同样可以验证 $y_1=e^{rx}$ 与 $y_2=xe^{rx}$ 是齐次方程(2)两个线性无关的解，因此齐次方程(2)的通解为：

$$y=(C_1+C_2x)e^{rx},$$

其中 C_1，C_2 为两个相互独立的任意常数.

(3) $p^2-4q<0$ 时，有一对共轭复根 $r_1=\alpha+\beta i$ 与 $r_2=\alpha-\beta i(\beta\neq 0)$，这时可以验证 $y_1=e^{\alpha x}\cos\beta x$ 与 $y_2=e^{\alpha x}\sin\beta x$ 就是齐次方程(2)两个线性无关的解，因此齐次方程(2)的通解为：

$$y=(C_1\cos\beta x+C_2\sin\beta x)e^{\alpha x},$$

其中 C_1，C_2 为两个相互独立的任意常数.

综上所述，求齐次方程 $y''+py'+qy=0$ 的通解步骤：

第一步，写出齐次方程的特征方程：$r^2+pr+q=0$；

第二步，求出特征根 r_1 与 r_2；

第三步，根据特征根的不同情形，按照表 8-2 写出齐次方程(2)的通解.

表 8-2 二阶常系数线性齐次微分方程 $y''+py'+qy=0$ 的通解

特征方程 $r^2+pr+q=0$ 的两个特征根 r_1,r_2	齐次方程 $y''+py'+qy=0$ 的通解
两个不相等的实根 r_1 与 r_2	$y=C_1e^{r_1x}+C_2e^{r_2x}$
两个相等的实根 $r_1=r_2=r$	$y=(C_1+C_2x)e^{rx}$
一对共轭复根 $r_1=\alpha+\beta i$ 与 $r_2=\alpha-\beta i$	$y=(C_1\cos\beta x+C_2\sin\beta x)e^{\alpha x}$

【例 1】 求微分方程 $y''-2y'-3y=0$ 的通解.

解 所给方程的特征方程为

$$r^2-2r-3=0,$$

求得其特征根为 $r_1=-1$ 与 $r_2=3$,

故所给方程的通解为

$$y=C_1e^{-x}+C_2e^{3x}.$$

【例 2】 求微分方程 $y''-4y'+4y=0$, 满足条件 $y(0)=0, y'(0)=1$ 的特解.

解 所给方程的特征方程为

$$r^2-4r+4=0,$$

求得其特征根为 $r_1=r_2=2$,

故所给方程的通解为

$$y=(C_1+C_2x)e^{2x};$$

将初始条件 $y(0)=0, y'(0)=1$ 代入,得 $C_1=0, C_2=1$,
故所给方程的特解为:

$$y=xe^{2x}.$$

【例 3】 求微分方程 $\frac{d^2y}{dx^2}+2\frac{dy}{dx}+3y=0$ 的通解.

解 所给方程的特征方程为

$$r^2+2r+3=0,$$

求得它有一对共轭复根为 $r_{1,2}=-1\pm\sqrt{2}i$,

故所给方程的通解为:

$$y=(C_1\cos\sqrt{2}x+C_2\sin\sqrt{2}x)e^{-x}.$$

8.4.2 二阶常系数非齐次线性微分方程

1. 二阶常系数非齐次线性微分方程 $y''+py'+qy=f(x)$ 的解的结构

定理 2 如果函数 y^* 是非齐次方程 $y''+py'+qy=f(x)$ 的一个特解, $\bar{y}$ 是对应的齐次方程 $y''+py'+qy=0$ 的通解,那么

$$y=\bar{y}+y^* \tag{5}$$

就是该非齐次方程(1)的通解.

通过比较可以看出,二阶常系数非齐次线性微分方程与一阶非齐次线性微分方程有相同的解结构.

定理 3 如果函数 y_1^* 与 y_2^* 分别是非齐次方程

$$y''+py'+qy=f_1(x)$$

与

$$y''+py'+qy=f_2(x)$$

的一个特解，那么 $y_1^*+y_2^*$ 就是非齐次方程

$$y''+py'+qy=f_1(x)+f_2(x)$$

的一个特解.

定理 2 与定理 3 的正确性，都可由方程解的定义而直接验证，读者也可以自行完成.

2. 二阶常系数非齐次线性微分方程 $y''+py'+qy=f(x)$ 的解法

由定理 2 可知，求非齐次方程 $y''+py'+qy=f(x)$ 的通解步骤：

第一步，求出对应齐次方程 $y''+py'+qy=0$ 的通解 $\bar{y}$；

第二步，求出非齐次方程 $y''+py'+qy=f(x)$ 的一个特解 y^*；

第三步，写出所求非齐次方程的通解为 $y=\bar{y}+y^*$.

可以看出，关键是第二步非齐次方程 $y''+py'+qy=f(x)$ 的一个特解如何求. 对此我们不加证明地直接用表 8-3 给出两种常见类型 $f(x)$时的非齐次方程的一个特解.

表 8-3 二阶常系数非齐次线性微分方程 $y''+py'+qy=f(x)$的一个特解

$f(x)$的形式	条件	特解 y^* 的形式
$f(x)=P_m(x)e^{\lambda x}$	λ 不是特征根	$y^*=Q_m(x)e^{\lambda x}$
	λ 是特征单根	$y^*=xQ_m(x)e^{\lambda x}$
	λ 是特征重根	$y^*=x^2Q_m(x)e^{\lambda x}$

注：$P_m(x)$是一个已知的 m 次多项式，$Q_m(x)$是与 $P_m(x)$有相同次数的待定多项式.

【例 4】 求微分方程 $y''+y'=x$ 的一个特解 y^*.

解 因为 $f(x)=xe^{0x}$ 中的 $\lambda=0$ 恰是特征方程 $r^2+r=0$ 的单根，故可设

$$y^*=x(ax+b)e^{0x}=ax^2+bx,$$

为方程的一个特解，其中 a,b 为待定系数，则

$$(y^*)'=2ax+b,\quad (y^*)''=2a,$$

代入原方程，得

$$2a+2ax+b=x,$$

比较等式两边，可解得

$$a=\frac{1}{2},b=-1,$$

故原方程的一个特解为：

$$y^*=\frac{1}{2}x^2-x.$$

【例 5】 求微分方程 $y''-6y'+9y=e^{3x}$ 的通解.

解 第一步,求对应齐次方程 $y''-6y'+9y=0$ 的通解 $\bar{y}$. 因特征方程为 $r^2-6r+9=0$,所以特征根为 $r_1=r_2=3$(重根),故对应齐次方程的通解为

$$\bar{y}=(C_1+C_2x)e^{3x};$$

第二步,求原方程的一个特解 y^*. 因 $f(x)=e^{3x}$ 中的 $\lambda=3$ 恰是特征方程的重根,故可设:

$$y^*=ax^2e^{3x},$$

其中 a 为待定系数,则

$$(y^*)'=(2ax+3ax^2)e^{3x},(y^*)''=(2a+12ax+9ax^2)e^{3x},$$

代入原方程,得

$$[2a+12ax+9ax^2-6(2ax+3ax^2)+9ax^2]e^{3x}=e^{3x},$$

比较等式两边,可解得

$$a=\frac{1}{2},$$

故原方程的一个特解为

$$y^*=\frac{1}{2}x^2e^{3x};$$

第三步,于是原方程的通解为

$$y=(C_1+C_2x)e^{3x}+\frac{1}{2}x^2e^{3x}.$$

习题 8.4

1. 已知特征方程的根为下面的形式,试写出相应的二阶常系数齐次微分方程和它们的通解.

(1) $r_1=2,r_2=-1$; (2) $r_1=r_2=2$;

(3) $r_1=-1+i,r_2=-1-i$.

2. 求下列微分方程的通解.

(1) $y''-4y'-5y=0$; (2) $y''-6y'+9y=0$;

(3) $y''+2y'+5y=0$; (4) $y''-y'=0$;

(5) $y''+6y'+13y=0$; (6) $y''+y=0$.

3. 写出下列二阶常系数线性非齐次微分方程的一个特解.

(1) $y''+3y'+2y=3xe^{-x}$; (2) $y''-2y'-3y=3x+1$.

4. 求下列各微分方程的通解.

(1) $2y''+y'-y=2e^x$; (2) $2y''+5y'=5x^2-2x-1$;

(3) $y''+3y'+2y=3xe^{-x}$; (4) $y''+5y'+4y=3-2x$.

5. 求微分方程 $y''-2y'=x+2$ 满足初始条件 $y(0)=0,y'(0)=1$ 的特解.

8.5 微分方程应用举例

8.5.1 关于经济应用方面

【例1】 某商品的需求量 Q 是价格 P 的函数，已知它的需求价格弹性为 $\eta=-P\ln 5$，若该商品的最大需求量为 1 200 kg(P 的单位为元).

(1) 试求需求量 Q 与价格 P 的函数关系式；

(2) 求当价格为 1 元时，市场对该商品的需求量；

(3) 当 $P\to+\infty$ 时，需求量的变化趋势如何？

解 (1) 由条件可知

$$\frac{P}{Q}\cdot\frac{\mathrm{d}Q}{\mathrm{d}P}=-P\ln 5,$$

即

$$\frac{\mathrm{d}Q}{Q}=-\ln 5\mathrm{d}P,$$

用分离变量法，可求得

$$Q=C5^{-P},$$

由初始条件 $Q(0)=1\,200$ 得，$C=1\,200$，于是需求量 Q 与价格 P 的函数关系式为

$$Q=1\,200\times 5^{-P};$$

(2) 当 $P=1$ 时，$Q=1\,200\times 5^{-1}=240$ kg；

(3) 当 $P\to+\infty$ 时，$Q\to 0$，即随着价格的无限增大，需求量将趋于零.

【例2】 已知某商品的需求函数与供给函数分别为

$$Q=a-bP \text{ 与 } S=-c+\mathrm{d}P,$$

其中 a,b,c,d 均为正常数，而商品价格 P 又是时间 t 的函数. 若初始条件为 $P(0)=P_0$，且在任一时刻 t，价格 P 的变化率总与这一时刻的超额需求 $Q-S$ 成正比(比例常数为 $k>0$).

(1) 求供需相等时的价格 P_e(即均衡价格)；

(2) 求价格函数 $P=P(t)$；

(3) 分析价格函数 $P=P(t)$ 随时间的变化情况.

解 (1) 由 $Q=S$ 得，$P_e=\dfrac{a+c}{b+d}$；

(2) 由题意可知

$$\frac{\mathrm{d}P}{\mathrm{d}t}=k(Q-S)=k(a+c)-k(b+d)P,$$

它是一阶线性非齐次微分方程，用常数变易法，可求得

$$P(t)=C\mathrm{e}^{-k(b+d)t}+\frac{a+c}{b+d},$$

由 $P(0)=P_0, P_e=\frac{a+c}{b+d}$，得

$$P(t)=(P_0-P_e)e^{-k(b+d)t}+P_e;$$

(3) 由于 P_0-P_e 是常数，$k(b+d)>0$，故当 $t\to+\infty$ 时，有 $P\to P_e$；

根据 P_0 与 P_e 的大小，可分三种情况讨论(见图 8-1)：

当 $P_0=P_e$ 时，有 $P(t)=P_e$，即价格为常数，市场无须调节已达到均衡；

当 $P_0>P_e$ 时，有 $P(t)$ 总大于 P_e，而趋于 P_e；

当 $P_0<P_e$ 时，有 $P(t)$ 总小于 P_e，而趋于 P_e.

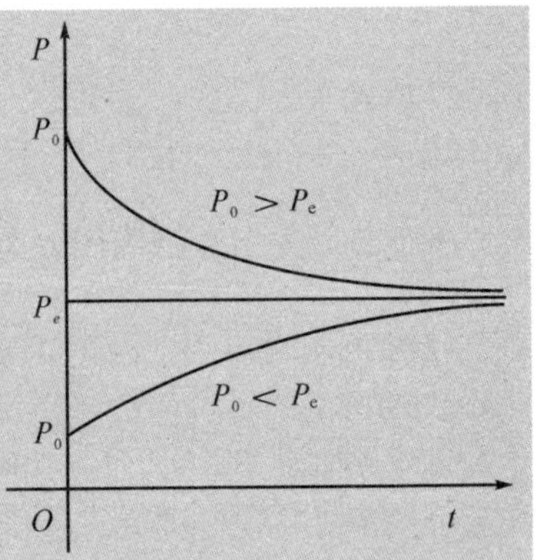

图 8-1

【例 3】 假设银行年利率为 r，现存入 A_0 元，试分析银行的利率分别按年复合、季复合、月复合、日复合及连续复合时：

(1) t 年后，总金额 $A=A(t)$ 的计算公式；

(2) 当 $r=6\%, A_0=10\,000$ 元时，算出 1 年后，本息合计 $A(1)$分别为多少？

(3) 连续复合时，总金额 $A(t)$所满足的微分方程.

解 (1) 银行的利率分别按年复合、季复合、月复合、日复合及连续复合时：

一年后，总金额 $A(1)$分别是：

$$A_0(1+r)、A_0\left(1+\frac{r}{4}\right)^4、A_0\left(1+\frac{r}{12}\right)^{12}、A_0\left(1+\frac{r}{365}\right)^{365} 及 \lim_{n\to+\infty}A_0\left(1+\frac{r}{n}\right)^n,$$

于是 t 年后，总金额 $A=A(t)$ 的计算公式分别是：

$$A(t)=A_0(1+r)^t、A(t)=A_0\left(1+\frac{r}{4}\right)^{4t}、A(t)=A_0\left(1+\frac{r}{12}\right)^{12t}、A(t)=A_0\left(1+\frac{r}{365}\right)^{365t}$$

$$及 A(t)=\lim_{n\to+\infty}A_0\left(1+\frac{r}{n}\right)^{nt}=A_0\left[\left(1+\frac{1}{\frac{n}{r}}\right)^{\frac{n}{r}}\right]^{rt}=A_0e^{rt};$$

(2) 于是当 $r=6\%, A_0=10\,000$ 时，本息合计 $A(1)$分别为：

10 600.00 元，10 613.64 元，10 616.78 元，10 618.31 元及 10 618.37 元；

(3) 因银行利率按连续复合时，t 年后的总金额为 $A(t)=A_0e^{rt}$，对等式两边微分，得

$$\frac{dA(t)}{dt}=rA(t),$$

这表明利率连续复合时，总金额增长速度和本金数额成正比，这就是所要求的微分方程.

8.5.2 关于种群增长的 Logistic 模型

种群增长的 Logistic 模型公式：

$$\frac{dN}{dt}=kN\left(1-\frac{N}{K}\right) \tag{1}$$

其中 k 为比例常数，K 为种群承载能力(即表示自然环境条件下所能容许的最大种群数).

方程(1)称为 Logistic 模型，当然也是一个微分方程，它是荷兰数学生物学家韦尔侯斯特(Pierre-Francois Verhulst)在 19 世纪 40 年代提出的世界人口增长模型. 首先常量函数

$N(t)=0$ 和 $N(t)=K$ 都是方程的解，这两个解称为平衡解(从实际含义上可以解释为如果种群数量为 0 或达到承载能力 K 时，种群数量不再变化)；然后如果初始种群数量 $N(0)$ 在 0 与 K 之间，则种群增加，如果种群数量超过了承载能力 K，则种群减少；最后当种群数量接近承载能力($N\to K$)时，则种群数量几乎不再增加(或减少). 因此可以估计出 Logistic 模型的解的图形类似于图8-2所示.

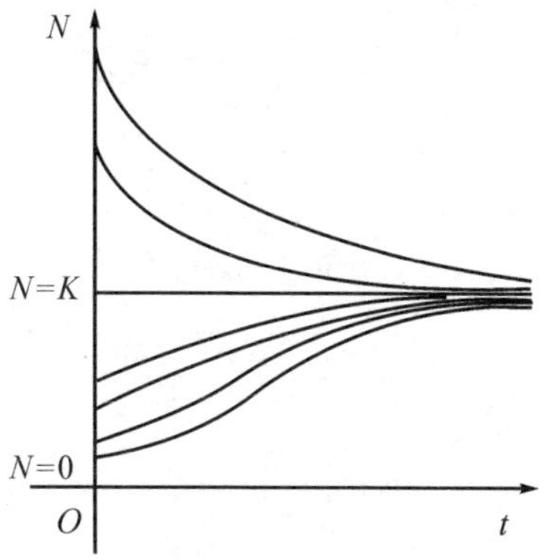

图 8-2

在 20 世纪 30 年代，生物学家 G. F. Gause 用原生动物草履虫做了一个实验，并分别用马尔萨斯模型与 Logistic 模型为实验数据建模. 实验发现：前几天用马尔萨斯模型比较接近实际测量数据，但是当第五天起马尔萨斯模型开始很不准确，而 Logistic 模型与实际测量数据却非常吻合.

其实种群增长模型还有很多，如 $\frac{dN}{dt}=kN\left(1-\frac{N}{K}\right)-c$ 与 $\frac{dN}{dt}=kN\left(1-\frac{N}{K}\right)\left(1-\frac{m}{N}\right)$ 等，这里就不一一介绍了.

【例 4】 求(1)中方程 $\frac{dN}{dt}=kN\left(1-\frac{N}{K}\right)$，即 Logistic 模型的通解.

解 该方程为可分离变量的微分方程，所以可用分离变量法求解.

第一步，分离变量，得

$$\frac{KdN}{N(K-N)}=kdt,(N\neq 0,N\neq K)$$

第二步，两边积分，有

$$\int\frac{KdN}{N(K-N)}=\int kdt,$$

即

$$\int\left(\frac{1}{N}+\frac{1}{(K-N)}\right)dN=\int kdt,$$

然后求出积分，得

$$\ln|N|-\ln|N-K|=kt+C_1,$$

故方程的通解为

$$N=\frac{CKe^{kt}}{Ce^{kt}-1}(C\text{ 为任意常数}).$$

注： $N=0$ 也是微分方程的解，它可看成是满足初始条件 $N(0)=0$ 的一个特解；而 $N=K$ 也是微分方程的解，但它不是一个特解. 这说明：微分方程的通解并不是微分方程的全部解.

【例 5】 在某池塘内养鱼，该池塘内最多能养 1 000 尾，设在 t 时刻该池塘内鱼数为 $y(t)$ 是时间 t(月)的函数，其变化率与鱼数 y 及(1 000$-y$)的乘积成正比(比例常数为 $k>0$). 已知在池塘内放养鱼 100 尾，3 个月后池塘内有鱼 250 尾，试求：(1) 在 t 时刻池塘内鱼数 $y(t)$ 的计算公式；(2) 放养 6 个月后池塘内又有多少尾鱼？

解 (1) 由题意可知，在 t 时刻池塘内鱼数 $y(t)$ 应满足如下关系式：

$$\frac{\mathrm{d}y}{\mathrm{d}t}=ky(1\,000-y),$$

这就是我们熟悉的 Logistic 模型，用分离变量法，可求得

$$\frac{y}{1\,000-y}=Ce^{1\,000kt},$$

将条件 $y(0)=100, y(3)=250$ 代入，得 $C=\frac{1}{9}, k=\frac{\ln 3}{3\,000}$，于是在 t 时刻池塘内鱼数 $y(t)$ 的计算公式为

$$y(t)=\frac{1\,000\times 3^{\frac{t}{3}}}{9+3^{\frac{t}{3}}}\text{(尾)};$$

(2) 取 $t=6$，得放养 6 个月后池塘内鱼数为

$$y(6)=500\text{(尾)}.$$

习题 8.5

1. 设某商品的需求价格弹性 $\eta=-K$（K 为常数），求该商品的需求函数 $Q=Q(P)$（提示：需求弹性 $\eta=\frac{P}{Q}\frac{\mathrm{d}Q}{\mathrm{d}P}$）.

2. 某林区实行封山养林，现有木材 10 万立方米，如果在每一时刻 t 木材的变化率与当时木材数成正比，假设 10 年时这林区的木材为 20 万立方米，若规定，该林区的木材量达到 40 万立方米时才可砍伐，问至少多少年后才能砍伐.

3. 在宏观经济研究中，发现某地区的国民收入 Y，国民储蓄 S 和投资 I 均是时间 t 的函数，且在任一时刻 t，储蓄额 $S(t)$ 为国民收入 $Y(t)$ 的 $\frac{1}{10}$ 倍，投资额 $I(t)$ 是国民收入增长率 $\frac{\mathrm{d}y}{\mathrm{d}t}$ 的 $\frac{1}{3}$ 倍. 假设 $t=0$ 时，国民收入为 5(亿元)，而在时刻 t 的储蓄额全部用于投资，试求国民收入函数、国民储蓄函数和投资函数.

4. 已知某商品的需求量 Q 与供给量 S 都是价格函数：

$$Q=\frac{a}{P^2}\text{ 与 }S=bP,$$

其中 a,b 均为正常数，价格 P 又是时间 t 的函数，且满足 $\frac{\mathrm{d}P}{\mathrm{d}t}=k(Q-S)$（$k$ 为正常数），假设 $P(0)=1$，试求：

(1) 需求量等于供给量的均衡价格 P_e；

(2) 价格函数 $P=P(t)$；

(3) $\lim\limits_{t\to+\infty}P(t)$.

5. 设有某种商品在某地区进行推销，最初商家会采取各种宣传活动打开销路，假设该商

品确实受欢迎，则消费者会相互宣传，使购买人数逐渐增加，销售速率逐渐增大. 但是由于该地区潜在消费总量是有限的，所以当购买者占到潜在消费总量的一定比例时，销售率又会逐渐下降，且该比例越接近于1，销售速率越低，这时商家就应更新商品了.

(1) 假设该地区潜在消费总量为 N，且在 t 时刻，该商品出售量为 $x(t)$，试建立 $x(t)$ 所满足的微分方程；

(2) 假设 $x(0)=x_0$，求出 $x(t)$；

(3) 分析 $x(t)$ 的性态，给出商品的宣传和生产策略.

（提示：$\frac{dx}{dt}=kx(N-x)$；分析结果：该商品在生产初期应以较小批量生产并加强宣传，生产中期应大批量生产，而到后期则应适时转产了.）

本章小结

一、基本概念

1. 微分方程：表示未知函数、未知函数的导数（或微分）与自变量之间的关系的方程；微分方程的阶，微分方程的解、通解、特解，初始条件等.

2. 可分离变量的微分方程、齐次型微分方程、一阶线性微分方程（齐次与非齐次）；二阶常系数线性微分方程（齐次与非齐次）.

二、几类微分方程解的结构

1. 一阶线性非齐次微分方程 $\frac{dy}{dx}+P(x)y=Q(x)$ 的通解，是由其对应的齐次方程 $\frac{dy}{dx}+P(x)y=0$ 的通解加上非齐次方程自己的一个特解所构成.

2. 如果 $y_1(x)$ 和 $y_2(x)$ 是二阶常系数线性齐次微分方程 $y''+py'+qy=0$ 的两个线性无关的解，则 $y=C_1y_1(x)+C_2y_2(x)$ 就是齐次方程 $y''+py'+qy=0$ 的通解，其中 C_1,C_2 为任意常数.

3. 如果 y^* 是非齐次方程 $y''+py'+qy=f(x)$ 的一个特解，$\bar{y}$ 是对应的齐次方程 $y''+py'+qy=0$ 的通解，那么 $y=\bar{y}+y^*$ 就是非齐次方程 $y''+py'+qy=f(x)$ 的通解，其中 C_1,C_2 为任意常数.

4. 如果 y_1^* 与 y_2^* 分别是非齐次方程 $y''+py'+qy=f_1(x)$ 与 $y''+py'+qy=f_2(x)$ 的一个特解，那么 $y_1^*+y_2^*$ 就是非齐次方程 $y''+py'+qy=f_1(x)+f_2(x)$ 的一个特解.

三、几类微分方程的解法

1. 可分离变量微分方程 $\frac{dy}{dx}=f(x)g(y)$：先分离变量，后两边积分，最后写出方程的通解（即分离变量法）.

2. 齐次型微分方程 $\frac{dy}{dx}=\varphi\left(\frac{y}{x}\right)$：用变量代换 $u=\frac{y}{x}$ 化原方程为可分离变量的方程，然后用分离变量法解出方程，最后换回原变量写出原方程的通解.

3. 一阶线性齐次的微分方程 $\frac{dy}{dx}+P(x)y=0$：方法一，用分离变量法求得原方程的通解；方法二，用公式法 $y=Ce^{-\int P(x)dx}$ 写出原方程的通解.

4. 一阶线性非齐次的微分方程 $\frac{dy}{dx}+P(x)y=Q(x)$：方法一，先求出其对应的齐次方程的通解 $y=Ce^{-\int P(x)dx}$，然后把常数 C 换成待定函数 $u(x)$，求出 $u(x)$，最后写出原方程的通解（即常数变易法）；方法二，用公式法 $y=e^{-\int P(x)dx}\left[\int Q(x)e^{\int P(x)dx}dx+C\right]$ 写出原方程的通解.

5. 二阶常系数齐次线性微分方程 $y''+py'+qy=0$：先写出齐次方程的特征方程 $r^2+pr+q=0$，然后求出特征根 r_1 与 r_2，最后根据特征根的不同情形，按照表 8 - 2写出齐次方程的通解.

6. 二阶常系数非齐次线性微分方程 $y''+py'+qy=f(x)$：先求出对应齐次方程 $y''+py'+qy=0$ 的通解 $\bar{y}$，然后按照表 8 - 3 求出非齐次方程 $y''+py'+qy=f(x)$ 的一个特解 y^*，最后写出非齐次方程的通解 $y=\bar{y}+y^*$.

四、微分方程的应用

1. 利用微分方程建立数学模型：如 Logistic 模型等.

2. 微分方程在经济领域中的应用：如关于商品需求、连续复利、未来预测等方面的应用.

复习题 8

一、选择题

1. 设非齐次线性微分方程 $y'+P(x)y=Q(x)$ 有两个不同的解 $y_1(x)$，$y_2(x)$，C 为任何常数，则该方程的通解是 ( )

A. $C[y_1(x)-y_2(x)]$　　B. $y_1(x)+C[y_1(x)-y_2(x)]$

C. $C[y_1(x)+y_2(x)]$　　D. $y_1(x)+C[y_1(x)+y_2(x)]$

2. 函数 $y=C_1e^x+C_2e^{-2x}+xe^x$ 满足的微分方程是 ( )

A. $y''-y'-2y=3xe^x$　　B. $y''-y'-2y=3e^x$

C. $y''+y'-2y=3xe^x$　　D. $y''+y'-2y=3e^x$

3. 设线性无关的函数 y_1，y_2，y_3 都是二阶非齐次线性微分方程 $y''+p(x)y'+q(x)y=f(x)$ 的解，C_1，C_2 是任意常数，则该方程的通解是 ( )

A. $C_1y_1+C_2y_2+y_3$　　B. $C_1y_1+C_2y_2-(C_1+C_2)y_3$

C. $C_1y_1+C_2y_2-(1-C_1-C_2)y_3$　　D. $C_1y_1+C_2y_2+(1-C_1-C_2)y_3$

4. 微分方程 $y''+2y'+5y=0$ 的通解是 ( )

A. $y=c_1e^{2x}+c_2e^{3x}$　　B. $y=(c_1+c_2x)e^{-3x}$

C. $y=e^{-x}(c_1\cos 2x+c_2\sin 2x)$　　D. $y=e^{2x}(c_1\cos 3x-c_2\sin 3x)$

二、填空题

1. 微分方程 $y''-6y'+13y=0$ 的通解为________.

2. 微分方程 $y' = e^{2x-y}$ 满足初始条件 $y\Big|_{x=0} = 0$ 的特解是________.

3. 微分方程 $\dfrac{dy}{dx} = 2xy$ 的通解为________.

三、解答题

1. 解方程：$y^2 + x^2\dfrac{dy}{dx} = xy\dfrac{dy}{dx}$.

2. 求微分方程 $\dfrac{dy}{dx} + 2xy = 4x$ 满足初始条件 $y\Big|_{x=0} = 3$ 的特解.

3. 求微分方程 $\dfrac{dy}{dx} + 3y = 8$ 满足初始条件 $y\Big|_{x=0} = 2$ 的特解.

4. 求曲线方程，这曲线过原点，且在点 (x,y) 处的切线的斜率为 $2x+y$.

5. 求微分方程 $\dfrac{dy}{dx} + \dfrac{y}{x} = \dfrac{\sin x}{x}$ 满足初始条件 $y(\pi) = 1$ 的特解.

6. 解方程：$\dfrac{dy}{dx} = \dfrac{1}{x+y}$.

7. 解方程：$\dfrac{dy}{dx} - \dfrac{4}{x}y = x^2\sqrt{y}$.

8. 解方程：$y''' = e^{2x} - \cos x$.

9. 求微分方程 $y'' + \dfrac{1}{1-y}(y')^2 = 0$ 的解.

10. 求微分方程 $y'' = y' + x$ 的通解.

11. 求微分方程：$y'' - 5y' - 14y = e^{2x}$ 的通解.

12. 设 $f(x)$ 为连续函数，且 $f(x) = \int_0^x tf(t)dt - x\int_0^x f(t)dt + e^x$，求 $f(x)$ 的表达式.

思政案例

包罗万象的数学分支——微分方程

微分方程是一门具有悠久历史的学科，几乎与微积分同时诞生于1676年前后，至今已有300多年的历史.在微分方程发展的初期，人们主要是针对实际问题提出的各种方程，用积分的方法求其精确的解析表达式，这就是人们常说的初等积分法.这种研究方法一直延续到1841年前后，其历史有160多年.促使人们放弃这一研究方法的原因要归结到1841年刘维尔(Liouville 1809—1882年)的一篇著名论文，他证明了大多数微分方程不能用初等积分法求解.

在此之后，微分方程进入了基础定理和新型分析方法的研究阶段.比如19世纪中叶，柯西等人完成了奠定性工作(解的存在性和唯一性定理)；拉格朗日等人对线性微分方程也开展了系统性研究工作；到19世纪末，庞加莱和李雅普诺夫分别创立了微分方程的定性理论和稳定性理论，这代表了一种崭新的研究非线性方程的新方法，其思想和做法一直深刻地影响到今天.

微分方程是研究自然科学和社会科学中的事物、物体和现象运动、演化和变化规律的最为基本的数学理论和方法. 物理、化学、生物、工程、航空航天、医学、经济和金融领域中的许多原理和规律都可以描述成适当的微分方程，如牛顿的运动定律、万有引力定律、机械能守恒定律、能量守恒定律、人口发展规律、生态种群竞争、疾病传染、遗传基因变异、股票的涨幅趋势、利率的浮动、市场均衡价格的变化等，对这些规律的描述、认识和分析就归结为对相应的微分方程描述的数学模型的研究. 科学史上还有这样一件大事足以显示微分方程的重要性，那就是在海王星被实际观测到之前，这颗行星的存在就被天文学家用微分方程的方法推算出来了. 时至今日，微分方程的理论和方法不仅广泛应用于自然科学，而且越来越多的应用于社会科学的各个领域.

第二篇　线性代数

第9章　行 列 式

【同步微课】

本章提要　在线性代数和其他数学领域以及工程技术中，行列式是一个很重要的工具．本章主要介绍行列式的定义、性质及其计算方法．

9.1　行列式的定义

本节在讨论二元和三元线性方程组的基础上，引入二阶和三阶行列式，在此基础上，给出 n 阶行列式的定义．

9.1.1　二阶、三阶行列式

在初等代数中，用消元法求解二元一次方程组

$$\begin{cases} a_{11}x_1 + a_{12}x_2 = b_1 \\ a_{21}x_1 + a_{22}x_2 = b_2 \end{cases} \tag{1}$$

当 $a_{11}a_{22} - a_{12}a_{21} \neq 0$ 时，可得(1)式唯一一组解

$$\begin{cases} x_1 = \dfrac{b_1a_{22} - b_2a_{12}}{a_{11}a_{22} - a_{12}a_{21}} \\ x_2 = \dfrac{b_2a_{11} - b_1a_{21}}{a_{11}a_{22} - a_{12}a_{21}} \end{cases} \tag{2}$$

为便于表示上述结果，引入二阶行列式的概念．

1．二阶行列式的定义

定义1　用 2^2 个数组成的记号

$$\begin{vmatrix} a_{11} & a_{12} \\ a_{21} & a_{22} \end{vmatrix},$$

表示数值 $a_{11}a_{22} - a_{12}a_{21}$，称为**二阶行列式**．其中 $a_{11}, a_{12}, a_{21}, a_{22}$ 称为二阶行列式的元素，每个横排称为行列式的**行**，竖排称为行列式的**列**，从左上角到右下角的对角线称为行列式的**主对角线**，从右上角到左下角的对角线称为**次对角线**．行列式通常用大写的英文字母 D 表示．即

$$D = \begin{vmatrix} a_{11} & a_{12} \\ a_{21} & a_{22} \end{vmatrix} = a_{11}a_{22} - a_{12}a_{21}$$

利用二阶行列式的概念,(2)中的分子分别记为

$$D_1=\begin{vmatrix} b_1 & a_{12} \\ b_2 & a_{22} \end{vmatrix},\quad D_2=\begin{vmatrix} a_{11} & b_1 \\ a_{21} & b_2 \end{vmatrix}$$

则(1)的解(2)可以简洁的表示为

$$\begin{cases} x_1=\dfrac{D_1}{D} \\ x_2=\dfrac{D_2}{D} \end{cases}.$$

【例 1】 用行列式解线性方程组 $\begin{cases} 3x_1-2x_2=3 \\ x_1+3x_2=-1 \end{cases}$.

解 因为系数行列式

$$D=\begin{vmatrix} 3 & -2 \\ 1 & 3 \end{vmatrix}=11\neq 0,$$

所以方程组有唯一解,

又

$$D_1=\begin{vmatrix} 3 & -2 \\ -1 & 3 \end{vmatrix}=7,\quad D_2=\begin{vmatrix} 3 & 3 \\ 1 & -1 \end{vmatrix}=-6,$$

所以方程组的解为

$$\begin{cases} x_1=\dfrac{D_1}{D}=\dfrac{7}{11} \\ x_2=\dfrac{D_2}{D}=-\dfrac{6}{11} \end{cases}.$$

2. 三阶行列式

类似地,我们可以定义三阶行列式.

定义 2 用 3^2 个数组成的记号 $\begin{vmatrix} a_{11} & a_{12} & a_{13} \\ a_{21} & a_{22} & a_{23} \\ a_{31} & a_{32} & a_{33} \end{vmatrix}$,表示数值 $a_{11}a_{22}a_{33}+a_{12}a_{23}a_{31}+a_{13}a_{21}a_{32}-a_{13}a_{22}a_{31}-a_{12}a_{21}a_{33}-a_{11}a_{23}a_{32}$,称为三阶行列式,即

$$\begin{vmatrix} a_{11} & a_{12} & a_{13} \\ a_{21} & a_{22} & a_{23} \\ a_{31} & a_{32} & a_{33} \end{vmatrix}=a_{11}a_{22}a_{33}+a_{12}a_{23}a_{31}+a_{13}a_{21}a_{32}-a_{13}a_{22}a_{31}-a_{12}a_{21}a_{33}-a_{11}a_{23}a_{32}.$$

上式可以用**对角线法则**记忆,如图 9-1 所示.实线上三个元素的乘积取正号,虚线上三个元素的乘积取负号.

我们可以注意到,展开后共六项,正、负各三项;并且每项都是三个数的乘积,这三个数来自不同的行和列.

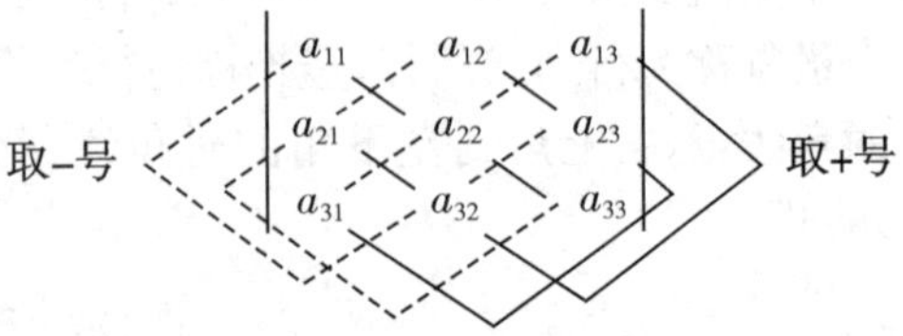

图 9-1

【例 2】 计算三阶行列式 $D=\begin{vmatrix} 3 & 1 & 2 \\ 2 & 0 & -3 \\ -1 & 5 & 4 \end{vmatrix}$.

解 按对角法则展开有

$$D=3\times0\times4+1\times(-3)\times(-1)+2\times5\times2-2\times0\times(-1)-1\times2\times4-(-3)\times5\times3$$

$$=0+3+20-0-8+45=60.$$

【例 3】 解方程 $\begin{vmatrix} x & 1 & 0 \\ 1 & x & 0 \\ 4 & 1 & 1 \end{vmatrix}=0$.

解 因为

$$\begin{vmatrix} x & 1 & 0 \\ 1 & x & 0 \\ 4 & 1 & 1 \end{vmatrix}=x^2-1,$$

原方程化为

$$x^2-1=0,$$

故方程的解为

$$x=-1 \text{ 或 } x=1.$$

9.1.2 *n* 阶行列式及代数余子式展开

定义 3 由 n^2 个元素组成的一个算式，记为 D，且

$$D=\begin{vmatrix} a_{11} & a_{12} & \cdots & a_{1n} \\ a_{21} & a_{22} & \cdots & a_{2n} \\ \vdots & \vdots & & \vdots \\ a_{n1} & a_{n2} & \cdots & a_{nn} \end{vmatrix}$$

称为 ***n* 阶行列式**，其中 a_{ij} 称为第 i 行第 j 列的元素 $(i,j=1,2,\cdots,n)$.

当 $n=1$ 时，规定：

$$D=|a_{11}|=a_{11}.$$

定义 4 在行列式

$$D=\begin{vmatrix} a_{11} & a_{12} & \cdots & a_{1n} \\ a_{21} & a_{22} & \cdots & a_{2n} \\ \vdots & \vdots & & \vdots \\ a_{n1} & a_{n2} & \cdots & a_{nn} \end{vmatrix}$$

中去掉元素 a_{ij} 所在的第 i 行及第 j 列，所得的 $n-1$ 阶行列式叫元素 a_{ij} 的**余子式**，记为 M_{ij}，$A_{ij}=(-1)^{i+j}M_{ij}$ 称为元素 a_{ij} 的**代数余子式.**

例如 $D=\begin{vmatrix} a_{11} & a_{12} & a_{13} \\ a_{21} & a_{22} & a_{23} \\ a_{31} & a_{32} & a_{33} \end{vmatrix}$

a_{11} 的余子式 $M_{11}=\begin{vmatrix} a_{22} & a_{23} \\ a_{32} & a_{33} \end{vmatrix}$，代数余子式 $A_{11}=(-1)^{1+1}M_{11}=(-1)^{1+1}\begin{vmatrix} a_{22} & a_{23} \\ a_{32} & a_{33} \end{vmatrix}$，

a_{12}的余子式 $M_{12}=\begin{vmatrix} a_{21} & a_{23} \\ a_{31} & a_{33} \end{vmatrix}$，代数余子式 $A_{12}=(-1)^{1+2}M_{12}=(-1)^{1+2}\begin{vmatrix} a_{21} & a_{23} \\ a_{31} & a_{33} \end{vmatrix}$，

a_{13}的余子式 $M_{13}=\begin{vmatrix} a_{21} & a_{22} \\ a_{31} & a_{32} \end{vmatrix}$，代数余子式 $A_{13}=(-1)^{1+3}M_{13}=(-1)^{1+3}\begin{vmatrix} a_{21} & a_{22} \\ a_{31} & a_{32} \end{vmatrix}$，

可以验证

$$D=\begin{vmatrix} a_{11} & a_{12} & a_{13} \\ a_{21} & a_{22} & a_{23} \\ a_{31} & a_{32} & a_{33} \end{vmatrix}=a_{11}\cdot(-1)^{1+1}\begin{vmatrix} a_{22} & a_{23} \\ a_{32} & a_{33} \end{vmatrix}+a_{12}\cdot(-1)^{1+2}\begin{vmatrix} a_{21} & a_{23} \\ a_{31} & a_{33} \end{vmatrix}$$

$$+a_{13}\cdot(-1)^{1+3}\begin{vmatrix} a_{21} & a_{22} \\ a_{31} & a_{32} \end{vmatrix}$$

$$=a_{11}A_{11}+a_{12}A_{12}+a_{13}A_{13}.$$

上式是按行列式的第一行展开的计算的，事实上，也可以按行列式的其他行或列展开，即行列式等于它的任意一行或任意一列中所有元素与其对应的代数余子式乘积之和，这种方法称为“**拉普拉斯展开**”. 如按第二列展开，可得

$$D=\begin{vmatrix} a_{11} & a_{12} & a_{13} \\ a_{21} & a_{22} & a_{23} \\ a_{31} & a_{32} & a_{33} \end{vmatrix}=a_{12}A_{12}+a_{22}A_{22}+a_{32}A_{32}.$$

【例 4】 计算行列式 $\begin{vmatrix} 2 & 0 & 1 \\ -1 & 3 & 6 \\ 4 & -2 & 4 \end{vmatrix}$.

(1) 按第一行展开，并求其值；

(2) 按第三列展开，并求其值.

解 (1) 按第一行展开，则

$$\begin{vmatrix} 2 & 0 & 1 \\ -1 & 3 & 6 \\ 4 & -2 & 4 \end{vmatrix}=a_{11}A_{11}+a_{12}A_{12}+a_{13}A_{13}$$

$$=2\times(-1)^{1+1}\begin{vmatrix} 3 & 6 \\ -2 & 4 \end{vmatrix}+0\times(-1)^{1+2}\begin{vmatrix} -1 & 6 \\ 4 & 4 \end{vmatrix}+1\times(-1)^{1+3}\begin{vmatrix} -1 & 3 \\ 4 & -2 \end{vmatrix}$$

$$=2\times24+0\times28+1\times(-10)=38$$

(2) 按第三列展开

$$\begin{vmatrix} 2 & 0 & 1 \\ -1 & 3 & 6 \\ 4 & -2 & 4 \end{vmatrix} = a_{13}A_{13} + a_{23}A_{23} + a_{33}A_{33}$$

$$= 1\times(-1)^{3+1}\begin{vmatrix} -1 & 3 \\ 4 & -2 \end{vmatrix} + 6\times(-1)^{3+2}\begin{vmatrix} 2 & 0 \\ 4 & -2 \end{vmatrix} + 4\times(-1)^{3+3}\begin{vmatrix} 2 & 0 \\ -1 & 3 \end{vmatrix}$$

$$= 1\times(-10) + 6\times 4 + 4\times 6 = 38.$$

【例 5】 计算行列式 $\begin{vmatrix} 2 & 0 & 0 \\ -1 & 3 & 6 \\ 4 & -2 & 4 \end{vmatrix}$.

解 因为第一行零元素较多,我们可按第一行展开,则

$$\begin{vmatrix} 2 & 0 & 0 \\ -1 & 3 & 6 \\ 4 & -2 & 4 \end{vmatrix} = a_{11}A_{11} + a_{12}A_{12} + a_{13}A_{13}$$

$$= 2\times A_{11}$$

$$= 2\times(-1)^{1+1}\begin{vmatrix} 3 & 6 \\ -2 & 4 \end{vmatrix} = 48.$$

【例 6】 计算行列式 $\begin{vmatrix} a_{11} & 0 & \cdots & 0 \\ 0 & a_{22} & \cdots & 0 \\ \vdots & \vdots & & \vdots \\ 0 & 0 & \cdots & a_{nn} \end{vmatrix}$.

解 当 $i\neq j$ 时,$a_{ij}=0$,根据拉普拉斯展开法,并选择按第一行展开,则

$$\begin{vmatrix} a_{11} & 0 & \cdots & 0 \\ 0 & a_{22} & \cdots & 0 \\ \vdots & \vdots & & \vdots \\ 0 & 0 & \cdots & a_{nn} \end{vmatrix} = a_{11}A_{11} + 0A_{12} + \cdots + 0A_{1n} = a_{11}A_{11} = a_{11}\begin{vmatrix} a_{22} & 0 & \cdots & 0 \\ 0 & a_{33} & \cdots & 0 \\ \vdots & \vdots & & \vdots \\ 0 & 0 & \cdots & a_{nn} \end{vmatrix}$$

$$\xlongequal{\text{按第一行展开}} a_{11}a_{22}\begin{vmatrix} a_{33} & 0 & \cdots & 0 \\ 0 & a_{44} & \cdots & 0 \\ \vdots & \vdots & & \vdots \\ 0 & 0 & \cdots & a_{nn} \end{vmatrix} = \cdots = a_{11}a_{22}\cdots a_{nn}.$$

【例 7】 计算行列式 $\begin{vmatrix} a_{11} & 0 & \cdots & 0 \\ a_{21} & a_{22} & \cdots & 0 \\ \vdots & \vdots & & \vdots \\ a_{n1} & a_{n2} & \cdots & a_{nn} \end{vmatrix}$.

解 当 $i<j$ 时,$a_{ij}=0$,根据代数余子式展开法,并选择按第一行展开,则

$$\begin{vmatrix} a_{11} & 0 & \cdots & 0 \\ a_{21} & a_{22} & \cdots & 0 \\ \vdots & \vdots & & \vdots \\ a_{n1} & a_{n2} & \cdots & a_{nn} \end{vmatrix} = a_{11}A_{11} + 0A_{12} + \cdots + 0A_{1n} = a_{11}A_{11} = a_{11}\begin{vmatrix} a_{22} & 0 & \cdots & 0 \\ a_{32} & a_{33} & \cdots & 0 \\ \vdots & \vdots & & \vdots \\ a_{n2} & a_{n3} & \cdots & a_{nn} \end{vmatrix}$$

$$\xlongequal{\text{按第一行展开}} a_{11}a_{22}\begin{vmatrix} a_{33} & 0 & \cdots & 0 \\ a_{43} & a_{44} & \cdots & 0 \\ \vdots & \vdots & & \vdots \\ a_{n3} & a_{n4} & \cdots & a_{nn} \end{vmatrix} = \cdots = a_{11}a_{22}\cdots a_{nn}.$$

形如

$$\begin{vmatrix} a_{11} & 0 & \cdots & 0 \\ 0 & a_{22} & \cdots & 0 \\ \vdots & \vdots & & \vdots \\ 0 & 0 & \cdots & a_{nn} \end{vmatrix}$$

的行列式称为**对角行列式**；

形如

$$\begin{vmatrix} a_{11} & 0 & \cdots & 0 \\ a_{21} & a_{22} & \cdots & 0 \\ \vdots & \vdots & & \vdots \\ a_{n1} & a_{n2} & \cdots & a_{nn} \end{vmatrix}$$

的行列式称**下三角行列式**；

形如

$$\begin{vmatrix} a_{11} & a_{12} & \cdots & a_{1n} \\ 0 & a_{22} & \cdots & a_{2n} \\ \vdots & \vdots & & \vdots \\ 0 & 0 & \cdots & a_{nn} \end{vmatrix}$$

的行列式称**上三角行列式**.

由上述几个例子，我们可以注意到：**对角行列式、上(下)三角行列式的值都等于主对角线元素乘积.**

习题 9.1

1. 计算下列行列式.

(1) $\begin{vmatrix} 5 & 7 \\ 2 & 3 \end{vmatrix}$；

(2) $\begin{vmatrix} 1 & 1 \\ 0 & 0 \end{vmatrix}$；

(3) $\begin{vmatrix} 1 & 0 \\ 1 & 0 \end{vmatrix}$；

(4) $\begin{vmatrix} \sin\alpha & -\cos\alpha \\ \cos\alpha & \sin\alpha \end{vmatrix}$；

(5) $\begin{vmatrix} a & b \\ a^2 & b^2 \end{vmatrix}$；

(6) $\begin{vmatrix} 1 & \log_a b \\ \log_b a & 1 \end{vmatrix}$；

(7) $\begin{vmatrix} 2 & -3 & 2 \\ 1 & 0 & 0 \\ 1 & 1 & 1 \end{vmatrix}$；　　(8) $\begin{vmatrix} 1 & 0 & 1 \\ 2 & 1 & 1 \\ 3 & 2 & 1 \end{vmatrix}$；

(9) $\begin{vmatrix} 1 & 2 & 4 \\ -2 & 2 & 1 \\ -3 & 4 & -2 \end{vmatrix}$；　　(10) $\begin{vmatrix} 0 & a & 0 \\ b & 0 & c \\ 0 & d & 0 \end{vmatrix}$.

2. 写出三阶行列式 $\begin{vmatrix} -1 & 3 & 2 \\ 7 & 0 & 6 \\ 11 & 9 & 4 \end{vmatrix}$ 中元素 $a_{21}=7$ 和 $a_{23}=6$ 的代数余子式，并求其值.

3. 指出下列行列式的名称，并计算其值.

(1) $\begin{vmatrix} 1 & 0 & 0 \\ 0 & 3 & 0 \\ 0 & 0 & 4 \end{vmatrix}$；　　(2) $\begin{vmatrix} 1 & 1 & 1 \\ 0 & 3 & 2 \\ 0 & 0 & 4 \end{vmatrix}$；　　(3) $\begin{vmatrix} 1 & 0 & 0 \\ 1 & 3 & 0 \\ 1 & 2 & 4 \end{vmatrix}$.

4. 证明下列各式.

(1) $\begin{vmatrix} 1 & a & a^2 \\ 1 & b & b^2 \\ 1 & c & c^2 \end{vmatrix}=(b-c)c-a)(a-b)$；　　(2) $\begin{vmatrix} b & a & a \\ a & b & a \\ a & a & b \end{vmatrix}=(2a+b)(b-a)^2$.

5. 解下列方程.

(1) $\begin{vmatrix} 6 & x-2 \\ x-1 & 2 \end{vmatrix}=0$；　　(2) $\begin{vmatrix} a & a & x \\ m & m & m \\ b & x & b \end{vmatrix}=0$；　　(3) $\begin{vmatrix} 2x & 1 & 5 \\ 1 & 1 & 2 \\ 0 & 2 & x \end{vmatrix}=0$.

6. 按第 3 列展开行列式 $\begin{vmatrix} 1 & 0 & a & 1 \\ 0 & -1 & b & -1 \\ -1 & -1 & c & 1 \\ -1 & 1 & d & 0 \end{vmatrix}$，并计算其结果.

9.2　行列式的性质

9.2.1　行列式的性质

根据 n 阶行列式的定义直接计算行列式，当行列式的阶数 n 较大时，一般是很麻烦的，为了简化 n 阶行列式的计算，我们有必要讨论 n 阶行列式的性质. 在介绍行列式的性质之前，先给出 n 阶转置行列式的概念.

如果把 n 阶行列式

$$D=\begin{vmatrix} a_{11} & a_{12} & \cdots & a_{1n} \\ a_{21} & a_{22} & \cdots & a_{2n} \\ \vdots & \vdots & & \vdots \\ a_{n1} & a_{n2} & \cdots & a_{nn} \end{vmatrix}$$

中的行与列按顺序互换，得到一个新的行列式，

$$D^T = \begin{vmatrix} a_{11} & a_{21} & \cdots & a_{n1} \\ a_{12} & a_{22} & \cdots & a_{n2} \\ \vdots & \vdots & & \vdots \\ a_{1n} & a_{2n} & \cdots & a_{nn} \end{vmatrix}$$

称 D^T 为行列式 D 的转置行列式. 显然，D 也是 D^T 的转置行列式.

例如 $D = \begin{vmatrix} 3 & 5 \\ 1 & 2 \end{vmatrix}$，则 $D^T = \begin{vmatrix} 3 & 1 \\ 5 & 2 \end{vmatrix}$.

性质 1 行列式 D 与它的转置行列式 D^T 相等，即 $D = D^T$.

性质 2 互换行列式的任意两行(列)，行列式变号.

例如，二阶行列式

$$D = \begin{vmatrix} a_{11} & a_{12} \\ a_{21} & a_{22} \end{vmatrix} = a_{11}a_{22} - a_{12}a_{21},$$

交换两行后得到的行列式

$$\begin{vmatrix} a_{21} & a_{22} \\ a_{11} & a_{12} \end{vmatrix} = a_{21}a_{12} - a_{22}a_{11} = -D.$$

推论 若行列式的两行(列)元素对应相同，则此行列式的值为零.

事实上，交换相同的两行，由性质 2 得，$D = -D$，于是 $D = 0$.

性质 3 行列式某一行(或列)的公因子可以提到行列式记号的外面，即

$$\begin{vmatrix} a_{11} & a_{12} & \cdots & a_{1n} \\ \vdots & \vdots & & \vdots \\ \lambda a_{i1} & \lambda a_{i2} & \cdots & \lambda a_{in} \\ \vdots & \vdots & & \vdots \\ a_{n1} & a_{n2} & \cdots & a_{nn} \end{vmatrix} = \lambda \begin{vmatrix} a_{11} & a_{12} & \cdots & a_{1n} \\ \vdots & \vdots & & \vdots \\ a_{i1} & a_{i2} & \cdots & a_{in} \\ \vdots & \vdots & & \vdots \\ a_{n1} & a_{n2} & \cdots & a_{nn} \end{vmatrix}.$$

例如 $A = \begin{vmatrix} 1 & 2 & 3 \\ 25 & 75 & 150 \\ 1 & 8 & 9 \end{vmatrix} = 25\begin{vmatrix} 1 & 2 & 3 \\ 1 & 3 & 6 \\ 7 & 8 & 9 \end{vmatrix} = 25B\left(\text{其中}\begin{vmatrix} 1 & 2 & 3 \\ 1 & 3 & 6 \\ 7 & 8 & 9 \end{vmatrix}\right)$.

推论 1 如果行列式中有一行(或列)的元素全为零，那么此行列式的值为零.

例如 $$\begin{vmatrix} 1 & 2 & 3 \\ 1 & 3 & 6 \\ 0 & 0 & 0 \end{vmatrix} = 0.$$

推论 2 如果行列式有两行(或列)元素对应成比例，那么行列式等于零.

例如 $$D = \begin{vmatrix} 1 & 1 \\ 2 & 2 \end{vmatrix} = 2 \times \begin{vmatrix} 1 & 1 \\ 1 & 1 \end{vmatrix} = 0.$$

性质 4 如果行列式的某一行(或列)元素可以写成两数之和,那么可以把行列式表示成两个行列式的和,即

$$\begin{vmatrix} a_{11} & a_{12} & \cdots & a_{1n} \\ \vdots & \vdots & & \vdots \\ b_{i1}+c_{i1} & b_{i2}+c_{i2} & \cdots & b_{in}+c_{in} \\ \vdots & \vdots & & \vdots \\ a_{n1} & a_{n2} & \cdots & a_{nn} \end{vmatrix} = \begin{vmatrix} a_{11} & a_{12} & \cdots & a_{1n} \\ \vdots & \vdots & & \vdots \\ b_{i1} & b_{i2} & \cdots & b_{in} \\ \vdots & \vdots & & \vdots \\ a_{n1} & a_{n2} & \cdots & a_{nn} \end{vmatrix} + \begin{vmatrix} a_{11} & a_{12} & \cdots & a_{1n} \\ \vdots & \vdots & & \vdots \\ c_{i1} & c_{i2} & \cdots & c_{in} \\ \vdots & \vdots & & \vdots \\ a_{n1} & a_{n2} & \cdots & a_{nn} \end{vmatrix}.$$

【例 1】 若 $\begin{vmatrix} a & b \\ c & d \end{vmatrix} = 3$,$\begin{vmatrix} x & y \\ c & d \end{vmatrix} = 2$,求 $A = \begin{vmatrix} a+x & b+y \\ c & d \end{vmatrix}$.

解 由性质 4 知,$\begin{vmatrix} a+x & b+y \\ c & d \end{vmatrix} = \begin{vmatrix} a & b \\ c & d \end{vmatrix} + \begin{vmatrix} x & y \\ c & d \end{vmatrix} = 3+2=5.$

性质 5 把行列式的某一行(列)的各元素乘以同一数然后加到另一行(列)对应的元素上去,行列式不变,即

$$\begin{vmatrix} a_{11} & a_{12} & \cdots & a_{1n} \\ \vdots & \vdots & & \vdots \\ a_{i1} & a_{i2} & \cdots & a_{in} \\ \vdots & \vdots & & \vdots \\ a_{j1} & a_{j2} & \cdots & a_{jn} \\ \vdots & \vdots & & \vdots \\ a_{n1} & a_{n2} & \cdots & a_{nn} \end{vmatrix} \xlongequal{r_i+kr_j} \begin{vmatrix} a_{11} & a_{12} & \cdots & a_{1n} \\ \vdots & \vdots & & \vdots \\ a_{i1}+ka_{j1} & a_{i2}+ka_{j2} & \cdots & a_{in}+ka_{jn} \\ \vdots & \vdots & & \vdots \\ a_{j1} & a_{j2} & \cdots & a_{jn} \\ \vdots & \vdots & & \vdots \\ a_{n1} & a_{n2} & \cdots & a_{nn} \end{vmatrix}$$

例如 $\begin{vmatrix} 1 & 1 \\ 1 & 2 \end{vmatrix} \xlongequal{r_2-r_1} \begin{vmatrix} 1 & 1 \\ 0 & 1 \end{vmatrix} = 1.$

为了便于书写,在行列式计算过程中约定采用下列标记法:

(1) 第 i 行和第 j 行互换,记为 $r_i \leftrightarrow r_j$;

(2) 把第 j 行(或第 j 列)的元素同乘以数 k,加到第 i 行(或第 i 列)对应的元素上去,记为 $r_i+kr_j(C_i+kC_j)$;

(3) 行列式的第 i 行(或第 i 列)中所有元素都乘以 k,记为 $kr_i(kC_i)$.

9.2.2 行列式性质的应用

行列式计算时,可以根据行列式的特点,利用行列式的性质把它逐步化为上三角形行列式或下三角形行列式,由前面的结论可知,这时行列式的值就是主对角线上的元素乘积. 这种方法一般称为“**化上(下)三角形法**”.

【例 2】 计算 $D = \begin{vmatrix} -1 & 3 & 2 & -2 \\ 1 & 1 & 1 & 4 \\ -1 & 2 & 1 & -1 \\ 1 & 1 & 2 & 9 \end{vmatrix}$.

解 $D=\begin{vmatrix}-1&3&2&-2\\1&1&1&4\\-1&2&1&-1\\1&1&2&9\end{vmatrix}\xlongequal[r_4+r_1]{\substack{r_2+r_1\\r_3-r_1}}\begin{vmatrix}-1&3&2&-2\\0&4&3&2\\0&-1&-1&1\\0&4&4&7\end{vmatrix}$

$$\xlongequal{r_2\leftrightarrow r_3}-\begin{vmatrix}-1&3&2&-2\\0&-1&-1&1\\0&4&3&2\\0&4&4&7\end{vmatrix}\xlongequal[r_4+4r_2]{r_3+4r_2}-\begin{vmatrix}-1&3&2&-2\\0&-1&-1&1\\0&0&-1&6\\0&0&0&11\end{vmatrix}=11.$$

【例 3】 证明 $\begin{vmatrix}b&a&a&a\\a&b&a&a\\a&a&b&a\\a&a&a&b\end{vmatrix}=(3a+b)(b-a)^3.$

证明 从行列式 D 的元素排列特点看，每一列 4 个元素的和都相等，把第 2,3,4 行同时加到第 1 行，提出公因子 $3a+b$，然后各行加上第一行的 $-a$ 倍，有

$$D=\begin{vmatrix}b&a&a&a\\a&b&a&a\\a&a&b&a\\a&a&a&b\end{vmatrix}\xlongequal{r_2+r_3+r_4+r_1}\begin{vmatrix}3a+b&3a+b&3a+b&3a+b\\a&b&a&a\\a&a&b&b\\a&a&a&b\end{vmatrix}$$

$$=(3a+b)\begin{vmatrix}1&1&1&1\\a&b&a&a\\a&a&b&a\\a&a&a&b\end{vmatrix}$$

$$\xlongequal{(-a)r_1\text{ 加到其他各行}}\begin{vmatrix}1&1&1&1\\0&b-a&0&0\\0&0&b-a&0\\0&0&0&b-a\end{vmatrix}(3a+b)=(3a+b)(b-a)^3.$$

将 n 阶行列式化为上三角行列式的一般步骤：

(1) 把 a_{11} 变换为 1(用行列式的性质 2 或性质 5)；

(2) 把第一行分别乘以 $-a_{21}$，$-a_{31}$，…，$-a_{n1}$，加到除第一行以外的各行对应元素上，把 $a_{i1}(i=2,3,\cdots n)$ 都化为零；

(3) 从第二行依次用类似的方法，将 $a_{ij}(i>j)$ 都化为零，即得上三角行列式.

计算行列式，除了将其化为三角形外，还可用“降阶法”，即用行列式的性质将某行(列)化为只有一个非零元素，然后按该行(列)用代数余子式展开法展开.

习题 9.2

1. 计算下列行列式.

(1) $\begin{vmatrix}1&121&121\\121&1&121\\121&121&1\end{vmatrix}$；　　(2) $\begin{vmatrix}1&1&1\\a&b&c\\b+c&c+a&a+b\end{vmatrix}$；

(3) $\begin{vmatrix} 3 & 1 & 1 & 1 \\ 1 & 3 & 1 & 1 \\ 1 & 1 & 3 & 1 \\ 1 & 1 & 1 & 3 \end{vmatrix}$; (4) $\begin{vmatrix} 0 & 1 & 1 & 1 \\ 1 & 0 & 1 & 1 \\ 1 & 1 & 0 & 1 \\ 1 & 1 & 1 & 0 \end{vmatrix}$;

(5) $\begin{vmatrix} 0 & -1 & -1 & 2 \\ 1 & -1 & 0 & 2 \\ -1 & 2 & -1 & 0 \\ 2 & 1 & 1 & 0 \end{vmatrix}$; (6) $\begin{vmatrix} 5 & 0 & 4 & 2 \\ 1 & -1 & 2 & 1 \\ 4 & 1 & 2 & 0 \\ 1 & 1 & 1 & 1 \end{vmatrix}$.

2. 证明下列结果.

(1) $\begin{vmatrix} a & b & c \\ a & a+b & a+b+c \\ a & 2a+b & 3a+2b+c \end{vmatrix} = a^3$; (2) $\begin{vmatrix} a & b & c \\ a^2 & b^2 & c^2 \\ a^3 & b^3 & c^3 \end{vmatrix} = abc(a-b)(b-c)(c-a)$.

3. 解方程 $\begin{vmatrix} 1 & 1 & 1 & 1 \\ 1 & x & 2 & 2 \\ 2 & 2 & x & 3 \\ 3 & 3 & 3 & x \end{vmatrix} = 0$.

9.3 用行列式解线性方程组

在 9.1 节中求解二元方程组时,我们用二阶行列式表示方程组的解,在解 n 个 n 元线性方程组时,是否也可以用行列式表示其解呢?

含有 n 个 n 元线性方程组的一般形式为

$$\begin{cases} a_{11}x_1 + a_{12}x_2 + \cdots + a_{1n}x_n = b_1 \\ a_{21}x_1 + a_{22}x_2 + \cdots + a_{2n}x_n = b_2 \\ \qquad\cdots\cdots \\ a_{n1}x_1 + a_{n2}x_2 + \cdots + a_{nn}x_n = b_n \end{cases} \tag{1}$$

由它的系数 a_{ij} 组成的 n 阶行列式

$$D = \begin{vmatrix} a_{11} & a_{12} & \cdots & a_{1n} \\ a_{21} & a_{22} & \cdots & a_{2n} \\ \vdots & \vdots & & \vdots \\ a_{n1} & a_{n2} & \cdots & a_{nn} \end{vmatrix}$$

称为 n 元线性方程组(1)的**系数行列式**.

用常数项 $b_1, b_2, \cdots, b_n$ 代替 D 中的第 j 列,组成的行列式记为 D_j,即

$$D_j = \begin{vmatrix} a_{11} & \cdots & a_{1j-1} & b_1 & a_{1j+1} & \cdots & a_{1n} \\ a_{21} & \cdots & a_{2j-1} & b_2 & a_{2j+1} & \cdots & a_{2n} \\ \vdots & \vdots & \vdots & \vdots & \vdots & & \vdots \\ a_{n1} & \cdots & a_{nj-1} & b_n & a_{nj+1} & \cdots & a_{nn} \end{vmatrix} (j = 1, 2, \cdots, n).$$

定理1 （**克莱姆法则**）若线性方程组的系数行列式 D 不等于零，即 $D \neq 0$，则方程组存在唯一解

$$x_j = \frac{D_j}{D}(j = 1,2,\cdots,n)$$

【同步微课】

【例1】 用行列式解线性方程组 $\begin{cases} 3x-2y-3=0 \\ x+3y+1=0 \end{cases}$.

解 将方程组写成一般形式

$$\begin{cases} 3x-2y=3 \\ x+3y=-1 \end{cases},$$

因为

$$D=\begin{vmatrix} 3 & -2 \\ 1 & 3 \end{vmatrix}=11 \neq 0,$$

所以方程组有唯一解，

又

$$D_x=\begin{vmatrix} 3 & -2 \\ -1 & 3 \end{vmatrix}=7, D_y=\begin{vmatrix} 3 & 3 \\ 1 & -1 \end{vmatrix}=-6,$$

所以方程组的解为

$$\begin{cases} x=\dfrac{D_x}{D}=\dfrac{7}{11} \\ y=\dfrac{D_y}{D}=-\dfrac{6}{11} \end{cases}.$$

【例2】 用行列式解线性方程组 $\begin{cases} 2x-y+3z=3 \\ 3x+y-5z=0 \\ 4x-y+z=3 \end{cases}$.

解 因为

$$D=\begin{vmatrix} 2 & -1 & 3 \\ 3 & 1 & -5 \\ 4 & -1 & 1 \end{vmatrix}=-6 \neq 0,$$

所以方程组有唯一解，

又

$$D_x=\begin{vmatrix} 3 & -1 & 3 \\ 0 & 1 & -5 \\ 3 & -1 & 1 \end{vmatrix}=-6, D_y=\begin{vmatrix} 2 & 3 & 3 \\ 3 & 0 & -5 \\ 4 & 3 & 1 \end{vmatrix}=-12,$$

$$D_z=\begin{vmatrix} 2 & -1 & 3 \\ 3 & 1 & 0 \\ 4 & -1 & 3 \end{vmatrix}=-6,$$

所以方程组的解为

$$x=\frac{D_x}{D}=1, y=\frac{D_y}{D}=2, x=\frac{D_z}{D}=1.$$

我们可以看到：克莱姆法则给出了方程组的解与未知数系数的关系，但它仅适用于方程个数与未知量个数相等的情形.

线性方程组(1)

$$\begin{cases} a_{11}x_1+a_{12}x_2+\cdots+a_{1n}x_n=b_1 \\ a_{21}x_1+a_{22}x_2+\cdots+a_{2n}x_n=b_2 \\ \cdots\cdots \\ a_{n1}x_1+a_{n2}x_2+\cdots+a_{nn}x_n=b_n \end{cases}$$

若常数项 $b_1,b_2,\cdots,b_n$ 不全为零，则称此方程组为非齐次线性方程组；

若常数项 $b_1,b_2,\cdots,b_n$ 全为零，即

$$\begin{cases} a_{11}x_1+a_{12}x_2+\cdots+a_{1n}x_n=0 \\ a_{21}x_1+a_{22}x_2+\cdots+a_{2n}x_n=0 \\ \cdots\cdots \\ a_{n1}x_1+a_{n2}x_2+\cdots+a_{nn}x_n=0 \end{cases} \tag{2}$$

则称此方程组为**齐次线性方程组**. 这时行列式 D_j 第 j 列的元素全为零，所以 $D_j=0$，$j=1,2,\cdots n$. 因此，当(2)的系数行列式 $D\neq 0$ 时，由克莱姆法则知它有唯一解

$$x_j=0, j=1,2,\cdots,n.$$

齐次线性方程组全由零组成的解称为**零解**. 若有一组不全为零的数是它的解，称为**非零解**.

于是可得下面的推论：

推论 如果齐次线性方程组的系数行列式 $D\neq 0$，则齐次线性方程组只有零解.

定理 2 如果齐次线性方程组有非零解，则它的系数行列式必为 0.

【例 3】 问 λ 取何值时，齐次线性方程组 $\begin{cases}(1-\lambda)x_1-2x_2+4x_3=0 \\ 2x_1+(3-\lambda)x_2+x_3=0 \\ x_1+x_2+(1-\lambda)x_3=0\end{cases}$ 有非零解？

解

$$D=\begin{vmatrix} 1-\lambda & -2 & 4 \\ 2 & 3-\lambda & 1 \\ 1 & 1 & 1-\lambda \end{vmatrix}=\begin{vmatrix} 1-\lambda & -3+\lambda & 4 \\ 2 & 1-\lambda & 1 \\ 1 & 0 & 1-\lambda \end{vmatrix}$$

$$=(1-\lambda)^3+(\lambda-3)-4(1-\lambda)-2(1-\lambda)(-3+\lambda)$$

$$=(1-\lambda)^3+2(1-\lambda)^2+\lambda-3=-\lambda(\lambda-2)(\lambda-3)$$

齐次方程组有非零解，则 $D=0$，所以 $\lambda=0,\lambda=2$ 或 $\lambda=3$ 时齐次方程组有非零解.

习题 9.3

1. 用克莱姆法则解方程组.

(1) $\begin{cases}2x+y=5\\x-3y=-1\end{cases}$；　(2) $\begin{cases}x-y+2z=13\\x+y+z=10\\2x+3y-z=1\end{cases}$；　(3) $\begin{cases}6x+4z+w=3\\x-y+2z+w=1\\4x+y+2z=1\\x+y+z+w=0\end{cases}$.

2. 判断下列齐次线性方程组是否有非零解？

(1) $\begin{cases}-x+2y+2z=0\\4x+y-2z=0\\y+4z=0\end{cases}$；　(2) $\begin{cases}x+3y-2z=0\\-3x-y-2z=0.\\x+2y-z=0\end{cases}$

本章小结

本章主要介绍了行列式的概念，讨论了行列式的性质及计算方法，最后给出用行列式解线性方程组的克莱姆法则.

一、行列式概念

1. 二阶行列式

$$D=\begin{vmatrix}a_{11} & a_{12}\\a_{21} & a_{22}\end{vmatrix}=a_{11}a_{22}-a_{12}a_{21}$$

2. 三阶行列式

$$\begin{vmatrix}a_{11} & a_{12} & a_{13}\\a_{21} & a_{22} & a_{23}\\a_{31} & a_{32} & a_{33}\end{vmatrix}=(-1)^{1+1}a_{11}\begin{vmatrix}a_{22} & a_{23}\\a_{32} & a_{33}\end{vmatrix}+(-1)^{1+2}a_{12}\begin{vmatrix}a_{21} & a_{23}\\a_{31} & a_{33}\end{vmatrix}+(-1)^{1+3}a_{13}\begin{vmatrix}a_{21} & a_{22}\\a_{31} & a_{32}\end{vmatrix}$$

$$=a_{11}a_{22}a_{33}+a_{12}a_{23}a_{31}+a_{13}a_{21}a_{32}-a_{13}a_{22}a_{31}-a_{12}a_{21}a_{33}-a_{11}a_{23}a_{32}$$

3. n 阶行列式

$$D=\begin{vmatrix}a_{11} & a_{12} & \cdots & a_{1n}\\a_{21} & a_{22} & \cdots & a_{2n}\\\vdots & \vdots & & \vdots\\a_{n1} & a_{n2} & \cdots & a_{nn}\end{vmatrix}=a_{11}A_{11}+a_{12}A_{12}+\cdots+a_{1n}A_{1n}$$

4. 特殊行列式

下三角行列式：$\begin{vmatrix}a_{11} & 0 & \cdots & 0\\a_{21} & a_{22} & \cdots & 0\\\vdots & \vdots & & \vdots\\a_{n1} & a_{n2} & \cdots & a_{nn}\end{vmatrix}=a_{11}a_{22}\cdots a_{nn}$

上三角行列式：$\begin{vmatrix} a_{11} & a_{12} & \cdots & a_{1n} \\ 0 & a_{22} & \cdots & a_{2n} \\ \vdots & \vdots & & \vdots \\ 0 & 0 & \cdots & a_{nn} \end{vmatrix} = a_{11}a_{22}\cdots a_{nn}$

对角行列式：$\begin{vmatrix} a_{11} & 0 & \cdots & 0 \\ 0 & a_{22} & \cdots & 0 \\ \vdots & \vdots & & \vdots \\ 0 & 0 & \cdots & a_{nn} \end{vmatrix} = a_{11}a_{22}\cdots a_{nn}$

二、行列式的性质

1. 行列式转置不变

2. 行列式变换

(1) 互换行(列),行列式变号；

(2) 用一个数乘某行(列),等于用这个数乘这个行列式；

(3) 把某行(列)的倍数加到另一行(列),行列式不变.

可简记为

$$\text{行列式}\begin{cases}\text{换行变号}\\\text{倍乘提取}\\\text{倍加不变}\end{cases}$$

3. 有关按行(列)分解为两个行列式的和

如果某行(列)是两组数的和,那么行列式可以写成两个行列式的和,这两个行列式的这一行(列)分别是第一组数与第二组数,而其他各行(列)都与原行列式相同.

三、行列式计算方法

1. 二三阶行列式:对角展开

2. 化三角形行列式的方法

3. 拉普拉斯展开

4. 降阶法

四、克莱姆规则

若线性方程组

$$\begin{cases} a_{11}x_1 + a_{12}x_2 + \cdots + a_{1n}x_n = b_1 \\ a_{21}x_1 + a_{22}x_2 + \cdots + a_{2n}x_n = b_2 \\ \cdots\cdots \\ a_{n1}x_1 + a_{n2}x_2 + \cdots + a_{nn}x_n = b_n \end{cases}$$

的行列式 $D\neq 0$,则它有唯一解

$$x_j=\frac{D_j}{D},\ j=1,2,\cdots,n$$

其中 D_j 是把 D 的第 j 列换成常数项 $b_1,b_2,\cdots,b_n$ 所得的行列式.

复 习 题 9

一、填空题

1. 若 $D=\begin{vmatrix}a&b\\x&y\end{vmatrix}=2$,则 $D^T=$________.

2. 若 $\begin{vmatrix}a&b\\x&y\end{vmatrix}=1$,则 $\begin{vmatrix}x&y\\a&b\end{vmatrix}=$________,$\begin{vmatrix}a&b\\3x&3y\end{vmatrix}=$________.

3. 若三阶行列式 D 的第二列元素分别为 1,2,3,且其相应的代数余子式分别为 3,2,1,则 $D=$________.

4. 若 $\begin{vmatrix}a&b\\c&d\end{vmatrix}=1$,$\begin{vmatrix}x&y\\c&d\end{vmatrix}=2$,则 $\begin{vmatrix}a+x&b+y\\c&d\end{vmatrix}=$________.

5. 若 $\begin{vmatrix}a&b\\c&d\end{vmatrix}=2$,则 $\begin{vmatrix}a&b\\c+3a&d+3b\end{vmatrix}=$________.

二、单项选择题

1. 若 $D_1=\begin{vmatrix}a_{11}&3a_{12}&a_{13}\\a_{21}&3a_{22}&a_{23}\\a_{31}&3a_{32}&a_{33}\end{vmatrix}=6$,则 $D_2=\begin{vmatrix}a_{11}&a_{12}&a_{13}\\a_{21}&a_{22}&a_{23}\\a_{31}&a_{32}&a_{33}\end{vmatrix}=$ ( )

A. 3　　B. 2　　C. 18　　D. 1

2. 已知三阶行列式 D 的值为 2,将 D 的第二行元素乘以 -1 加到第三行的对应元素上去,则现行列式的值 ( )

A. 2　　B. 0　　C. -1　　D. -2

3. 设 $D=\begin{vmatrix}a_{11}&a_{12}\\a_{21}&a_{22}\end{vmatrix}=1$,则 $D=\begin{vmatrix}4a_{11}&a_{11}-3a_{12}\\4a_{21}&a_{21}-3a_{22}\end{vmatrix}=$ ( )

A. 0　　B. -12　　C. 12　　D. 1

4. 设齐次线性方程组 $\begin{cases}kx+z=0\\2x+ky+z=0\\kx-2y+z=0\end{cases}$ 有非零解,则 $k=$ ( )

A. 2　　B. 0　　C. -1　　D. -2

5. 设 $A=\begin{vmatrix}2&0&8\\-3&1&5\\2&9&7\end{vmatrix}$,则代数余子式 $A_{12}=$ ( )

A. -31　　B. 31　　C. 0　　D. -11

6. 已知三阶行列式 D 中第三列元素依次为 $-1,2,0$,它们的余子式依次分别为 $5,3,-7$,则 $D=$ ( )

A. -5　　B. 5　　C. 0　　D. 1

7. 行列式 $\begin{vmatrix}a&b&c\\d&e&f\\g&h&k\end{vmatrix}$ 中元素 f 的代数余子式是 ( )

A. $\begin{vmatrix} d & e \\ g & h \end{vmatrix}$　　B. $-\begin{vmatrix} a & b \\ g & h \end{vmatrix}$

C. $\begin{vmatrix} a & b \\ g & h \end{vmatrix}$　　D. $-\begin{vmatrix} d & e \\ g & h \end{vmatrix}$

8. 若行列式 $\begin{vmatrix} 2 & -1 & 0 \\ 1 & x & -2 \\ 3 & -1 & 2 \end{vmatrix}=0$,则 $x=$ (　　)

A. -2　　B. 2　　C. -1　　D. 1

9. 设 $D=\begin{vmatrix} 1 & 0 & 0 \\ 0 & 2 & 0 \\ 0 & 0 & 3 \end{vmatrix}$,则 $D=$ (　　)

A. -2　　B. 2　　C. 6　　D. -6

10. 设 $D=\begin{vmatrix} 0 & 0 & 1 \\ 0 & 1 & 0 \\ 1 & 0 & 0 \end{vmatrix}$,则 $D=$ (　　)

A. -2　　B. 2　　C. 1　　D. -1

三、计算下列行列式

1. $\begin{vmatrix} \sec\alpha & \tan\alpha \\ \tan\alpha & \sec\alpha \end{vmatrix}$;　　**2.** $\begin{vmatrix} \log_a b & 1 \\ 2 & \log_b a \end{vmatrix}$;

3. $\begin{vmatrix} -5 & 2 & 2 \\ 2 & 2 & -5 \\ 2 & -5 & 2 \end{vmatrix}$;　　**4.** $\begin{vmatrix} 1 & 1 & 1 \\ a & b & c \\ b+c & a+c & a+b \end{vmatrix}$;

5. $\begin{vmatrix} a & -1 & 0 & 0 \\ b & x & -1 & 0 \\ c & 0 & x & -1 \\ d & 0 & 0 & x \end{vmatrix}$;　　**6.** $\begin{vmatrix} a & 1 & 1 & 1 \\ 1 & a & 1 & 1 \\ 1 & 1 & a & 1 \\ 1 & 1 & 1 & a \end{vmatrix}$.

四、解下列方程

1. $\begin{vmatrix} 2x & 1 & 5 \\ 1 & 1 & 2 \\ 0 & 2 & x \end{vmatrix}=0$;　　**2.** $\begin{vmatrix} x-2 & 1 & 0 \\ 1 & x-2 & 1 \\ 0 & 0 & x-2 \end{vmatrix}=0$;　　**3.** $\begin{vmatrix} 0 & 1 & x & 1 \\ 1 & 0 & 1 & x \\ x & 1 & 0 & 1 \\ 1 & x & 1 & 0 \end{vmatrix}=0.$

五、解下列线性方程

1. $\begin{cases} 2x_1+2x_2-3x_3=9 \\ x_1+2x_2+x_3=4 \\ 3x_1+9x_2+2x_3=19 \end{cases}$;　　**2.** $\begin{cases} 2x_1-x_2+3x_3+2x_4=6 \\ 3x_1-3x_2+3x_3+2x_4=5 \\ 3x_1-x_2-x_3+2x_4=3 \\ 3x_1-x_2+3x_3-x_4=4 \end{cases}$.

六、 k 为何值时,齐次线性方程组 $\begin{cases} x_1+x_2+kx_3=0, \\ -x_1+kx_2+x_3=0, \\ x_1-x_2+2x_3=0. \end{cases}$ 只有零解?

思政案例

数学之美——杨辉三角

“杨辉三角”是二项式 $(a+b)^n$ 展开式的二项式系数在三角形中的一种几何排列，当 n 依次取 1,2,3…时，列出的一张表，叫作二项式系数表，因它形如三角形，南宋的杨辉对其有过深入研究，所以我们称它为杨辉三角.

1

1　1

1　2　1

1　3　3　1

1　4　6　4　1

1　5　10　10　5　1

1　6　15　20　15　6　1

1　7　21　35　35　21　7　1

… … … … … … … … … … … … … … … … …

杨辉，杭州钱塘人. 中国南宋末年数学家，数学教育家. 著作甚多，他编著的数学书共五种二十一卷，著有《详解九章算法》十二卷(1261 年)、《日用算法》二卷、《乘除通变本末》三卷、《田亩比类乘除算法》二卷、《续古摘奇算法》二卷. 其中后三种合称《杨辉算法》，朝鲜、日本等国均有译本出版，流传世界.

在欧洲，这个表被认为是法国数学家物理学家帕斯卡首先发现的(Blaise Pascal，1623 年—1662 年)，他们把这个表叫作**帕斯卡三角**. 事实上，杨辉三角的发现要比欧洲早 500 年左右. 近年来国外也逐渐承认这项成果属于中国，所以有些书上称这是**“中国三角”**(Chinese triangle).

杨辉三角基本性质

(1) 表中每个数都是组合数，第 n 行的第 $r+1$ 个数是 $C_n^r=\dfrac{n!}{r!(n-r)!}$.

(2) 三角形的两条斜边上都是数字 1，而其余的数都等于它肩上的两个数字相加，也就是 $C_n^r=C_{n-1}^{r-1}+C_{n-1}^r$.

(3) 杨辉三角具有对称性(对称美)，即 $C_n^r=C_n^{n-r}$.

(4) 杨辉三角的第 n 行是二项式$(a+b)^n$ 展开式的**二项式系数**，即

$$(a+b)^n=C_n^0a^n+C_n^1a^{n-1}b^1+\cdots+C_n^ra^{n-r}b^r+\cdots+C_n^nb^n$$

仔细观察杨辉三角形，不难发现，它是部分数字按一定的规律构成的行列式，

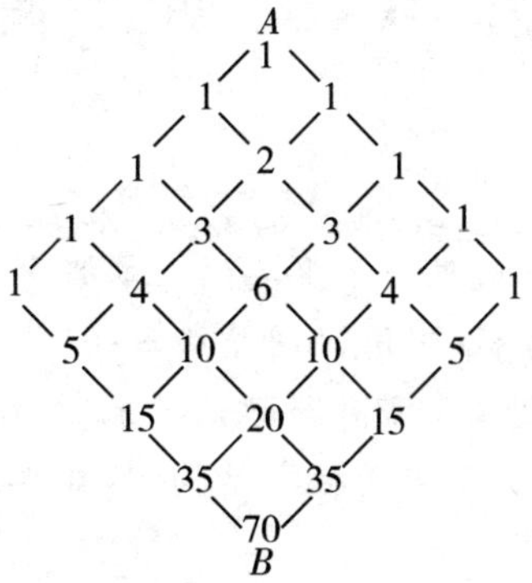

$$D_1 = |1| = 1, D_2 = \begin{vmatrix} 1 & 1 \\ 1 & 2 \end{vmatrix} = 1,$$

$$D_3 = \begin{vmatrix} 1 & 1 & 1 \\ 1 & 2 & 3 \\ 1 & 3 & 6 \end{vmatrix} = 1, D_4 = \begin{vmatrix} 1 & 1 & 1 & 1 \\ 1 & 2 & 3 & 4 \\ 1 & 3 & 6 & 10 \\ 1 & 4 & 10 & 20 \end{vmatrix} = 1, \cdots$$

第 10 章　矩　阵

本章提要　矩阵是线性代数里一个重要的基本概念和工具，广泛应用于自然科学的各个分支及经济分析、经济管理等许多领域。矩阵是利用计算机进行数据处理和分析的数学基础，目前国际认可的最优化的科技应用软件——MATLAB 就是以矩阵作为基本的数据结构，从矩阵的数据分析、处理发展起来的被广泛应用的软件.

本章主要介绍矩阵的概念、特殊矩阵、矩阵运算、可逆矩阵、矩阵的初等变换、矩阵的秩，并会用矩阵判定方程组的解.

10.1　矩阵的概念

【同步微课】

本节主要介绍矩阵的概念和几种特殊矩阵.

10.1.1　矩阵的概念

矩阵是一个重要的概念，在生产活动和日常生活中，我们常常用数表表示一些量或关系，如班级学生各科考试成绩、企业销售产品的数量和单价、物流公司物品配送路径等等. 当抽出其具体内容时，它们的数量都可以形成矩阵.

【例 1】　某户居民第二季度每个月水(单位：吨)、电(单位：千瓦时)、天然气(单位：立方米)的使用情况，可以用一个三行三列的数表表示为

$$\begin{array}{c} \text{水}\quad\text{电}\quad\text{气} \\ \begin{pmatrix} 9 & 165 & 14 \\ 10 & 190 & 15 \\ 10 & 210 & 16 \end{pmatrix} \end{array}$$

【例 2】　[价格矩阵]四种食品(Food)在三家商店(Shop)中，单位量的售价(以某种货币单位计)可用以下矩阵给出

$$\begin{array}{cc} & \begin{array}{cccc} F_1 & F_2 & F_3 & F_4 \end{array} \\ \begin{array}{c} S_1 \\ S_2 \\ S_3 \end{array} & \begin{pmatrix} 17 & 7 & 11 & 21 \\ 15 & 9 & 13 & 19 \\ 18 & 8 & 15 & 19 \end{pmatrix} \end{array}$$

定义 1　由 $m \times n$ 个数 $a_{ij}(i=1,2,\cdots,m;j=1,2,\cdots,n)$ 排成 m 行 n 列的数表

$$\begin{pmatrix} a_{11} & a_{12} & \cdots & a_{1n} \\ a_{21} & a_{22} & \cdots & a_{2n} \\ \vdots & \vdots & & \vdots \\ a_{m1} & a_{m2} & \cdots & a_{mn} \end{pmatrix}$$

称为 m 行 n 列的矩阵. 矩阵通常用黑斜体大写英文字母 $\boldsymbol{A}$、$\boldsymbol{B}$、$\boldsymbol{C}$ 等表示，上述矩阵可记为 $\boldsymbol{A}$ 或 $\boldsymbol{A}_{m\times n}$，有时也记为

$$\boldsymbol{A}=(a_{ij})_{m\times n}$$

其中 a_{ij} 称为矩阵 $\boldsymbol{A}$ 的第 i 行第 j 列的**元素**.

特别地，当 $m=1$ 或 $n=1$ 时，称 $\boldsymbol{A}$ 为**行矩阵**或**列矩阵**，此时

$$\boldsymbol{A}=(a_{11}\quad a_{12}\quad \cdots \quad a_{1n}) \text{或} \boldsymbol{A}=\begin{pmatrix} a_{11} \\ a_{21} \\ \vdots \\ a_{m1} \end{pmatrix}$$

例如，桥式电路中的网孔电流矩阵 $\boldsymbol{I}=\begin{pmatrix} I_1 \\ I_2 \\ I_3 \end{pmatrix}$.

当 $m=n$ 时，称 $\boldsymbol{A}$ 为 n 阶矩阵或 n 阶**方阵**，此时

$$\boldsymbol{A}=\begin{pmatrix} a_{11} & a_{12} & \cdots & a_{1n} \\ a_{21} & a_{22} & \cdots & a_{2n} \\ \vdots & \vdots & & \vdots \\ a_{n1} & a_{n2} & \cdots & a_{nn} \end{pmatrix}$$

在 n 阶方阵中，从左上角到右下角的对角线称为**主对角线**；从右上角到左下角的对角线称为**次对角线**.

两个矩阵的行数相等、列数也相等时，就称为它们是**同型矩阵**.

定义 2 设 $\boldsymbol{A}=(a_{ij})_{m\times n}$ 与 $\boldsymbol{B}=(b_{ij})_{m\times n}$ 为同型矩阵，若它们的对应元素相等，即

$$a_{ij}=b_{ij}(i=1,2,\cdots,m;j=1,2,\cdots,n),$$

则称矩阵 $\boldsymbol{A}$ 与矩阵 $\boldsymbol{B}$ **相等**，记作 $\boldsymbol{A}=\boldsymbol{B}$.

【例 3】 设 $\boldsymbol{A}=\begin{pmatrix} 3 & 2 & 0 \\ a-b & b & 3 \\ -1 & 1 & 2 \end{pmatrix}$，$\boldsymbol{B}=\begin{pmatrix} a+b & 2 & 0 \\ 5 & b & 3 \\ -1 & 1 & 2 \end{pmatrix}$，且 $\boldsymbol{A}=\boldsymbol{B}$，求 a、b.

解 由 $\boldsymbol{A}=\boldsymbol{B}$ 知，$\begin{cases} a+b=3 \\ a-b=5 \end{cases}$，得 $\begin{cases} a=4 \\ b=-1 \end{cases}$.

10.1.2 特殊矩阵

1. 零矩阵

所有元素都是零的矩阵称为零矩阵. 记作 $\boldsymbol{O}$.

2. 三角矩阵

主对角线以下(上)的元素都是 0 的方阵称为**上(下)三角矩阵**.

即$\begin{pmatrix} a_{11} & a_{12} & \cdots & a_{1n} \\ 0 & a_{22} & \cdots & a_{2n} \\ \vdots & \vdots & & \vdots \\ 0 & 0 & \cdots & a_{nn} \end{pmatrix}$及$\begin{pmatrix} a_{11} & 0 & \cdots & 0 \\ a_{21} & a_{22} & \cdots & 0 \\ \vdots & \vdots & & \vdots \\ a_{n1} & a_{n2} & \cdots & a_{nn} \end{pmatrix}$分别为上、下三角矩阵.

3. 对角阵

除对角线上的元素之外的元素都是 0 的方阵称为**对角方阵**,如

$$\begin{pmatrix} a_{11} & 0 & \cdots & 0 \\ 0 & a_{22} & \cdots & 0 \\ \vdots & \vdots & & \vdots \\ 0 & 0 & \cdots & a_{nn} \end{pmatrix}.$$

4. 数量矩阵

主对角线上的元素都是非零常数 a,其他元素都是 0 的方阵称为**数量矩阵**,如

$$\begin{pmatrix} a & 0 & \cdots & 0 \\ 0 & a & \cdots & 0 \\ \vdots & \vdots & & \vdots \\ 0 & 0 & \cdots & a \end{pmatrix}$$是数量矩阵.

5. 单位矩阵

主对角线上的元素都是 1,其他元素都是 0 的方阵就称为**单位矩阵**,用 $\boldsymbol{E}$ 表示

$$\begin{pmatrix} 1 & 0 & \cdots & 0 \\ 0 & 1 & \cdots & 0 \\ \vdots & \vdots & & \vdots \\ 0 & 0 & \cdots & 1 \end{pmatrix}$$是单位矩阵.

6. 行阶梯矩阵

(1) 若矩阵有零行(元素全为零的行),零行全部在下方;

(2) 各非零行的第一个不为零的元素(首非零元)的列标随着行标的递增而严格增大.

如$\boldsymbol{A}=\begin{pmatrix} 1 & 3 & -1 & 2 \\ 0 & 2 & 3 & -2 \\ 0 & 0 & 4 & 1 \end{pmatrix}$,$\boldsymbol{B}=\begin{pmatrix} 2 & 1 & 4 & 4 \\ 0 & 2 & 9 & 3 \\ 0 & 0 & 0 & 0 \\ 0 & 0 & 0 & 0 \end{pmatrix}$,$\boldsymbol{C}=\begin{pmatrix} -7 & 1 & 5 & 11 \\ 0 & 0 & 4 & 2 \\ 0 & 0 & 0 & -2 \\ 0 & 0 & 0 & 0 \end{pmatrix}$等都是阶梯形,

但$\boldsymbol{D}=\begin{pmatrix} -2 & 1 & 3 & 6 \\ 2 & 4 & -6 & 5 \\ 0 & 0 & -3 & 1 \\ 0 & 0 & 2 & 4 \end{pmatrix}$不是阶梯形.

7. 行最简形矩阵

阶梯形矩阵进一步满足:

(1) 各非零行的首非零元都是 1;

(2) 所有首非零元所在的列其余元素都是 0.

如 $A=\begin{pmatrix}1&0&\cdots&0\\0&1&\cdots&0\\\vdots&\vdots&&\vdots\\0&0&\cdots&1\end{pmatrix}$, $B=\begin{pmatrix}1&2&0&0&0\\0&0&1&0&-3\\0&0&0&1&4\\0&0&0&0&0\end{pmatrix}$, $C=\begin{pmatrix}1&-3&2&0&0\\0&0&0&1&0\\0&0&0&0&1\\0&0&0&0&0\end{pmatrix}$ 都是行最简形矩阵.

习题 10.1

1. 一空调商店销售三种功率的空调:$1P$、$1.5P$ 和 $2P$. 商店有两个分店,六月份第一分店售出以上型号的空调数量分别为 48 台、56 台和 20 台;六月份第二分店售出了以上型号的空调数量分别为 32 台、38 台和 14 台.

(1) 用一个矩阵 $\boldsymbol{A}$ 表示这一信息;

(2) 若在五月份,第一分店售出了以上型号的空调数量分别为 42 台、46 台和 15 台,第二分店出售了以上型号的空调数量分别为 34 台、40 台和 12 台. 用与 $\boldsymbol{A}$ 相同类型的矩阵 $\boldsymbol{B}$ 表示这一信息;

(3) 五月份和六月份,第一分店和第二分店售出了以上型号的空调数量分别是多少台?请用相同类型的矩阵 $\boldsymbol{M}$ 表示这一信息,并考虑 $\boldsymbol{M}$ 与 $\boldsymbol{A}$、$\boldsymbol{B}$ 的关系.

2. 设 $\boldsymbol{A}=\begin{pmatrix}a&1&3\\0&b&4\\5&2&3\end{pmatrix}$, $\boldsymbol{B}=\begin{pmatrix}2&1&c\\0&1&4\\d&2&3\end{pmatrix}$,且 $\boldsymbol{A}=\boldsymbol{B}$,求 a,b,c,d 的值.

3. 判断下列矩阵是否为阶梯形矩阵.

(1) $\begin{pmatrix}2&-1&3&5\\0&4&0&1\\0&0&0&-3\\0&0&0&0\\0&0&0&0\end{pmatrix}$;　　(2) $\begin{pmatrix}2&-1&3&5\\0&4&0&1\\0&0&1&-3\\0&0&2&1\\0&0&0&0\end{pmatrix}$;

(3) $\begin{pmatrix}2&0&-1&3&5\\0&0&4&0&1\\0&0&0&0&0\end{pmatrix}$;　　(4) $\begin{pmatrix}-1&3&5\\0&4&-1\\0&0&2\end{pmatrix}$.

4. 判断下列矩阵是否为行最简形矩阵.

(1) $\begin{pmatrix}1&0&-2&0&1\\0&1&3&0&2\\0&0&0&1&1\\0&0&0&0&0\end{pmatrix}$;　　(2) $\begin{pmatrix}1&-3&0&5&0&4\\0&0&1&2&0&3\\0&0&0&0&1&0\end{pmatrix}$;

(3) $\begin{pmatrix}1&1&0&1&1\\0&1&0&0&2\\0&0&1&1&1\\0&0&0&0&0\end{pmatrix}$;　　(4) $\begin{pmatrix}1&0&0&1&1\\0&-1&0&0&2\\0&0&1&1&1\\0&0&0&0&0\end{pmatrix}$.

10.2 矩阵的基本运算

10.2.1 矩阵的加法

【引例】［药品库存总量］如某药业公司有 A、B 两个仓库，100 片/瓶、200 片/瓶和 300 片/瓶，三种包装规格的维生素 C 和维生素 E 的库存量分别如下：

A 仓库两种药品的库存量为

维生素 C	41	31	28
维生素 E	36	29	32

B 仓库两种药品的库存量为

维生素 C	26	35	18
维生素 E	29	24	11

若 A 和 B 仓库库存量分别用矩阵表示

$$\boldsymbol{A}=\begin{pmatrix}41 & 31 & 28\\36 & 29 & 32\end{pmatrix},\quad \boldsymbol{B}=\begin{pmatrix}26 & 35 & 18\\29 & 24 & 11\end{pmatrix}$$

则该公司维生素 C 和维生素 E 的总库存量可以用矩阵表示为

$$\boldsymbol{A}+\boldsymbol{B}=\begin{pmatrix}41+26 & 31+35 & 28+18\\36+29 & 29+24 & 32+11\end{pmatrix}=\begin{pmatrix}67 & 66 & 46\\65 & 53 & 43\end{pmatrix}.$$

定义 1 设有两个 $m\times n$ 矩阵 $\boldsymbol{A}=(a_{ij})_{m\times n}$，$\boldsymbol{B}=(b_{ij})_{m\times n}$，则矩阵 $\boldsymbol{A}$ 与 $\boldsymbol{B}$ 的和，记作 $\boldsymbol{A}+\boldsymbol{B}$，

$$\boldsymbol{A}+\boldsymbol{B}=\begin{pmatrix}a_{11}+b_{11} & a_{12}+b_{12} & \cdots & a_{1n}+b_{1n}\\a_{21}+b_{21} & a_{22}+b_{22} & \cdots & a_{2n}+b_{2n}\\\vdots & \vdots & & \vdots\\a_{m1}+b_{m1} & a_{m2}+b_{m2} & \cdots & a_{mn}+b_{mn}\end{pmatrix}.$$

说明：只有当两个矩阵是同型矩阵时，才能进行加法运算.

【例 1】 设 $\boldsymbol{A}=\begin{pmatrix}3 & 5 & 7 & 2\\2 & 0 & 4 & 3\\0 & 1 & 2 & 3\end{pmatrix}$，$\boldsymbol{B}=\begin{pmatrix}1 & 3 & 2 & 0\\2 & 1 & 5 & 7\\0 & 6 & 4 & 8\end{pmatrix}$，求 $\boldsymbol{A}+\boldsymbol{B}$.

解 $$\boldsymbol{A}+\boldsymbol{B}=\begin{pmatrix}3+1 & 5+3 & 7+2 & 2+0\\2+2 & 0+1 & 4+5 & 3+7\\0+0 & 1+6 & 2+4 & 3+8\end{pmatrix}=\begin{pmatrix}4 & 8 & 9 & 2\\4 & 1 & 9 & 10\\0 & 7 & 6 & 11\end{pmatrix}$$

矩阵的加法满足下列**运算规律**（设 $\boldsymbol{A}$、$\boldsymbol{B}$、$\boldsymbol{C}$ 为同型矩阵）：

(1) 交换律：$\boldsymbol{A}+\boldsymbol{B}=\boldsymbol{B}+\boldsymbol{A}$

(2) 结合律：$(\boldsymbol{A}+\boldsymbol{B})+\boldsymbol{C}=\boldsymbol{A}+(\boldsymbol{B}+\boldsymbol{C})$

(3) $\boldsymbol{A}+\boldsymbol{O}=\boldsymbol{A}$

(4) $\boldsymbol{A}+(-\boldsymbol{A})=\boldsymbol{O}$

10.2.2 数与矩阵的乘法

定义 2 数 λ 与矩阵 $\boldsymbol{A}$ 的乘积，记作 $\lambda\boldsymbol{A}$ 或 $\boldsymbol{A}\lambda$，规定为

$$\lambda\boldsymbol{A}=\boldsymbol{A}\lambda=\begin{pmatrix}\lambda a_{11} & \lambda a_{12} & \cdots & \lambda a_{1n}\\ \lambda a_{21} & \lambda a_{22} & \cdots & \lambda a_{2n}\\ \vdots & \vdots & & \vdots\\ \lambda a_{m1} & \lambda a_{m1} & \cdots & \lambda a_{mn}\end{pmatrix}.$$

说明 当 $\lambda=-1$ 时，$\lambda\boldsymbol{A}=-\boldsymbol{A}$，所以 $\boldsymbol{A}-\boldsymbol{B}=\boldsymbol{A}+(-\boldsymbol{B})$.

【例 2】 设 $\boldsymbol{A}=\begin{pmatrix}-3 & 7 & 21\\ 6 & 4 & 5\end{pmatrix}$，求 $3\boldsymbol{A}$.

解 $3\boldsymbol{A}=\begin{pmatrix}3\times(-3) & 3\times 7 & 3\times 21\\ 3\times 6 & 3\times 4 & 3\times 5\end{pmatrix}=\begin{pmatrix}-9 & 21 & 63\\ 18 & 12 & 15\end{pmatrix}$

数与矩阵相乘满足下列运算规律(设 $\boldsymbol{A},\boldsymbol{B}$ 为 $m\times n$ 矩阵，λ,μ 为数)：

(1) $(\lambda\mu)\boldsymbol{A}=\lambda(\mu\boldsymbol{A})$

(2) $(\lambda+\mu)\boldsymbol{A}=\lambda\boldsymbol{A}+\mu\boldsymbol{A}$

(3) $\lambda(\boldsymbol{A}+\boldsymbol{B})=\lambda\boldsymbol{A}+\lambda\boldsymbol{B}$

【例 3】 设 $\boldsymbol{A}=\begin{pmatrix}3 & 5 & 7 & 2\\ 2 & 0 & 4 & 3\\ 0 & 1 & 2 & 3\end{pmatrix}$，$\boldsymbol{B}=\begin{pmatrix}1 & 3 & 2 & 0\\ 2 & 1 & 5 & 7\\ 0 & 6 & 4 & 8\end{pmatrix}$，求 $3\boldsymbol{A}-2\boldsymbol{B}$.

解

$$\begin{aligned}3\boldsymbol{A}-2\boldsymbol{B}&=3\begin{pmatrix}3 & 5 & 7 & 2\\ 2 & 0 & 4 & 3\\ 0 & 1 & 2 & 3\end{pmatrix}-2\begin{pmatrix}1 & 3 & 2 & 0\\ 2 & 1 & 5 & 7\\ 0 & 6 & 4 & 8\end{pmatrix}\\ &=\begin{pmatrix}9 & 15 & 21 & 6\\ 6 & 0 & 12 & 9\\ 0 & 3 & 6 & 9\end{pmatrix}-\begin{pmatrix}2 & 6 & 4 & 0\\ 4 & 2 & 10 & 14\\ 0 & 12 & 8 & 16\end{pmatrix}\\ &=\begin{pmatrix}9-2 & 15-6 & 21-4 & 6-0\\ 6-4 & 0-2 & 12-10 & 9-14\\ 0-0 & 3-12 & 6-8 & 9-16\end{pmatrix}\\ &=\begin{pmatrix}7 & 9 & 17 & 6\\ 2 & -2 & 2 & -5\\ 0 & -9 & -2 & -7\end{pmatrix}.\end{aligned}$$

【例 4】 [库存清单]一药品供应公司的存货清单上显示瓶装 Vitamins C 和瓶装 Vitamins E 的数量为

维 C：25 箱瓶装 100 片的，10 箱瓶装 250 片的，32 箱瓶装 500 片的；

维 E:30 箱瓶装 100 片的,18 箱瓶装 250 片的,40 箱瓶装 500 片的.

现用矩阵 $\boldsymbol{A}$ 表示这一库存.若公司立即组织两次货运以减少库存,每次运输的数量用矩阵 $\boldsymbol{B}$ 表示.问:最后公司维 C 和维 E 的库存为多少?

$$\boldsymbol{A}=\begin{pmatrix}25 & 10 & 32\\30 & 18 & 40\end{pmatrix},\boldsymbol{B}=\begin{pmatrix}10 & 5 & 6\\12 & 4 & 8\end{pmatrix}.$$

解 最后公司维 C 和维 E 的库存为

$$\boldsymbol{A}-2\boldsymbol{B}=\begin{pmatrix}25 & 10 & 32\\30 & 18 & 40\end{pmatrix}-2\begin{pmatrix}10 & 5 & 6\\12 & 4 & 8\end{pmatrix}=\begin{pmatrix}5 & 0 & 20\\6 & 10 & 24\end{pmatrix}.$$

10.2.3 矩阵的乘法

【例 5】 设有两家连锁超市出售三种奶粉,某日销售量(单位:包)为

货类 超市	奶粉Ⅰ	奶粉Ⅱ	奶粉Ⅲ
甲	5	8	10
乙	7	5	6

每种奶粉的单价和利润见下表,

	单价(单位:元)	利润(单位:元)
奶粉Ⅰ	15	3
奶粉Ⅱ	12	2
奶粉Ⅲ	20	4

求各超市出售奶粉的总收入和总利润.

解 各个超市奶粉的总收入=奶粉Ⅰ数量×单价+奶粉Ⅱ数量×单价+奶粉Ⅲ数量×单价.

列表分析如下:

	总收入(单位:元)	总利润(单位:元)
超市甲	5×15+8×12+10×20	5×3+8×2+10×4
超市乙	7×15+5×12+6×20	7×3+5×2+6×4

设 $\boldsymbol{A}=\begin{pmatrix}5 & 8 & 10\\7 & 5 & 6\end{pmatrix}$,$\boldsymbol{B}=\begin{pmatrix}15 & 3\\12 & 2\\20 & 4\end{pmatrix}$,$\boldsymbol{C}$ 为各超市出售奶粉的总收入和总利润,则

$$\boldsymbol{C}=\begin{pmatrix}5\times15+8\times12+10\times20 & 5\times3+8\times2+10\times4\\7\times15+5\times12+6\times20 & 7\times3+5\times2+6\times4\end{pmatrix}=\begin{pmatrix}371 & 71\\285 & 55\end{pmatrix}.$$

矩阵 $\boldsymbol{C}$ 中第一行第一列的元素等于矩阵 $\boldsymbol{A}$ 第一行元素与矩阵 $\boldsymbol{B}$ 的第一列对应元素乘积之和.同样,矩阵 $\boldsymbol{C}$ 中第 i 行第 j 列的元素等于矩阵 $\boldsymbol{A}$ 第 i 行元素与矩阵 $\boldsymbol{B}$ 的第 j 列对应元素乘积之和.

定义 3 设 $\boldsymbol{A}=(a_{ij})$ 是一个 $m\times s$ 矩阵,$\boldsymbol{B}=(b_{ij})$ 是一个 $s\times n$ 矩阵,那么规定矩阵 $\boldsymbol{A}$

与矩阵 $\boldsymbol{B}$ 的乘积是一个 $m\times n$ 矩阵 $\boldsymbol{C}=(c_{ij})_{m\times n}$，其中

$$c_{ij}=a_{i1}b_{1j}+a_{i2}b_{2j}+\cdots+a_{is}b_{sj}=\sum_{k=1}^{s}a_{ik}b_{kj}\,(i=1,2,\cdots,m;j=1,2,\cdots,n),$$

并把此乘积记作：$\boldsymbol{C}=\boldsymbol{AB}$.

说明 并不是任意两矩阵都能相乘，只有左矩阵的列数等于右矩阵的行数时，这两个矩阵才能相乘.

【例6】 设 $\boldsymbol{A}=\begin{bmatrix}3&-1\\0&3\\1&4\end{bmatrix}$，$\boldsymbol{B}=\begin{pmatrix}1&3&1&2\\0&-2&1&0\end{pmatrix}$，求 $\boldsymbol{AB}$.

解

$$\boldsymbol{AB}=\begin{bmatrix}3\times1+(-1)\times0&3\times3+(-1)\times(-2)&3\times1+(-1)\times1&3\times2+(-1)\times0\\0\times1+3\times0&0\times3+3\times(-2)&0\times1+3\times1&0\times2+3\times0\\1\times1+4\times0&1\times3+4\times(-2)&1\times1+4\times1&1\times2+4\times0\end{bmatrix}$$

$$=\begin{bmatrix}3&11&2&6\\0&-6&3&0\\1&-5&5&2\end{bmatrix}.$$

【例7】 设 $\boldsymbol{A}=\begin{pmatrix}0&0&0\\a&b&c\end{pmatrix}$，$\boldsymbol{B}=\begin{bmatrix}d&0\\e&0\\f&0\end{bmatrix}$，求 $\boldsymbol{AB}$，$\boldsymbol{BA}$.

解 $\boldsymbol{AB}=\begin{pmatrix}0&0\\ad+be+cf&0\end{pmatrix}$，$\boldsymbol{BA}=\begin{bmatrix}0&0&0\\0&0&0\\0&0&0\end{bmatrix}$

可以看出矩阵乘法**不满足交换律**.

【例8】 设 $\boldsymbol{A}=\begin{pmatrix}1&2\\0&3\end{pmatrix}$，$\boldsymbol{B}=\begin{pmatrix}1&0\\0&4\end{pmatrix}$，$\boldsymbol{C}=\begin{pmatrix}1&1\\0&0\end{pmatrix}$，则有

$$\boldsymbol{AC}=\begin{pmatrix}1&2\\0&3\end{pmatrix}\begin{pmatrix}1&1\\0&0\end{pmatrix}=\begin{pmatrix}1&1\\0&0\end{pmatrix}，\boldsymbol{BC}=\begin{pmatrix}1&0\\0&4\end{pmatrix}\begin{pmatrix}1&1\\0&0\end{pmatrix}=\begin{pmatrix}1&1\\0&0\end{pmatrix},$$

显然 $\boldsymbol{AC}=\boldsymbol{BC}$，但 $\boldsymbol{A}\neq\boldsymbol{B}$.

可以看出矩阵乘法**不满足消去律**.

矩阵的乘法有下列性质(设下列矩阵都可以进行有关运算)：

(1) 结合律：$(\boldsymbol{AB})\boldsymbol{C}=\boldsymbol{A}(\boldsymbol{BC})$；

(2) 分配律：$(\boldsymbol{A}+\boldsymbol{B})\boldsymbol{C}=\boldsymbol{AC}+\boldsymbol{BC}$；

(3) 分配律：$\boldsymbol{A}(\boldsymbol{B}+\boldsymbol{C})=\boldsymbol{AB}+\boldsymbol{AC}$；

(4) $k(\boldsymbol{AB})=(k\boldsymbol{A})\boldsymbol{B}=\boldsymbol{A}(k\boldsymbol{B})$；

(5) $\boldsymbol{AE}=\boldsymbol{EA}=\boldsymbol{A}$.

10.2.4 矩阵的转置

定义4 将 $m\times n$ 矩阵 $\boldsymbol{A}$ 的行与列互换，得到的 $n\times m$ 矩阵，称为矩阵 $\boldsymbol{A}$ 的**转置矩阵**，

记为 $\boldsymbol{A}^T$. 即如果

$$\boldsymbol{A}=\begin{pmatrix} a_{11} & a_{12} & \cdots & a_{1n} \\ a_{21} & a_{22} & \cdots & a_{2n} \\ \vdots & \vdots & & \vdots \\ a_{n1} & a_{n2} & \cdots & a_{nn} \end{pmatrix},$$

则

$$\boldsymbol{A}^T=\begin{pmatrix} a_{11} & a_{21} & \cdots & a_{n1} \\ a_{12} & a_{22} & \cdots & a_{n2} \\ \vdots & \vdots & & \vdots \\ a_{1n} & a_{2n} & \cdots & a_{nn} \end{pmatrix}$$

转置矩阵的性质：

(1) $(\boldsymbol{A}^T)^T=\boldsymbol{A}$;

(2) $(\boldsymbol{A}+\boldsymbol{B})^T=\boldsymbol{A}^T+\boldsymbol{B}^T$;

(3) $(k\boldsymbol{A})^T=k\boldsymbol{A}^T$;

(4) $(\boldsymbol{AB})^T=\boldsymbol{B}^T\boldsymbol{A}^T$.

【例 9】 设 $\boldsymbol{A}=(1\ \ -1\ \ 2)$，$\boldsymbol{B}=\begin{pmatrix} 2 & -1 & 0 \\ 1 & 1 & 3 \\ 4 & 2 & 1 \end{pmatrix}$，求 $\boldsymbol{A}^T$，$\boldsymbol{B}^T$，$\boldsymbol{B}^T\boldsymbol{A}^T$.

解 $\boldsymbol{A}^T=\begin{pmatrix} 1 \\ -1 \\ 2 \end{pmatrix}$，$\boldsymbol{B}^T=\begin{pmatrix} 2 & 1 & 4 \\ -1 & 1 & 2 \\ 0 & 3 & 1 \end{pmatrix}$，$\boldsymbol{B}^T\boldsymbol{A}^T=\begin{pmatrix} 2 & 1 & 4 \\ -1 & 1 & 2 \\ 0 & 3 & 1 \end{pmatrix}\begin{pmatrix} 1 \\ -1 \\ 2 \end{pmatrix}=\begin{pmatrix} 9 \\ 2 \\ -1 \end{pmatrix}$.

10.2.5 方阵的行列式

定义 5 由 n 阶方阵 $\boldsymbol{A}$ 的元素按原顺序所构成的行列式，称为**方阵 $\boldsymbol{A}$ 的行列式**，记作 $|\boldsymbol{A}|$.

运算规律

(1) $|\boldsymbol{A}^T|=|\boldsymbol{A}|$;

(2) $|\lambda\boldsymbol{A}|=\lambda^n|\boldsymbol{A}|$;

(3) $|\boldsymbol{AB}|=|\boldsymbol{A}||\boldsymbol{B}|$;

(4) $|\boldsymbol{AB}|=|\boldsymbol{BA}|$.

【例 10】 已知 $\boldsymbol{A}=\begin{pmatrix} 1 & 3 \\ 2 & -2 \end{pmatrix}$，$\boldsymbol{B}=\begin{pmatrix} 2 & 5 \\ 3 & 4 \end{pmatrix}$，求 $|\boldsymbol{A}|$，$|\boldsymbol{B}|$，$|\boldsymbol{AB}|$，$|\boldsymbol{BA}|$.

解 $\boldsymbol{AB}=\begin{pmatrix} 11 & 17 \\ -2 & 2 \end{pmatrix}$，$\boldsymbol{BA}=\begin{pmatrix} 12 & -4 \\ 11 & 1 \end{pmatrix}$，所以 $|\boldsymbol{A}|=\begin{vmatrix} 1 & 3 \\ 2 & -2 \end{vmatrix}=-8$，$|\boldsymbol{B}|=\begin{vmatrix} 2 & 5 \\ 3 & 4 \end{vmatrix}=-7$，

$|\boldsymbol{AB}|=\begin{vmatrix} 11 & 17 \\ -2 & 2 \end{vmatrix}=56$，$|\boldsymbol{BA}|=\begin{vmatrix} 12 & -4 \\ 11 & 1 \end{vmatrix}=56$，或 $|\boldsymbol{AB}|=|\boldsymbol{A}||\boldsymbol{B}|=|\boldsymbol{B}||\boldsymbol{A}|=|\boldsymbol{BA}|=56$.

习题 10.2

1. [**调运方案**]设某种物资由甲、乙、丙三个产地运往 4 个销地 S_1，S_2，S_3，S_4，两次调运

方案(单位:吨)分别见题表1和题表2.

题表1

销地 产地	S_1	S_2	S_3	S_4
甲	3	7	5	2
乙	0	2	1	4
丙	1	3	0	6

题表2

销地 产地	S_1	S_2	S_3	S_4
甲	1	0	1	2
乙	3	2	4	3
丙	0	1	5	2

(1) 用 $\boldsymbol{A}$、$\boldsymbol{B}$ 两个矩阵表示各次调运量;

(2) 用矩阵表示两次从各产地调运该物资到各销地的运量之和.

2. [**运输费用**]现将甲、乙两地的产品运销到三个不同的地区,已知甲、乙两地到三个销地的距离为

$$\boldsymbol{A}=\begin{pmatrix}88 & 70 & 95\\ 142 & 35 & 113\end{pmatrix},$$

若每吨货物的运费为2.4元/千米,求从甲、乙两地到三个销地之间每吨货物的运费.

3. 计算.

(1) $\boldsymbol{A}=\begin{pmatrix}3 & 5 & 7 & 2\\ 2 & 0 & 4 & 3\\ 0 & 1 & 2 & 3\end{pmatrix}$, $\boldsymbol{B}=\begin{pmatrix}1 & 3 & 2 & 0\\ 2 & 1 & 5 & 7\\ 0 & 6 & 4 & 8\end{pmatrix}$,求 $\boldsymbol{A}+\boldsymbol{B}$;

(2) $\boldsymbol{A}=\begin{pmatrix}2 & 3 & 4\\ -2 & 4 & 5\\ 10 & 1 & 2\end{pmatrix}$, $\boldsymbol{B}-\begin{pmatrix}5 & 9 & 12\\ -6 & 11 & 15\\ 30 & 3 & 5\end{pmatrix}$,求 $3\boldsymbol{A}-\boldsymbol{B}$;

(3) $\boldsymbol{A}=\begin{pmatrix}2 & 1 & 0\\ 1 & -1 & 2\end{pmatrix}$, $\boldsymbol{B}=\begin{pmatrix}1 & 1\\ 0 & -1\\ 1 & 0\end{pmatrix}$,求 $\boldsymbol{AB}$;

(4) $\boldsymbol{A}=\begin{pmatrix}0 & 1 & 0\\ 1 & 0 & 0\\ 0 & 0 & 1\end{pmatrix}$, $\boldsymbol{B}=\begin{pmatrix}1 & 2 & 3\\ 3 & 2 & 1\\ 1 & 3 & 2\end{pmatrix}$,求 $\boldsymbol{AB}$;

(5) $\boldsymbol{A}=(1\quad 2\quad 3)$, $\boldsymbol{B}=\begin{pmatrix}3\\ 2\\ 1\end{pmatrix}$,求 $\boldsymbol{AB}$;

(6) $\boldsymbol{A}=\begin{pmatrix}1\\1\\1\end{pmatrix}$，$\boldsymbol{B}=(1\quad 1\quad 1)$，求 $\boldsymbol{AB}$.

4. 设 $\boldsymbol{A}=\begin{pmatrix}1&2&2&1\\2&1&1&2\\1&2&2&-1\end{pmatrix}$，$\boldsymbol{B}=\begin{pmatrix}1&6&6&3\\6&1&3&6\\3&6&5&-3\end{pmatrix}$，求：

(1) $3\boldsymbol{A}-\boldsymbol{B}$；

(2) 若 $\boldsymbol{X}$ 满足 $\boldsymbol{A}+\boldsymbol{X}=\boldsymbol{B}$，求 $\boldsymbol{X}$.

5. 现有 4 家工厂均能生产 A、B、C 三种产品，其单位成本如下表. 现要生产 A、B、C 三种产品分别为 600 件、500 件、200 件，若三种产品只能委托一家工厂，问由哪家生产成本最低？

	A	B	C
Ⅰ	3	5	6
Ⅱ	2	4	8
Ⅲ	4	5	5
Ⅳ	4	3	7

6. 设 $\boldsymbol{A}$ 为 n 阶方阵，k 为非零常数，证明：$|k\boldsymbol{A}|=k^n|\boldsymbol{A}|$.

10.3 矩阵的初等行变换与矩阵的秩

【同步微课】

10.3.1 矩阵的初等行变换

定义 1 对矩阵施以下列三种变换，称为矩阵的初等行变换.

(1) **换行变换**：即交换矩阵的第 i 行和第 j 行(用 $r_i \leftrightarrow r_j$ 表示)；

(2) **倍乘变换**：即用某非零常数 k 乘以矩阵的第 i 行(用 kr_i 表示)；

(3) **倍加变换**：把矩阵第 i 行的 k 倍加到第 j 行的对应元素上(用 r_j+kr_i 表示).

如果矩阵 $\boldsymbol{A}$ 经过若干次初等行变换后变为 $\boldsymbol{B}$，用

$$\boldsymbol{A}\leftrightarrow\boldsymbol{B}$$

表示，并称 $\boldsymbol{B}$ 与 $\boldsymbol{A}$ 是**行等价**的.

说明　任意矩阵通过初等行变换都能化为行阶梯形矩阵和行最简矩阵.

【例 1】 将矩阵 $\boldsymbol{A}=\begin{pmatrix}1&-2&3&-1&1\\3&-1&5&-3&6\\2&1&2&-2&8\end{pmatrix}$ 化为行阶梯形矩阵.

解 $\boldsymbol{A}=\begin{pmatrix}1&-2&3&-1&1\\3&-1&5&-3&6\\2&1&2&-2&8\end{pmatrix}\xrightarrow[r_3-2r_1]{r_2-3r_1}\begin{pmatrix}1&-2&3&-1&1\\0&5&-4&0&3\\0&5&-4&0&6\end{pmatrix}$

$$\xrightarrow{(-1)r_2+r_3}\begin{pmatrix}1 & -2 & 3 & -1 & 1\\0 & 5 & -4 & 0 & 3\\0 & 0 & 0 & 0 & 3\end{pmatrix}.$$

【例 2】 将矩阵 $\boldsymbol{A}=\begin{pmatrix}1 & 2 & 0\\3 & 5 & 2\\2 & 0 & 6\end{pmatrix}$ 化为行最简矩阵.

解 $\boldsymbol{A}=\begin{pmatrix}1 & 2 & 0\\3 & 5 & 2\\2 & 0 & 6\end{pmatrix}\xrightarrow{\frac{1}{2}r_3}\begin{pmatrix}1 & 2 & 0\\3 & 5 & 2\\1 & 0 & 3\end{pmatrix}\xrightarrow[r_3-r_1]{r_2-3r_1}\begin{pmatrix}1 & 2 & 0\\0 & -1 & 2\\0 & -2 & 3\end{pmatrix}$

$$\xrightarrow{(-1)r_2}\begin{pmatrix}1 & 2 & 0\\0 & 1 & -2\\0 & -2 & 3\end{pmatrix}\xrightarrow[r_3+2r_2]{r_1-2r_2}\begin{pmatrix}1 & 0 & 4\\0 & 1 & -2\\0 & 0 & -1\end{pmatrix}$$

$$\xrightarrow{(-1)r_3}\begin{pmatrix}1 & 0 & 4\\0 & 1 & -2\\0 & 0 & 1\end{pmatrix}\xrightarrow[r_2+2r_3]{r_1-4r_3}\begin{pmatrix}1 & 0 & 0\\0 & 1 & 0\\0 & 0 & 1\end{pmatrix}.$$

10.3.2 矩阵的秩

【同步微课】

矩阵的秩是矩阵代数中非常有用的一个概念，它在讨论线性方程组解的情况中有重要应用.

定义 2 设 $\boldsymbol{A}$ 是 $m\times n$ 矩阵，在 $\boldsymbol{A}$ 中任意选定的 k 行 k 列，位于行列交叉处的 k^2 个元素，按原来位置次序组成的 k 阶行列式，称为矩阵 $\boldsymbol{A}$ 的一个 **k 阶子式**，其中 $k\leqslant\min\{m,n\}$.

例如，矩阵

$$\boldsymbol{A}=\begin{pmatrix}1 & 2 & 3\\2 & 4 & 1\\0 & 0 & 1\end{pmatrix},$$

取 $\boldsymbol{A}$ 的第一、二行，第一、三列的相交元素，排成行列式 $\begin{vmatrix}1 & 3\\2 & 1\end{vmatrix}$ 为 $\boldsymbol{A}$ 的一个二阶子式.

由子式的定义知：子式的行、列是在原行列式的行、列中任取的，所以可以组成 $C_3^2C_3^2=9$ 个二阶子式.

注：k 阶子式是行列式. 非零子式就是行列式的值不等于零的子式.

定义 3 如果矩阵 $\boldsymbol{A}$ 中存在一个 r 阶非零子式，而任一 $r+1$ 阶子式(如果存在的话)的值全为零，则矩阵 $\boldsymbol{A}$ 的非零子式的最高阶数是 r，称 r 为 $\boldsymbol{A}$ 的**秩**，记作 $r(\boldsymbol{A})=r$.

【例 3】 求矩阵 $\boldsymbol{A}=\begin{pmatrix}1 & -2 & 3 & 5\\0 & 1 & 2 & 1\\1 & -1 & 5 & 6\end{pmatrix}$ 的秩.

解 因为 $\begin{vmatrix}1 & -2\\0 & 1\end{vmatrix}\neq 0$，所以 $\boldsymbol{A}$ 的非零子式的最高阶数至少是 2，即 $r(\boldsymbol{A})\geqslant 2$. $\boldsymbol{A}$ 共有四个三阶子式：

$$\begin{vmatrix}1&-2&3\\0&1&2\\1&-1&5\end{vmatrix}=0,\begin{vmatrix}1&-2&5\\0&1&1\\1&-1&6\end{vmatrix}=0,\begin{vmatrix}1&3&5\\0&2&1\\1&5&6\end{vmatrix}=0,\begin{vmatrix}-2&3&5\\1&2&1\\-1&5&6\end{vmatrix}=0$$

即所有三阶子式均为零,所以 $r(\boldsymbol{A})=2$.

按照定义求矩阵的秩,要计算很多行列式,所以有时候非常麻烦.

【例 4】 求矩阵 $\boldsymbol{A}=\begin{pmatrix}1&-2&1\\0&-3&3\\0&0&0\end{pmatrix}$ 的秩.

解 因为

$$\begin{vmatrix}1&-2\\0&-3\end{vmatrix}\neq 0,$$

而矩阵的三阶子式为零,即

$$\begin{vmatrix}1&-2&1\\0&-3&3\\0&0&0\end{vmatrix}=0,$$

所以 $r(\boldsymbol{A})=2$.

可以注意到,**行阶梯形矩阵的秩就是非零行的行数 r.**

10.3.3 用矩阵的初等行变换求矩阵的秩

定理 矩阵的初等行变换不改变矩阵的秩.

由此得到求矩阵秩的有效方法:通过初等变换把矩阵化为行阶梯形矩阵,其非零行的行数就是矩阵的秩.

【例 5】 求矩阵 $\boldsymbol{A}=\begin{pmatrix}-2&1&1\\1&-2&1\\1&1&-2\end{pmatrix}$ 的秩.

解 $\boldsymbol{A}=\begin{pmatrix}-2&1&1\\1&-2&1\\1&1&-2\end{pmatrix}\xrightarrow{r_1\leftrightarrow r_2}\begin{pmatrix}1&-2&1\\-2&1&1\\1&1&-2\end{pmatrix}\xrightarrow[r_3-r_1]{r_2+2r_1}\begin{pmatrix}1&-2&1\\0&-3&3\\0&3&-3\end{pmatrix}$

$$\xrightarrow{r_3+r_2}\begin{pmatrix}1&-2&1\\0&-3&3\\0&0&0\end{pmatrix}.$$

所以矩阵 $\boldsymbol{A}$ 的秩为 2,即 $r(\boldsymbol{A})=2$.

【例 6】 求矩阵 $\boldsymbol{A}=\begin{pmatrix}1&-2&-1&0&2\\-2&4&2&6&-6\\2&-1&0&2&3\\3&3&3&3&4\end{pmatrix}$ 的秩.

解 $A=\begin{pmatrix}1&-2&-1&0&2\\-2&4&2&6&-6\\2&-1&0&2&3\\3&3&3&3&4\end{pmatrix}\xrightarrow[r_4-3r_1]{\substack{r_2+2r_1\\r_3-2r_1}}\begin{pmatrix}1&-2&-1&0&2\\0&0&0&6&-2\\0&3&2&2&-1\\0&9&6&3&-2\end{pmatrix}$

$\xrightarrow[r_3\leftrightarrow r_4]{r_2\leftrightarrow r_3}\begin{pmatrix}1&-2&-1&0&2\\0&3&2&2&-1\\0&9&6&3&-2\\0&0&0&6&-2\end{pmatrix}\xrightarrow{r_3-3r_2}\begin{pmatrix}1&-2&-1&0&2\\0&3&2&2&-1\\0&0&0&-3&1\\0&0&0&6&-2\end{pmatrix}$

$\xrightarrow{r_4+2r_3}\begin{pmatrix}1&-2&-1&0&2\\0&3&2&2&-1\\0&0&0&-3&1\\0&0&0&0&0\end{pmatrix}$

非零行的个数为3,所以 $r(A)=3$.

习题 10.3

1. 将矩阵化为阶梯形.

(1) $A=\begin{pmatrix}1&1&-1\\2&-1&0\\1&0&1\end{pmatrix}$; (2) $B=\begin{pmatrix}1&1&1&-1\\-1&-1&2&3\\2&2&5&0\end{pmatrix}$.

2. 将下列矩阵化为行最简形矩阵.

(1) $A=\begin{pmatrix}1&1&1&1\\-1&2&-4&2\\2&5&-1&3\end{pmatrix}$; (2) $B=\begin{pmatrix}1&2&-3&4\\2&3&-5&7\\2&5&-8&-8\end{pmatrix}$.

3. 求下列矩阵的秩.

(1) $A=\begin{pmatrix}1&1&1&2\\1&3&3&2\\1&1&2&1\end{pmatrix}$; (2) $A=\begin{pmatrix}1&-1&1&2\\2&3&3&2\\1&1&2&1\end{pmatrix}$;

(3) $A=\begin{pmatrix}1&3&-1&-2\\2&-1&2&3\\3&2&1&1\\1&-4&3&5\end{pmatrix}$; (4) $A=\begin{pmatrix}1&0&0&1\\1&2&0&-1\\3&-1&0&4\\1&4&5&1\end{pmatrix}$.

10.4 逆矩阵

【同步微课】

10.4.1 逆矩阵的概念

定义 1 对于 n 阶矩阵 $\boldsymbol{A}$,如果存在 n 阶矩阵 $\boldsymbol{B}$,使得 $\boldsymbol{AB}=\boldsymbol{BA}=\boldsymbol{E}$,则称矩阵 $\boldsymbol{A}$ 为可逆矩阵,而 $\boldsymbol{B}$ 称为 $\boldsymbol{A}$ 的逆矩阵. 记作 $\boldsymbol{A}^{-1}$.

例如，

$$A=\begin{pmatrix}2&2&3\\1&-1&0\\-1&2&1\end{pmatrix},\quad B=\begin{pmatrix}1&-4&-3\\1&-5&-3\\-1&6&4\end{pmatrix}$$

因为

$$AB=\begin{pmatrix}2&2&3\\1&-1&0\\-1&2&1\end{pmatrix}\begin{pmatrix}1&-4&-3\\1&-5&-3\\-1&6&4\end{pmatrix}=\begin{pmatrix}1&0&0\\0&1&0\\0&0&1\end{pmatrix},$$

$$BA=\begin{pmatrix}1&-4&-3\\1&-5&-3\\-1&6&4\end{pmatrix}\begin{pmatrix}2&2&3\\1&-1&0\\-1&2&1\end{pmatrix}=\begin{pmatrix}1&0&0\\0&1&0\\0&0&1\end{pmatrix},$$

即 $\boldsymbol{A},\boldsymbol{B}$ 满足 $\boldsymbol{AB}=\boldsymbol{BA}=\boldsymbol{E}$，所以矩阵 $\boldsymbol{A}$ 可逆，其逆矩阵 $\boldsymbol{A}^{-1}=\boldsymbol{B}$.

10.4.2 逆矩阵的性质

(1) 若 $\boldsymbol{A}$ 可逆，则 $\boldsymbol{A}^{-1}$ 也可逆，且 $(\boldsymbol{A}^{-1})^{-1}=\boldsymbol{A}$；

(2) 若 $\boldsymbol{A}$ 可逆，数 $\lambda\neq0$，则 $\lambda\boldsymbol{A}$ 可逆，且 $(\lambda\boldsymbol{A})^{-1}=\frac{1}{\lambda}\boldsymbol{A}^{-1}$；

(3) 若 $\boldsymbol{A},\boldsymbol{B}$ 为同阶可逆矩阵，则 $\boldsymbol{AB}$ 亦可逆，且 $(\boldsymbol{AB})^{-1}=\boldsymbol{B}^{-1}\boldsymbol{A}^{-1}$；

(4) 若 $\boldsymbol{A}$ 可逆，则 $\boldsymbol{A}^T$ 也可逆，且 $(\boldsymbol{A}^T)^{-1}=(\boldsymbol{A}^{-1})^T$.

定理 1 若 n 方阵 $\boldsymbol{A}$ 可逆的充分必要条件是 $|\boldsymbol{A}|\neq0$.

定理 2 若 n 方阵 $\boldsymbol{A}$ 可逆的充分必要条件是 $r(\boldsymbol{A})=n$.

说明：

(1) 单位矩阵 $\boldsymbol{E}$ 的逆矩阵就是它本身，因为 $\boldsymbol{EE}=\boldsymbol{E}$；

(2) 如果方阵 $\boldsymbol{A}$ 是可逆的，那么 $\boldsymbol{A}$ 的逆矩阵是唯一的；

(3) 在 $\boldsymbol{A}$ 的逆的定义中，实际上若 $\boldsymbol{AB}=\boldsymbol{E}$（或 $\boldsymbol{BA}=\boldsymbol{E}$），就有 $\boldsymbol{A}^{-1}=\boldsymbol{B}$.

【例 1】 求二阶矩阵 $\boldsymbol{A}=\begin{pmatrix}1&1\\0&1\end{pmatrix}$ 的逆阵.

解 因为

$$|\boldsymbol{A}|=\begin{vmatrix}1&1\\0&1\end{vmatrix}=1\neq0,$$

所以 $\boldsymbol{A}$ 是可逆的，设

$$\boldsymbol{A}^{-1}=\begin{pmatrix}a&b\\c&d\end{pmatrix}$$

由逆矩阵的定义，有

$$\boldsymbol{AA}^{-1}=\begin{pmatrix}1&1\\0&1\end{pmatrix}\begin{pmatrix}a&b\\c&d\end{pmatrix}=\begin{pmatrix}a+c&b+d\\c&d\end{pmatrix}=\begin{pmatrix}1&0\\0&1\end{pmatrix},$$

所以

$$\begin{cases}a=1\\b=-1\\c=0\\d=1\end{cases},$$

所以

$$A^{-1}=\begin{pmatrix}1&-1\\0&1\end{pmatrix}.$$

用定义求矩阵的逆，当行列式阶数 n 较大时，计算比较繁琐，下面介绍逆矩阵的另一种方法：**初等行变换法**.

10.4.3 用矩阵的初等行变换求矩阵的逆矩阵

作矩阵 $(A\quad E)_{n\times 2n}$，施以初等行变换，将矩阵 A 化为单位矩阵 E，那么右半部的单位矩阵 E 就同时化成了 A^{-1}，即 $(A\quad E)\xrightarrow{\text{初等行变换}}(E\quad A^{-1})$.

【例 2】 求矩阵 $A=\begin{pmatrix}1&0&2\\2&1&1\\3&1&2\end{pmatrix}$ 的逆矩阵 A^{-1}.

解
$$(A\quad E)=\begin{pmatrix}1&0&2&1&0&0\\2&1&1&0&1&0\\3&1&2&0&0&1\end{pmatrix}\xrightarrow[r_2-3r_1]{r_2-2r_1}\begin{pmatrix}1&0&2&1&0&0\\0&1&-3&-2&1&0\\0&1&-4&-3&0&1\end{pmatrix}$$

$$\xrightarrow{r_3-r_2}\begin{pmatrix}1&0&2&1&0&0\\0&1&-3&-2&1&0\\0&0&-1&-1&-1&1\end{pmatrix}\xrightarrow{-r_3}\begin{pmatrix}1&0&2&1&0&0\\0&1&-3&-2&1&0\\0&0&1&1&1&-1\end{pmatrix}$$

$$\xrightarrow[r_2+3r_3]{r_1-2r_3}\begin{pmatrix}1&0&0&-1&-2&2\\0&1&0&1&4&-3\\0&0&1&1&1&-1\end{pmatrix}$$

所以

$$A^{-1}=\begin{pmatrix}-1&-2&2\\1&4&-3\\1&1&-1\end{pmatrix}.$$

【例 3】 设矩阵 $A=\begin{pmatrix}-2&-1&6\\4&0&5\\-6&-1&1\end{pmatrix}$，判断矩阵 A 是否可逆，若可逆，求逆矩阵 A^{-1}.

解
$$(A\quad E)=\begin{pmatrix}-2&-1&6&1&0&0\\4&0&5&0&1&0\\-6&-1&1&0&0&1\end{pmatrix}\xrightarrow[r_3-3r_1]{r_2+2r_1}\begin{pmatrix}-2&-1&6&1&0&0\\0&-2&17&2&1&0\\0&2&-17&-3&0&1\end{pmatrix}$$

$$\xrightarrow{r_2+r_3}\begin{pmatrix}-2 & -1 & 6 & 1 & 0 & 0\\ 0 & -2 & 17 & 2 & 1 & 0\\ 0 & 0 & 0 & -1 & 1 & 1\end{pmatrix}$$

因为 $r(\boldsymbol{A})=2<3(=n)$，所以 $\boldsymbol{A}$ 不可逆.

10.4.4 逆矩阵应用

含有 n 个方程的 n 元线性方程组 $\begin{cases}a_{11}x_1+a_{12}x_2+\cdots+a_{1n}x_n=b_1\\ a_{21}x_1+a_{22}x_2+\cdots+a_{2n}x_n=b_2\\ \cdots\cdots\\ a_{n1}x_1+a_{n2}x_2+\cdots+a_{nn}x_n=b_n\end{cases}$ 可写成 $\boldsymbol{AX}=\boldsymbol{B}$，

其中

$$\boldsymbol{A}=\begin{pmatrix}a_{11} & a_{12} & \cdots & a_{1n}\\ a_{21} & a_{22} & \cdots & a_{2n}\\ \vdots & \vdots & & \vdots\\ a_{n1} & a_{n2} & \cdots & a_{nn}\end{pmatrix},\quad \boldsymbol{X}=\begin{pmatrix}x_1\\ x_2\\ \vdots\\ x_n\end{pmatrix},\quad \boldsymbol{B}=\begin{pmatrix}b_1\\ b_2\\ \vdots\\ b_n\end{pmatrix},$$

若 $|\boldsymbol{A}|\neq 0$，则

$$\boldsymbol{X}=\boldsymbol{A}^{-1}\boldsymbol{B}.$$

【例 4】 用逆矩阵解线性方程组 $\begin{cases}x_1+2x_3=1\\ 2x_1+x_2+x_3=-1.\\ 3x_1+x_2+2x_3=0\end{cases}$

解 其系数矩阵为

$$\boldsymbol{A}=\begin{pmatrix}1 & 0 & 2\\ 2 & 1 & 1\\ 3 & 1 & 2\end{pmatrix}$$

由【例 2】知 $\boldsymbol{A}$ 可逆，且

$$\boldsymbol{A}^{-1}=\begin{pmatrix}-1 & -2 & 2\\ 1 & 4 & -3\\ 1 & 1 & -1\end{pmatrix},$$

所以方程组的解为

$$\boldsymbol{X}=\boldsymbol{A}^{-1}\boldsymbol{B}=\begin{pmatrix}-1 & -2 & 2\\ 1 & 4 & -3\\ 1 & 1 & -1\end{pmatrix}\begin{pmatrix}1\\ -1\\ 0\end{pmatrix}=\begin{pmatrix}1\\ -3\\ 0\end{pmatrix}.$$

【例 5】 [**密码学**]在军事通讯中，矩阵密码法是信息编码与解码的常用方法之一，它主要利用求逆矩阵的方法.先在 26 个英文字母与数字间建立起一一对应.如

a	b	c	…	x	y	z
1	2	3	…	24	25	26

例如 *are* 对应一矩阵 $\boldsymbol{B}^T=(1\quad 18\quad 5)$，但如果按这种方式传输，则很容易被敌方破译. 于是，必须采取加密，即用一个约定的加密矩阵 $\boldsymbol{A}$ 乘以原信号 $\boldsymbol{B}$，传输信号为 $\boldsymbol{C}=\boldsymbol{A}\boldsymbol{B}^T$，收到信号的一方再将信号还原(破译)为 $\boldsymbol{B}^T=\boldsymbol{A}^{-1}\boldsymbol{C}$. 若敌方不知道加密矩阵，则很难破译. 设收到的信号为

$$\boldsymbol{C}=\begin{pmatrix}14\\30\\41\end{pmatrix},$$

并已知加密矩阵为

$$\boldsymbol{A}=\begin{pmatrix}-1&0&1\\0&1&1\\1&1&1\end{pmatrix},$$

求原信号 $\boldsymbol{B}$.

解 先求 $\boldsymbol{A}$ 的逆矩阵

$$(\boldsymbol{A}\quad\boldsymbol{E})=\begin{pmatrix}-1&0&1&1&0&0\\0&1&1&0&1&0\\1&1&1&0&0&1\end{pmatrix}\xrightarrow{r_3+r_1}\begin{pmatrix}-1&0&1&1&0&0\\0&1&1&0&1&0\\0&1&2&1&0&1\end{pmatrix}$$

$$\xrightarrow{r_3-r_2}\begin{pmatrix}-1&0&1&1&0&0\\0&1&1&0&1&0\\0&0&1&1&-1&1\end{pmatrix}\xrightarrow{(-1)r_1}\begin{pmatrix}1&0&-1&-1&0&0\\0&1&1&0&1&0\\0&0&1&1&-1&1\end{pmatrix}$$

$$\xrightarrow[r_2-r_3]{r_1+r_3}\begin{pmatrix}1&0&0&0&-1&1\\0&1&0&-1&2&-1\\0&0&1&1&-1&1\end{pmatrix}$$

所以

$$\boldsymbol{A}^{-1}=\begin{pmatrix}0&-1&1\\-1&2&-1\\1&-1&1\end{pmatrix}$$

原信号

$$\boldsymbol{B}^T=\boldsymbol{A}^{-1}\boldsymbol{C}=\begin{pmatrix}0&-1&1\\-1&2&-1\\1&-1&1\end{pmatrix}\begin{pmatrix}14\\30\\41\end{pmatrix}=\begin{pmatrix}11\\5\\25\end{pmatrix}$$

即原信号为 key.

习题 10.4

1. [**用电度数**]我国某地方为避开高峰期用电，实行分时段计费，鼓励夜间用电. 某地白天(AM8：00—PM11：00)与夜间(PM11：00—AM8：00)的电费标准为 P，若某宿舍两户人某月的用电情况如下：

	白天	夜间
第一户	20	30
第二户	40	70

所交电费 $\boldsymbol{F}=\begin{pmatrix}19\\41\end{pmatrix}$，问如何用矩阵的运算表示当地的电费标准 P？

2. 判断下列矩阵是否可逆，如可逆，求其逆矩阵 $\boldsymbol{A}^{-1}$.

(1) $\boldsymbol{A}=\begin{pmatrix}0&1&2\\1&1&4\\2&-1&0\end{pmatrix}$；　　(2) $\boldsymbol{A}=\begin{pmatrix}1&-2&4\\-3&2&5\\-3&-2&22\end{pmatrix}$；

(3) $\boldsymbol{A}=\begin{pmatrix}1&0&8\\0&1&0\\0&0&1\end{pmatrix}$；　　(4) $\boldsymbol{A}=\begin{pmatrix}2&0&0\\1&2&0\\0&1&2\end{pmatrix}$；

(5) $\boldsymbol{A}=\begin{pmatrix}1&1&1&1\\1&1&-1&-1\\1&-1&1&-1\\1&-1&-1&1\end{pmatrix}$；　　(6) $\boldsymbol{A}=\begin{pmatrix}1&a&a^2&a^3\\0&1&a&a^2\\0&0&1&a\\0&0&0&1\end{pmatrix}$.

3. 用逆矩阵解矩阵方程.

(1) $\begin{pmatrix}2&5\\1&3\end{pmatrix}\boldsymbol{X}=\begin{pmatrix}4&-6\\2&1\end{pmatrix}$；　　(2) $\boldsymbol{X}\begin{pmatrix}2&1&-1\\2&1&0\\1&-1&1\end{pmatrix}=\begin{pmatrix}1&-1&3\\4&3&2\end{pmatrix}$.

4. 用逆矩阵解方程组.

(1) $\begin{cases}x_1+2x_2+3x_3=1\\2x_1+2x_2+5x_3=2\\3x_1+5x_2+x_3=3\end{cases}$；　　(2) $\begin{cases}x_1-x_2-x_3=2\\2x_1-x_2-3x_3=1\\3x_1+2x_2-5x_3=0\end{cases}$.

10.5　线性方程组的解

【同步微课】

线性方程组是线性代数中的一个基本问题. 在经济领域的规划、决策等问题中，经常遇到线性方程组的求解问题.

虽然在中学我们已经学过用加减消元法或代入消元法解二元或三元一次方程组，又知道二元一次方程组的解的情况只可能有三种：唯一解、无穷多解、无解. 但是在许多实际问题中，我们遇到的方程组中未知数个数常常超过三个，而且方程组中未知数个数与方程的个数也不一定相同.

如

$$\begin{cases}x_1+2x_2-2x_3-4x_4=1\\x_1+x_2-x_3+2x_4=-1,\\-x_1-x_2+2x_3-x_4=2\end{cases}$$

这样的线性方程组是否有解呢？如果有解，解是否唯一？如果解不唯一，解的结构如何呢？在有解的情况下，如何求解？

10.5.1 线性方程组的概念

与二元、三元线性方程组类似，含 n 个未知量，由 m 个方程构成的线性方程组的一般形式为

$$\begin{cases} a_{11}x_1+a_{12}x_2+\cdots+a_{1n}x_n=b_1 \\ a_{21}x_1+a_{22}x_2+\cdots+a_{2n}x_n=b_2 \\ \quad\cdots\cdots \\ a_{m1}x_1+a_{m2}x_2+\cdots+a_{mn}x_n=b_m \end{cases},$$

其中系数 a_{ij}、b_i 都是已知常数，x_j 是未知量. 当右端常数项 $b_1,b_2,\cdots,b_m$ 不全为 0 时，称方程组为**非齐次线性方程组**；当 $b_1,b_2,\cdots,b_m$ 全为 0 时，即

$$\begin{cases} a_{11}x_1+a_{12}x_2+\cdots+a_{1n}x_n=0 \\ a_{21}x_1+a_{22}x_2+\cdots+a_{2n}x_n=0 \\ \quad\cdots\cdots \\ a_{m1}x_1+a_{m2}x_2+\cdots+a_{mn}x_n=0 \end{cases},$$

称方程组为**齐次线性方程组**.

利用矩阵来讨论线性方程组的解的情况或求解线性方程组的解是很方便的，我们给出线性方程组的矩阵表示形式.

非齐次线性方程组用矩阵形式表示为

$$\boldsymbol{AX}=\boldsymbol{B},$$

其中

$$\boldsymbol{A}=\begin{pmatrix} a_{11} & a_{12} & \cdots & a_{1n} \\ a_{21} & a_{22} & \cdots & a_{2n} \\ \vdots & \vdots & & \vdots \\ a_{m1} & a_{m2} & \cdots & a_{mn} \end{pmatrix},\ \boldsymbol{X}=\begin{pmatrix} x_1 \\ x_2 \\ \vdots \\ x_n \end{pmatrix},\ \boldsymbol{B}=\begin{pmatrix} b_1 \\ b_2 \\ \vdots \\ b_m \end{pmatrix},$$

称 $\boldsymbol{A}$ 为非齐次线性方程组的**系数矩阵**，$\boldsymbol{X}$ 为未知矩阵，$\boldsymbol{B}$ 为**常数矩阵**，将系数矩阵和常数矩阵放在一起构成的矩阵

$$(\boldsymbol{A},\boldsymbol{B})=\begin{pmatrix} a_{11} & a_{12} & \cdots & a_{1n} & b_1 \\ a_{21} & a_{22} & \cdots & a_{2n} & b_2 \\ \vdots & \vdots & & \vdots & \vdots \\ a_{m1} & a_{m2} & \cdots & a_{mn} & b_m \end{pmatrix}$$

称为方程组的**增广矩阵**，记为 $\overline{\boldsymbol{A}}$. 因为线性方程组是由它的系数和常数项确定，所以增广矩阵 $\overline{\boldsymbol{A}}$ 和线性方程组是一一对应关系.

齐次线性方程组的矩阵表示形式为

$$\boldsymbol{AX}=\boldsymbol{0},$$

其中

$$\boldsymbol{0}=\begin{pmatrix}0\\0\\\vdots\\0\end{pmatrix}.$$

10.5.2 非齐次线性方程组的解

【例 1】 用高斯消元法解线性方程组 $\begin{cases}2x_1-x_2+2x_3=4\\x_1+x_2+2x_3=1\\4x_1+x_2+4x_3=2\end{cases}$.

解 交换第一、二两个方程，得同解组

$$\begin{cases}x_1+x_2+2x_3=1 & (1)\\2x_1-x_2+2x_3=4 & (2)\\4x_1+x_2+4x_3=2 & (3)\end{cases}$$

(2)−(1)×2，(3)−(1)×4 得同解组

$$\begin{cases}x_1+x_2+2x_3=1 & (1)\\-3x_2-2x_3=2 & (2)\\-3x_2-4x_3=-2 & (3)\end{cases}$$

((3)−(2))÷2 得同解组

$$\begin{cases}x_1+x_2+2x_3=1 & (1)\\-3x_2-2x_3=2 & (2)\\x_3=2 & (3)\end{cases}$$

至此消元过程完结，接下来是回代过程：

将(3)代入(2)得 $x_2=-2$，再将 $x_2=-2$，$x_3=2$ 代入(1) 得 $x_1=-1$，从而原方程组有唯一解

$$\begin{cases}x_1=-1\\x_2=-2.\\x_3=2\end{cases}$$

在高斯消元法求解线性方程组时，对方程组共施行了三种变换：

(1) 互换两个方程的位置；

(2) k 乘某一方程($k\neq0$)；

(3) 用一个数 k 乘某一方程后加到另一个方程上去.

这与矩阵的初等行变换相同. 所以线性方程的求解完全可以由其增广矩阵的行初等变换求出.

定理 1 非齐次线性方程组$\begin{cases}a_{11}x_1+a_{12}x_2+\cdots+a_{1n}x_n=b_1\\a_{21}x_1+a_{22}x_2+\cdots+a_{2n}x_n=b_2\\\cdots\cdots\\a_{m1}x_1+a_{m2}x_2+\cdots+a_{mn}x_n=b_m\end{cases}$

(1) 无解的充分必要条件是 $r(\mathbf{A})<r(\overline{\mathbf{A}})$；

(2) 有唯一解的充分必要条件是 $r(\mathbf{A})=r(\overline{\mathbf{A}})=n$；

(3) 有无限多解的充分必要条件是 $r(\mathbf{A})=r(\overline{\mathbf{A}})<n$.

【例 2】 用矩阵的初等行变换求解线性方程组$\begin{cases}2x_1-x_2+2x_3=4\\x_1+x_2+2x_3=1\\4x_1+x_2+4x_3=2\end{cases}$.

解 用初等行变换将增广矩阵化成阶梯形矩阵，即

$$\overline{\mathbf{A}}=\begin{pmatrix}2&-1&2&4\\1&1&2&1\\4&1&4&2\end{pmatrix}\xrightarrow{r_1\leftrightarrow r_2}\begin{pmatrix}1&1&2&1\\2&-1&2&4\\4&1&4&2\end{pmatrix}\xrightarrow[r_3-4r_1]{r_2-2r_1}\begin{pmatrix}1&1&2&1\\0&-3&-2&2\\0&-3&-4&-2\end{pmatrix}$$

$$\xrightarrow{r_3-r_2}\begin{pmatrix}1&1&2&1\\0&-3&-2&2\\0&0&-2&-4\end{pmatrix}\xrightarrow{\left(-\frac{1}{2}\right)r_3}\begin{pmatrix}1&1&2&1\\0&-3&-2&2\\0&0&1&2\end{pmatrix}=\boldsymbol{B}$$

因为 $r(\mathbf{A})=r(\overline{\mathbf{A}})=3=n$，所以方程组有唯一解，

用初等行变换将增广矩阵的阶梯形矩阵化成行最简矩阵，即

$$\boldsymbol{B}\xrightarrow[r_2+2r_3]{r_1-2r_3}\begin{pmatrix}1&1&0&-3\\0&-3&0&6\\0&0&1&2\end{pmatrix}\xrightarrow{\left(-\frac{1}{3}\right)r_2}\begin{pmatrix}1&1&0&-3\\0&1&0&-2\\0&0&1&2\end{pmatrix}$$

$$\xrightarrow{r_1-r_2}\begin{pmatrix}1&0&0&-1\\0&1&0&-2\\0&0&1&2\end{pmatrix}$$

由此得方程组的唯一解

$$\begin{cases}x_1=-1\\x_2=-2.\\x_3=2\end{cases}$$

【例 3】 解线性方程组

$$\begin{cases}x_1+x_2+x_3=1\\-x_1+2x_2-4x_3=2.\\2x_1+5x_2-x_3=3\end{cases}$$

解 用初等行变换将增广矩阵化成行阶梯形矩阵，即

$$\overline{\mathbf{A}}=\begin{pmatrix}1&1&1&1\\-1&2&-4&2\\2&5&-1&3\end{pmatrix}\xrightarrow[r_3-2r_1]{r_2+r_1}\begin{pmatrix}1&1&1&1\\0&3&-3&3\\0&3&-3&1\end{pmatrix}\xrightarrow{r_3-r_2}\begin{pmatrix}1&1&1&1\\0&3&-3&3\\0&0&0&-2\end{pmatrix}$$

$r(\mathbf{A})=2$，$r(\overline{\mathbf{A}})=3$，两者不等，所以，原方程组无解.

【例 4】 解线性方程组 $\begin{cases} x_1+5x_2-x_3-x_4=-1 \\ x_1+6x_2-2x_3-3x_4=-3 \\ x_1+3x_2+x_3+3x_4=3 \\ x_1+x_2+3x_3+7x_4=7 \end{cases}$.

解 用初等行变换将增广矩阵化成阶梯形矩阵，即

$$\overline{\mathbf{A}}=\begin{pmatrix} 1 & 5 & -1 & -1 & -1 \\ 1 & 6 & -2 & -3 & -3 \\ 1 & 3 & 1 & 3 & 3 \\ 1 & 1 & 3 & 7 & 7 \end{pmatrix} \xrightarrow[r_4-r_1]{\substack{r_2-r_1 \\ r_3-r_1}} \begin{pmatrix} 1 & 5 & -1 & -1 & -1 \\ 0 & 1 & -1 & -2 & -2 \\ 0 & -2 & 2 & 4 & 4 \\ 0 & -4 & 4 & 8 & 8 \end{pmatrix}$$

$$\xrightarrow[r_4+4r_2]{r_3+2r_2} \begin{pmatrix} 1 & 5 & -1 & -1 & -1 \\ 0 & 1 & -1 & -2 & -2 \\ 0 & 0 & 0 & 0 & 0 \\ 0 & 0 & 0 & 0 & 0 \end{pmatrix}=\boldsymbol{B}$$

因为，$r(\mathbf{A})=r(\overline{\mathbf{A}})=2<n(=4)$，所以方程组有无穷多解，

用初等行变换将增广矩阵的行阶梯形矩阵化成行最简矩阵，即

$$\boldsymbol{B}\xrightarrow{r_1-5r_2}\begin{pmatrix} 1 & 0 & 4 & 9 & 9 \\ 0 & 1 & -1 & -2 & -2 \\ 0 & 0 & 0 & 0 & 0 \\ 0 & 0 & 0 & 0 & 0 \end{pmatrix},$$

于是，得与原方程组同解的方程组

$$\begin{cases} x_1+4x_3+9x_4=9 \\ x_2-x_3-2x_4=-2 \end{cases}$$

即

$$\begin{cases} x_1=9-4x_3-9x_4 \\ x_2=-2+x_3+2x_4 \end{cases}$$

其中 x_3 与 x_4 可取任意值，称为自由未知量. 方程组的解为

$$\begin{cases} x_1=9-4c_1-9c_2 \\ x_2=-2+c_1+2c_2 \\ x_3=c_1 \\ x_4=c_2 \end{cases} \text{（其中 } c_1, c_2 \text{ 为任意常数）.}$$

10.5.3 齐次线性方程组的解

定理 2 齐次线性方程组 $\begin{cases} a_{11}x_1+a_{12}x_2+\cdots+a_{1n}x_n=0 \\ a_{21}x_1+a_{22}x_2+\cdots+a_{2n}x_n=0 \\ \cdots\cdots \\ a_{m1}x_1+a_{m2}x_2+\cdots+a_{mn}x_n=0 \end{cases}$

(1) 当 $r(\boldsymbol{A})=r=n$,则方程组有唯一零解;

(2) 当 $r(\boldsymbol{A})=r<n$ 时,则方程组有无穷多组解.

【例 5】 解方程组 $\begin{cases}x_1+x_2+x_3+x_4=0\\x_1+2x_2+2x_3+3x_4=0\\2x_1+3x_2+3x_3+4x_4=0\end{cases}$.

解 $\boldsymbol{A}=\begin{pmatrix}1&1&1&1\\1&2&2&3\\2&3&3&4\end{pmatrix}\xrightarrow[r_3-2r_1]{r_2-r_1}\begin{pmatrix}1&1&1&1\\0&1&1&2\\0&1&1&2\end{pmatrix}\xrightarrow{r_3-r_2}\begin{pmatrix}1&1&1&1\\0&1&1&2\\0&0&0&0\end{pmatrix}=\boldsymbol{B}$

因为,$r(\boldsymbol{A})=2<n(=4)$,所以方程组有无穷多解,

$$\boldsymbol{B}\xrightarrow{r_1-r_2}\begin{pmatrix}1&0&0&-1\\0&1&1&2\\0&0&0&0\end{pmatrix}$$

所以,方程组的同解方程组为

$$\begin{cases}x_1-x_4=0\\x_2+x_3+2x_4=0\end{cases}$$

即

$$\begin{cases}x_1=x_4\\x_2=-x_3-2x_4\end{cases}(x_3,x_4 \text{ 为自由未知量})$$

所以方程组的解为

$$\begin{cases}x_1=c_2\\x_2=-c_1-2c_2\\x_3=c_1\\x_4=c_2\end{cases}.(\text{其中 } c_1,c_2 \text{ 为任意常数})$$

习题 10.5

1. 判断下列方程组是否有解,如有解则求方程组的解.

(1) $\begin{cases}x_1-2x_2+3x_3-x_4=1\\3x_1-x_2+5x_3-3x_4=2\\2x_1+x_2+2x_3-2x_4=3\end{cases}$;

(2) $\begin{cases}2x_1+2x_2-4x_3=4\\x_1-x_2-x_3=1\\3x_1-4x_2-2x_3=5\end{cases}$;

(3) $\begin{cases}x_1+5x_2-x_3-x_4=-1\\x_1+6x_2-2x_3-3x_4=-3\\x_1+3x_2+x_3+3x_4=3\\x_1+x_2+3x_3+7x_4=7\end{cases}$;

(4) $\begin{cases}x_1-2x_2+x_3=0\\x_1+2x_2-3x_3=0\\-x_1+2x_2+2x_3=0\end{cases}$;

(5) $\begin{cases}x_1+x_2+x_3+x_4=0\\x_1+2x_2+2x_3+3x_4=0\\2x_1+3x_2+3x_3+4x_4=0\end{cases}$.

2. 已知总成本 y 是产品数量 X 的二次函数

$$y=a+bx+cx^2$$

根据统计资料,产品数量与总成本间有如下表的数据,试求成本函数.

时期	第一期	第二期	第三期
产品数量(件)	1	2	3
总成本(万元)	4	9	16

本章小结

本章介绍了矩阵的概念,矩阵的加、减、数乘及乘法运算;矩阵的初等变换;介绍了矩阵秩的概念;最后讨论了一般线性方程组的解.

一、矩阵的概念

1. 矩阵的定义

2. 几种特殊类型的矩阵

(1) $\mathbf{0}$ 矩阵;(2) 方阵;(3) 三角矩阵;上三角、下三角矩阵;(4) 对角矩阵;数量矩阵;(5) 单位矩阵;(6) 行阶梯形矩阵;(7) 行最简形矩阵.

二、矩阵的运算及其运算律

1. 矩阵的相等:$\boldsymbol{A}=\boldsymbol{B}$

两个矩阵相等满足两个条件:①具有相同的行数和列数,②对应位置上的元素完全相同.

2. 矩阵的转置

将矩阵 $\boldsymbol{A}$ 的行列互换,得到新的矩阵 $\boldsymbol{A}^T$,称为矩阵 $\boldsymbol{A}$ 的转置.

3. 矩阵的线性运算

(1) 矩阵的和:$\boldsymbol{A}+\boldsymbol{B}=(a_{ij}+b_{ij})_{m\times n}$,注意 $\boldsymbol{A}$ 和 $\boldsymbol{B}$ 是同型矩阵;

(2) 数乘矩阵　$k\boldsymbol{A}=k(a_{ij})_{m\times n}=(ka_{ij})_{m\times n}$;

(3) 矩阵的乘法

矩阵乘法的定义:$\boldsymbol{A}_{m\times n}\boldsymbol{B}_{n\times s}=(\boldsymbol{C}_{ij})_{m\times s}$

注意:在定义中,第一个矩阵的列数等于第二个矩阵的行数,而

$$c_{ij}=a_{i1}b_{1j}+a_{i2}b_{2j}+\cdots+a_{in}b_{nj}=(a_{i1}\quad a_{i2}\quad \cdots\quad a_{i4})\begin{pmatrix}b_{1j}\\b_{2j}\\\vdots\\b_{nj}\end{pmatrix}$$

4. 方阵的行列式

三、矩阵的初等变换

1. 矩阵的三个初等行变换

(1) **换行变换**:即交换矩阵的第 i 行和第 j 行(用 $r_i\leftrightarrow r_j$ 表示);

(2) **倍乘变换**:即用某非零常数 k 乘以矩阵的第 i 行(用 kr_i 表示);

(3) **倍加变换**:把矩阵第 i 行的 k 倍加到第 j 行的对应元素上(用 r_j+kr_i 表示).

四、逆矩阵

1. 逆矩阵的定义:$\boldsymbol{AB}=\boldsymbol{BA}=\boldsymbol{E}$

2. n 阶方阵 $\boldsymbol{A}$ 可逆的充要条件

(1) 存在矩阵 $\boldsymbol{B}$ 使得 $\boldsymbol{AB}=\boldsymbol{E}$ 或 $\boldsymbol{BA}=\boldsymbol{E}$;

(2) $|\boldsymbol{A}|\neq 0$;

(3) $r(\boldsymbol{A})=n$.

3. 逆矩阵的一般求法

初等变换求逆矩阵的方法:$(\boldsymbol{A}\vdots\boldsymbol{E})\xrightarrow{\text{初等行变换}}(\boldsymbol{E}\vdots\boldsymbol{A}^{-1})$

五、矩阵的秩

1. 矩阵秩的定义;

2. 矩阵的初等变换不改变矩阵的秩;

3. 矩阵秩的一般求法

$\boldsymbol{A}\xrightarrow{\text{一系列初等行变换}}\boldsymbol{B}$($\boldsymbol{B}$ 是行阶梯型矩阵),则 $r(\boldsymbol{A})$ 等于 $\boldsymbol{B}$ 的非零行数.

六、线性方程组解的判定定理

1. **定理 1** 非齐次线性方程组 $\begin{cases}a_{11}x_1+a_{12}x_2+\cdots+a_{1n}x_n=b_1\\a_{21}x_1+a_{22}x_2+\cdots+a_{2n}x_n=b_2\\\cdots\cdots\\a_{m1}x_1+a_{m2}x_2+\cdots+a_{mn}x_n=b_m\end{cases}$

(1) 无解的充分必要条件是 $r(\boldsymbol{A})<r(\overline{\boldsymbol{A}})$;

(2) 有唯一解的充分必要条件是 $r(\boldsymbol{A})=r(\overline{\boldsymbol{A}})=n$;

(3) 有无限多解的充分必要条件是 $r(\boldsymbol{A})=r(\overline{\boldsymbol{A}})<n$.

2. **定理 2** 齐次线性方程组 $\begin{cases}a_{11}x_1+a_{12}x_2+\cdots+a_{1n}x_n=0\\a_{21}x_1+a_{22}x_2+\cdots+a_{2n}x_n=0\\\cdots\cdots\\a_{m1}x_1+a_{m2}x_2+\cdots+a_{mn}x_n=0\end{cases}$

(1) 当 $r(\boldsymbol{A})=r=n$,则方程组有唯一零解;

(2) 当 $r(\boldsymbol{A})=r<n$ 时,则方程组有无穷多组解.

复习题 10

一、填空题

1. 设 $\boldsymbol{A}=\begin{pmatrix}1&3\\-1&-2\end{pmatrix}$,则 $\boldsymbol{E}-2\boldsymbol{A}=$________.

2. 当 $a=$________时,矩阵 $\boldsymbol{A}=\begin{pmatrix}1&3\\-1&a\end{pmatrix}$不可逆.

3. 矩阵 $\boldsymbol{A}=\begin{pmatrix}1&0&0\\0&1&0\\0&4&0\end{pmatrix}$ 的秩为________.

4. 已知矩阵 $\boldsymbol{A}=\begin{pmatrix}1&0&0\\0&2&0\\0&0&-3\end{pmatrix}$，则 $\boldsymbol{A}^{-1}=$________.

5. 设矩阵 $\boldsymbol{A}=(1\quad -2\quad 0)$，$\boldsymbol{B}=\begin{pmatrix}2&1\\-1&0\\0&1\end{pmatrix}$，则 $\boldsymbol{AB}=$________.

二、选择题

1. 下列说法正确的是 (　　)

A. $\boldsymbol{0}$ 矩阵一定是方阵　　B. 可转置的矩阵一定是方阵

C. 数量矩阵一定是方阵　　D. 若 $\boldsymbol{A}$ 与 $\boldsymbol{A}^T$ 可进行乘法运算，则 $\boldsymbol{A}$ 一定是方阵

2. 设 $\boldsymbol{A}$ 是可逆矩阵，且 $\boldsymbol{A}+\boldsymbol{AB}=\boldsymbol{E}$，则 $\boldsymbol{A}^{-1}=$ (　　)

A. $\boldsymbol{E}+\boldsymbol{B}$　　B. $\boldsymbol{E}-\boldsymbol{B}$　　C. $\boldsymbol{B}$　　D. $(\boldsymbol{E}-\boldsymbol{AB})^{-1}$

3. 设 A 是 n 阶可逆矩阵，k 是不为 0 的常数，则 $(k\boldsymbol{A})^{-1}=$ (　　)

A. $k\boldsymbol{A}^{-1}$　　B. $\frac{1}{k^n}\boldsymbol{A}^{-1}$　　C. $-k\boldsymbol{A}^{-1}$　　D. $\frac{1}{k}\boldsymbol{A}^{-1}$

4. 设 $\boldsymbol{A}$ 是 4 阶方阵，若 $r(\boldsymbol{A})=3$，则 (　　)

A. $\boldsymbol{A}$ 可逆　　B. $\boldsymbol{A}$ 的阶梯矩阵有一个 0 行

C. $\boldsymbol{A}$ 有一个 0 行　　D. $\boldsymbol{A}$ 至少有一个 0 行

5. 设 $\boldsymbol{A}$，$\boldsymbol{B}$ 为同阶方阵，则下列说法正确的是 (　　)

A. 若 $\boldsymbol{AB}=\boldsymbol{0}$，则必有 $\boldsymbol{A}=\boldsymbol{0}$ 或 $\boldsymbol{B}=\boldsymbol{0}$

B. 若 $\boldsymbol{AB}\neq\boldsymbol{0}$，则必有 $\boldsymbol{A}\neq\boldsymbol{0}$，$\boldsymbol{B}\neq\boldsymbol{0}$

C. 若 $r(\boldsymbol{A})\neq 0$，$r(\boldsymbol{B})\neq 0$，则 $r(\boldsymbol{AB})\neq 0$

D. $r(\boldsymbol{A}+\boldsymbol{B})=r(\boldsymbol{A})+r(\boldsymbol{B})$

三、已知 $\begin{pmatrix}3x&y\\-1&2\end{pmatrix}+\begin{pmatrix}-2y&-2x\\1&-1\end{pmatrix}=\begin{pmatrix}1&0\\0&1\end{pmatrix}$，求 x，y 的值.

四、已知 $\boldsymbol{A}=\begin{pmatrix}1&2&1\\1&0&1\end{pmatrix}$，$\boldsymbol{B}=\begin{pmatrix}1&1&0\\0&1&1\end{pmatrix}$，

1. 求 $2\boldsymbol{A}-3\boldsymbol{B}$；

2. $3\boldsymbol{A}-\boldsymbol{X}=\boldsymbol{B}$，求 $\boldsymbol{X}$.

五、已知 $\boldsymbol{A}=\begin{pmatrix}1&2\\1&1\end{pmatrix}$，$\boldsymbol{B}=\begin{pmatrix}2&1\\1&2\end{pmatrix}$，求 $\boldsymbol{AB}$ 和 $\boldsymbol{BA}$.

六、计算

1. $\begin{pmatrix}0&1\\1&0\end{pmatrix}\begin{pmatrix}1&2\\1&1\end{pmatrix}$；

2. $\begin{pmatrix}1&2\\1&1\end{pmatrix}\begin{pmatrix}0&1\\1&0\end{pmatrix}$；

3. $\begin{pmatrix}1&1\\0&1\end{pmatrix}\begin{pmatrix}1&1\\0&1\end{pmatrix}$；

4. $\begin{pmatrix}1&0\\3&-2\\-1&1\end{pmatrix}\begin{pmatrix}1&2&3\\2&-2&0\end{pmatrix}$.

七、求下列矩阵的秩

1. $\boldsymbol{A}=\begin{pmatrix}1&1&1&-1\\-1&-1&2&3\\2&2&5&1\end{pmatrix}$；

2. $\boldsymbol{A}=\begin{pmatrix}1&0&2&-1\\-1&1&-3&2\\2&-1&5&-3\end{pmatrix}$；

3. $A=\begin{pmatrix}1 & 2 & 0 & 1\\ 2 & 1 & 4 & 0\\ 1 & -1 & 2 & 0\end{pmatrix}$；

4. $A=\begin{pmatrix}1 & 1 & 0 & 1\\ 1 & 0 & 1 & 2\\ 2 & 1 & 1 & 3\end{pmatrix}$.

八、用矩阵的初等变换解方程组

1. $\begin{cases}x_1+2x_2-3x_3=-11\\ -x_1-x_2+x_3=7\\ 2x_1-3x_2+x_3=6\\ -3x_1+x_2+2x_3=4\end{cases}$；

2. $\begin{cases}x_1+2x_2+3x_3=1\\ 2x_1+2x_2+5x_3=2\\ 3x_1+5x_2+x_3=3\end{cases}$；

3. $\begin{cases}x_1-x_2-x_3=2\\ 2x_1-x_2-3x_3=1\\ 3x_1+2x_2-5x_3=0\end{cases}$；

4. $\begin{cases}x_1+2x_3=-1\\ -x_1+x_2-3x_3=2\\ 2x_1-x_2+5x_3=-3\end{cases}$；

5. $\begin{cases}x_1-x_2+2x_3=0\\ -x_1+2x_2-3x_3=0\\ 2x_1-3x_2+6x_3=0\end{cases}$；

6. $\begin{cases}2x_1+x_2+3x_3+5x_4=0\\ x_1+x_2+x_3+4x_4=0\\ 3x_1+x_2+5x_3+6x_4=0\end{cases}$.

九、[行业就业人数预测]

设某中小城市及郊区乡镇共有30万人从事农、工、商工作，假定这个总人数在若干年内保持不变，而社会调查表明：

(1) 在这30万就业人员中，目前约有15万人从事农业，9万人从事工业，6万人经商；

(2) 在务农人员中，每年约有20%改为务工，10%改为经商；

(3) 在务工人员中，每年约有20%改为务农，10%改为经商；

(4) 在经商人员中，每年约有10%改为务农，10%改为务工；

现欲预测一、二年后从事各业人员的人数，以及经过多年之后，从事各业人员总数之发展趋势.

思政案例

律师界最高产的数学家——凯莱

凯莱(Arthur Cayley)是英国数学家. 1821年8月16日生于英国里士满，1895年1月26日卒于剑桥.

凯莱的父亲在俄国经商，凯莱的童年在俄国度过，8岁时随双亲返回英国. 14岁进入国王学校学习，数学才华出众，擅长大数运算. 17岁时他的老师说服他父亲送他进入剑桥大学三一学院深造，而不要让凯莱操持家务. 凯莱其后在剑桥的数学会考中得第一名，并获史密斯奖. 凯莱聪敏好学、兴趣广泛，除数学外还喜欢历史、文学、语言学和小说. 毕业后留校任研究员和助理导师，几年内发表论文数十篇，1846年因不愿意担任圣职而离开了剑桥大学，转学法律，三年后成为律师. 缜密的思维、冷静沉着的判断使其工作成效卓著，在其律师工作之余仍潜心研究数学，连续发表近200篇论文，并结识了数学家西尔威斯特开始了长期的友谊合作. 1863年他被聘为剑桥大学纯粹数学的第一个萨德勒(Sadler)教授，除去1882年受西尔威斯特之聘在霍普金斯大学以外，他一直在剑桥，直到1895年逝世. 凯莱一生中得到过那个时代的数学家可能得到的许多重要荣誉，例如，他得到过牛津、爱丁堡、格丁根等七个大学的荣誉学位，被选为许多国家的研究院、科学院的院士或通讯院士，他曾任剑桥哲学会、伦敦数学会、皇家天文学会的会长. 1883 年荣获伦敦皇家学会的科普利奖章. 如今，在剑桥大学三一学院安放着一尊凯莱的半身雕像.

凯莱涉足多个数学分支，是一位成果丰产的数学家，共发表论文近 1 000 篇，其中有不少是奠基之作.

凯莱和西尔维斯特同是不变量的奠基人. 不变量这个名词来自西尔维斯特. 凯莱改进了 n 次齐次函数不变量的计算方法，他称这些不变量为“导数”，后又称为“超行列式”，他利用黑塞和艾森斯坦的行列式思想，建立了得出他“导数”的一套技巧. 他从 1854—1878 年在《哲学汇刊》上发表了十篇关于代数形式的论文，代数形式是他用来称 2 个、3 个或多个变量的齐次多项式的名词. 凯莱对不变量的兴趣极大，以致使他竟然为不变量而研究不变量. 他还创造了一种处理不变量的符号方法. 他证明了艾森斯坦对二元三次式和他自己对二元四次式所求得的不变量与协变量，分别是两种情况下的完备系. 凯莱的工作开创了 19 世纪下半叶研究不变量理论的高潮.

凯莱用分析方法来研究 n 维几何，他曾说“无须求助于任何形而上学的概念.” 1845 年，他在《剑桥数学杂志》发表了“n 维解析几何的几章”，这个著作给出了 n 个变量的分析结果. 凯莱详细讨论了四维空间的性质，为复数理论提出佐证. 他还与克莱茵进一步在射影几何概念基础上建立欧氏几何乃至非欧几何的度量性质，明确了欧氏几何与非欧几何都是射影几何的特例，从而为以射影几何为基础来统一各种几何学铺平了道路. 凯莱还得到了角的射影测度的概念.

凯莱是矩阵理论的创立者. 他首先引进了矩阵的一些概念和简化记号，他定义了零矩阵和单位矩阵，定义了两个矩阵的和，讨论了矩阵性质，得到了现在以他的姓氏命名的凯莱 - 哈密顿定理. 他 1858 年的论文中建立了把超复数当作矩阵来看待的思想，矩阵是他手中极为有效的工具. 他还通过将 $n\times m$ 矩阵方面的工作类比于几何中的概念，从而实现了高维空间的解释. 他曾说：“我决然不是通过四元数而获得矩阵概念的；它或是直接从行列式的概念而来，或是作为一个表达方程组的方便方法而来.”他 1841 年创造了表示行列式的两竖线符号.

凯莱对群论也有建树，他 1849 年就提出过抽象群，但这个概念的价值当时没有被人们认识到. 1878 年他又写了四篇关于有限抽象群的论文，跟他 1849 年和 1854 年的论文一样，在这些论文中强调，一个群可以看作一个普遍的概念，毋须只限于置换群，抽象群比置控群包含更多的东西，他指出矩阵在乘法下，四元数在加法下都构成群. 他还提出了抽象群进一步发展的问题：找出具有给定阶的群的全体.

在图论中，关于“四色问题”，凯莱于 1878 年在《伦敦数学会文集》上发表了一篇文章“论地图着色”，他认为这不是一个可以等闲视之的问题，他的这篇文章发表后，激起了不少人的兴趣，当时掀起了一场四色问题热. 另外，凯莱在研究饱和碳氢化合物(C_nH_{2n+2})同分异构体的数目时，独立地提出了“树”的概念，他把这一类化合物的计数问题抽象为计算某类树的个数问题，这一问题是图的计数理论的起源.

常微分方程的奇解的完整理论是19世纪发展起来的，而是凯莱和达布在1872年把它进化成现代的形式.

凯莱的论文收集在博大精深有14卷的《凯莱数学论文集》中，他还有一本专著《椭圆函数专论》.在数学中以他的姓氏命名的有：凯莱代数、凯莱变换、凯莱曲线、凯莱曲面、凯莱数、凯莱型、凯莱表、凯莱定理、凯莱方程等.

第 11 章　n 维向量和线性方程组

本章提要　用矩阵的初等行变换可以解决线性方程组的求解问题，但为了对方程组的内在联系和解的结构等问题做进一步讨论，我们引进 n 维向量和与之相关的一些概念.

11.1　n 维向量的概念

在实际问题中，总有许多研究对象要用 n 元有序数组来表示，比如总结某同学小学六年数学成绩，分析公司某年各月利润总额的变动等，就分别要用到 6 元有序数组和 12 元有序数组.

11.1.1　n 维向量的定义

定义 1　由 n 个数组成的一个有序数组

$$\boldsymbol{\alpha}=\begin{pmatrix}a_1\\a_2\\\vdots\\a_n\end{pmatrix}$$

称为一个 **n 维向量**. 其中 $a_i(i=1,2,\cdots,n)$ 称为 $\boldsymbol{\alpha}$ 的第 i 个**分量**(**坐标**)，分量的个数 n 称为向量 $\boldsymbol{\alpha}$ 的**维数**.

通常用黑体小写希腊字母 $\boldsymbol{\alpha},\boldsymbol{\beta},\boldsymbol{\gamma}\cdots$ 表示向量.

向量可以竖着写，也可以横着写，竖着写的称为列向量，如

$$\boldsymbol{\alpha}=\begin{pmatrix}a_1\\a_2\\\vdots\\a_n\end{pmatrix},$$

横写的向量称为行向量，如

$$\boldsymbol{\beta}=(a_1,a_2,\cdots,a_n),$$

一般称 $\boldsymbol{\beta}$ 为 $\boldsymbol{\alpha}$ 的转置向量，记为 $\boldsymbol{\alpha}^T$.

几种特殊向量：

(1) **零向量**　分量都是零的向量. 记作 $\mathbf{0}$，$\mathbf{0}=(0,0,\cdots,0)$

(2) **负向量** 向量 $-\boldsymbol{\alpha}=\begin{pmatrix}a_1\\a_2\\\vdots\\a_n\end{pmatrix}$ 称为向量 $\boldsymbol{\alpha}=\begin{pmatrix}a_1\\a_2\\\vdots\\a_n\end{pmatrix}$ 的负向量,记作 $-\boldsymbol{\alpha}$.

一个 3×4 的矩阵

$$\boldsymbol{A}=\begin{pmatrix}1&2&0&1\\2&1&4&0\\1&-1&2&0\end{pmatrix}$$

中的每一列都是由三个有序数组成的,因此都可以看作 3 维向量,我们把这四个 3 维向量

$$\begin{pmatrix}1\\2\\1\end{pmatrix},\begin{pmatrix}2\\1\\-1\end{pmatrix},\begin{pmatrix}0\\4\\2\end{pmatrix},\begin{pmatrix}1\\0\\0\end{pmatrix}$$

称为**矩阵 A 的列向量**.

同样其中的每一行都由四个有序数组成,因此也可以看作 4 维向量,称这三个 4 维向量

$$(1,2,0,1),(2,1,4,0),(1,-1,2,0)$$

为**矩阵 A 的行向量**.

若干个同维向量所组成的集合叫作**向量组**.

矩阵的列向量组和行向量组都是只含有限个向量的向量组;反之,一个含有限个向量的向量组总可以构成一个矩阵.

m 个 n 维列向量所组 $\boldsymbol{A}:\boldsymbol{a}_1,\boldsymbol{a}_2,\cdots,\boldsymbol{a}_m$ 成的向量组构成一个 $n\times m$ 矩阵

$$\boldsymbol{A}=(\boldsymbol{a}_1,\boldsymbol{a}_2,\cdots,\boldsymbol{a}_m)$$

m 个 n 维行向量所组 $\boldsymbol{B}:\boldsymbol{\beta}_1,\boldsymbol{\beta}_2,\cdots,\boldsymbol{\beta}_m$ 成的向量组构成一个 $m\times n$ 矩阵

$$\boldsymbol{B}=\begin{pmatrix}\boldsymbol{\beta}_1\\\boldsymbol{\beta}_2\\\vdots\\\boldsymbol{\beta}_m\end{pmatrix}$$

由此可知,n 维列向量和 $n\times 1$ 矩阵(列矩阵)是本质相同的两个概念. 所以 n 维向量之间的相等、相加、数乘与列矩阵之间的相等、相加、数乘对应相同.

11.1.2 向量的运算

1. 向量的相等

定义 2 两个向量

$$\boldsymbol{\alpha}=(a_1,a_2,\cdots,a_n),\quad \boldsymbol{\beta}=(b_1,b_2,\cdots,b_n),$$

若它们对应的分量相等,即 $a_i=b_i(i=1,2,\cdots,n)$ 时,称向量 $\boldsymbol{\alpha}$ 与 $\boldsymbol{\beta}$ 相等,记 $\boldsymbol{\alpha}=\boldsymbol{\beta}$.

2. 向量的加法

定义 3 设有两个向量

$$\boldsymbol{\alpha}=(a_1,a_2,\cdots,a_n),\quad \boldsymbol{\beta}=(b_1,b_2,\cdots,b_n),$$

则向量

$$(a_1 \pm b_1, a_2 \pm b_2, \cdots, a_n \pm b_n)$$

称为向量 $\boldsymbol{\alpha}$ 与 $\boldsymbol{\beta}$ 的和(差),记为向量 $\boldsymbol{\alpha} \pm \boldsymbol{\beta}$,即

$$\boldsymbol{\alpha} \pm \boldsymbol{\beta}=(a_1 \pm b_1, a_2 \pm b_2, \cdots, a_n \pm b_n).$$

3. 向量的数乘

定义 4 设有向量 $\boldsymbol{\alpha}=(a_1,a_2,\cdots,a_n)$,$k$ 为实数,则向量 $(ka_1,ka_2,\cdots,ka_n)$ 称为数 k 与向量 $\boldsymbol{\alpha}$ 的乘积,简称数乘,记为 $k\boldsymbol{\alpha}$,并规定 $\boldsymbol{\alpha} \times k = k\boldsymbol{\alpha}$.

显然向量的加法及数乘运算满足下列运算规律:

(1) $\boldsymbol{\alpha}+\boldsymbol{\beta}=\boldsymbol{\beta}+\boldsymbol{\alpha}$;

(2) $(\boldsymbol{\alpha}+\boldsymbol{\beta})+\boldsymbol{\gamma}=\boldsymbol{\beta}+(\boldsymbol{\alpha}+\boldsymbol{\gamma})$;

(3) $k(\boldsymbol{\alpha} \pm \boldsymbol{\beta})=k\boldsymbol{\alpha} \pm k\boldsymbol{\beta}$;

(4) $(k \pm l)\boldsymbol{\alpha}=k\boldsymbol{\alpha} \pm l\boldsymbol{\alpha}$;

(5) $(kl)\boldsymbol{\alpha}=k(l\boldsymbol{\alpha})$;

(6) $k\boldsymbol{\alpha}=\mathbf{0} \Leftrightarrow k=0$ 或 $\boldsymbol{\alpha}=\mathbf{0}$.

向量的加、减及数乘运算称为向量的代数运算.

【例 1】 设 $\boldsymbol{\alpha}=(7,2,0,-8)$,$\boldsymbol{\beta}=(2,1,-4,3)$,求 $3\boldsymbol{\alpha}+7\boldsymbol{\beta}$.

解

$$\begin{aligned}3\boldsymbol{\alpha}+7\boldsymbol{\beta}&=3\times(7,2,0,-8)+7\times(2,1,-4,3)\\&=(21,6,0,-24)+(14,7,-28,21)\\&=(35,13,-28,-3)\end{aligned}$$

【例 2】 设 $\boldsymbol{\alpha}=(5,-1,3,2,4)$,$\boldsymbol{\beta}=(3,1,-2,2,1)$,且 $3\boldsymbol{\alpha}+\boldsymbol{\gamma}=4\boldsymbol{\beta}$,求 $\boldsymbol{\gamma}$.

解 因为 $3\boldsymbol{\alpha}+\boldsymbol{\gamma}=4\boldsymbol{\beta}$,

所以

$$\begin{aligned}\boldsymbol{\gamma}=4\boldsymbol{\beta}-3\boldsymbol{\alpha}&=4\times(3,1,-2,2,1)-3\times(5,-1,3,2,4)\\&=(12,4,-8,8,4)-(15,-3,9,6,12)\\&=(-3,7,-17,2,-8)\end{aligned}$$

11.1.3 向量组的线性组合

定义 5 设有 $m+1$ 个 n 维向量 $\boldsymbol{\beta},\boldsymbol{\alpha}_1,\boldsymbol{\alpha}_2,\cdots,\boldsymbol{\alpha}_m$,如果存在一组数 $k_1,k_2,\cdots,k_m$,使

$$\boldsymbol{\beta}=k_1\boldsymbol{\alpha}_1+k_2\boldsymbol{\alpha}_2+\cdots+k_m\boldsymbol{\alpha}_m,$$

则称 $\boldsymbol{\beta}$ 是向量组 $\boldsymbol{\alpha}_1,\boldsymbol{\alpha}_2,\cdots,\boldsymbol{\alpha}_m$ 的**线性组合**,或称 $\boldsymbol{\beta}$ 可由向量组 $\boldsymbol{\alpha}_1,\boldsymbol{\alpha}_2,\cdots,\boldsymbol{\alpha}_m$ **线性表示**.

【例 3】 设有向量

$$\boldsymbol{\beta}=\begin{pmatrix}0\\0\\0\end{pmatrix},\boldsymbol{\alpha}_1=\begin{pmatrix}1\\2\\3\end{pmatrix},\boldsymbol{\alpha}_2=\begin{pmatrix}3\\2\\1\end{pmatrix},$$

证明 $\boldsymbol{\beta}$ 是 $\boldsymbol{\alpha}_1,\boldsymbol{\alpha}_2$ 的线性组合.

证明 因为 $\boldsymbol{\beta}=0\boldsymbol{\alpha}_1+0\boldsymbol{\alpha}_2$，所以存在 $k_1=k_2=0$ 使 $\boldsymbol{\beta}=k_1\boldsymbol{\alpha}_1+k_2\boldsymbol{\alpha}_2$.

所以 $\boldsymbol{\beta}$ 是 $\boldsymbol{\alpha}_1,\boldsymbol{\alpha}_2$ 的线性组合，证毕.

事实上，零向量是任意向量组 $\boldsymbol{\alpha}_1,\boldsymbol{\alpha}_2,\cdots,\boldsymbol{\alpha}_m$ 的线性组合，或者说零向量可由任意向量组 $\boldsymbol{\alpha}_1,\boldsymbol{\alpha}_2,\cdots,\boldsymbol{\alpha}_m$ 线性表示.

【例 4】 二维向量 $\boldsymbol{e}_1=\begin{pmatrix}1\\0\end{pmatrix},\boldsymbol{e}_2=\begin{pmatrix}0\\1\end{pmatrix}$ 称为二维**单位向量组**. 任意二维向量 $\boldsymbol{\alpha}=\begin{pmatrix}a_1\\a_2\end{pmatrix}$ 均可由向量组 $\boldsymbol{e}_1,\boldsymbol{e}_2$ 线性表示：

$$\boldsymbol{\alpha}=a_1\boldsymbol{e}_1+a_2\boldsymbol{e}_2.$$

【例 5】 向量 $\begin{pmatrix}1\\1\end{pmatrix}$ 不是向量 $\begin{pmatrix}1\\0\end{pmatrix},\begin{pmatrix}-2\\0\end{pmatrix}$ 的线性组合.

因为对于任意一组实数 k_1,k_2，

$$k_1\begin{pmatrix}1\\0\end{pmatrix}+k_2\begin{pmatrix}-2\\0\end{pmatrix}=\begin{pmatrix}k_1-2k_2\\0\end{pmatrix}\neq\begin{pmatrix}1\\1\end{pmatrix}.$$

【例 6】 设有

$$\boldsymbol{\beta}=\begin{pmatrix}0\\4\\2\end{pmatrix},\boldsymbol{\alpha}_1=\begin{pmatrix}1\\2\\3\end{pmatrix},\boldsymbol{\alpha}_2=\begin{pmatrix}2\\3\\1\end{pmatrix},\boldsymbol{\alpha}_3=\begin{pmatrix}3\\1\\2\end{pmatrix},$$

试问 $\boldsymbol{\beta}$ 可否表示为 $\boldsymbol{\alpha}_1,\boldsymbol{\alpha}_2,\boldsymbol{\alpha}_3$ 的线性组合？若可以，则写出具体组合表示.

解 设 $\boldsymbol{\beta}=k_1\boldsymbol{\alpha}_1+k_2\boldsymbol{\alpha}_2+k_3\boldsymbol{\alpha}_3$，由此可得

$$\begin{cases}k_1+2k_2+3k_3=0\\2k_1+3k_2+k_3=4,\\3k_1+k_2+2k_3=2\end{cases}$$

解线性方程组，因为

$$\begin{pmatrix}1&2&3&0\\2&3&1&4\\3&1&2&2\end{pmatrix}\to\begin{pmatrix}1&0&0&1\\0&1&0&1\\0&0&1&-1\end{pmatrix}$$

显然方程组有解，即 $k_1=1,k_2=1,k_3=-1$，

所以

$$\boldsymbol{\beta}=\boldsymbol{\alpha}_1+\boldsymbol{\alpha}_2-\boldsymbol{\alpha}_3.$$

【例 7】 设有

$$\boldsymbol{\alpha}=\begin{pmatrix}2\\-3\\0\end{pmatrix},\boldsymbol{\beta}=\begin{pmatrix}0\\-1\\2\end{pmatrix},\boldsymbol{\gamma}=\begin{pmatrix}0\\-7\\-4\end{pmatrix},$$

试问 $\boldsymbol{\gamma}$ 可否表示为 $\boldsymbol{\alpha},\boldsymbol{\beta}$ 的线性组合？

解 设 $\boldsymbol{\gamma}=k_1\boldsymbol{\alpha}+k_2\boldsymbol{\beta}$，即

$$\begin{cases}2k_1=0\\-3k_1-k_2=-7,\\2k_2=-4\end{cases}$$

因为

$$\begin{pmatrix}2&0&0\\-3&-1&-7\\0&2&-4\end{pmatrix}\to\begin{pmatrix}1&1&7\\0&1&7\\0&0&-9\end{pmatrix}$$

所以方程组无解，则 $\boldsymbol{\gamma}$ 不能由 $\boldsymbol{\alpha},\boldsymbol{\beta}$ 线性表示.

定理 向量 $\boldsymbol{\beta}$ 可由向量组 $\boldsymbol{\alpha}_1,\boldsymbol{\alpha}_2,\cdots,\boldsymbol{\alpha}_m$ 线性表示的充分必要条件是矩阵 $\boldsymbol{A}=(\boldsymbol{\alpha}_1,\boldsymbol{\alpha}_2,\cdots,\boldsymbol{\alpha}_m)$ 的秩等于矩阵 $\boldsymbol{B}=(\boldsymbol{\alpha}_1,\boldsymbol{\alpha}_2,\cdots,\boldsymbol{\alpha}_m,\boldsymbol{\beta})$ 的秩.

习题 11.1

1. 设向量

$$\boldsymbol{\alpha}=\begin{pmatrix}-1\\4\\a+b+4c\\-3\\2\end{pmatrix},\quad \boldsymbol{\beta}=\begin{pmatrix}3a-7b+5c\\4\\0\\-3\\2a-b-c\end{pmatrix},$$

若 $\boldsymbol{\alpha}=\boldsymbol{\beta}$，求 a,b,c.

2. 设

$$\boldsymbol{\alpha}=\begin{pmatrix}0\\1\\2\end{pmatrix},\quad \boldsymbol{\beta}=\begin{pmatrix}-1\\3\\4\end{pmatrix},$$

求 $\boldsymbol{\alpha}+\boldsymbol{\beta},2\boldsymbol{\alpha}-\boldsymbol{\beta}$.

3. 设 $\boldsymbol{\alpha}=\begin{pmatrix}1\\1\\-2\end{pmatrix}$，若 $2\boldsymbol{\alpha}-\boldsymbol{\beta}=\begin{pmatrix}-1\\3\\-4\end{pmatrix}$，求 $\boldsymbol{\beta}$.

4. 设

$$\boldsymbol{\alpha}=\begin{pmatrix}3\\-1\\4\\2\end{pmatrix},\quad \boldsymbol{\beta}=\begin{pmatrix}2\\5\\-3\\7\end{pmatrix},$$

且 $2\boldsymbol{\alpha}+\boldsymbol{\gamma}-3\boldsymbol{\beta}=0$,求 $\boldsymbol{\gamma}$.

5. 下列向量 $\boldsymbol{\beta}$ 能否由其余向量线性表示？若能则写出线性表达式.

(1) $\boldsymbol{\beta}=\begin{pmatrix}1\\1\\1\end{pmatrix},\quad \boldsymbol{\alpha}_1=\begin{pmatrix}0\\1\\-1\end{pmatrix},\quad \boldsymbol{\alpha}_2=\begin{pmatrix}1\\1\\0\end{pmatrix},\quad \boldsymbol{\alpha}_3=\begin{pmatrix}1\\0\\2\end{pmatrix}$;

(2) $\boldsymbol{\beta}=\begin{pmatrix}-1\\0\\2\\1\end{pmatrix},\quad \boldsymbol{\alpha}_1=\begin{pmatrix}1\\1\\3\\-2\end{pmatrix},\quad \boldsymbol{\alpha}_2=\begin{pmatrix}1\\5\\-1\\2\end{pmatrix},\quad \boldsymbol{\alpha}_3=\begin{pmatrix}-2\\-3\\1\\1\end{pmatrix},\quad \boldsymbol{\alpha}_4=\begin{pmatrix}-1\\-2\\4\\-1\end{pmatrix}$;

(3) $\boldsymbol{\beta}=\begin{pmatrix}1\\2\\0\end{pmatrix},\quad \boldsymbol{\alpha}_1=\begin{pmatrix}2\\-11\\0\end{pmatrix},\quad \boldsymbol{\alpha}_2=\begin{pmatrix}1\\0\\2\end{pmatrix}$;

(4) $\boldsymbol{\beta}=\begin{pmatrix}2\\3\\-1\\-4\end{pmatrix},\quad \boldsymbol{e}_1=\begin{pmatrix}1\\0\\0\\0\end{pmatrix},\quad \boldsymbol{e}_2=\begin{pmatrix}0\\1\\0\\0\end{pmatrix},\quad \boldsymbol{e}_3=\begin{pmatrix}0\\0\\1\\0\end{pmatrix},\quad \boldsymbol{e}_4=\begin{pmatrix}0\\0\\0\\1\end{pmatrix}$.

11.2 向量的线性相关性

定义 1 设有 m 个 n 维向量 $\boldsymbol{\alpha}_1,\boldsymbol{\alpha}_2,\cdots,\boldsymbol{\alpha}_m$，若存在一组不全为零的常数 $k_1,k_2,\cdots,k_m$，使

$$k_1\boldsymbol{\alpha}_1+k_2\boldsymbol{\alpha}_2+\cdots+k_m\boldsymbol{\alpha}_m=0$$

成立,则称向量组 $\boldsymbol{\alpha}_1,\boldsymbol{\alpha}_2,\cdots,\boldsymbol{\alpha}_m$ **线性相关**. 否则向量组 $\boldsymbol{\alpha}_1,\boldsymbol{\alpha}_2,\cdots,\boldsymbol{\alpha}_m$ **线性无关**,也就是说,当且仅当 $k_1,k_2,\cdots,k_m$ 都等于零时,才能使此式成立,则向量组 $\boldsymbol{\alpha}_1,\boldsymbol{\alpha}_2,\cdots,\boldsymbol{\alpha}_m$ 线性无关.

由定义可知：

(1) 单独一个零向量线性相关；

(2) 含有零向量的向量组线性相关；

(3) 单独一个非零向量线性无关；

(4) $\begin{vmatrix}1&0&0\\0&1&0\\0&0&1\end{vmatrix}=1\neq 0$, 所以 3 维单位向量 $\boldsymbol{e}_1,\boldsymbol{e}_2,\boldsymbol{e}_3$ 组成的向量组线性无关；

(5) 两个非零向量线性相关的充要条件是对应分量成比例.

【例 1】 判断向量组 $\boldsymbol{\alpha}_1=\begin{pmatrix}2\\1\\0\end{pmatrix},\boldsymbol{\alpha}_2=\begin{pmatrix}1\\2\\1\end{pmatrix},\boldsymbol{\alpha}_3=\begin{pmatrix}0\\1\\2\end{pmatrix}$ 是否线性相关?

解 设 $k_1\boldsymbol{\alpha}_1+k_2\boldsymbol{\alpha}_2+k_3\boldsymbol{\alpha}_3=0$，由此可得

$$\begin{cases}2k_1+k_2=0\\k_1+2k_2+k_3=0,\\k_2+2k_3=0\end{cases}$$

方程组对应的行列式 $\begin{vmatrix}2&1&0\\1&2&1\\0&1&2\end{vmatrix}\neq 0$，所以方程组只有零解，因此向量组 $\boldsymbol{\alpha}_1,\boldsymbol{\alpha}_2,\boldsymbol{\alpha}_3$ 线性无关.

定理 1 m 个列(或行)向量组 $\boldsymbol{\alpha}_1,\boldsymbol{\alpha}_2,\cdots,\boldsymbol{\alpha}_m$，设

$$\mathbf{A}=(\boldsymbol{\alpha}_1,\boldsymbol{\alpha}_2,\cdots,\boldsymbol{\alpha}_m)\text{ 或 }\mathbf{A}=(\boldsymbol{\alpha}_1^T,\boldsymbol{\alpha}_2^T,\cdots,\boldsymbol{\alpha}_m^T),$$

则向量组 $\boldsymbol{\alpha}_1,\boldsymbol{\alpha}_2,\cdots,\boldsymbol{\alpha}_m$ 线性相关的充分必要条件是 $r(\mathbf{A})<m$；向量组 $\boldsymbol{\alpha}_1,\boldsymbol{\alpha}_2,\cdots,\boldsymbol{\alpha}_m$ 线性无关的充分必要条件是 $r(\mathbf{A})=m$.

推论 1 n 个 n 维向量 $\boldsymbol{\alpha}_i=(a_{i1},a_{i2},\cdots,a_{in})(i=1,2,\cdots,n)$ 线性相关

$$\Leftrightarrow\begin{vmatrix}a_{11}&a_{12}&\cdots&a_{1n}\\a_{21}&a_{22}&\cdots&a_{2n}\\\vdots&\vdots&&\vdots\\a_{n1}&a_{n2}&\cdots&a_{nn}\end{vmatrix}=0$$

推论 2 当 $m>n$ 时，m 个 n 维向量构成的向量组必线性相关. 特别:任意 $n+1$ 个 n 维向量构成的向量组必线性相关.

【例 2】 判断下列向量组的相关性.

(1) $\boldsymbol{\alpha}_1=\begin{pmatrix}1\\-1\\2\end{pmatrix},\quad\boldsymbol{\alpha}_2=\begin{pmatrix}0\\2\\1\end{pmatrix},\quad\boldsymbol{\alpha}_3=\begin{pmatrix}1\\1\\1\end{pmatrix}$;

(2) $\boldsymbol{\alpha}_1=\begin{pmatrix}1\\0\\-1\\2\end{pmatrix},\quad\boldsymbol{\alpha}_2=\begin{pmatrix}-1\\-1\\2\\-4\end{pmatrix},\quad\boldsymbol{\alpha}_3=\begin{pmatrix}2\\3\\5\\10\end{pmatrix}$;

(3) $\boldsymbol{\alpha}_1=\begin{pmatrix}1\\3\\2\end{pmatrix},\quad\boldsymbol{\alpha}_2=\begin{pmatrix}-1\\2\\1\end{pmatrix},\quad\boldsymbol{\alpha}_3=\begin{pmatrix}6\\5\\4\end{pmatrix},\quad\boldsymbol{\alpha}_4=\begin{pmatrix}2\\1\\3\end{pmatrix}$.

解 (1) 因为

$$\begin{vmatrix}1&0&1\\-1&2&1\\2&1&1\end{vmatrix}\neq 0$$

所以 $\boldsymbol{\alpha}_1,\boldsymbol{\alpha}_2,\boldsymbol{\alpha}_3$ 线性无关.

(2) 因为

$$\boldsymbol{A}=\begin{pmatrix}1&-1&2\\0&-1&3\\-1&2&-5\\2&-4&10\end{pmatrix}\to\begin{pmatrix}1&-1&2\\0&-1&3\\0&0&0\\0&0&0\end{pmatrix}$$

$r(\boldsymbol{A})=2<3$,所以 $\boldsymbol{\alpha}_1,\boldsymbol{\alpha}_2,\boldsymbol{\alpha}_3$ 线性相关.

(3) 由推论 2 知,四个三维向量一定相关.

定理 2 若 n 维向量组 $\boldsymbol{\alpha}_1,\boldsymbol{\alpha}_2,\cdots,\boldsymbol{\alpha}_m$ 线性无关,则每一个向量上添加 r 个分量所得到的 $n+r$ 维向量组 $\boldsymbol{\beta}_1,\boldsymbol{\beta}_2,\cdots,\boldsymbol{\beta}_m$ 也线性无关.

推论 n 维向量组线性相关,把每个向量的维数减少后,得到的新向量组仍线性相关.

例如 $\boldsymbol{\alpha}_1=\begin{pmatrix}1\\0\end{pmatrix},\boldsymbol{\alpha}_2=\begin{pmatrix}0\\1\end{pmatrix}$,线性无关,则 $\boldsymbol{\alpha}_1=\begin{pmatrix}1\\0\\1\end{pmatrix},\boldsymbol{\alpha}_2=\begin{pmatrix}0\\1\\2\end{pmatrix}$,也线性无关.

习题 11.2

1. 判断下列向量组是否线性相关.

(1) $\boldsymbol{\alpha}_1=\begin{pmatrix}1\\1\\1\end{pmatrix},\boldsymbol{\alpha}_2=\begin{pmatrix}0\\1\\2\end{pmatrix}$; (2) $\boldsymbol{\alpha}_1=\begin{pmatrix}-1\\0\end{pmatrix},\boldsymbol{\alpha}_2=\begin{pmatrix}1\\1\end{pmatrix},\boldsymbol{\alpha}_3=\begin{pmatrix}0\\1\end{pmatrix}$;

(3) $\boldsymbol{\alpha}_1=\begin{pmatrix}1\\0\\1\end{pmatrix},\boldsymbol{\alpha}_2=\begin{pmatrix}0\\2\\0\end{pmatrix},\boldsymbol{\alpha}_3=\begin{pmatrix}2\\4\\2\end{pmatrix}$; (4) $\boldsymbol{\alpha}_1=\begin{pmatrix}1\\1\\1\end{pmatrix},\boldsymbol{\alpha}_2=\begin{pmatrix}-1\\0\\1\end{pmatrix},\boldsymbol{\alpha}_3=\begin{pmatrix}-1\\1\\0\end{pmatrix}$.

2. 若向量组 $\boldsymbol{\alpha}_1,\boldsymbol{\alpha}_2,\boldsymbol{\alpha}_3$ 线性无关,试证:$2\boldsymbol{\alpha}_1+3\boldsymbol{\alpha}_2,\boldsymbol{\alpha}_2+4\boldsymbol{\alpha}_3,\boldsymbol{\alpha}_1+5\boldsymbol{\alpha}_3$ 也线性无关.

11.3 向量组的秩

11.3.1 向量组的秩的概念

定义 1 若 n 维向量组 $\boldsymbol{\alpha}_1,\boldsymbol{\alpha}_2,\cdots,\boldsymbol{\alpha}_m$ 中,如有 r 个向量 $\boldsymbol{\alpha}_1,\boldsymbol{\alpha}_2,\cdots,\boldsymbol{\alpha}_r(r\leqslant m)$ 满足:

(1) $\boldsymbol{\alpha}_1,\boldsymbol{\alpha}_2,\cdots,\boldsymbol{\alpha}_r$线性无关;

(2) $\boldsymbol{\alpha}_1,\boldsymbol{\alpha}_2,\cdots,\boldsymbol{\alpha}_m$ 任何一个向量均可由 $\boldsymbol{\alpha}_1,\boldsymbol{\alpha}_2,\cdots,\boldsymbol{\alpha}_r$ 线性表示,

则称 $\boldsymbol{\alpha}_1,\boldsymbol{\alpha}_2,\cdots,\boldsymbol{\alpha}_r$ 为 $\boldsymbol{\alpha}_1,\boldsymbol{\alpha}_2,\cdots,\boldsymbol{\alpha}_m$ 的一个**极大无关组**.

特别地,当向量组线性无关时,它的极大无关组就是其自身.

【例 1】 求向量组

$$\boldsymbol{\alpha}_1=\begin{pmatrix}2\\1\\-1\end{pmatrix},\ \boldsymbol{\alpha}_2=\begin{pmatrix}1\\2\\1\end{pmatrix},\boldsymbol{\alpha}_3=\begin{pmatrix}1\\1\\0\end{pmatrix}$$

的一个极大无关组.

解 因为

$$\boldsymbol{A}=\begin{pmatrix}2&1&1\\1&2&1\\-1&1&0\end{pmatrix}\to\begin{pmatrix}1&0&\frac{1}{3}\\0&1&\frac{1}{3}\\0&0&0\end{pmatrix},$$

$r(\boldsymbol{A})=2<3$,所以 $\boldsymbol{\alpha}_1,\boldsymbol{\alpha}_2,\boldsymbol{\alpha}_3$ 线性相关. 而 $\boldsymbol{\alpha}_1,\boldsymbol{\alpha}_2$ 线性无关,且 $\boldsymbol{\alpha}_3=\frac{1}{3}\boldsymbol{\alpha}_1+\frac{1}{3}\boldsymbol{\alpha}_2$,所以向量组 $\boldsymbol{\alpha}_1,\boldsymbol{\alpha}_2$ 是向量组 $\boldsymbol{\alpha}_1,\boldsymbol{\alpha}_2,\boldsymbol{\alpha}_3$ 的一个极大无关组.

同样可以验证,向量组 $\boldsymbol{\alpha}_1,\boldsymbol{\alpha}_3$ 和向量组 $\boldsymbol{\alpha}_2,\boldsymbol{\alpha}_3$ 都是向量组 $\boldsymbol{\alpha}_1,\boldsymbol{\alpha}_2,\boldsymbol{\alpha}_3$ 的极大无关组.

定理 1 若向量组含有多个极大无关组,则极大无关组所含向量的个数相同.

定义 2 向量组 $\boldsymbol{\alpha}_1,\boldsymbol{\alpha}_2,\cdots,\boldsymbol{\alpha}_m$ 中极大无关组所含向量的个数称为向量组的秩. 记作

$$r(\boldsymbol{\alpha}_1,\boldsymbol{\alpha}_2,\cdots,\boldsymbol{\alpha}_m)$$

由定义知,例 1 中向量组的秩为 2.

【例 2】 求全体 n 维向量构成向量组的极大无关组,并求其秩.

解 因为 n 维单位向量组 $\boldsymbol{e}_1,\boldsymbol{e}_2,\cdots,\boldsymbol{e}_n$ 线性无关,而任一 n 维向量 $\boldsymbol{\alpha}=(a_1,a_2,\cdots,a_n)$, 都有

$$\boldsymbol{\alpha}=(a_1,a_2,\cdots,a_n)=a_1\boldsymbol{e}_1+a_2\boldsymbol{e}_2+\cdots+a_n\boldsymbol{e}_n,$$

所以 $\boldsymbol{e}_1,\boldsymbol{e}_2,\cdots,\boldsymbol{e}_n$ 是全体 n 维向量构成向量组的极大无关组,其秩为 n.

11.3.2 向量组的秩及其极大无关组的求法

定理 2 m 个 n 维列向量组 $\boldsymbol{\alpha}_1,\boldsymbol{\alpha}_2,\cdots,\boldsymbol{\alpha}_m$ 的秩与 $\boldsymbol{A}=(\boldsymbol{\alpha}_1,\boldsymbol{\alpha}_2,\cdots,\boldsymbol{\alpha}_m)$ 的秩相等.

推论 若 $\boldsymbol{\alpha}_1,\boldsymbol{\alpha}_2,\cdots,\boldsymbol{\alpha}_m$ 为行向量组,则 $r(\boldsymbol{\alpha}_1,\boldsymbol{\alpha}_2,\cdots,\boldsymbol{\alpha}_m)=r(\boldsymbol{A})$, 其中 $\boldsymbol{A}=(\boldsymbol{\alpha}_1^T,\boldsymbol{\alpha}_2^T,\cdots,\boldsymbol{\alpha}_m^T)$.

求向量组的秩及极大无关组的一般步骤:

(1) 把向量作为矩阵的列构成一个矩阵;

(2) 用矩阵的初等行变换把矩阵化为行阶梯形;

(3) 行阶梯形的非零行数就是向量组的秩,首非零元所在列对应的原来向量组中的列向量构成的向量组就是所求向量组的极大无关组.

【例 3】 设向量组

$$\boldsymbol{\alpha}_1=\begin{pmatrix}1\\1\\1\\4\end{pmatrix},\ \boldsymbol{\alpha}_2=\begin{pmatrix}1\\1\\-1\\-2\end{pmatrix},\ \boldsymbol{\alpha}_3=\begin{pmatrix}2\\2\\1\\5\end{pmatrix},\boldsymbol{\alpha}_4=\begin{pmatrix}3\\3\\1\\6\end{pmatrix},$$

求向量组的秩及一个极大无关组.

解　作矩阵 $\boldsymbol{A}=(\boldsymbol{\alpha}_1,\boldsymbol{\alpha}_2,\boldsymbol{\alpha}_3,\boldsymbol{\alpha}_4)$，用初等行变换把 $\boldsymbol{A}$ 化为阶梯形

$$\boldsymbol{A}=\begin{pmatrix}1&1&2&3\\1&1&2&3\\1&-1&1&1\\4&-2&5&6\end{pmatrix}\xrightarrow[r_4-4r_1]{\substack{r_2-r_1\\r_3-2r_1}}\begin{pmatrix}1&1&2&3\\0&0&0&0\\0&-2&-1&-2\\0&-6&-3&-6\end{pmatrix}$$

$$\xrightarrow{r_4-3r_3}\begin{pmatrix}1&1&2&3\\0&0&0&0\\0&-2&-1&-2\\0&0&0&0\end{pmatrix}\xrightarrow{r_2\leftrightarrow r_3}\begin{pmatrix}1&1&2&3\\0&-2&-1&-2\\0&0&0&0\\0&0&0&0\end{pmatrix},$$

所以 $r(\boldsymbol{\alpha}_1,\boldsymbol{\alpha}_2,\boldsymbol{\alpha}_3,\boldsymbol{\alpha}_4)=2$，且 $\boldsymbol{\alpha}_1,\boldsymbol{\alpha}_2$ 为向量组的一个极大无关组.

【例 4】　设向量组 $\boldsymbol{\alpha}_1=(-1,2,0,0)$，$\boldsymbol{\alpha}_2=(1,-1,1,-1)$，$\boldsymbol{\alpha}_3=(0,1,1,-1)$，$\boldsymbol{\alpha}_4=(-1,4,2,1)$，$\boldsymbol{\alpha}_5=(-2,8,4,1)$，求向量组的秩及一个极大无关组.

解　作矩阵 $\boldsymbol{A}=(\boldsymbol{\alpha}_1^T,\boldsymbol{\alpha}_2^T,\boldsymbol{\alpha}_3^T,\boldsymbol{\alpha}_4^T)$，用初等行变换把 A 化为阶梯形

$$\boldsymbol{A}=\begin{pmatrix}-1&1&0&-1&-2\\2&-1&1&4&8\\0&1&1&2&4\\0&-1&-1&1&1\end{pmatrix}\xrightarrow[r_4+r_3]{r_2+2r_1}\begin{pmatrix}-1&1&0&-1&-2\\0&1&1&2&4\\0&1&1&2&4\\0&0&0&3&5\end{pmatrix}$$

$$\xrightarrow{r_3-r_2}\begin{pmatrix}-1&1&0&-1&-2\\0&1&1&2&4\\0&0&0&0&0\\0&0&0&3&5\end{pmatrix}\xrightarrow{r_3\leftrightarrow r_4}\begin{pmatrix}-1&1&0&-1&-2\\0&1&1&2&4\\0&0&0&3&5\\0&0&0&0&0\end{pmatrix}=\boldsymbol{B}$$

所以 $r(\boldsymbol{\alpha}_1,\boldsymbol{\alpha}_2,\boldsymbol{\alpha}_3,\boldsymbol{\alpha}_4,\boldsymbol{\alpha}_5)=3$，且 $\boldsymbol{\alpha}_1,\boldsymbol{\alpha}_2,\boldsymbol{\alpha}_4$ 为向量组的一个极大无关组.

【例 5】　设向量组

$$\boldsymbol{\alpha}_1=\begin{pmatrix}1\\0\\1\\0\end{pmatrix},\boldsymbol{\alpha}_2=\begin{pmatrix}1\\1\\0\\1\end{pmatrix},\boldsymbol{\alpha}_3=\begin{pmatrix}1\\1\\0\\0\end{pmatrix},\boldsymbol{\alpha}_4=\begin{pmatrix}0\\0\\0\\1\end{pmatrix}$$

求向量组的秩及其一个极大无关组，并把其余向量用此极大无关组线性表示.

解　作矩阵 $\boldsymbol{A}=(\boldsymbol{\alpha}_1,\boldsymbol{\alpha}_2,\boldsymbol{\alpha}_3,\boldsymbol{\alpha}_4)$，用初等行变换把 $\boldsymbol{A}$ 化为阶梯形

$$\boldsymbol{A}=\begin{pmatrix}1&1&1&0\\0&1&1&0\\1&0&0&0\\0&1&0&1\end{pmatrix}\xrightarrow{r_3-r_1}\begin{pmatrix}1&1&1&0\\0&1&1&0\\0&-1&-1&0\\0&1&0&1\end{pmatrix}\xrightarrow[r_4-r_2]{r_3+r_2}\begin{pmatrix}1&1&1&0\\0&1&1&0\\0&0&0&0\\0&0&-1&1\end{pmatrix}$$

$$\xrightarrow{r_3\leftrightarrow r_4}\begin{pmatrix}1&1&1&0\\0&1&1&0\\0&0&-1&1\\0&0&0&0\end{pmatrix}=\boldsymbol{B}$$

所以 $r(\boldsymbol{\alpha}_1,\boldsymbol{\alpha}_2,\boldsymbol{\alpha}_3,\boldsymbol{\alpha}_4)=3$，其一个极大无关组为 $\boldsymbol{\alpha}_1,\boldsymbol{\alpha}_2,\boldsymbol{\alpha}_3$. 又因为

$$\boldsymbol{B}=\begin{pmatrix}1&1&1&0\\0&1&1&0\\0&0&-1&1\\0&0&0&0\end{pmatrix}\xrightarrow[r_2+r_3]{r_1+r_3}\begin{pmatrix}1&1&0&1\\0&1&0&1\\0&0&-1&1\\0&0&0&0\end{pmatrix}\xrightarrow[(-1)r_3]{r_1-r_2}\begin{pmatrix}1&0&0&0\\0&1&0&1\\0&0&1&-1\\0&0&0&0\end{pmatrix},$$

所以 $\boldsymbol{\alpha}_4=\boldsymbol{\alpha}_2-\boldsymbol{\alpha}_3$.

习题 11.3

1. 求下列向量组的秩及一个极大无关组.

(1) $\boldsymbol{\alpha}_1=(-1,3,1),\boldsymbol{\alpha}_2=(2,1,0),\boldsymbol{\alpha}_3=(1,4,1)$;

(2) $\boldsymbol{\alpha}_1=(1,1,0),\boldsymbol{\alpha}_2=(0,2,0),\boldsymbol{\alpha}_3=(0,0,3)$;

(3) $\boldsymbol{\alpha}_1=(1,-1,2,4),\boldsymbol{\alpha}_2=(0,3,1,2),\boldsymbol{\alpha}_3=(3,0,7,14),\boldsymbol{\alpha}_4=(2,1,5,6)$;

(4) $\boldsymbol{\alpha}_1=(3,1,1,5)^T,\boldsymbol{\alpha}_2=(2,1,1,4)^T,\boldsymbol{\alpha}_3=(1,2,1,3)^T,\boldsymbol{\alpha}_4=(5,2,2,9)^T$.

2. 求出下列向量组的秩和一个极大无关组，并将其余向量用极大无关组线性表出：

$$\boldsymbol{\alpha}_1=\begin{pmatrix}1\\1\\-2\\7\end{pmatrix},\quad\boldsymbol{\alpha}_2=\begin{pmatrix}-1\\-2\\2\\-9\end{pmatrix},\quad\boldsymbol{\alpha}_3=\begin{pmatrix}-1\\1\\-6\\6\end{pmatrix},\quad\boldsymbol{\alpha}_4=\begin{pmatrix}2\\1\\4\\3\end{pmatrix},\quad\boldsymbol{\alpha}_5=\begin{pmatrix}2\\4\\4\\3\end{pmatrix}.$$

11.4 线性方程组解的结构

前面我们已经讨论了线性方程组解的存在性问题，在方程组有解，特别是无穷多解的情况下，如何求解？这些解之间有怎样的关系？如何去表述这些解？这是本节需要讨论的解的结构问题.

11.4.1 齐次线性方程组解的结构

齐次线性方程组

$$\begin{cases}a_{11}x_1+a_{12}x_2+\cdots+a_{1n}x_n=0\\a_{21}x_1+a_{22}x_2+\cdots+a_{2n}x_n=0\\\qquad\cdots\cdots\\a_{m1}x_1+a_{m2}x_2+\cdots+a_{mn}x_n=0\end{cases}$$

解的矩阵形式为

$$\boldsymbol{AX}=\boldsymbol{0}.$$

它的任一组解 $x_1=c_1,x_2=c_2,\cdots,x_n=c_n$ 可以看成是一个 n 维列向量 $\begin{pmatrix}c_1\\c_2\\\vdots\\c_n\end{pmatrix}$，称该向

量为方程组的一个**解向量**.

齐次线性方程组解的解向量有如下基本性质：

性质 1　如果 $\boldsymbol{\eta}_1,\boldsymbol{\eta}_2$ 是齐次线性方程组 $\boldsymbol{AX}=\boldsymbol{0}$ 的两个解向量，则 $\boldsymbol{\eta}_1+\boldsymbol{\eta}_2$ 也是 $\boldsymbol{AX}=\boldsymbol{0}$ 的解向量.

性质 2　如果 $\boldsymbol{\eta}$ 是齐次线性方程组 $\boldsymbol{AX}=\boldsymbol{0}$ 的解向量，则 $k\boldsymbol{\eta}$ 也是方程组 $\boldsymbol{AX}=\boldsymbol{0}$ 的解向量，其中 k 为任意常数.

由性质知，若 $\boldsymbol{\eta}_1,\boldsymbol{\eta}_2,\cdots,\boldsymbol{\eta}_s$ 是齐次线性方程组 $\boldsymbol{AX}=\boldsymbol{0}$ 的解向量，则 $k_1\boldsymbol{\eta}_1+k_2\boldsymbol{\eta}_2+\cdots+k_s\boldsymbol{\eta}_s$ 也是方程组 $\boldsymbol{AX}=\boldsymbol{0}$ 的解向量，其中 $k_1,k_2,\cdots,k_s$ 为任意常数.

由此可知，若齐次线性方程组 $\boldsymbol{AX}=\boldsymbol{0}$ 有非零解向量，则它就有无穷多个解向量. 并且可以找到 $\boldsymbol{AX}=\boldsymbol{0}$ 的有限个解向量，使得 $\boldsymbol{AX}=\boldsymbol{0}$ 的每个解均可由这有限个解向量线性表示.

定义 1　若齐次线性方程组 $\boldsymbol{AX}=\boldsymbol{0}$ 的一组解向量 $\boldsymbol{\eta}_1,\boldsymbol{\eta}_2,\cdots,\boldsymbol{\eta}_s$ 满足条件：

(1) $\boldsymbol{\eta}_1,\boldsymbol{\eta}_2,\cdots,\boldsymbol{\eta}_s$ 线性无关；

(2) $\boldsymbol{AX}=\boldsymbol{0}$ 的任一解向量都可由 $\eta_1,\eta_2,\cdots,\eta_s$ 线性表示，则称 $\boldsymbol{\eta}_1,\boldsymbol{\eta}_2,\cdots,\boldsymbol{\eta}_s$ 为方程组 $\boldsymbol{AX}=\boldsymbol{0}$ 的一个**基础解系**.

由定义可知，方程组 $\boldsymbol{AX}=\boldsymbol{0}$ 的一个基础解系是其全部解向量的一个极大无关组.

而当 $r(\boldsymbol{A})=n$ 时，方程组 $\boldsymbol{AX}=\boldsymbol{0}$ 只有零解，不存在基础解系. 当 $r(\boldsymbol{A})<n$ 时，有下述定理.

定理 1　如果齐次线性方程组 $\boldsymbol{AX}=\boldsymbol{0}$ 的系数矩阵的秩 $r(\boldsymbol{A})=r<n$，则方程组存在基础解系，且其基础解系含有 $n-r$ 个解向量.

综上所述，若齐次方程组 $\boldsymbol{AX}=\boldsymbol{0}$ 系数矩阵的秩 $r(\boldsymbol{A})=r$，设 $\boldsymbol{\eta}_1,\boldsymbol{\eta}_2,\cdots,\boldsymbol{\eta}_{n-r}$ 为 $\boldsymbol{AX}=\boldsymbol{0}$ 的一个基础解系，则 $\boldsymbol{AX}=\boldsymbol{0}$ 的**通解**为

$$\boldsymbol{\eta}=k_1\boldsymbol{\eta}_1+k_2\boldsymbol{\eta}_2+\cdots+k_{n-r}\boldsymbol{\eta}_{n-r},$$

其中 $k_1,k_2,\cdots,k_{n-r}$ 为任意常数.

【例 1】　求齐次线性方程组 $\begin{cases}x_1+2x_2+x_3-2x_4=0\\2x_1+3x_2-x_4=0\\x_1-x_2-5x_3+7x_4=0\end{cases}$ 的一个基础解系和通解.

解　把系数矩阵用初等行变换化成行最简形

$$\boldsymbol{A}=\begin{pmatrix}1&2&1&-2\\2&3&0&-1\\1&-1&-5&7\end{pmatrix}\xrightarrow{\text{初等行变换}}\begin{pmatrix}1&0&-3&4\\0&1&2&-3\\0&0&0&0\end{pmatrix},$$

得同解方程组

$$\begin{cases}x_1=3x_3-4x_4\\x_2=-2x_3+3x_4\end{cases}，其中\ x_3,x_4，为自由未知量，$$

令自由未知量 x_3,x_4 分别取值 $\begin{pmatrix}1\\0\end{pmatrix},\begin{pmatrix}0\\1\end{pmatrix}$，可以得到的两个解向量，

$$\boldsymbol{\eta}_1=\begin{pmatrix}3\\-2\\1\\0\end{pmatrix},\boldsymbol{\eta}_2=\begin{pmatrix}-4\\3\\0\\1\end{pmatrix}.$$

可以证明，$\boldsymbol{\eta}_1,\boldsymbol{\eta}_2$ 线性无关，且方程组的每个解均可由 $\boldsymbol{\eta}_1,\boldsymbol{\eta}_2$ 线性表示. 因此 η_1,η_2 为方程组的基础解系.

方程组的通解为

$$\boldsymbol{\eta}=\begin{pmatrix}x_1\\x_2\\x_3\\x_4\end{pmatrix}=k_1\boldsymbol{\eta}_1+k_2\boldsymbol{\eta}_2=k_1\begin{pmatrix}3\\-2\\1\\0\end{pmatrix}+k_2\begin{pmatrix}-4\\3\\0\\1\end{pmatrix},$$

其中 k_1,k_2 为任意常数.

【例 2】 求齐次线性方程组 $\begin{cases}x_1+x_2+x_3+x_4+x_5=0\\3x_1+2x_2+x_3+x_4-3x_5=0\\x_2+2x_3+2x_4+6x_5=0\\5x_1+4x_2+3x_3+3x_4-x_5=0\end{cases}$ 的通解.

解 把系数矩阵用初等行变换化为行最简形矩阵

$$\boldsymbol{A}=\begin{pmatrix}1&1&1&1&1\\3&2&1&1&-3\\0&1&2&2&6\\5&4&3&3&-1\end{pmatrix}\xrightarrow{\text{初等行变换}}\begin{pmatrix}1&0&-1&-1&-5\\0&1&2&2&6\\0&0&0&0&0\\0&0&0&0&0\end{pmatrix},$$

得同解的方程组为

$$\begin{cases}x_1=x_3+x_4+5x_5\\x_2=-2x_3-2x_4-6x_5\end{cases}，其中\ x_3,x_4,x_5\ 为自由未知量.$$

令 x_3,x_4,x_5 取三组值 $\begin{pmatrix}1\\0\\0\end{pmatrix},\begin{pmatrix}0\\1\\0\end{pmatrix},\begin{pmatrix}0\\0\\1\end{pmatrix}$，得原方程组的基础解系为

$$\boldsymbol{\eta}_1=\begin{pmatrix}1\\-2\\1\\0\\0\end{pmatrix},\boldsymbol{\eta}_2=\begin{pmatrix}1\\-2\\0\\1\\0\end{pmatrix},\boldsymbol{\eta}_3=\begin{pmatrix}5\\-6\\0\\0\\1\end{pmatrix},$$

所以方程组的通解为 $\boldsymbol{\eta}=k_1\boldsymbol{\eta}_1+k_2\boldsymbol{\eta}_2+k_3\boldsymbol{\eta}_3$，即

$$\boldsymbol{\eta}=\begin{pmatrix}x_1\\x_2\\x_3\\x_4\\x_5\end{pmatrix}=k_1\begin{pmatrix}1\\-2\\1\\0\\0\end{pmatrix}+k_2\begin{pmatrix}1\\-2\\0\\1\\0\end{pmatrix}+k_3\begin{pmatrix}5\\-6\\0\\0\\1\end{pmatrix},$$

其中 k_1,k_2,k_3 为任意常数.

11.4.2 非齐次线性方程组解的结构

非齐次线性方程组

$$\begin{cases} a_{11}x_1+a_{12}x_2+\cdots+a_{1n}x_n=b_1 \\ a_{21}x_1+a_{22}x_2+\cdots+a_{2n}x_n=b_2 \\ \cdots\cdots \\ a_{m1}x_1+a_{m2}x_2+\cdots+a_{mn}x_n=b_m \end{cases}$$

的矩阵形式为

$$\boldsymbol{AX}=\boldsymbol{B}.$$

令 $\boldsymbol{B}=\boldsymbol{0}$，得到的齐次方程组 $\boldsymbol{AX}=0$ 称为非齐次线性方程组 $\boldsymbol{AX}=\boldsymbol{B}$ 的**导出组**. 方程组 $\boldsymbol{AX}=\boldsymbol{B}$ 的解与它的导出组 $\boldsymbol{AX}=\boldsymbol{0}$之间有着密切的关系，它们满足以下两个性质：

性质 3 若 $\boldsymbol{\eta}_1,\boldsymbol{\eta}_2$ 是非齐次线性方程组 $AX=B$ 的两个解向量，则 $\eta_1-\eta_2$ 是其导出组 $AX=\boldsymbol{0}$ 的一个解向量.

性质 4 如果 $\boldsymbol{\eta}$ 是非齐次线性方程组 $\boldsymbol{AX}=\boldsymbol{B}$ 的一个解向量，$\boldsymbol{\eta}_0$ 是其导出组 $\boldsymbol{AX}=\boldsymbol{0}$ 的一个解向量，则 $\boldsymbol{\eta}+\boldsymbol{\eta}_0$ 是 $\boldsymbol{AX}=\boldsymbol{B}$ 的一个解向量.

定理 2 若 $\boldsymbol{\eta}^*$ 非齐次线性方程组 $\boldsymbol{AX}=\boldsymbol{B}$ 的一个解向量，$\eta_1,\eta_2,\cdots,\eta_{n-r}$ 是其导出组 $\boldsymbol{AX}=\boldsymbol{0}$ 的一个基础解系，则 $\boldsymbol{AX}=\boldsymbol{B}$ 的通解为

$$\boldsymbol{\eta}=\boldsymbol{\eta}^*+k_1\boldsymbol{\eta}_1+k_2\boldsymbol{\eta}_2+\cdots+k_{n-r}\boldsymbol{\eta}_{n-r},$$

其中 $r=r(\boldsymbol{A}),k_1,k_2,\cdots,k_{n-r}$ 为任意常数.

【例 3】 求线性方程组 $\begin{cases} x_1+2x_2-x_3+2x_4=1 \\ 2x_1+4x_2+x_3+x_4=5 \\ -x_1-2x_2-2x_3+x_4=-4 \end{cases}$ 的通解.

解 把增广矩阵用初等行变换化为行最简形

$$\overline{\mathbf{A}}=\begin{pmatrix} 1 & 2 & -1 & 2 & 1 \\ 2 & 4 & 1 & 1 & 5 \\ 1 & -2 & -2 & 1 & -4 \end{pmatrix}\xrightarrow{\text{初等行变换}}\begin{pmatrix} 1 & 2 & 0 & 1 & 2 \\ 0 & 0 & 1 & -1 & 1 \\ 0 & 0 & 0 & 0 & 0 \end{pmatrix},$$

$r(\overline{\mathbf{A}})=r(\mathbf{A})=2<4$，所以方程组有无限多组解.

且同解方程组为

$$\begin{cases} x_1=2-2x_2-x_4 \\ x_3=1+x_4 \end{cases}，其中 x_2,x_4 为自由未知量.$$

令 $x_2=x_4=0$，得到方程组的一个特解

$$\boldsymbol{\eta}^*=\begin{pmatrix} 2 \\ 0 \\ 1 \\ 0 \end{pmatrix},$$

而导出方程组的同解方程为

$$\begin{cases} x_1 = -2x_2 - x_4 \\ x_3 = x_4 \end{cases}, x_2, x_4 \text{ 为自由未知量.}$$

令$\begin{pmatrix} x_2 \\ x_4 \end{pmatrix}$分别取$\begin{pmatrix} 1 \\ 0 \end{pmatrix}$,$\begin{pmatrix} 0 \\ 1 \end{pmatrix}$,得导出组的基础解系

$$\boldsymbol{\eta}_1 = \begin{pmatrix} -2 \\ 1 \\ 0 \\ 0 \end{pmatrix}, \quad \boldsymbol{\eta}_2 = \begin{pmatrix} -1 \\ 0 \\ 1 \\ 1 \end{pmatrix},$$

所以方程组的通解为

$$\boldsymbol{\eta} = \boldsymbol{\eta}^* + k_1\boldsymbol{\eta}_1 + k_2\boldsymbol{\eta}_2 = \begin{pmatrix} 2 \\ 0 \\ 1 \\ 0 \end{pmatrix} + k_1\begin{pmatrix} -2 \\ 1 \\ 0 \\ 0 \end{pmatrix} + k_2\begin{pmatrix} -1 \\ 0 \\ 1 \\ 1 \end{pmatrix},$$

其中 k_1, k_2 为任意常数.

11.4.3 线性方程组的应用

线性方程组应用非常广泛,可以用于工程学、计算机科学、生物学、经济学、统计学、等学科领域.

【例 4】 [**联合收入问题**]已知三家公司 X,Y,Z 具有图 11-1 所示的股份关系,即 X 公司掌握 Z 公司 50%的股份,Z 公司掌握 X 公司 30%的股份,而 X 公司 70%的股份不受另两家公司控制等等.

现设 X,Y 和 Z 公司各自的营业净收入分别是 12 万元、10 万元、8 万元,每家公司的联合收入是其净收入加上在其他公司的股份按比例的提成收入,试确定各公司的联合收入及实际收入,结果保留两位小数(单位:万元).

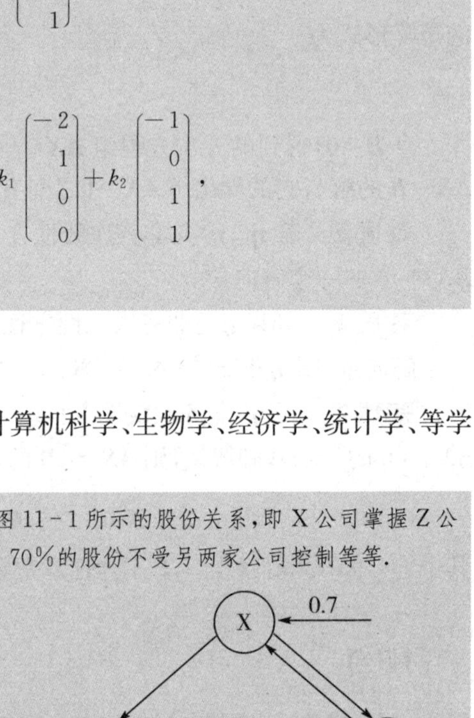

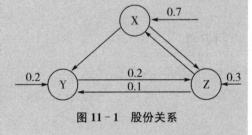

图 11-1 股份关系

解 依照图 11-1 所示各个公司的股份比例可知,若设 X,Y,Z 三公司的联合收入分别为 x, y, z,则其实际收入分别为 $0.7x, 0.2y, 0.3z$,故而现在应先求出各个公司的联合收入.

联合收入由营业净收入及从其他公司的提成收入两部分组成,则 X,Y,Z 三公司的联合收入分别为

$$x = 12 + 0.7y + 0.5z, \ y = 1 + 0.2z, \ z = 8 + 0.3x + 0.1y.$$

这样可得方程组

$$\begin{cases} x - 0.7y - 0.5z = 12 \\ y - 0.2z = 1 \\ -0.3x - 0.1y + z = 8 \end{cases},$$

$$\overline{\mathbf{A}} = \begin{pmatrix} 1 & -0.7 & -0.5 & 12 \\ 0 & 1 & -0.2 & 1 \\ -0.3 & -0.1 & 1 & 8 \end{pmatrix} \xrightarrow{\text{初等行变换}} \begin{pmatrix} 1 & 0 & 0 & 22.37 \\ 0 & 1 & 0 & 4.02 \\ 0 & 0 & 1 & 15.11 \end{pmatrix}$$

所以,X,Y,Z 三公司的联合收入分别为

$$\begin{cases} x = 22.37 \\ y = 4.02 \\ z = 15.11 \end{cases},$$

从而 X,Y,Z 三公司的实际收入分别为

$$\begin{cases} 0.7x = 15.66 \\ 0.2y = 0.8 \\ 0.3z = 4.53 \end{cases},$$

故 X,Y,Z 三公司的联合收入分别约为 22.37 万元、4.02 万元、15.11 万元;X、Y、Z 三公司的实际收入分别为 15.66 万元、0.8 万元、4.53 万元.

习题 11.4

1. 求下列齐次线性方程组的通解.

(1) $\begin{cases} x_1 + 2x_2 - x_3 = 0 \\ 2x_1 + 5x_2 - 3x_3 = 0 \\ x_1 + 4x_2 - 3x_3 = 0 \end{cases}$; (2) $\begin{cases} x_1 + 2x_2 + x_3 - x_4 = 0 \\ 3x_1 + 6x_2 - x_3 - 3x_4 = 0 \\ 5x_1 + 10x_2 + x_3 - 5x_4 = 0 \end{cases}$;

(3) $\begin{cases} 2x_1 + 2x_2 - 3x_3 - 4x_4 - 7x_5 = 0 \\ x_1 + x_2 - x_3 + 2x_4 + 3x_5 = 0 \\ -x_1 - x_2 + 2x_3 - x_4 + 3x_5 = 0 \end{cases}$.

2. 判断下列方程组是否有解,若有解,求出它的通解.

(1) $\begin{cases} 2x_1 + 3x_2 + x_3 = 4 \\ x_1 - 2x_2 + 4x_3 = -5 \\ 3x_1 + 8x_2 - 2x_3 = 13 \\ 4x_1 - x_2 + 9x_3 = -6 \end{cases}$; (2) $\begin{cases} 2x_1 + x_2 - x_3 + x_4 = 1 \\ 3x_1 - 2x_2 + x_3 - 3x_4 = 4 \\ x_1 + 4x_2 - 3x_3 + 5x_4 = -2 \end{cases}$;

(3) $\begin{cases} x_1 + x_2 = 5 \\ 2x_1 + x_2 + x_3 + 2x_4 = 1 \\ 5x_1 + 3x_2 + 2x_3 + 2x_4 = 3 \end{cases}$.

本章小结

本章介绍了 n 维向量的概念及向量的线性运算;介绍了向量线性相关的概念及判断向量组线性相关性的方法;介绍向量组秩及极大无关组的概念,并讨论了求向量组的秩及其极大无关组的方法;最后介绍了齐次线性方程组基础解系的概念,并讨论了求基础解系的方法及求一般线性方程组通解的方法.

一、向量的概念

1. n 维行向量

2. n 维列向量

二、向量的线性相关性

1. 线性表示

设有 m 个 n 维向量 $\boldsymbol{\beta},\boldsymbol{\alpha}_1,\boldsymbol{\alpha}_2,\cdots,\boldsymbol{\alpha}_m$，如果存在一组数 $k_1,k_2,\cdots,k_m$，使

$$\boldsymbol{\beta}=k_1\boldsymbol{\alpha}_1+k_2\boldsymbol{\alpha}_2+\cdots+k_m\boldsymbol{\alpha}_m,$$

则称向量 $\boldsymbol{\beta}$ 是向量组 $\boldsymbol{A}$ 的线性组合，这时称向量 $\boldsymbol{\beta}$ 能用向量组 $\boldsymbol{A}$ 线性表示.

2. 线性相关

设有 m 个 n 维向量 $\boldsymbol{\alpha}_1,\boldsymbol{\alpha}_2,\cdots,\boldsymbol{\alpha}_m$，若存在一组不全为零的常数 $k_1,k_2,\cdots,k_m$，使

$$k_1\boldsymbol{\alpha}_1+k_2\boldsymbol{\alpha}_2+\cdots+k_m\boldsymbol{\alpha}_m=\boldsymbol{0},$$

成立，则称向量组 $\boldsymbol{\alpha}_1,\boldsymbol{\alpha}_2,\cdots,\boldsymbol{\alpha}_m$ 线性相关. 否则说向量组 $\boldsymbol{\alpha}_1,\boldsymbol{\alpha}_2,\cdots,\boldsymbol{\alpha}_m$ 线性无关.

三、向量组的秩

1. 极大无关组

若 n 维向量组 $\boldsymbol{\alpha}_1,\boldsymbol{\alpha}_2,\cdots,\boldsymbol{\alpha}_m$ 中，如有 r 个向量 $\boldsymbol{\alpha}_1,\boldsymbol{\alpha}_2,\cdots,\boldsymbol{\alpha}_r(r\leqslant m)$ 满足：

(1) $\boldsymbol{\alpha}_1,\boldsymbol{\alpha}_2,\cdots,\boldsymbol{\alpha}_r$ 线性无关；

(2) $\boldsymbol{\alpha}_1,\boldsymbol{\alpha}_2,\cdots,\boldsymbol{\alpha}_m$ 任何一个向量均可由 $\boldsymbol{\alpha}_1,\boldsymbol{\alpha}_2,\cdots,\boldsymbol{\alpha}_r$ 线性表示，则称 $\boldsymbol{\alpha}_1,\boldsymbol{\alpha}_2,\cdots,\boldsymbol{\alpha}_r$ 为 $\boldsymbol{\alpha}_1,\boldsymbol{\alpha}_2,\cdots,\boldsymbol{\alpha}_m$ 的一个极大无关组.

2. 向量组的秩

向量组 $\boldsymbol{\alpha}_1,\boldsymbol{\alpha}_2,\cdots,\boldsymbol{\alpha}_m$ 中极大无关组所含向量的个数称为向量组的秩. 记作

$$r(\boldsymbol{\alpha}_1,\boldsymbol{\alpha}_2,\cdots,\boldsymbol{\alpha}_m).$$

四、线性方程组解的结构

1. 基础解系

齐次线性方程组 $\boldsymbol{AX}=\boldsymbol{0}$ 的一组解向量 $\boldsymbol{\eta}_1,\boldsymbol{\eta}_2,\cdots,\boldsymbol{\eta}_s$，满足

(1) $\boldsymbol{\eta}_1,\boldsymbol{\eta}_2,\cdots,\boldsymbol{\eta}_s$ 线性无关；

(2) $\boldsymbol{AX}=\boldsymbol{0}$ 的任一解向量都可由 $\boldsymbol{\eta}_1,\boldsymbol{\eta}_2,\cdots,\boldsymbol{\eta}_s$ 线性表示.

2. 齐次线性方程组的通解

若齐次方程组 $\boldsymbol{AX}=\boldsymbol{0}$ 系数矩阵的秩 $r(\boldsymbol{A})=r$，设 $\boldsymbol{\eta}_1,\boldsymbol{\eta}_2,\cdots,\boldsymbol{\eta}_{n-r}$ 为 $\boldsymbol{AX}=\boldsymbol{0}$ 的一个基础解系，则 $\boldsymbol{AX}=\boldsymbol{0}$ 的通解为

$$\boldsymbol{\eta}=k_1\boldsymbol{\eta}_1+k_2\boldsymbol{\eta}_2+\cdots+k_{n-r}\boldsymbol{\eta}_{n-r}.$$

3. 非其次线性方程组的通解

若 $\boldsymbol{\eta}^*$ 为非齐次线性方程组 $\boldsymbol{AX}=\boldsymbol{B}$ 的一个解向量，$\boldsymbol{\eta}_1,\boldsymbol{\eta}_2,\cdots,\boldsymbol{\eta}_{n-r}$ 其导出组 $\boldsymbol{AX}=\boldsymbol{0}$ 的一个基础解系，则 $\boldsymbol{AX}=\boldsymbol{B}$ 的通解为

$$\boldsymbol{\eta}=\boldsymbol{\eta}^*+k_1\boldsymbol{\eta}_1+k_2\boldsymbol{\eta}_2+\cdots+k_{n-r}\boldsymbol{\eta}_{n-r}$$

复习题 11

一、填空题

1. 设 $\boldsymbol{\alpha}_1=(1,2,0)$, $\boldsymbol{\alpha}_2=(-1,0,3)$, $\boldsymbol{\alpha}_3=(2,3,4)$,则 $2\boldsymbol{\alpha}_1+3\boldsymbol{\alpha}_2+\boldsymbol{\alpha}_3=$________.

2. 若 $\boldsymbol{\alpha}_1=(1,0,2)$, $\boldsymbol{\alpha}_2=(-1,2,1)$, $\boldsymbol{\alpha}_3=(2,a,5)$ 线性相关,则 $a=$________.

3. 若向量组 $\boldsymbol{\alpha}_1,\boldsymbol{\alpha}_2,\cdots,\boldsymbol{\alpha}_m$ 线性无关,则其任何部分向量组必线性________关.

4. 对于 m 个方程 n 个未知量的方程组 $\boldsymbol{AX}=0$,若有 $r(\boldsymbol{A})=r$,则方程组的基础解系中有________个解向量.

5. 已知 $\boldsymbol{A}$ 是 4×3 矩阵,且线性方程组 $\boldsymbol{AX}=\boldsymbol{B}$ 有唯一解,则增广矩阵$\overline{\boldsymbol{A}}$的秩是________.

二、选择题

1. 设 $\boldsymbol{\alpha}_1,\boldsymbol{\alpha}_2$ 是 $\boldsymbol{AX}=\boldsymbol{0}$ 的解,$\boldsymbol{\beta}_1,\boldsymbol{\beta}_2$ 是 $\boldsymbol{AX}=\boldsymbol{B}$ 的解,则 (　　)

   A. $2\boldsymbol{\alpha}_1+\boldsymbol{\beta}_1$ 是 $\boldsymbol{AX}=\boldsymbol{0}$ 的解　　B. $\boldsymbol{\beta}_1+\boldsymbol{\beta}_2$ 是 $\boldsymbol{AX}=\boldsymbol{B}$ 的解

   C. $\boldsymbol{\alpha}_1+\boldsymbol{\alpha}_2$ 是 $\boldsymbol{AX}=\boldsymbol{0}$ 的解　　D. $\boldsymbol{\beta}_1-\boldsymbol{\beta}_2$ 是 $\boldsymbol{AX}=\boldsymbol{B}$ 的解

2. 设 $\boldsymbol{\alpha}_1,\boldsymbol{\alpha}_2\cdots,\boldsymbol{\alpha}_s$ 是齐次线性方程组 $\boldsymbol{AX}=\boldsymbol{0}$ 的基础解系,则 (　　)

   A. $\boldsymbol{\alpha}_1,\boldsymbol{\alpha}_2\cdots,\boldsymbol{\alpha}_s$ 线性相关

   B. $\boldsymbol{AX}=\boldsymbol{0}$ 的任意 $s+1$ 个解向量线性相关

   C. $s-r(\boldsymbol{A})=n$

   D. $\boldsymbol{AX}=\boldsymbol{0}$ 的任意 $s-1$ 个解向量线性相关

3. 设 $\boldsymbol{\alpha}_1,\boldsymbol{\alpha}_2$ 是 $\begin{cases}x_1+x_2-x_3=1\\2x_1-x_2=0\end{cases}$ 的两个解,则 (　　)

   A. $\boldsymbol{\alpha}_1-\boldsymbol{\alpha}_2$ 是 $\begin{cases}x_1+x_2-x_3=0\\2x_1-x_2=0\end{cases}$ 的解　　B. $\boldsymbol{\alpha}_1+\boldsymbol{\alpha}_2$ 是 $\begin{cases}x_1+x_2-x_3=0\\2x_1-x_2=0\end{cases}$ 的解

   C. $2\boldsymbol{\alpha}_1$ 是 $\begin{cases}x_1+x_2-x_3=1\\2x_1-x_2=0\end{cases}$ 的解　　D. $2\boldsymbol{\alpha}_2$ 是 $\begin{cases}x_1+x_2-x_3=1\\2x_1-x_2=0\end{cases}$ 的解

4. 设 $\boldsymbol{A}$ 是 $m\times n$ 阶矩阵,且 $r(\boldsymbol{A})=r$,则线性方程组 $\boldsymbol{AX}=\boldsymbol{B}$ (　　)

   A. 当 $r=n$ 时有唯一解

   B. 当有无穷多解时,通解中有 r 个自由未知量

   C. 当 $\boldsymbol{B}=\boldsymbol{0}$ 时只有零解

   D. 有无穷多解时,通解中有 $n-r$ 个自由未知量

5. 设 $\boldsymbol{A}$ 是 $m\times n$ 矩阵,$\boldsymbol{A}$ 经过有限次初等变换变成 $\boldsymbol{B}$,则下列结论不一定成立的是 (　　)

   A. $\boldsymbol{B}$ 也是 $m\times n$ 矩阵　　B. $r(\boldsymbol{A})=r(\boldsymbol{B})$

   C. $\boldsymbol{A}$ 与 $\boldsymbol{B}$ 相等　　D. 齐次线性方程组 $\boldsymbol{AX}=\boldsymbol{0}$ 与 $\boldsymbol{BX}=\boldsymbol{0}$同解

三、设 $\boldsymbol{\alpha}=(2,1,0,4)$, $\boldsymbol{\beta}=(-1,0,2,4)$,求 $-\boldsymbol{\alpha}$, $2\boldsymbol{\beta}$, $\boldsymbol{\alpha}+\boldsymbol{\beta}$, $3\boldsymbol{\alpha}-2\boldsymbol{\beta}$.

四、设 $\boldsymbol{\alpha}=(-5,1,3,2,7)$, $\boldsymbol{\beta}=(3,0,-1,-1,2)$,且 $\boldsymbol{\alpha}+\boldsymbol{\gamma}=\boldsymbol{\beta}$,求 $\boldsymbol{\gamma}$.

五、将 $\boldsymbol{\beta}=\begin{pmatrix}0\\0\\0\\1\end{pmatrix}$ 表示成 $\boldsymbol{\alpha}_1=\begin{pmatrix}1\\1\\0\\1\end{pmatrix}$, $\boldsymbol{\alpha}_2=\begin{pmatrix}2\\1\\3\\1\end{pmatrix}$, $\boldsymbol{\alpha}_3=\begin{pmatrix}1\\1\\0\\0\end{pmatrix}$, $\boldsymbol{\alpha}_4=\begin{pmatrix}0\\1\\-1\\-1\end{pmatrix}$ 的线性组合.

六、判断下列向量组是否线性相关

1. $\boldsymbol{\alpha}_1=(1,0,1)$, $\boldsymbol{\alpha}_2=(1,2,0)$, $\boldsymbol{\alpha}_3=(-1,1,3)$;

2. $\boldsymbol{\alpha}_1=(1,1,-3,-1)$, $\boldsymbol{\alpha}_2=(3,-1,-3,4)$, $\boldsymbol{\alpha}_3=(1,5,-9,-8)$;

3. $\boldsymbol{\alpha}_1=(1,-3,0,1)$, $\boldsymbol{\alpha}_2=(1,5,2,-2)$, $\boldsymbol{\alpha}_3=(2,1,-3,2)$.

七、求下列向量组的秩,并写出它的一个极大无关组

1. $\boldsymbol{\alpha}_1=(1,-1,2,4)$,$\boldsymbol{\alpha}_2=(0,3,1,2)$,$\boldsymbol{\alpha}_3=(3,0,7,14)$,$\boldsymbol{\alpha}_4=(1,-1,2,0)$,$\boldsymbol{\alpha}_5=(2,1,5,6)$;

2. $\boldsymbol{\alpha}_1=(1,3,-1,-2)$,$\boldsymbol{\alpha}_2=(2,-1,2,3)$,$\boldsymbol{\alpha}_3=(3,2,1,1)$,$\boldsymbol{\alpha}_4=(1,-4,3,5)$.

八、求齐次线性方程组$\begin{cases}x_1-x_2+5x_3-x_4=0\\x_1+x_2-2x_3+3x_4=0\\3x_1-x_2+8x_3+x_4=0\end{cases}$的一个基础解系.

九、求线性方程组$\begin{cases}x_1+x_2+x_3+x_4+x_5=1\\3x_1+2x_2+x_3+x_4-3x_5=0\\5x_1+4x_2+3x_3+3x_4-x_5=2\end{cases}$的通解.

思政案例

数学家道奇森与他的《爱丽丝漫游奇境记》

查尔斯·勒特维奇·道奇森(Charles Lutwidge Dodgson)是英国数学家、逻辑学家.1832年1月27日生于英国柴郡的达斯伯里;1898年1月14日卒于萨里郡的吉尔福德.

道奇森生于柴郡达斯伯里,其父是一个牧师.他先后在拉比公学和牛津大学基督堂学院读书,并于1861年被任命为英国国教执事.1855年到1881年,他在牛津大学讲授数学,主要研究行列式、几何、竞赛图和竞选数学,以及游戏逻辑.

道奇森主要著作有《行列式的初等理论》《平面代数几何提纲》《欧几里得和他的现代对手》,他还编拟了不少数学难题.

在《行列式的初等理论》证明了n个未知数m个方程的方程组相容的充要条件是系数矩阵和增广矩阵的秩相同.这正是现代方程组理论中的重要结果之一.

除此之外,道奇森还是英国著名的儿童文学家,著作《爱丽丝漫游奇境记》是儿童文学宝库中一颗熠熠发光的明珠.一百多年来,它跨越了时代和国界,成了全世界孩子与大人都喜欢的一本书,但他的这部作品完全是无意之作.

原来,道奇森一辈子没结婚,可是非常喜欢小孩,特别是乖巧伶俐的小女孩.他最喜欢的一个小姑娘名叫爱丽丝·利德尔,是一位教长的女儿,长得非常可爱.1862年7月4日,道奇森带着利德尔家三个小姑娘,做了一次水上旅游.道奇森在船上给爱丽丝姐妹讲了一个奇妙的故事.爱丽丝听得入了迷,临别时恳求他写下来给他.于是道奇森写了一篇一万八千字的《爱丽丝地下历险记》,送给爱丽丝.

凑巧,这篇手稿在传阅过程中被一位叫亨利·金斯莱的儿童文学作家看到了.行家慧眼识宝,于是,他便专门托人劝说道奇森将它进一步修改出版.道奇森起先不相信这篇手稿有出版价值,后经朋友们的督促,特别是小朋友的请求,决定出版,但他不愿署真名,便署了笔名刘易斯·卡罗尔.道奇森的老友麦克唐纳把稿子带回家念给孩子听,6岁的小男孩听后大声地说:"我希望这本书印6万册."

1863 年 7 月 4 日，即水上郊游一周年之际，道奇森将《爱丽丝漫游奇境记》修订出版. 书印出之后，很快便受到孩子们的欢迎，现在已流传世界各地，成为儿童文学的瑰宝. 作品问世后，轰动英国，当时，连维多利亚女王也看得入了迷，下令作者的下一部著作必须先送给她看，不过她想不到收到的下一部著作竟是数学论著.

后来牛津大学为纪念这位数学家，为他塑了雕像，基座上刻着他的真名，而且并排刻上他仅用过一次、发表过唯一一部文学作品的笔名。人们记住刘易斯·卡罗尔，乃是因为他写了《爱丽丝漫游奇境记》这本书，而许多人根本就不知道数学家道奇森. 这恐怕是道奇森所始料不及的！

第三篇 数学实验

第 12 章 MATLAB 及其应用

本章提要 随着计算机的逐步普及，人们对计算机的依赖程度越来越高，我们的工作及生活方式也在悄然发生改变. 为了能够借助计算机来更好地学习、研究及应用数学，数学软件包(也称符号计算系统)应运而生. 目前，广泛使用的数学软件包有 MATLAB、Mathematica、Maple 等. 本章将简单介绍 MATLAB 在高等数学学习中的作用.

12.1 MATLAB 软件简介

MATLAB 是 Matrix Laboratory(矩阵实验室)的缩写，是由美国 Math Works 公司开发的集计算、可视化和编程三大基本功能于一体的，功能强大、操作简单的语言. MATLAB 软件从 1984 年推出的第 1 个版本到目前发布的 MATLAB 2021b 版本，功能不断增加，现在已成为国际公认的优秀数学应用软件之一，被广泛应用于数学计算、图形处理、数学建模、系统辨识、动态仿真、实时控制、应用软件开发等领域.

MATLAB 系统主要包括 MATLAB 工作环境、MATLAB 语言、图形处理系统、MATLAB 数学函数库和 MATLAB 应用程序接口 5 个部分.

Math Works 公司的网址是 http://www.mathworks.com，读者可以访问该网站，了解 MATLAB 的最新动态.

12.1.1 命令与窗口环境

MATLAB 软件的安装很简便，用户只要按照安装界面的提示进行即可. 安装完成后，桌面上会自动建立一个 MATLAB 的快捷图标

，用鼠标左键双击该图标，就可启动 MATLAB，打开如图 12－1 所示的 MATLAB 7.0 工作环境界面，该界面主要由菜单、工具栏、当前工作目录窗口、工作空间管理窗口、历史命令窗口和命令窗口组成.

1. 菜单和工具栏

MATLAB 7.0 的菜单内容会随着在命令窗口中执行的命令不同而作出相应改变，这里只简单介绍默认情况下的菜单和工具栏.

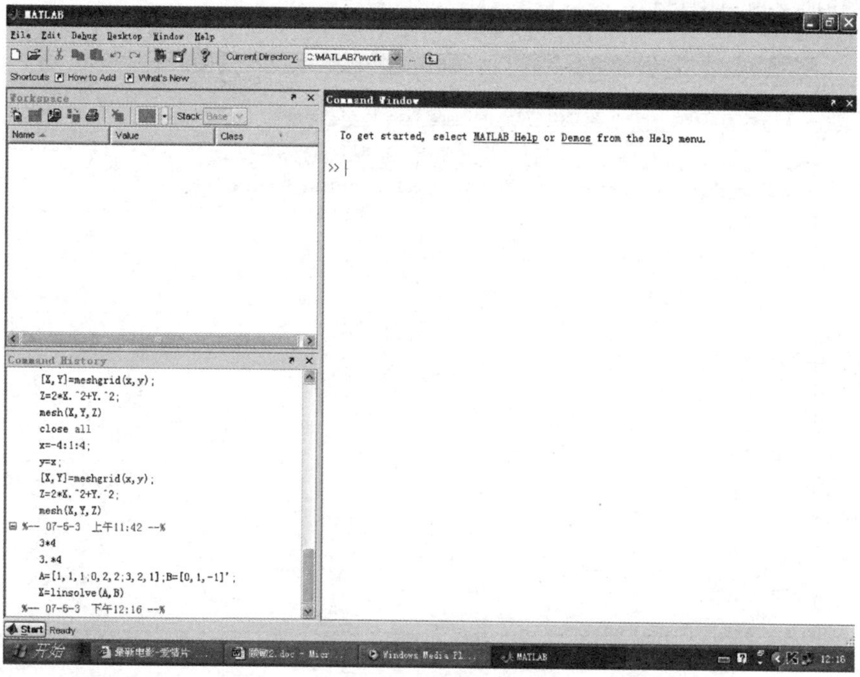

图 12-1 MATLAB 工作环境

(1) File 菜单

Import Data:向工作空间导入数据;

Save Workspace As:将工作空间的变量存储在某一文件中;

Set Path:打开搜索路径设置对话框;

Preferences:打开环境设置对话框.

(2) Edit 菜单　主要用于复制、粘贴等操作.

(3) Debug 菜单　用于设置程序的调试.

(4) Desktop 菜单　用于设置主窗口中需要打开的窗口.

(5) Window 菜单　列出当前所有打开的窗口.

(6) Help　用于选择打开不同的帮助系统.

(7) 工具栏

:打开主窗口;

:打开用户界面设计窗口;

:打开帮助系统;

:设置当前目录.

2. 命令窗口(Command Window)

MATLAB 7.0 的命令窗口如图 12-2 所示,单击右上角的按钮,可以使命令窗口脱离主窗口成为一个独立的窗口(图 12-3),再单击按钮又返回原窗口. 它是对 MATLAB 进行操作的主要载体,是键入指令和显示结果的地方. 一般地,MATLAB 的所有函数和命令都可以在命令窗口中执行.

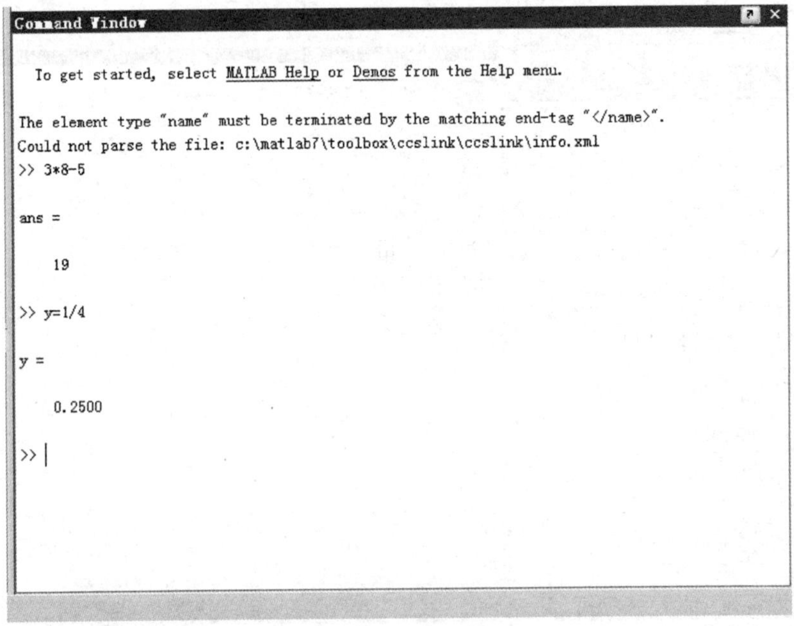

图 12-2 命令窗口

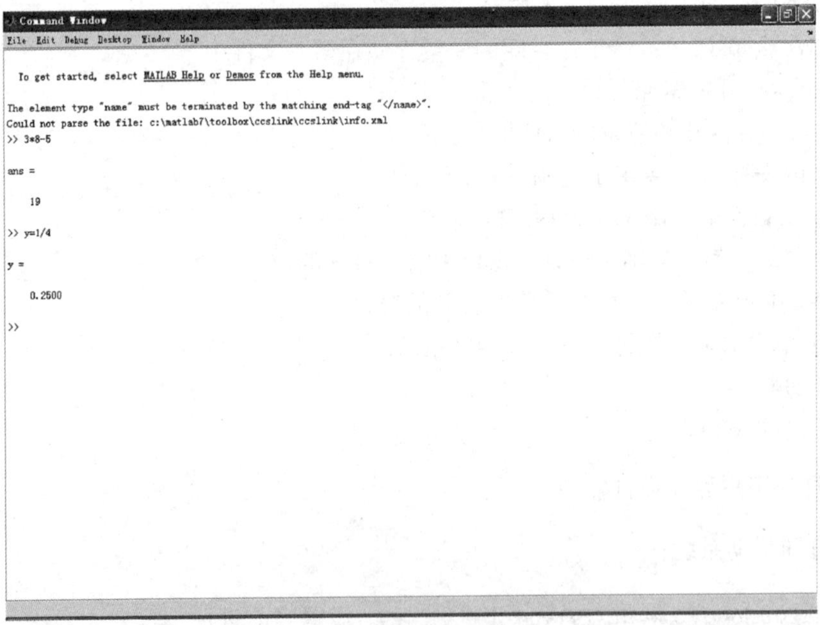

图 12-3 独立的命令窗口

在命令窗口直接输入命令并按Enter键，即运行并显示相应结果，图12-2中给出了两个例子. 关于命令下面有几点说明：

(1)“≫”是MATLAB的命令输入提示符；

(2)“%”后面为注释内容；

(3) ans是系统自动给出的运行结果变量，是英文answer的缩写；

(4) 当不需要显示运行结果时，在语句的末尾加上分号即可；

(5) 键入who可以查看所有定义过的变量名称；

(6) 键入clear可以清除所有定义过的变量名称；

(7) Ctrl+C(即同时按Ctrl及C两个键)可以用来中止正在执行的MATLAB的工作；

(8) 较长的表达式可以在行尾加上三点(…)省略号进行续行输入；

(9) 输入的表达式有错误，而按回车键后才意识到时，没有必要重新输入整行，只需使用方向键向上移动，修正错误，然后按回车键，MATLAB会修正输出.

3. 历史命令窗口(Command History)

该窗口主要用于记录所有执行过的命令，在默认设置下会保留自程序安装时起所有命令的历史记录，并标明执行时间，以方便使用者查询. 如果双击某一行命令，即在命令窗口中执行该命令，该窗口也可成为一个独立窗口.

4. 当前工作目录窗口(Current Directory)

当前目录窗口中不仅可以显示或改变当前目录，还可以显示当前目录下的文件，包括文件名、文件类型、最后修改时间以及该文件的说明信息等，并提供搜索功能. 该窗口也可以成为一个独立窗口.

5. 工作空间管理窗口(Workspace)

工作空间管理窗口中显示所有目前保存在内存中的MATLAB变量的变量名、数据结构、字节数以及类型，而不同的变量类型分别对应不同的变量名图标.

当需要退出MATLAB时，我们可以从文件下拉菜单中选择“退出(Exit)MATLAB”，还可以在命令窗口中输入quit命令.

12.1.2 基本运算符

MATLAB 7.0中提供了丰富的运算符，包括算术运算符、关系运算符和逻辑运算符.

1. 算术运算符

算术运算符(表12-1)是构成数学运算的最基本的操作命令. 在MATLAB中，数学表达式的书写规则与手写算式相同，但要注意的是，MATLAB中所有的运算定义在复数域上，且对于方根问题，运算只返还处于第一象限的解.

表12-1

运算符	功能	运算符	功能
+	加法	*	乘法
-	减法	/	除法(右除)
^	乘方	\	除法(左除)

2. 关系运算符

关系运算符(表 12 - 2)主要用来比较数、字符串等之间的大小关系,其返还值为 0(表示比较关系为假)或 1(表示比较关系为真).

表 12 - 2

运算符	含义	运算符	含义	运算符	含义
>	大于	>=	大于等于	==	等于
<	小于	<=	小于等于	~=	不等于

3. 逻辑运算符

逻辑运算符(表 12 - 3)主要用来进行逻辑量之间的运算,其返还值为 0(表示逻辑关系为假)或 1(表示逻辑关系为真).

表 12 - 3

运算符	含义	运算符	含义
&	与、和	|	或
~	非、否	xor	异或

对于运算符有下列几点说明:

(1) 关系运算符"=="是判断两个对象是否具有相等关系,而赋值运算符"="是用来给变量赋值的;

(2) 在执行关系和逻辑运算时,MATLAB 将输入的不为零的数值都视为真,而只有为零的数值才视为假;

(3) 运算符的优先等级按照由高到低为:逻辑非(~)、算术运算、比较运算、其他逻辑运算. 如果想改变优先级,用圆括号括起来.

例如:≫~5-3

```
ans =
    -3
```

这里先进行了逻辑非运算,根据说明(2),"~5"的结果为 0;再进行减法运算"0-3",结果为-3.

12.1.3 符号计算

MATLAB 提供了强大的符号计算功能,它虽以数值计算的补充身份出现,但涉及符号计算的相关指令、符号计算结果的图形化显示、符号计算程序的编写以及在线帮助系统都十分完整和便捷.

1. 变量与常量

变量是任何程序设计语言的基本要素之一,MATLAB 语言也不例外. MATLAB 语言中变量的命名遵循如下规则:

(1) 变量名只能由英文字母、数字和下划线组成，且应以英文字母开头；

(2) 变量名长度不超过 31 位，第 31 个字符之后的字符将被 MATLAB 语言忽略；

(3) 变量名区分大小写英语字母.

MATLAB 语言本身也具有一些预定义的变量，这些特殊的变量称为常量. 经常使用的常量值有：pi——圆周率；inf——无穷大；i, j——虚数单位.

在 MATLAB 中，不需要事先指定变量的类型，MATLAB 语言会自动依据所赋予变量的值或对变量进行的操作来识别变量的类型. 在赋值过程中，如果赋值变量已存在，MATLAB语言将使用新值代替旧值，并以新值类型代替旧值类型.

2. 常用函数

MATLAB 提供了大量的数学函数，常用的有下列几种：

幂函数：x^a, sqrt(x)(表示$\sqrt{x}$)；

指数函数：a^x, exp(x)(表示 e^x)；

对数函数：log(x)(自然对数)，log 2(x)(以 2 为底的对数)，log 10(x)(常用对数)；

三角函数：sin(x), cos(x), tan(x), cot(x), sec(x), csc(x)；

反三角函数：asin(x), acos(x), atan(x), acot(x)；

符号函数：sign(x)；

绝对值函数：abs(x)(表示$|x|$).

3. 数值计算

在 MATLAB 中进行数值计算，就像使用计算器一样方便，只要在命令窗口直接输入需要计算的式子，然后按 Enter 键即可.

【例 1】 计算表达式 $2\times4^2-20\div(3+2)$ 和 $\dfrac{2\sin\dfrac{\pi}{3}}{1+\sqrt{5}}$ 的值.

解
```
>>2*4^2-20/(3+2)
ans =
    28
>>2*sin(pi/3)/(1+sqrt(5))
ans =
    0.5352
```

MATLAB 语言中数值有多种显示形式，在缺省情况下，若数据为整数，则以整数表示；若数据为实数，则以保留小数点后 4 位的精度近似表示.

4. 符号计算

一般把数学表达式的化简、因式分解、多项式的四则运算等数学推理工作称为符号计算. MATLAB 中符号计算的特点主要有：① 计算以推理解析的方式进行，因此不受计算误差累积所带来的困扰；② 符号计算可以给出完全正确的封闭解或任意精度的数值解(当封闭解不存在时)；③ 符号计算指令的调用比较简单，与经典教科书公式相近；④ 计算所需要的时间较长.

(1) 创建符号对象和表达式　MATLAB 中创建符号对象(符号常量、符号变量、符号函数)和符号表达式的命令函数是 sym()和 syms(),其调用格式如下:

y=sym('argv')　　　　把字符串 argv 定义为符号对象 y

syms argv1 argv2 …　　把 argv1,argv2,…定义为符号对象(对象之间用空格隔开)

可见,sym 命令用于创建单个符号变量,而 syms 命令则可以一次创建任意多个变量,因此在符号计算中常常使用 syms 命令.

【例 2】 已知函数 $y=\arccos(e^x)$,求该函数在 $x=-1, 0, 1$ 处的函数值.

解
```
>> clear
>> syms x y;
>> x=[-1, 0, 1];      %定义一个三维数组
>> y=acos(exp(x))
y=
   1.1941     0     0+1.6575i
```

(2) 符号表达式的化简　符号计算的结果往往比较繁杂,非常不直观,为此,MATLAB 专门提供了对计算结果进行化简的函数,这些函数的调用格式如下:

factor(y)　　　对符号表达式 y 进行因式分解

simple(y)　　　对符号表达式 y 进行化简,可多次使用

expand(y)　　　对符号表达式 y 进行展开

collect(y, x)　对符号表达式 y 中指定对象 x 的相同次幂的项进行合并

【例 3】 因式分解 x^2-9.

解
```
>> clear
>> syms x y;y=x^2-9;y=factor(y)
y=
(x-3)*(x+3)
```

【例 4】 化简 $\sqrt[3]{\frac{1}{x^3}+\frac{6}{x^2}+\frac{12}{x}+8}$.

解
```
>> clear
>> syms x y;
>> y=(1/x^3+6/x^2+12/x+8)^(1/3);
>> y=simple(y)
y=
(2*x+1)/x
>> y=simple(y)
y=
2+1/x
```

【例5】 已知多项式 $x^4+3x^2-\frac{1}{4}x^2-x+1$，合并同类项.

解
```
>> clear
>> syms x y;
>> y=x^4+3*x^2-(1/4)*x^2-x+1;
>> collect(y, x)
ans =
x^4+11/4*x^2-x+1
```

试一试：直接执行命令"y=x^4+3*x^2-(1/4)*x^2-x+1"，会出现什么结果？

【例6】 将表达式 $(1+x)^3$ 展开.

解
```
>> syms x
>> expand((1+x)^3)
ans =
1+3*x+3*x^2+x^3
```

(3) 解方程

solve('equ')	解代数方程 equ
solve('equ1', 'equ2', …, 'equn')	解代数方程组

【例7】 解方程 $x^2-x-6=0$.

解
```
>> clear
>> x=solve('x^2-x-6=0')
x=
  3
 -2
```

【例8】 解方程组 $\begin{cases}3x+y-6=0\\x-2y-2=0\end{cases}$

解
```
>> clear
>> syms x y
>> [x, y]=solve('3*x+y-6=0', 'x-2*y-2=0')
x=
2
y=
0
```

在上述命令后面接着进行下面的操作

```
>> y=(1/x^3+6/x^2+12/x+8)^(1/3);
>> y=simple(y)
y=
```

5/2

可见,运行结果与例 4 中不同,这是因为在例 8 中,x 已被赋值为 2. 为了防止这种情况的发生,我们要养成先输入命令 *clear* 的习惯.

12.1.4 图形功能

MATLAB 有很强的图形功能,可以方便地实现数据的视觉化. 强大的计算功能与图形功能相结合为 MATLAB 在科学技术和教学方面的应用提供了更加广阔的天地. 我们将在 12.2 节介绍 MATLAB 中几个常见的作图函数.

习题 12.1

1. 右除“./”和左除“.\”也是 MATLAB 中的算术运算符,请输入相应的命令,看看运行结果有什么不同?

2. 举例说明,为什么要在程序中使用命令 clear?

3. 函数 simplify()也用于化简符号表达式,请使用它重做例 4,看结果有什么不同?

4. 计算.

(1) $\sin\frac{\pi}{4}+\cos^2\frac{\pi}{6}$;　　(2) $\lg 2+\ln 3$.

5. 因式分解:x^3-3x^2+4.

6. 化简:$\frac{\cos x}{1+\sin x}+\frac{1+\sin x}{\cos x}$.

7. 解下列方程或方程组.

(1) $x^2-5x+2=0$;　　(2) $\begin{cases} y=x^2 \\ y=4-x^2 \end{cases}$.

12.2 用 MATLAB 作函数图形

MATLAB 可以表达出数据的图形,并通过对线型等属性的控制,把数据的内在特征表现得更加细腻完善,本节主要介绍几个常见的图形绘制函数.

12.2.1 二维曲线的绘制

plot 函数是绘制二维图形最常用的命令函数,其功能如下:

(1) 自动打开一个图形窗口 Figure,如果已经存在一个图形窗口,plot 命令则清除当前图形,绘制新图形;

(2) 用直线连接相邻两数据点来绘制图形;

(3) 可根据图形坐标大小自动缩扩坐标轴,将数据标尺及单位标注自动加到两个坐标轴上,还可自定义坐标轴;

(4) 可单窗口单曲线绘图、单窗口多曲线绘图、单窗口多曲线分图绘图等;

(5) 可任意设定曲线线型,并可给图形加坐标网线和注释.

1. *plot* 函数的调用格式

(1) plot(x)——缺省自变量绘图格式

【例1】 ≫ x=[0 0.58 0.70 0.95 0.83 0.25];

≫ plot(x)

运行结果如图12-4所示,是以序号为横坐标、数组 x 的数值为纵坐标画出的折线.

(2) plot(x, y)——基本绘图格式　其中 x 为横坐标数组,y 为纵坐标数组,以 $y(x)$ 的函数关系作出直角坐标图.

【例2】 ≫ close all　　　　　　　　%关闭所有的图形视窗

≫ x=linspace(0,2 * pi,30);　　　　%在0～2π之间生成30个等间距的数值

≫ y=sin(x);

≫ plot(x, y)

运行结果如图12-5所示,是由30个点连成的光滑的正弦曲线.

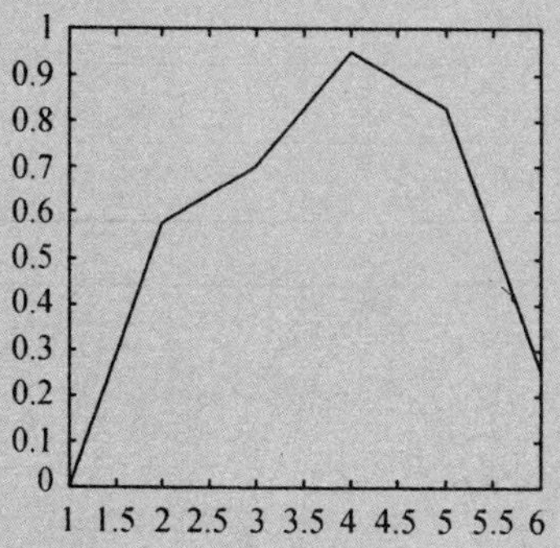

图12-4

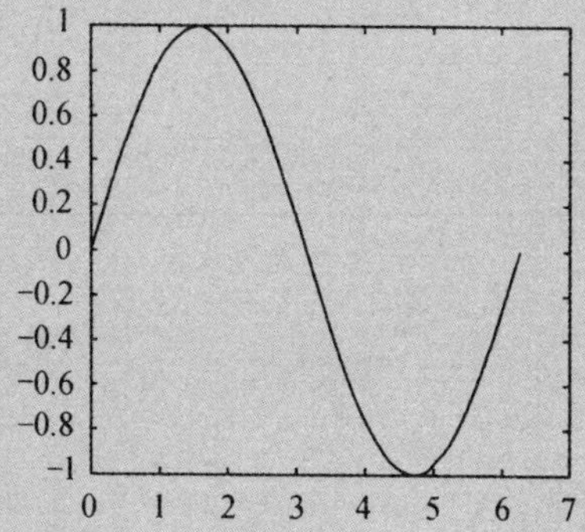

图12-5

上例中用到的 linspace 命令有两种调用方式:

第一种 x=linspace(a, b)在 a 到 b 间取出均匀分布的100个点;

第二种 x=linspace(a, b, n)在 a 到 b 间取出均匀分布的 n 个点.

(3) plot(x1, y1, x2, y2)——多条曲线绘图格式

【例3】 ≫ close all

≫ x=0:pi/15:2 * pi;%在0～2π之间以π/15为间隔取值

≫ y1=sin(x);y2=cos(x);

≫ plot(x, y1, x, y2)

运行结果如图12-6所示.

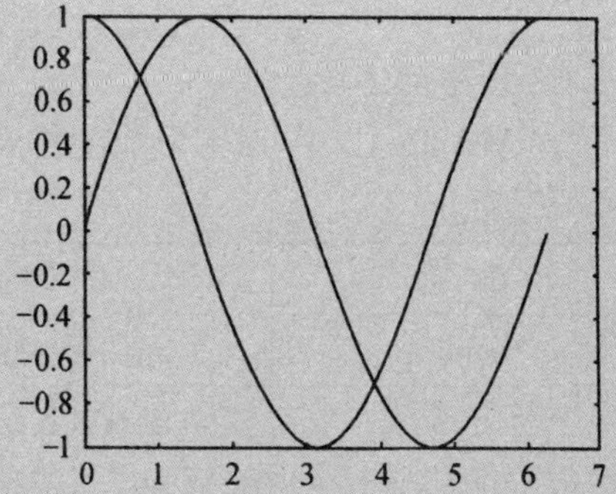

图12-6

如果我们绘制了 y=sin x 的图像以后，决定在同一个图形窗口上再绘制 y=cos x 的图像，可以借助命令 hold on.

≫ x=0:pi/15:2*pi;

≫ plot(x, sin(x)), axis([0 2*pi -1 1])

≫ hold on

≫ plot(x, cos(x)),axis([0 2*pi -1 1])

虽然我们定义了 x 的范围在 $0\leqslant x\leqslant 2\pi$ 之间，MATLAB 绘制的坐标还是宽了些，我们可以用 axis 命令进行修正.

(4) plot(x,y,'s')——开关格式　开关量字符串 s 用于设定图形的线型和颜色，常见的线型设定值见表 12-4.

表 12-4

选项	说明	选项	说明	选项	说明
-	实线	--	虚线	+	加号
:	点线	.	点	*	星号
-.	点划线	o	圆	x	X 符号

【例 4】 ≫ close all

≫ x=0:pi/15:2*pi;

≫ y1=sin(x);y2=sin(x+0.25);

≫ y3=sin(x+0.5);

≫ plot(x,y1,'-', x, y2, ':', x, y3, ':*')

运行结果如图 12-7 所示.

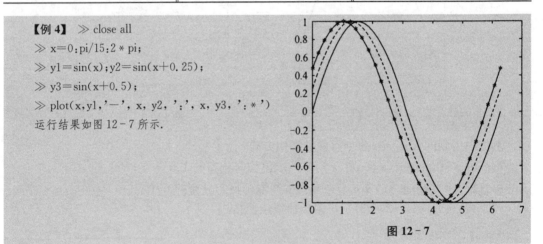

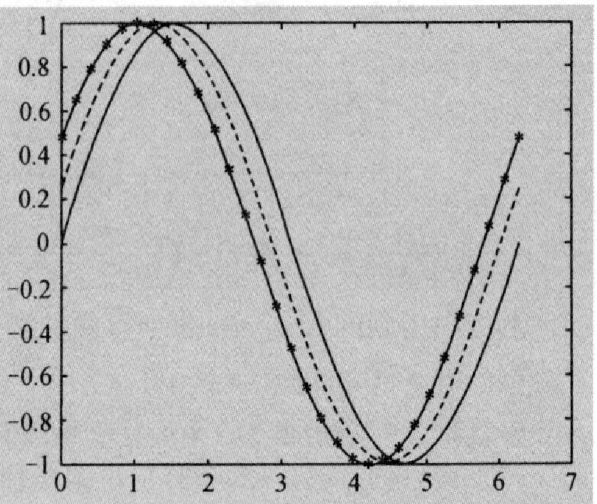

图 12-7

2. 图形加注功能

在 MATLAB 中，对图形加注的函数见表 12-5.

表 12-5

函　数	功　能	函　数	功　能
title	给图形加标题	text	在图形指定位置加标注
xlable	给 x 轴加标注	gtext	将标注加到图形任意位置
ylable	给 y 轴加标注	grid on (off)	打开(关闭)坐标网格线
legend	添加图例		

3. 坐标系的控制

在缺省情况下，MATLAB 自动选择图形的横、纵坐标的比例，如果对这个比例不满意，我们可以用 axis 命令控制，常用的有：

axis([xmin xmax ymin ymax])	[ ]中分别给出 x 轴和 y 轴的最大值、最小值；
axis equal 或 axis('equal')	x 轴和 y 轴的单位长度相同；
axis square 或 axis('square')	图框呈方形；
axis on(off)	显示和关闭坐标轴的刻度；
axis auto	将坐标轴设置返回自动缺省值.

【例 5】 ≫ close all

≫ x=0：0.1：10；

≫ y1=sin(x)；y2=cos(x)；

≫ plot(x,y1,'r',x, y2,'b——')；%r 为红色，b 为蓝色.

≫ text(3.2,0.4,'sinx')；

≫ gtext('cosx')；　　%可用鼠标将标注移到任意位置

≫ title('正弦和余弦曲线')

≫ legend('正弦','余弦')

≫ xlabel('时间 t')

≫ ylabel('正弦、余弦')

≫ grid

≫ axis square

运行结果如图 12-8 所示.

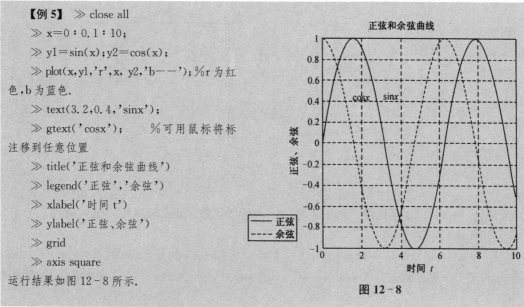

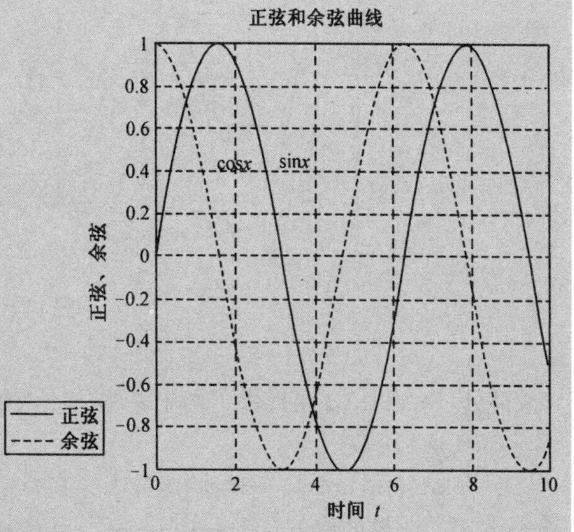

图 12-8

4. 单窗口多曲线分图绘图

在 MATLAB 中，可以在同一个画面上建立几个坐标系，用 subplot(m,n,p)命令就可以把一个画面分成 $m\times n$ 个图形区域(m 代表行数，n 代表列数)，p 代表当前的区域号(按照从左到右，从上到下排列)，在每个区域中分别作图.

【例 6】 ≫ close all

≫ x=linspace(0,2 * pi,100)；

≫ y1=sin(x)；y2=cos(x)；y3=sin(2 * x)；y4=tan(x)；

≫ subplot(2,2,1),plot(x, y1),axis([0 2 * pi -1 1]),title('sin(x)')

≫ subplot(2,2,2),plot(x, y2),axis([0 2 * pi -1 1]),title('cos(x)')

≫ subplot(2,2,3),plot(x, y3),axis([0 2 * pi -1 1]),title('sin(2 * x)')

≫ subplot(2,2,4),plot(x, y4),axis([0 2 * pi -20 20]),title('tan(x)')

运行结果分别为下面 4 幅图形，如图 12-9 所示.

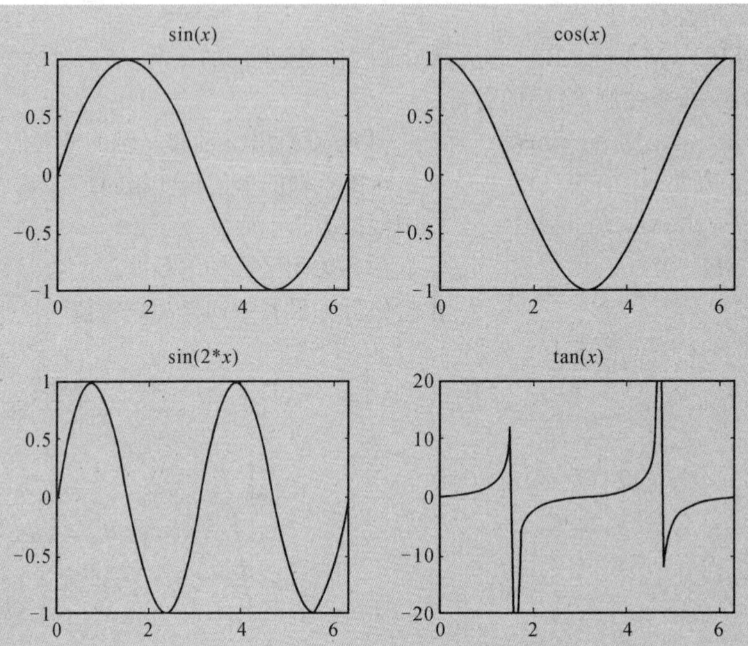

图 12-9

此外,MATLAB 还提供了两个基本的二维绘图函数:fplot 函数和 ezplot 函数.

(1) fplot 函数

① fplot(fun,lims)——绘制函数 fun 在指定区间 lims 的函数图像,其中 lims=[xmin xmax](定义 x 轴的取值范围)或 lims=[xmin xmax ymin ymax](定义 x 轴和 y 轴的取值范围).

【例 7】 ≫ close all

≫ fplot('tan(x)',2 * pi * [-1 1 -1 1])

运行结果如图 12-10 所示,与图 12-9 比较,就会发现用 fplot 函数绘图比用 plot 函数精确,因此我们常选择 fplot 函数来作函数的图像.

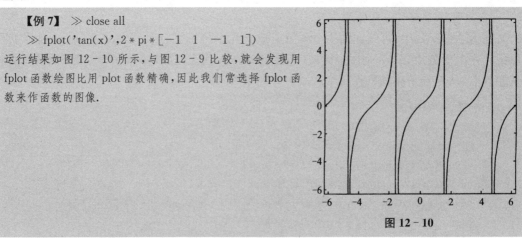

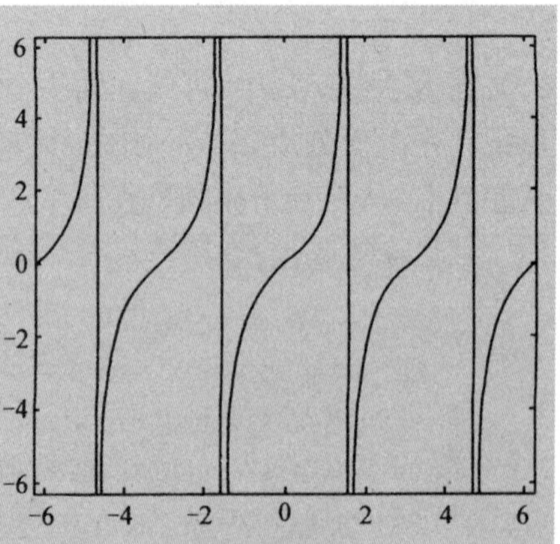

图 12-10

② fplot(fun,lims,'corline')——以指定线型绘图.

(2) ezplot 函数——简易绘图函数

① ezplot(f)——绘制表达式 $f=f(x)$ 在默认范围[-2 * pi 2 * pi]内的图形.

【例8】 ≫ezplot('sin(x)')
运行结果如图12-11所示.

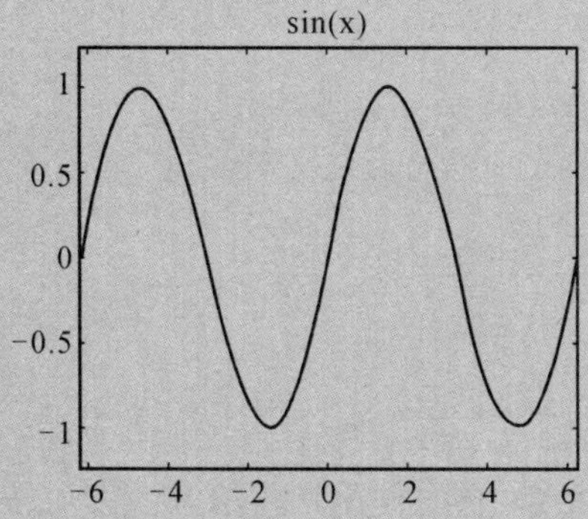

图12-11

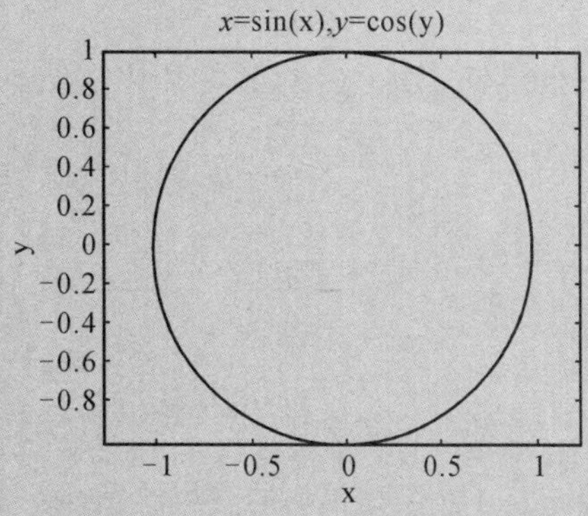

图12-12

② ezplot(x, y,[tmin,tmax])——绘制 $x=x(t)$, $y=y(t)$在给定区间内的图形.

【例9】 ≫ figure %重新打开一个绘图窗口
≫ ezplot('sin(x)','cos(y)',[-4 * pi 4 * pi])
运行结果如图12-12所示.

12.2.2 三维曲线的绘制

1. *plot*3 函数——三维基本绘图函数

(1) plot3(x,y,z)——x,y,z 用来存储横坐标、纵坐标和竖坐标;

(2) plot3(x,y,z,'s')——带开关量绘图格式;

(3) plot3(x1,y1,z1,'s',x2,y2,z2,'s',…)——多条曲线绘图格式.

【例10】 作螺旋线 x=sint,y=cost,z=t.

解 ≫ close all
≫ t=0:pi/50:10 * pi;
≫ plot3(sin(t),cos(t),t)
运行结果如图12-13所示.

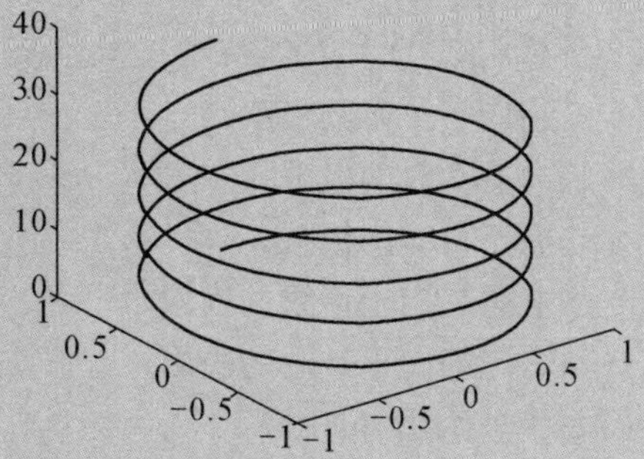

图12-13

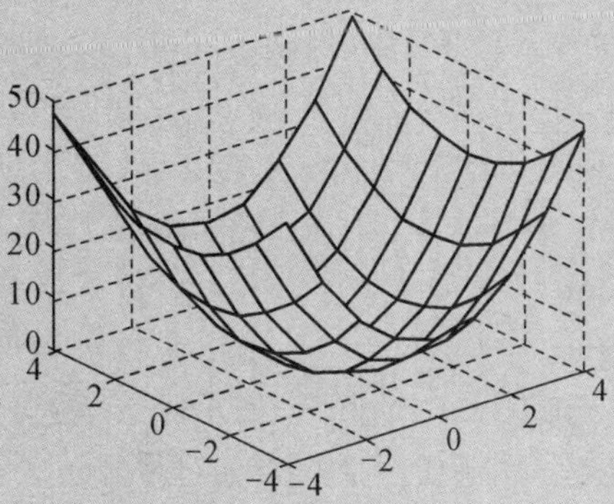

图12-14

2. *mesh* 函数

该命令与 plot3 不同，它可以绘出某个区间内的完整曲面，而不是单根曲线. 其调用格式为：

mesh(X,Y,Z)——X,Y,Z 用来存储点的坐标.

【例 11】 绘制函数 $2x^2+y^2=z$ 的图形.

解
```
≫ x=-4:1:4;y=x;
≫ [X,Y]=meshgrid(x,y);
≫ Z=2*X.^2+Y.^2;
≫ mesh(X,Y,Z)
```
运行结果如图 12-14 所示.

meshgrid 命令是常见的三维绘图命令的改进命令，它的作用是将给定的区域按一定的方式划分成平面网格，调用格式为：[X,Y]=meshgrid(x,y)，其中 x,y 为给定的坐标取值，用来定义网格划分区域，X,Y 用来存储网格划分后的数据.

在 MATLAB 中，对数组的每个元素进行乘方运算的运算符是“.^”.

习题 12.2

1. 为什么要在程序中使用命令 close all?

2. 说出 plot 函数、fplot 函数、ezplot 函数 3 个作图函数有什么不同.

3. 求作函数 $y=\frac{e^x}{1+x}$ 的图像.

4. 作双曲马鞍面 $z=x^2-y^2$.

12.3 用 MATLAB 做微积分运算

微积分运算在数学计算中非常重要，整个高等数学就是建立在微积分运算的基础上的，本节将介绍如何利用 MATLAB 提供的一些函数来进行微积分运算.

12.3.1 求函数极限

在 MATLAB 中，用函数 limit()来求表达式的极限，其调用格式如下：

limit(f)　　表示函数 f 当默认自变量趋向于 0 时的极限；

limit(f,a)　　表示函数 f 当默认自变量趋向于 a 时的极限；

limit(f,v)　　表示函数 f 当自变量 v 趋向于 0 时的极限；

limit(f,v,a)　　表示函数 f 当自变量 v 趋向于 a 时的极限；

limit(f,v,a,'left')　　表示函数 f 当自变量 v 从左边趋向于 a 时的极限；

limit(f,v,a,'right')　　表示函数 f 当自变量 v 从右边趋向于 a 时的极限.

上述命令中的 f 为函数的符号表达式，a 为实数，无穷大用 inf 表示.

【例 1】 求下列函数的极限.

(1) $\lim\limits_{x\to 0}\dfrac{\sqrt{1+x}-1}{x}$; (2) $\lim\limits_{x\to 1}\dfrac{x^2-3x+2}{x-1}$; (3) $\lim\limits_{x\to\infty}\left(1+\dfrac{2}{x}\right)^{x+2}$;

(4) $\lim\limits_{x\to+\infty}(\sqrt{x+5}-\sqrt{x})$; (5) $\lim\limits_{x\to 0^+}\dfrac{\sin 2x}{\sqrt{1-\cos x}}$.

解
```
>> clear
>> syms x y1 y2 y3 y4 y5
>> y1=(sqrt(1+x)-1)/x;y2=(x^2-3*x+2)/(x-1);
>> y3=(1+2/x)^(x+2);
>> y4=sqrt(x+5)-sqrt(x);y5=sin(2*x)/sqrt(1-cos(x));
>> limit(y1)
ans=
1/2
>> limit(y2,1)
ans =
-1
>> limit(y3,inf)
ans =
exp(2)
>> limit(y4,x,inf,'left')
ans =
0
>> limit(y5,x,0,'right')
ans =
2*2^(1/2)
```

12.3.2 求函数导数

在 MATLAB 中,用函数 diff()来求表达式的导数,其调用格式如下:

diff(f) 表示函数 f 对默认变量求一阶导数;

diff(f,n) 表示函数 f 对默认变量求 n 阶导数;

diff(f,v) 表示函数 f 对自变量 v 求一阶导数;

diff(f,v,n) 表示函数 f 对自变量 v 求 n 阶导数.

【例 2】 求下列函数的导数.

(1) $y=x^2\sin x$; (2) $y=2x^2-\dfrac{1}{x^3}+5x+1$; (3) $y=\arcsin(1-x)$.

解
```
>> clear
>> syms x y1 y2 y3
>> y1=(x^2)*sin(x);y2=2*x^2-1/x^3+5*x+1;y3=asin(1-x);
>> diff(y1)
```

```
ans =
2 * x * sin(x)+x^2 * cos(x)
>> diff(y2)
ans =
4 * x+3/x^4+5
>> diff(y3)
ans =
-1/(-x^2+2 * x)^(1/2)
```

【例 3】 求下列函数的 n 阶导数.

(1) $y = \sin x$, $n = 3$;　(2) $y = xe^x$, $n = 5$.

解

```
>> clear
>> syms x y1 y2
>> y1=sin(x);y2=x * exp(x);
>> diff(y1,x,3)
ans =
-cos(x)
>> diff(y2,x,5)
ans =
5 * exp(x)+x * exp(x)
```

12.3.3 求函数积分

在 MATLAB 中,用函数 int()来求表达式的积分,其调用格式如下:

int(f)　　表示用缺省变量求函数 f 的不定积分;

int(f,v)　　表示以 v 为积分变量,求函数 f 的不定积分;

int(f,a,b)　　表示用缺省变量求函数 f 在积分区间$[a, b]$上的定积分;

int(f,v,a,b)　表示以 v 为积分变量,求函数 f 在区间$[a, b]$上的定积分.

注　在 MATLAB 中,不定积分的运算结果不带积分变量.

【例 4】 求下列不定积分:(1) $\int x^2 \mathrm{d}x$;　(2) $\int \frac{\mathrm{d}x}{\sqrt{1-x^2}}$.

解

```
>> clear
>> syms x y1 y2
>> y1=x^2;y2=1/sqrt(1-x^2);
>> int(y1)
ans =
1/3 * x^3
>> int(y2)
ans =
asin(x)
```

【例5】 求下列定积分：(1) $\int_1^3 \ln x\mathrm{d}x$；　　(2) $\int_0^4 \frac{1}{1+\sqrt{x}}\mathrm{d}x$.

解
```
>> clear
>> syms x y1 y2
>> y1=log(x);y2=1/(1+sqrt(x));
>> int(y1,x,1,3)
ans =
3*log(3)-2
>> int(y2,x,0,4)
ans =
-2*log(3)+4
```

习题 12.3

1. 没有声明符号变量，直接输入命令 limit('sin(x)/x')是否能求极限？

2. 求函数的高阶导数时，命令函数 diff()中的 n 能缺省吗？n 可以是变量吗？

3. 求下列函数的极限.

(1) $\lim\limits_{x\to\frac{\pi}{6}}\ln(\sin x)$；　(2) $\lim\limits_{x\to\infty}\left(\frac{2x-1}{2x+1}\right)^{x+1}$；　(3) $\lim\limits_{x\to1}\left(\frac{2}{x^2-1}-\frac{1}{x-1}\right)$.

4. 求下列函数的导数.

(1) $y=x\ln x$；　(2) $y=x^{\sin x}$；　(3) $y=\sin[\cos^2(x^3+x)]$.

5. 求函数 $y=\ln(1+x)$的三阶导数.

6. 计算下列不定积分.

(1) $\int \sin 3x\sin 5x\mathrm{d}x$；　(2) $\int \arctan x\mathrm{d}x$.

7. 计算下列定积分.

(1) $\int_0^2 |x-1|\mathrm{d}x$；　(2) $\int_1^2 \frac{\sqrt{x^2-1}}{x}\mathrm{d}x$.

复习题 12

一、化简

$$\frac{1}{x-1}\left(\frac{x-2}{2}-\frac{2x+1}{2-x}\right)-\frac{2x+6}{x^2-2x}.$$

二、解方程组

$$\begin{cases} y^2=xy+6 \\ x^2=xy+1 \end{cases}.$$

三、作函数 $y=\mathrm{e}^{-x^2}$ 的图像.

四、求极限

1. $\lim\limits_{x\to\infty}\frac{x^2+x-3}{4x^2-x}$；　**2.** $\lim\limits_{x\to0}x\cos\frac{1}{x}$.

五、求导数

1. $y=\frac{x\cos x}{1+\sin x}$；　**2.** $y=x^{\sin x}$.

六、求函数 $y=\sin^2 x$ 的四阶导数.

七、求不定积分

1. $\int \sin^4 x\mathrm{d}x$；　　**2.** $\int \mathrm{e}^{2x}\cos 3x\mathrm{d}x$.

八、求定积分

1. $\int_0^{2\pi} |\sin x|\mathrm{d}x$；　　**2.** $\int_0^{\frac{1}{2}} \arctan 2x\mathrm{d}x$.

第四篇　概率统计*

第 13 章　随机事件与概率*

13.1　随机事件*
13.2　随机事件的概率*
13.3　条件概率*

第 14 章　随机变量及其数字特征*

14.1　离散型随机变量*
14.2　随机变量的分布函数*
14.3　连续型随机变量及其概率密度*
14.4　随机变量的期望和方差*

第 15 章　统计推断*

15.1　总体、样本和统计量*
15.2　参数估计*
15.3　假设检验*

附表　常用统计分布表*

参考答案*

【扫码阅读】

参考文献

[1] 同济大学数学系. 高等数学(第七版)[M]. 北京:高等教育出版社，2014.
[2] 陈笑缘. 经济数学(第三版)[M]. 北京:高等教育出版社，2019.
[3] 骈俊生，冯晨，王罡. 高等数学(第二版)[M]. 北京:高等教育出版社，2018.
[4] 宋剑萍，蔡云波. 高职应用数学[M]. 上海:同济大学出版社，2019.
[5] 邓俊谦，周素净. 应用数学基础(第四版)[M]. 上海:华东师范大学出版社，2020.
[6] 李桂荣，袁建华. 高等数学基础[M]. 南京:南京大学出版社，2016.